图灵数学经典 · 03

不等式

第2版

[英] 戈弗雷·哈代　[英] 约翰·李特尔伍德
[美] 乔治·波利亚 —— 著

越民义 —— 译

U0277341

人民邮电出版社

北　京

图书在版编目(CIP)数据

不等式 /(英)戈弗雷·哈代,(英)约翰·李特尔
伍德,(美)乔治·波利亚著;越民义译. —2 版. —
北京:人民邮电出版社,2020.7
(图灵数学经典)
ISBN 978-7-115-54025-6

Ⅰ. ① 不… Ⅱ. ① 戈… ② 约… ③ 乔… ④ 越… Ⅲ.
① 不等式 Ⅳ. ① O178

中国版本图书馆 CIP 数据核字(2020)第 083083 号

内 容 提 要

本书是由哈代、李特尔伍德和波利亚合著的一部经典之作. 作者详尽地讨论了分析中常用
的一些不等式,涉及初等平均值、任意函数的平均值和凸函数理论、微积分的各种应用、无穷
级数、积分、变分法的一些应用、关于双线性形式和多线性形式的一些定理、Hilbert 不等式
及其推广等内容.

本书适合于高等院校数学专业高年级本科生和研究生,以及对数学感兴趣的研究人员阅读
参考.

◆ 著　　　 [英] 戈弗雷·哈代　 [英] 约翰·李特尔伍德
　　　　　 [美] 乔治·波利亚
　 译　　　 越民义
　 责任编辑　 傅志红
　 责任印制　 周昇亮
◆ 人民邮电出版社出版发行　　 北京市丰台区成寿寺路 11 号
　 邮编 100164　 电子邮件　 315@ptpress.com.cn
　 网址　 https://www.ptpress.com.cn
　 三河市君旺印务有限公司印刷
◆ 开本:700×1000　 1/16
　 印张:19.75　　　　　　　　　 2020 年 7 月第 2 版
　 字数:388 千字　　　　　　　 2025 年 1 月河北第 18 次印刷
　　　　　 著作权合同登记号　 图字:01-2020-0432 号

定价:79.00 元
读者服务热线: (010)84084456-6009　　 印装质量热线: (010) 81055316
反盗版热线: (010)81055315
广告经营许可证:京东市监广登字 20170147 号

版 权 声 明

译 者 序

本书的三位作者都是数学界，特别是古典分析学界杰出的学者．记得有人说过，英国的数学之为世界同行所重视，是从由哈代形成的具有世界影响的英国分析学派开始的．其工作涉及解析数论、三角级数、调和分析、发散级数等诸方面，影响深远．在 20 世纪上半叶，哈代的文风对数学工作者也有很大的影响．无论是写书，还是写论文，他总能做到像苏轼所说的 "如行云流水，初无定质，但常行于所当行，常止于所不可不止，文理自然，姿态横生"，将复杂深奥的东西写得明白易懂，使读者在不知不觉之间 "轻舟已过万重山"．这一点，读者在这本书中将会有所体会．

不等式是我们在数学工作中常遇到的东西．当我们求解一个问题时，常会遇到一个复杂的表达式，很难判断它的大小，而这正是我们所关心的，希望有一个较简单的式子去代替它，这时就出现了不等式．当作者解决了他的问题之后，作为过渡工具的不等式往往遭到遗弃．因此，同样的一个不等式可能在不同的时间、不同的场合多次出现．但每次出现，作者的注意力只限于解决他当时所考虑的问题，从普遍性和完整性的角度看，这总会带有某些缺陷．因此，要去搜索历史上留下的众多不等式，将它们加以整理，发现它们之间的关系，并加以推广，使之完善，以便能适应更宽阔一些的场合，的确是一件重要而又艰难的工作．我们眼前的这部著作就是由哈代、李特尔伍德和波利亚三位数学巨匠经过 6 年 (1929 ~ 1934) 的辛勤劳动完成的．它是一本工具书，是数学工作者必备的一本书，又是一本关于不等式的经典著作．读者从中不仅可以看到许多著名的不等式，而且还可以学到如何处理问题，如何将一个不等式加以推广、扩大其应用范围使之臻于完善，如何将一个复杂的证明以严格而又流畅的语言来表达，这些也都是每一位严肃的数学工作者所期盼做到的．从这一角度来看，本书又是一本经典的教材．

原书第 2 版出版于 1951 年，但作为一本无可替代的工具书，仍为广大的数学工作者所需要．故乐为翻译再飨读者．

越民义

2008 年 9 月

前　言

第 2 版

本书再版时我们对正文作了一些小的修订，并增加了 3 个附录.

李特尔伍德、波利亚

1951 年 3 月于剑桥和斯坦福

第 1 版

我们在 1929 年就拟订计划并且着手写作本书了. 我们原想把它们列入"剑桥小丛书"中，但随即发觉，小丛书每本的篇幅显得过于短小，不足以实现我们的目标.

本书的写作目标会在第 1 章给予充分的解释，在这里我们还要就历史方面和文献方面补充一点. 像不等式这样的主题，它在数学的各个方面都有应用，但又没有得到系统的阐述，它的历史溯源和文献考证是特别麻烦的.

要追寻一个众所周知的不等式的起源常常是很困难的. 很可能它是在一篇关于几何学或天文学方面的论文中，作为一个辅助命题 (通常缺乏明确的论证) 首先出现的. 过了若干年之后，它或许又被许多其他作者重新发现，但可能始终缺乏容易理解且十分完善的叙述. 我们总会发现，即使对于那些最著名的不等式，也还是可以增添一些新的内容.

我们已经尽力做到精确可靠，尽可能地给出所有的文献，但我们并没有做系统的文献研究工作. 当某个不等式按照习惯要冠上某一特定的数学家的名字时，我们遵照一般惯例处理，比如 Schwarz 不等式、Hölder 不等式和 Jensen 不等式等，尽管这些不等式还可以追溯到更早的年代. 同时，我们也没有把所有小的增补——明白地列举出来，尽管这些增补对于不等式的完善是必要的.

我们从朋友们那里得到了大量的援助. G. A. Bliss、L. S. Bosanquet、R. Courant、B. Jessen、V. Levin、R. Rado、I. Schur、L. C. Young、A. Zygmund 等诸位先生或者给我们以批评和建议，或者为我们提供原始资料. Bosanquet 博士、Jessen 博

士、Zygmund 教授阅读了校样，并改正了诸多不妥之处. 特别应当指出的是，根据
Jessen 博士的建议，我们对第 3 章进行了大刀阔斧的修订. 我们希望本书现在可以
在相当程度上免于错误，尽管它包含了大量的细节.

　　Levin 博士撰写了文献目录. 该目录包含了我们在正文中直接或间接引用到的
全部图书和论文，没有收录多余的文献.

哈代、李特尔伍德、波利亚

1934 年 7 月于剑桥和苏黎士

目 录

第 1 章 导   论

1.1 有限的、无限的、积分的不等式

选取一个特殊而又典型的不等式作为贯穿本章讨论的主题是很方便的, 于是, 我们就选取了 Cauchy 的一个重要定理, 即通常所说的 "Cauchy 不等式".

Cauchy 不等式 (定理 7) 的内容是

$$(a_1b_1 + a_2b_2 + \cdots + a_nb_n)^2$$
$$\leqslant (a_1^2 + a_2^2 + \cdots + a_n^2)(b_1^2 + b_2^2 + \cdots + b_n^2) \tag{1.1.1}$$

或写作

$$\left(\sum_1^n a_\nu b_\nu \right)^2 \leqslant \sum_1^n a_\nu^2 \sum_1^n b_\nu^2. \tag{1.1.2}$$

它对于任何实数值 $a_1, a_2, \cdots, a_n$, $b_1, b_2, \cdots, b_n$ 都成立. 我们称 $a_1, \cdots, b_1, \cdots$ 为该不等式的**变量**. 在这里, 变量的数目是有限的, 而此不等式表达了某些有限和之间的关系. 我们称这种不等式为**初等**不等式或**有限**不等式.

最基本的不等式都是有限的, 但我们也要讨论非有限的不等式以及涉及和数概念的推广的不等式. 在这种推广之中, 最重要的是无限和

$$\sum_1^\infty a_\nu, \quad \sum_{-\infty}^\infty a_\nu \tag{1.1.3}$$

及积分

$$\int_a^b f(x)\mathrm{d}x \tag{1.1.4}$$

(其中 a 和 b 可以是有限的或无限的). 与这些推广相对应的类似于 (1.1.2) 的不等式是

$$\left(\sum_1^\infty a_\nu b_\nu \right)^2 \leqslant \sum_1^\infty a_\nu^2 \sum_1^\infty b_\nu^2 \tag{1.1.5}$$

(或求和范围两边皆为无限的类似不等式), 以及

$$\left(\int_a^b f(x)g(x)\mathrm{d}x \right)^2 \leqslant \int_a^b f^2(x)\mathrm{d}x \int_a^b g^2(x)\mathrm{d}x, \tag{1.1.6}$$

我们称 (1.1.5) 为**无限不等式**, (1.1.6) 为**积分不等式**.

1.2   记   号

我们常常要把不同的变量**集**加以区分，例如 (1.1.2) 就把 $a_1, a_2, \cdots, a_n$ 和 $b_1, b_2, \cdots, b_n$ 这两个集区别开来. 用一个简短的记号来表示变量集是很方便的，于是，我们把"集 $a_1, a_2, \cdots, a_n$"写成"集 (a)"或者简写为"诸 a".

在不致引起误解的情况下，我们习惯性地略去求和记号中的附标和上下限，于是，

$$\sum_1^n a_\nu, \quad \sum_1^\infty a_\nu, \quad \sum_{-\infty}^\infty a_\nu$$

就可以写成

$$\Sigma a.$$

因而

$$(\Sigma ab)^2 \leqslant \Sigma a^2 \Sigma b^2 \tag{1.2.1}$$

依照上下文含义的不同，指的可以是 (1.1.2) 或 (1.1.5).

在积分不等式中，集由**函数**代替，因而在从 (1.1.2) 过渡到 (1.1.6) 时，(a) 和 (b) 就分别由 f 和 g 代替. 在积分中，我们也常常略去变量和上下限，(1.1.4) 可以写成

$$\int f \mathrm{d}x.$$

因而，(1.1.6) 就写成了

$$\left(\int fg \mathrm{d}x\right)^2 \leqslant \int f^2 \mathrm{d}x \int g^2 \mathrm{d}x. \tag{1.2.2}$$

无论是在和数中还是在积分中，变量的范围都在各章或各节之首预加说明，或者可以由上下文明确地推断出来.

1.3   正 不 等 式

我们主要是讨论"正"不等式[①]. 若一个有限或无限的不等式中所含的全部变量 $a, b, \cdots$ 皆为非负实数，则称该不等式为**正的**. 这类不等式通常都把一个显然是更一般的、对于所有的实数甚至复数 $a, b, \cdots$ 都成立的不等式作为它的简单推论. 例如由 (1.1.2) 和对于任何实数或复数 u 都成立的不等式

$$|\Sigma u| \leqslant \Sigma |u|, \tag{1.3.1}$$

---

① 也有例外，比如 8.8 节至 8.17 节中的例题. 该处所讨论定理的"正的"情形是相当浅显的.

我们就推出

$$|\Sigma ab|^2 \leqslant (\Sigma|a| \ |b|)^2 \leqslant \Sigma|a|^2 \Sigma|b|^2, \tag{1.3.2}$$

在这里, 诸 a 和诸 b 是任意的复数. 将定理表达成基本的 "正的" 形式通常已经足够, 因而我们把那些推导所引申出来的结果留给读者. 但若所讨论的不等式非常重要, 我们有时也会把它明确地表示成最一般的形式.

对于积分不等式, 类似的说明也适用. 独立变量 x 是实变量, 但 (如同求和变量 ν 一样) 可以取正值或负值, 而函数 $f(x), g(x), \cdots$ 一般都只取非负值. 对于一个像 (1.1.6) 这样的不等式, 它对非负的 f 和 g 都成立, 相应地就有更一般的不等式

$$\left|\int fg\mathrm{d}x\right|^2 \leqslant \int|f|^2\mathrm{d}x \int|g|^2\mathrm{d}x, \tag{1.3.3}$$

它对于实变量 x 的任意复函数 f 和 g 都成立.

在我们定理中, 作为指标出现的数 $k, l, r, s, \cdots$ 都是实的, 但一般可取正负号.

1.4　齐次不等式

(1.1.2) 的两边是诸 a 的二次齐次函数, 对诸 b 亦然. 一般说来, 不等式的两边都是某些变量组的同次齐次函数. 因为当次数为正的齐次函数的所有变量都为 0 时, 此函数为 0, 故若次数都为正, 那么当所涉及的变量组全为 0 时, 不等式的两边都将为 0, 因而相等. 故 (1.1.2) 当所有的 a 或所有的 b 为 0 时化为等式.

如果上下文明确无歧义, 则全由 0 所组成的集称为**零集**. 一般说来, 若定理中所包含的变量组有一组或所有的组为零集时, 则定理中的 "$\leqslant$" 或 "$\geqslant$" 即化为 "$=$". 有时, 等号**仅**在这种情形下出现. 但更常见的则是在别的情形下出现, 例如在 (1.1.2) 中若每一个 a 都等于相应的 b, 则 "$=$" 即显然出现. 只要有可能, 我们将仔细地把出现等号的情形弄清楚.

若不等式在某些变量组方面具有齐次性, 那么我们常常可以对这些变量加上另外的限制 (**正规化**) 而使证明简化. 例如, 2.2 节中的平均值 $\mathfrak{M}_r(a)$ 对权 p 是齐次的, 次数为 0, 于是若愿意, 我们总可以假定 $\Sigma p = 1$. 再有, 假如我们希望证明当 $0 < r < s$ 时, 有

$$(a_1^s + a_2^s + \cdots + a_n^s)^{1/s} \leqslant (a_1^r + a_2^r + \cdots + a_n^r)^{1/r} \tag{1.4.1}$$

(定理 19), 则可以假定 $\Sigma a^r = 1$ (因两边都是次数为 1 的 a 的齐次式). 故可得

$$a_\nu^r \leqslant 1, \quad a_\nu^s = (a_\nu^r)^{s/r} \leqslant a_\nu^r,$$

因而 $\Sigma a^s \leqslant \Sigma a^r = 1$. 不经过这种初步的正规化, 那么就得证明

$$\frac{(\Sigma a^s)^{1/s}}{(\Sigma a^r)^{1/r}}$$

$$= \left(\Sigma \frac{a^s}{(\Sigma a^r)^{s/r}}\right)^{1/s} = \left[\Sigma \left(\frac{a^r}{\Sigma a^r}\right)^{s/r}\right]^{1/s} \leqslant \left(\Sigma \frac{a^r}{\Sigma a^r}\right)^{1/s} = 1.$$

还有另外一种意义的 "齐次性", 它有时很重要. 现将 (1.4.1) 和 (1.1.2) 加以比较. (1.4.1) 可以写成

$$(\Sigma a^s)^{1/s} \leqslant (\Sigma a^r)^{1/r}. \tag{1.4.2}$$

上式两边关于变量都为齐次, 但 (1.1.2) 有另外一种齐次性是 (1.4.2) 所没有的: 可以称之为 "关于 Σ 为齐次", 即若将 Σ 作为一个数看待, 则它在 (1.1.2) 的两边以同样的方次出现.

这种关于 Σ 的齐次性的意义在于: 若将 (1.1.2) 中所出现的每一和数都以相应的**平均值**代替, 即若把它写成

$$\left(\frac{1}{n}\Sigma ab\right)^2 \leqslant \left(\frac{1}{n}\Sigma a^2\right)\left(\frac{1}{n}\Sigma b^2\right),$$

则不等式仍成立. 这种齐次性的重要性在 2.10 节和 6.4 节中将会显露无遗. 大体上讲, 具有这一性质的不等式总有一个相似的积分不等式; 当没有这一性质时, 例如 (1.4.2), 则没有相似的积分不等式.

1.5   代数不等式的公理基础[①]

我们的主题很难确切定义, 它部分属于 "代数", 部分属于 "分析". 代数和分析, 正如同几何一样, 可以利用公理化方法. 与其如同在 Dedekind 的实数理论中那样, 说我们是在讨论某种或某些确定的对象, 不如像在射影几何中那样, 说我们是在讨论具有由一组公理所界定的某些性质的任何一组对象. 我们不打算详细地考虑主题中各个部分的 "公理学", 但对于像 (1.1.2) 以及第 2 章中的大部分定理, 虽然它们完全是属于代数的, 却值得我们在其公理基础方面多增添一些说明.

可以只取寻常的加法和乘法公理来作为代数的公理, 于是, 我们所有的定理在许多不同的域 (实代数、复代数或者关于任意模的剩余的算术) 中都成立. 或者, 可以加上有关线性方程组可解的公理, 保证差与商的唯一性和存在性的公理, 这时我们的定理就将在实代数或复代数中, 或在关于**素数模**的算术中成立.

---

① 见 Artin and Schreier[1].

在现在的主题中, 我们所关心的是一些**不等**的关系, 这是**实代数**所特有的一个概念. 为了给有关不等式的定理奠定一个公理基础, 除了已经说过的公理和 "未定义物" 外, 现再增加一个新的未定义物和两个新的公理. 我们取**正数**这一概念作为未定义物, 又取下列两个命题作为公理:

Ⅰ. a 为 0, 或 a 为正, 或 $-a$ 为正, 而这些可能性是相互排斥的;

Ⅱ. 两个正数的和与积仍为正数.

若 $-a$ 为正, 则称 a 为**负**; 若 $a-b$ 为正 (负), 则称 a **大于**(小于) b. 任何一个代数不等式, 例如 (1.1.2), 都可依据这一基础作出.

1.6 可比较的函数

对于函数 $f(a) = f(a_1, a_2, \cdots, a_n)$ 和 $g(a) = g(a_1, a_2, \cdots, a_n)$, 若在它们之间存在一个对所有非负实数 a 都成立的不等式, 就是说, 对所有此种 a 都有 $f \leqslant g$ 成立, 或 $f \geqslant g$ 成立, 则称此 f 和 g 为**可比较的**. 两个给定的函数并不常常都是可比较的. 例如两个不同次数的正齐次多项式就必然是不可比较的[①]. 若 $0 \leqslant f \leqslant g$ 对所有非负的 a 都成立, 且两边都是齐次的, 则 f 和 g 必为同次.

这一定义自然可推广到多个**变量集**的函数 $f(a, b, \cdots)$ 上.

本书都在讨论函数的可比较性问题. 例如诸 a 的算术平均和几何平均是可比较的: $\mathfrak{G}(a) \leqslant \mathfrak{A}(a)$ (定理 9). 函数 $\mathfrak{G}(a+b)$ 和 $\mathfrak{G}(a) + \mathfrak{G}(b)$ 是可比较的 (定理 10). 函数 $\mathfrak{A}(ab)$ 和 $\mathfrak{A}(a)\mathfrak{A}(b)$ 是不可比较的, 它们相对的大小取决于诸 a 和诸 b 的大小关系 (定理 43). 函数 $\psi^{-1}(\Sigma p\psi(a))$ 和 $\chi^{-1}(\Sigma p\chi(a))$ 可比较的充要条件是, $\chi\psi^{-1}$ 为凸的或凹的 (定理 85).

讨论形如

$$\Sigma a_1^{\alpha_1} a_2^{\alpha_2} \cdots a_n^{\alpha_n}$$

的两个函数可比较性的一个一般性重要定理可在 2.18 节中找到, 它是由 Muirhead 得出的.

1.7 证明的选择

本书各个部分所使用的证明方法采用了一些显然属于不同范畴的思想方法. 对于同一个定理, 我们常常给出几个不同的证明, 特别是在第 2 章中. 这里提醒大家, 要注意我们所使用的方法之间的某些巨大差别.

---

① 比较 2.19 节.

首先，第 2 章中的许多证明都是"严格初等的"，因为它们只使用了有限代数中的一些思想和方法. 凡是真正重要的定理，我们原则上都尽量给出一个这样的证明，只要它的性质允许这样做.

其次，我们还有 (即使是在第 2 章中) 许多证明，它们在此种意义上不是初等的，因为其中包含了极限和连续的思想. 我们也还有 (特别是在第 4 章中) 一些证明，它们使用了导数的一些标准性质，比如依靠了 Rolle 定理. 所有这些证明都属于初等单实变函数论的范围.

最后，在第 6 章中处理积分时，自然要利用测度论和 Lebesgue 的积分论. 我们认为读者对此是了解的. 在 6.1 节至 6.3 节中，我们总结了所要用到的相关理论.

有时我们也求助于实变函数论中比较深奥的部分，但只是在另一种证法或那些本质上就相当困难的定理的证明中才这样做. 例如 4.6 节利用了多元函数的极大理论和极小理论，第 7 章利用了变分法中的方法，第 9 章利用了重积分的理论. 我们没有用到复变函数论，虽然在最后几章中为了说明问题，我们也稍微引用到它，但那些章节并非本书的主体.

下面补充说明一些更多细节.

(i) 按照 1.5 节中的定义，Cauchy 不等式 (1.1.2) 是有限代数中的一个命题. 依照一般公认的原则，这样的一个定理应当只用它所从属的理论中的方法来证明.

(ii) 我们将不断遇到像 Hölder 不等式

$$\Sigma ab \leqslant \left(\Sigma a^k\right)^{1/k} \left(\Sigma b^{k'}\right)^{1/k'} \tag{1.7.1}$$

(定理 13) 这类定理，它的性质与参数 k 的值有关. 若 k 为**有理数**，则此定理为代数的，因而适用于 (i) 中的说明. 若 k 为无理数，则 a^k 就不是一个代数函数，因此很明显就不可能有严格代数上的证明.

在处理一个像 Hölder 不等式这样重要的不等式时，我们希望把超出代数范畴的措施降到问题的性质所必需的最低限度，这样的要求无论如何是合理的. 显而易见，这种措施将取决于我们对 a^k 所下的定义. 可以把 a^k 定义为 $\exp(k \ln a)$，在这种情形下，自然要用到指数函数和对数函数的理论. 假若我们像通常那样，把 a^k 定义为 a^{k_n} 的极限，其中 k_n 为趋近于 k 的适当的有理数，则此极限手续就应当是我们所求助的**唯一**手续.

(iii) 假如在采用最后一种观点时，我们已经对于有理的 k 证明了形如 (1.7.1) 的 Hölder 不等式，则经过取极限，就可推出它对于无理的 k 也成立.

但这样的证明常常不能满足要求. 我们总是希望证明一类比 (1.7.1) 更为精确的定理，在这些定理中 (正如在定理 13 一样)，我们要建立严格的不等式 (除了某些已指明的特定情形外). 在取极限时，"<"变成了"≤"，这样，我们就失去了讨论等号何时成立的机会 (虽然事实上这和有理的情形是一样的)，因而这样的证明就

有欠缺. 因此, 有必要让我们的证明尽可能避免此种取极限的过程. 当我们希望从有限不等式过渡到相应的无限不等式或积分不等式时, 同样的困难也会出现. 这种情况在本书内将处处碰到, 它常常决定我们如何去选择一种特殊的证明途径.

(iv) 选择证明方法的一般指导原则如下. 当一个定理既简单又基本时, 比如定理 7, 9, 11 那样, 我们就用几种不同的方法去证明它, 同时注意在这些证明中至少有一个符合 (i) 和 (ii) 中的规则. 如果定理比较次要或者很难, 或者满足这些条件的证明可能很冗长而烦琐, 那么我们就选用一个看来是最简单或最能说明问题的证明.

1.8　主题的选择

我们选择主题的指导原则可以概括如下.

(i) 本书的第一部分 (第 2 ~ 6 章①) 系统地讨论了一个确定的主题. 我们的目的一直是要详尽地讨论一些分析中 "日常用到的" 简单不等式 (包括与它们类似的不等式和推广). 其中有 3 个是基本的, 即

(1) 算术平均和几何平均的定理 (定理 9);

(2) Hölder 不等式 (定理 11);

(3) Minkowski 不等式 (定理 24).

因此前面 6 章主要讲述这 3 个定理. 我们从多种途径来证明它们. 第 2 章处理有限的情形, 第 5 章处理无限的情形, 第 6 章处理积分的情形, 第 3 章 (它包含凸函数论的一般介绍) 则主要是它们的推广. 在这几章中, 最重要的是第 2, 3, 6 章, 我们试图进行一次全面而在某些方面又详尽的讨论.

(ii) 本书的其余部分 (第 7~10 章) 是在另一种指导精神下写成的, 因而必须以另一种标准来衡量. 这几章包含一系列的论述, 它们建立在对前面各章内容更系统的研究的基础之上. 我们并没有试图把它们做到严整和完善, 仅仅是把它们作为某些现代研究领域的导引, 所选择的主题主要取决于我们个人的兴趣.

尽管如此 (或者说因此之故), 这几章是有一定的统一性的. 在实变或复变函数论、Fourier 级数论或是正交展开的一般理论中, 都存在着大量的现代内容, 其中 "Lebesgue L^k 类" 占据着中心地位. 这类工作要求具有相当熟练的不等式的技巧, 还会到处用到 Hölder 不等式和 Minkowski 不等式以及其他具有同样一般性质的比较现代和巧妙的不等式. 其目的就是要为这一门分析给出这样的导引, 使得它可以被认为是前面各章主要内容的一个自然延续和发展.

(iii) 我们的兴趣主要是在**实分析**的某些方面, 而不是在算术或代数本身. 代数和分析之间的界线常常难以划分清楚, 尤其是在二次型和双一次型的理论中, 因

---

① 或许要除去第 4 章的某些部分.

此在取舍之间我们常常很犹豫. 我们总是把在我们看来其主要兴趣是在代数方面的那些材料全都舍弃掉.

我们也排除了函数论本身, 不管是实变的还是复变的. 但在后面的一些章节里, 我们通过刻画我们的定理在函数论方面的某些应用, 试图说明它们的重要性和意义.

于是 (为给出具体的例子), 我们的书中就不包括:

(1) 肯定是算术性质的不等式, 例如素数论中的不等式, 或者是给出具有积分变量形式的界的不等式;

(2) 真正属于二次型代数理论中的不等式;

(3) 属于正交级数理论中的不等式, 例如 "Bessel 不等式";

(4) 属于函数论本身的不等式, 例如 "Hadamard 三圆定理".

同时, 我们也没有对几何不等式作系统讨论, 虽然常常利用它们来说明问题.

有些读者不想在细节方面多费精力. 对于这类读者, 本章最后提几句忠告, 可能不无用处. 不等式这一主题虽然很吸引人, 但要求我们, 至少是要求著者, 在细节方面多下工夫. 特别是要去掉例外情形, 要把等号成立的情况完全指出来, 要把零值和无穷值的惯常处理方式指出来. 一般说来, 我们刚才所说的读者可以如下简化他们的工作: (1) 可以不管**非负**和**正**之间的差别, 因而其所关心的数和函数依狭义全都为正; (2) 可以忽略关于 "无穷值" 所作的约定; (3) 可以假定像 Hölder 和 Minkowski 等不等式中的参数 k 或 r 都大于 1; (4) 可以认为 "对和数成立的东西, 经过简单的修改, 对积分也成立" (或者**反过来**) 这样的事实理所当然. 这样, 他们应该可以较为轻松地掌握主要的东西.

这一 "轻松阅读" 的忠告一定不要过于从字面上去理解. 弄清楚出现的种种例外情形以及用以判别等号出现情形的一些普遍原则, 是很有必要的. 要把像 Hölder 不等式这样的不等式中等号出现的情形弄清楚, 并不只是学院式的练习, 知道了这些情形就可以为发现深刻而重要的定理提供有力的武器 (这在 8.13 节至 8.16 节中表现得很清楚). 每位读者都应当把这些不等式尽量探索到底.

第 2 章　初等平均值

2.1　常用平均

下面讨论由 n 个非负数 a（或 $b, c, \cdots$）组成的序列，设为

$$a_1, a_2, \cdots, a_\nu, \cdots, a_n \quad (a_\nu \geqslant 0), \tag{2.1.1}$$

以及一个实参数 r，暂且假定它不为零.

我们用 (a) 表示有序数列 (2.1.1). 当我们说"(a) 与 (b) 成比例"时，指的是存在两个不同时为 0 的数 λ 和 μ，使得

$$\lambda a_\nu = \mu b_\nu \quad (\nu = 1, 2, \cdots, n). \tag{2.1.2}$$

可以看出，零集即每一 a 都为 0 的集 (a)，与任何 (b) 都成比例. 根据我们的定义，比例性是集与集之间的一个对称关系，但不是可传递的. 假若将零集除去不予考虑，那它就变成可传递的了.

若 (a) 与 (b) 成比例，且都不为零集，则 $a_\nu = 0$ 当且仅当 $b_\nu = 0$；对于 ν 的其他值，a_ν/b_ν 与 ν 无关.

令

$$\mathfrak{M}_r = \mathfrak{M}_r(a) = \left(\frac{1}{n}\Sigma a^r\right)^{1/r} = \left(\frac{1}{n}\sum_{\nu=1}^{n} a_\nu^r\right)^{1/r}, \tag{2.1.3}$$

但须除去下列两种情形：(i) $r = 0$，(ii) $r < 0$ 且诸 a 中有一个或几个为 0. 对于情形 (ii)，此时式 (2.1.3) 无意义，可以定义 $\mathfrak{M}_r$ 为 0，即有

$$\mathfrak{M}_r = 0 \quad (r < 0, \text{某些 } a \text{ 为 } 0).^{①} \tag{2.1.4}$$

今后将略去附标和求和记号的上下限，只要这样做不致引起混淆.

特别地，记

$$\mathfrak{A} = \mathfrak{A}(a) = \mathfrak{M}_1(a), \tag{2.1.5}$$

$$\mathfrak{H} = \mathfrak{H}(a) = \mathfrak{M}_{-1}(a). \tag{2.1.6}$$

最后，记

$$\mathfrak{G} = \mathfrak{G}(a) = \sqrt[n]{a_1 a_2 \cdots a_n} = \sqrt[n]{\Pi a}. \tag{2.1.7}$$

---

① 若允许无限值，则对于正的 r 还有一种相应的情形，即若 $r > 0$，某些 a 为无穷，则 $\mathfrak{M}_r = \infty$.

于是，$\mathfrak{A}(a), \mathfrak{H}(a), \mathfrak{G}(a)$ 分别为常用的算术平均、调和平均和几何平均.

我们已将 $r = 0$ 这一情形除去，但在后面 (2.3 节) 将看到，可以把 $\mathfrak{M}_0$ 按照惯例解释为 $\mathfrak{G}$. 一般说来，我们并不考虑负 a，但不在符号上做任何限制来用 $\mathfrak{A}(a)$ 有时还是较为方便的. 定义仍旧不变.

2.2   加 权 平 均

我们常常还会使用一种更为一般的平均值方法. 设

$$p_\nu > 0 \quad (\nu = 1, 2, \cdots, n), \tag{2.2.1}$$

并记

$$\mathfrak{M}_r = \mathfrak{M}_r(a) = \mathfrak{M}_r(a, p) = \left(\frac{\Sigma p a^r}{\Sigma p}\right)^{1/r}, \tag{2.2.2}$$

$$\mathfrak{M}_r = 0 \quad (r < 0, \text{ 某些 } a \text{ 为 } 0), \tag{2.2.3}$$

$$\mathfrak{G} = \mathfrak{G}(a) = \mathfrak{G}(a, p) = (\Pi a^p)^{1/\Sigma p}. \tag{2.2.4}$$

式 (2.1.5) 和式 (2.1.6) 在增添符号 $\mathfrak{A}(a, p)$ 和 $\mathfrak{H}(a, p)$ 之后仍旧有效. 2.1 节中最后所作的论述也适用于此处推广了的 $\mathfrak{A}$. 当 $p_\nu = 1$ 对所有的 ν 都成立时，加权平均即化为常用平均.

这些平均对 p 来说是齐次的，次数为 0. 不妨假定 $\Sigma p = 1$. 此时，我们将用 q 代 p，于是

$$\mathfrak{M}_r(a) = \mathfrak{M}_r(a, q) = (\Sigma q a^r)^{1/r} \quad (\Sigma q = 1), \tag{2.2.5}$$

$$\mathfrak{G}(a) = \mathfrak{G}(a, q) = \Pi a^q \quad (\Sigma q = 1). \tag{2.2.6}$$

我们的公式不会经常明显地提到所加的权，但总是可以作这样的理解: **若平均值之间相互作比较时，则这些平均值都由同样的权所构成.**

常用平均为加权平均的特殊情形. 另一方面，**具有可通约之权的加权平均乃是** (由另一组 a 构成的) 常用平均的特殊情形. 盖由齐次性，我们总可以假定所加之权为**整数**. 于是，在常用平均中将每一数代以一组适当的相同的数，则由此即可导出具有整数权的平均，具有**不可通约的权**的平均可以认为是常用平均的极限情形.

下列显而易见的公式将反复用到.

$$\mathfrak{M}_r(a) = [\mathfrak{A}(a^r)]^{1/r}, \tag{2.2.7}$$

$$\mathfrak{G}(a) = e^{\mathfrak{A}(\ln a)}, \tag{2.2.8}$$

$$\mathfrak{M}_{-r}(a) = \frac{1}{\mathfrak{M}_r(1/a)}, \tag{2.2.9}$$

$$\mathfrak{M}_{rs}(a) = [\mathfrak{M}_s(a^r)]^{1/r}. \tag{2.2.10}$$

假设 (2.2.8) 中 $a > 0$. 在其他公式中若有一附标为负, 则也假定 $a > 0$. 在适当的规定之下, 这些公式也可推广到包括已经除外的情形. 又, 我们有

$$\mathfrak{A}(a + b) = \mathfrak{A}(a) + \mathfrak{A}(b), \tag{2.2.11}$$

$$\mathfrak{G}(ab) = \mathfrak{G}(a)\mathfrak{G}(b), \tag{2.2.12}$$

$$\mathfrak{M}_r(b) = k\mathfrak{M}_r(a), \quad \text{若 } (b) = k(a) \tag{2.2.13}$$

(即若 $b_\nu = ka_\nu$, 其中 k 与 ν 无关),

$$\mathfrak{G}(b) = k\mathfrak{G}(a), \quad \text{若 } (b) = k(a), \tag{2.2.14}$$

$$\mathfrak{M}_r(a) \leqslant \mathfrak{M}_r(b), \quad \text{若 } a_\nu \leqslant b_\nu \text{ 对所有的 } \nu \text{ 成立.} \tag{2.2.15}$$

2.3 $\mathfrak{M}_r(a)$ 的极限情形

我们用

$$\min a, \quad \max a$$

分别表示 a_ν 的最小值和最大值.

定理 1 $\min a < \mathfrak{M}_r(a) < \max a$, 除非所有的 a 都相等, 或 $r < 0$ 且有某些 a 为 0.

在这里以及以后所有定理的叙述中, 我们都作这样的理解: 说某不等式除非某些条件得到满足否则都成立时, 就意味着在该例外情形下, 至少有一个不等号退化成为等号. 比如说这里, 若所有的 a 都相等, 则 $\min a = \mathfrak{M}_r(a) = \max a$, 而在另一种例外情形下, 则有 $\min a = \mathfrak{M}_r(a) \leqslant \max a$.

现用 q 表示平均, 因为

$$\Sigma q(a - \mathfrak{A}) = 0,$$

故或者每一个 a 都等于 $\mathfrak{A}$, 或者 $a - \mathfrak{A}$ 至少对一个 a 为正, 对另一个 a 为负. 此即证明了该定理对 $r = 1$ 成立.

对于一般情形, 可假定 $a > 0$ 或 $r > 0$, 因为对于其他情况, 定理是显然的. 于是

$$[\mathfrak{M}_r(a)]^r = \mathfrak{A}(a^r)$$

在 $(\min a)^r$ 和 $(\max a)^r$ 之间, 这就证明定理在一般情形下也成立.

定理 2 除非所有的 a 都相等或有某些 a 为 0, 否则总有 $\min a < \mathfrak{G}(a) < \max a$.

在第二种例外情形之中, 我们有 $\mathfrak{G} = 0$. 若 $\mathfrak{G} > 0$, 则

$$\Pi\left(\frac{a}{\mathfrak{G}}\right)^q = 1.$$

因此, 或者每一个 a 都为 $\mathfrak{G}$, 或者至少有一个 a 大于 $\mathfrak{G}$ 而另一个 a 小于 $\mathfrak{G}$.

定理 3　$\lim\limits_{r \to 0} \mathfrak{M}_r(a) = \mathfrak{G}(a)$.

若每一个 a 都为正, 则

$$\begin{aligned}
\mathfrak{M}_r(a) &= \exp\left(\frac{1}{r}\ln \Sigma q a^r\right) \\
&= \exp\left\{\frac{1}{r}\ln\left[1 + r\Sigma q \ln a + O(r^2)\right]\right\} \\
&\to \exp\left(\Sigma q \ln a\right) = \Pi a^q = \mathfrak{G}(a), \quad \text{当 } r \to 0.
\end{aligned}$$

若有某些 a 为 0, b 表示那些正的 a, s 为与 b 相对应的 q, 则当 $r \to +0$ 时,

$$\mathfrak{M}_r(a, q) = (\Sigma q a^r)^{1/r} = (\Sigma s b^r)^{1/r} = (\Sigma s)^{1/r}\mathfrak{M}_r(b, s) \to 0,$$

因为 $\mathfrak{M}_r(b, s) \to \mathfrak{G}(b, s)$ 且 $\Sigma s < 1$. 当 $r < 0$ 时, $\mathfrak{M}_r$ 与 $\mathfrak{G}$ 两者都为 0, 故当 $r \to -0$ 时结果仍成立.

我们的证明根据的是指数函数和对数函数的理论. 2.16 节将指出如何做出一个比较初等的证明, 假如有此需要的话.

定理 4　$\lim\limits_{r \to \infty} \mathfrak{M}_r(a) = \max a$, $\quad \lim\limits_{r \to -\infty} \mathfrak{M}_r(a) = \min a$,

若 a_k 为最大的 a, 或为最大者之一, 且 $r > 0$, 则有

$$q_k^{1/r} a_k \leqslant \mathfrak{M}_r(a) \leqslant a_k,$$

由此立得第一个等式. 若有某一个 a 为 0, 则第二个等式显然成立; 若不然, 则由式 (2.2.9) 即可得出.

现在约定

$$\mathfrak{M}_0(a) = \mathfrak{G}(a), \quad \mathfrak{M}_\infty(a) = \max a, \quad \mathfrak{M}_{-\infty}(a) = \min a. \tag{2.3.1}$$

在此约定之下, 我们有

定理 5　$\mathfrak{M}_{-\infty}(a) < \mathfrak{M}_r(a) < \mathfrak{M}_\infty(a)$ 对所有有限的 r 都成立, 除非所有的 a 都相等, 或 $r \leqslant 0$ 且有某些 a 为 0.

2.4　Cauchy 不等式

下面的定理虽然是定理 16 的一种特殊情形, 但在这里证明它还是比较方便些.

定理 6 除非所有的 a 都相等, 否则总有 $\mathfrak{M}_r(a) < \mathfrak{M}_{2r}(a) \ (r > 0)$.

此不等式即是

$$(\Sigma p a^r)^2 < \Sigma p \Sigma p a^{2r},$$

也是下述非常重要的定理的一种特别情形.

定理 7 $(\Sigma ab)^2 < \Sigma a^2 \Sigma b^2$, 除非 (a) 与 (b) 成比例[①].

这是由于

$$\Sigma a^2 \Sigma b^2 - (\Sigma ab)^2 = \frac{1}{2} \sum_{\mu,\nu} (a_\mu b_\nu - a_\nu b_\mu)^2.$$

另外一个证明如下. 对于二次型

$$\Sigma(xa + yb)^2 = x^2 \Sigma a^2 + 2xy \Sigma ab + y^2 \Sigma b^2,$$

除非存在不同时为 0 的 x 和 y 使得 $xa_\nu + yb_\nu = 0$ 对所有的 ν 都成立, 否则此二次型对所有的 x 和 y 都为正, 因而其判别式为负.

欲得定理 6, 只需分别以 $\sqrt{p}$ 和 $a^r\sqrt{p}$ 代替 a 和 b.

定理 7 可推广如下:

定理 8

$$\begin{vmatrix} \Sigma a^2 & \Sigma ab & \cdots & \Sigma al \\ \vdots & \vdots & & \vdots \\ \Sigma la & \Sigma lb & \cdots & \Sigma l^2 \end{vmatrix} > 0,$$

除非集合 $(a), (b), \cdots, (l)$ 线性相关, 即除非存在不全为 0 的数 $x, y, \cdots, w$, 使 $xa_\nu + yb_\nu + \cdots + wl_\nu = 0$ 对所有的 ν 都成立.

定理 7 的两个证明都可推广来证明定理 8: 既可以把此行列式表示成行列式的平方和, 也可以考虑 $x, y, \cdots, w$ 的非负二次型

$$\Sigma(xa + yb + \cdots + wl)^2.$$

我们不想详细讨论, 因为对于与行列式和二次型有关的不等式作任何系统的讨论, 都会超出本书讨论范围.

2.5 算术平均和几何平均定理

现在来讨论不等式这一主题中的一个最著名的定理.

定理 9 $\mathfrak{G}(a) < \mathfrak{A}(a)$, 除非所有的 a 都相等.

[①] 此即平常所谓的 Cauchy 不等式: 参见 Cauchy[1, p.373]. 与此相应的积分不等式 (定理 181) 通常称为 Schwarz 不等式, 虽然这似乎是 Buniakowsky 首先给出的: 参见 Buniakowsky[1, p.4]、Schwarz[2, p.251].

所要证明的不等式可以写成下列两种形式之一：

$$a_1^{p_1} a_2^{p_2} \cdots a_n^{p_n} < \left(\frac{p_1 a_1 + \cdots + p_n a_n}{p_1 + \cdots + p_n} \right)^{p_1 + \cdots + p_n}, \tag{2.5.1}$$

$$a_1^{q_1} a_2^{q_2} \cdots a_n^{q_n} < \Sigma qa \tag{2.5.2}$$

(在这里，仍有 $\Sigma q = 1$).

这个定理很重要，因此我们打算在不同程度的简单性和一般性下给出几个证明. 本节给出其中两个证明：第一个完全是初等的；第二个依赖于定理 3，因此在现阶段，它要依赖于指数函数和对数函数的理论. 以后 (2.16 节) 将指出如何把这一证明转变成更严格符合 1.7 节中的原则.

(i)[①] 若 $a_1 \neq a_2$，则有[②]

$$a_1 a_2 = \left(\frac{a_1 + a_2}{2} \right)^2 - \left(\frac{a_1 - a_2}{2} \right)^2 < \left(\frac{a_1 + a_2}{2} \right)^2,$$

因而有

$$a_1 a_2 a_3 a_4 \leqslant \left(\frac{a_1 + a_2}{2} \right)^2 \left(\frac{a_3 + a_4}{2} \right)^2 \leqslant \left(\frac{a_1 + a_2 + a_3 + a_4}{4} \right)^4,$$

除非 $a_1 = a_2 = a_3 = a_4$，否则不等号至少有一处成立. 重复此项论证 m 次，除非所有的 a 都相等，则有

$$a_1 a_2 \cdots a_{2^m} < \left(\frac{a_1 + a_2 + \cdots + a_{2^m}}{2^m} \right)^{2^m}. \tag{2.5.3}$$

此即 (2.5.1)，不过此时权都为 1，n 为 2 的幂.

今设 n 为小于 2^m 的一个数. 取

$$b_1 = a_1, \quad b_2 = a_2, \quad \cdots, \quad b_n = a_n,$$

$$b_{n+1} = b_{n+2} = \cdots = b_{2^m} = \frac{a_1 + a_2 + \cdots + a_n}{n} = \mathfrak{A},$$

并运用 (2.5.3) 于 b，则得

$$a_1 a_2 \cdots a_n \mathfrak{A}^{2^m - n} < \left(\frac{b_1 + b_2 + \cdots + b_{2^m}}{2^m} \right)^{2^m} = \left(\frac{n\mathfrak{A} + (2^m - n)\mathfrak{A}}{2^m} \right)^{2^m} = \mathfrak{A}^{2^m},$$

因此

$$a_1 a_2 \cdots a_n < \mathfrak{A}^n,$$

---

① Cauchy[1, p.375].
② Euclid[1: Ⅱ 5, Ⅴ 25].

除非所有的 b (因而所有的 a) 都相等, 此即具有单位权的 (2.5.1). 若权是可通约的, 则利用 2.2 节中所说的步骤, 即得 (2.5.1).

若权是不可通约的, 可代之以一组可通约的近似值, 然后对此近似权证明 (2.5.1), 再取极限. 在此过程中, "<" 变成了 "≤", 这样一来, 我们首先并未得到完全的证明. 可以完成这一证明如下. 记

$$q_\nu = q'_\nu + q''_\nu \quad (\nu = 1, 2, \cdots, n),$$

其中 $q'_\nu > 0$, $q''_\nu > 0$, 且 q'_ν 为有理数. 于是

$$r' = \Sigma q'_\nu, \quad r'' = \Sigma q''_\nu$$

都为有理数, 且 $r' + r'' = 1$. 我们已经证明 (2.5.1) 当诸 p 为有理数时对 "<" 成立, 在任何情形下对 "≤" 都成立. 因此

$$\Pi a^{q'} < \left(\frac{\Sigma q' a}{\Sigma q'} \right)^{\Sigma q'},$$

$$\Pi a^{q''} \leqslant \left(\frac{\Sigma q'' a}{\Sigma q''} \right)^{\Sigma q''},$$

$$\Pi a^q = \Pi a^{q'} \Pi a^{q''} < \left(\frac{1}{r'} \Sigma q' a \right)^{r'} \left(\frac{1}{r''} \Sigma q'' a \right)^{r''} \leqslant \Sigma q' a + \Sigma q'' a = \Sigma q a.$$

完成这一证明的另一种方法是由 R. E. A. C. Paley 给出的, 这依据定理 6. 由该定理和式 (2.2.10), 以及前面所证明的, 可得

$$\mathfrak{A}(a) = \mathfrak{M}_1(a) > \mathfrak{M}_{\frac{1}{2}}(a) = \mathfrak{M}_1^2(a^{\frac{1}{2}}) \geqslant \mathfrak{G}^2(a^{\frac{1}{2}}) = \mathfrak{G}(a).$$

(ii)[①] 由定理 6 和定理 3, 可得

$$\mathfrak{A}(a) = \mathfrak{M}_1(a) > \mathfrak{M}_{\frac{1}{2}}(a) > \mathfrak{M}_{\frac{1}{4}}(a) > \cdots > \lim_{m \to \infty} \mathfrak{M}_{2^{-m}}(a) = \mathfrak{G}(a).$$

这一证明甚为简练, 但不如前一证明那样初等. 可以看出, 我们只用到定理 3 中 r 经过一特殊序列 2^{-m} 趋于 0 这一特别情形.

2.6 平均值定理的其他证明

2.14 节、2.15 节和 2.21 节将重新回到定理 9. 这里对此定理的通常形式 (即具有单位权的情形) 的其他证明作一些论述.

---

① Schlömilch[1].

(i)[①] 若诸 a 不全相等, 令

$$a_1 = \min a < \max a = a_2.$$

若将 a_1 和 a_2 各代之以 $\frac{1}{2}(a_1 + a_2)$, $\mathfrak{A}(a)$ 并不改变. 但

$$\left(\frac{a_1 + a_2}{2}\right)^2 > a_1 a_2,$$

故 $\mathfrak{G}(a)$ 增大.

今设我们变动诸 a 使 $\mathfrak{A}$ 保持为一常数, 并假定存在集合 (a^*) 使 $\mathfrak{G}$ 取极大值, 则诸 a^* 必相等. 否则我们可以像上面一样, 用另外的一组来代替而使 $\mathfrak{G}$ 更大. 因此, $\mathfrak{G}$ 的极大值为 $\mathfrak{A}$, 而且此极大值仅当诸 a 都相等时才取得.

要证明存在 (a^*), 令

$$\phi(a_1, a_2, \cdots, a_{n-1}) = a_1 a_2 \cdots a_{n-1}(n\mathfrak{A} - a_1 - \cdots - a_{n-1}).$$

则 ϕ 在闭集

$$a_1 \geqslant 0, \cdots, a_{n-1} \geqslant 0, \quad a_1 + a_2 + \cdots + a_{n-1} \leqslant n\mathfrak{A}$$

中连续. 因此它对此域中的某一组值 $a_1^*, \cdots, a_{n-1}^*$ 取极大.

若将 $\mathfrak{G}$ 保持为常数, 而将 a_1 和 a_2 各代以 $\sqrt{a_1 a_2}$, 则可得一类似的证明. 我们希望读者作出这一证明.

(ii) Cauchy 的证明有一变形, 它体现了某种逻辑价值.

一般的归纳证明是从 n 到 $n+1$, 命题 $P(n)$ 的真实性由下列两个假设推出:

---

① 这个证明是本定理的所有证明中最为人熟知的, 是属于 (就我们所能追查到的而言) Maclaurin[2] 的. Maclaurin 以几何的语言叙述本定理如下: "若将线段 AB 分成任意多个部分 AC, CD, DE, EB, 则当所有这些部分互为相等时它们的积取**极大**." 他的证明主要就是我们在正文中所说的. 这一证明又为许多后来的学者重新发现, 例如 Grebe[1]、Chrystal[1, p.47].

Cauchy 的证明 (2.5 节) 可以认为是 Maclaurin 证明的一种比较精巧的形式, 因为他是就 $n = 2^m$ 这一特殊情形利用类似于 Maclaurin 的方法证明本定理的. 一般说来, Maclaurin 的证明不是一个 "有限" 证明. 正如我们所说的, 它依赖于 Weierstrass 关于连续函数取极大值的定理. 这当然被 Maclaurin 视为理所当然 (他的许多后继者, 如 Grebe、Chrystal 等, 也是如此).

避免使用 Weierstrass 定理是可能的, 但需要花费相当多的篇幅. 显而易见, 若 $a_1^1, a_2^1; a_1^2, a_2^2; \cdots$ 是第 $1, 2, \cdots$ 次重复使用 Maclaurin 过程时所得到的集合中的最小值和最大值, 则当 s 增大时, a_1^s 增大, a_2^s 减小. 于是

$$a_1^s \to \alpha_1, \quad a_2^s \to \alpha_2, \quad \alpha_2 \geqslant \alpha_1.$$

不难看出, 重复 n 次这一过程即可将最大 a 与最小 a 的差至少缩小一半, 因而 $a_2^n - a_1^n \leqslant \frac{1}{2}(a_2 - a_1)$. 因此 $a_2^s - a_1^s \to 0$, $\alpha_1 = \alpha_2$. 于是可知, 所有的 a 全都趋于同一极限 $\mathfrak{A}$. 这就得出本定理的一个证明, 但这是一个比正文中所给出的要复杂得多的证明.

(a) $P(n)$ 蕴涵 $P(n+1)$;

(b) $P(n)$ 对 $n = 1$ 成立.

还有另外一种证明方法, 可称之为"反向归纳"证明. 依据这种证法, 命题 $P(n)$ 的真实性系之于

(a′) $P(n)$ 蕴涵 $P(n-1)$;

(b′) $P(n)$ 对无限大的 n 成立.

Cauchy 的证明可以成为后一种形式的一个证明. 首先, Cauchy 对 $n = 2^m$ 证明了 (b′). 其次, 若此定理对 n 成立, 且若 $\mathfrak{A}$ 为 $a_1, a_2, \cdots, a_{n-1}$ 的算术平均, 则运用此定理于 n 个数 $a_1, \cdots, a_{n-1}, \mathfrak{A}$ 即得

$$\mathfrak{A}^n = \left(\frac{a_1 + \cdots + a_{n-1} + \mathfrak{A}}{n} \right)^n > a_1 a_2 \cdots a_{n-1} \mathfrak{A}.$$

故对 $n-1$ 也成立.

(iii)[①]定义 a_1 和 a_2 如 (i), 然后用 $\mathfrak{A}$ 和 $a_1 + a_2 - \mathfrak{A}$ 分别代替 a_1 和 a_2, 于是 $\mathfrak{A}$ 仍然保持不变, 而

$$\mathfrak{A}(a_1 + a_2 - \mathfrak{A}) - a_1 a_2 = (\mathfrak{A} - a_1)(a_2 - \mathfrak{A}) > 0,$$

因而 $\mathfrak{G}$ 增大. 重复此过程, 则至多经过 $n-1$ 步之后, 即可得到一组 a, 其中每一个都等于 $\mathfrak{A}$. 因此即得 $\mathfrak{G} < \mathfrak{A}$.

这一证明多少有一点精巧, 但完全是初等的. 还有另外一种证法, 即将 a_1 和 a_2 分别代之以 $\mathfrak{G}$ 和 $a_1 a_2 / \mathfrak{G}$. 我们将此留给读者.

(iv) 该定理还有一些归纳性的证明: 参见 (例如) Chrystal[1, p.46]、Muirhead[3]. 有一个简单的证明如下[②]: 设 $0 < a_1 \leqslant a_2 \leqslant \cdots \leqslant a_n$, $a_1 < a_n$, $\mathfrak{A}_\nu$ 和 $\mathfrak{G}_\nu$ 是前 ν 个 a 构成的, 又设已经证明了 $\mathfrak{A}_{n-1} \geqslant \mathfrak{G}_{n-1}$, 于是, 据定理 1, $a_n > \mathfrak{A}_{n-1}$, 又

$$\mathfrak{A}_n = \frac{(n-1)\mathfrak{A}_{n-1} + a_n}{n} = \mathfrak{A}_{n-1} + \frac{a_n - \mathfrak{A}_{n-1}}{n}.$$

将上式两边自乘 n 次, 由于 $n > 1$, 则得

$$\mathfrak{A}_n^n > \mathfrak{A}_{n-1}^n + n \mathfrak{A}_{n-1}^{n-1} \frac{a_n - \mathfrak{A}_{n-1}}{n} = a_n \mathfrak{A}_{n-1}^{n-1} \geqslant a_n \mathfrak{G}_{n-1}^{n-1} = \mathfrak{G}_n^n.$$

(v) 另外一个有趣的证明是最近由 Steffensen[1, 2] 得出的. 它从下面的引理出发: **若对所有的 ν, $a_{\nu-1} \leqslant a_\nu$, $b_{\nu-1} \leqslant b_\nu$, $a_\nu \leqslant b_\nu$, 则将 a_i 与 b_i 作交换时, $\Sigma a \Sigma b$ 不减少, 且除 $a_i = b_i$ 或当 $\nu \neq i$ 时 $a_\nu = b_\nu$ 这种情形外, 为增加.** 此引理可由下面的恒等式立刻得出:

$$[\Sigma a + (b_i - a_i)] [\Sigma b + (a_i - b_i)]$$
$$= \Sigma a \Sigma b + (b_i - a_i) [(\Sigma b - b_i) - (\Sigma a - a_i)].$$

[①] 关于这些证明, 可参见 Sturm[1, p.3]、Crawford[1]、Briggs and Bryan[1, p.185]、Muirhead[3]、Hardy[1, p.32].

[②] 另外一个属于 R. Rado 的简单证明放在本章之末 (定理 60).

要推出平均值定理, 可将它写成

$$(a_1 + a_1 + \cdots + a_1) \cdots (a_n + a_n + \cdots + a_n)$$
$$\leqslant (a_1 + a_2 + \cdots + a_n) \cdots (a_1 + a_2 + \cdots + a_n).$$

若假定 $a_1 \leqslant a_2 \leqslant \cdots \leqslant a_n$ (这是可以做到的), 并将左边第一因子中的 $n-1$ 个项分别与其余各 $n-1$ 个因子中的一项交换, 则得

$$(a_1 + a_2 + a_3 + \cdots + a_n)(a_1 + a_2 + a_2 + \cdots + a_2) \cdots (a_1 + a_n + a_n + \cdots + a_n).$$

由引理, 上式比原式大, 除非所有的 a 都相等. 重复此项论证即得定理.

(vi) 定理 9 (或在本节中讨论的特别情形) 的另外的证明将在 2.14 节、2.15 节、2.21 节、3.11 节和 4.2 节中给出.

2.7 Hölder 不等式及其推广

下一组定理以定理 11 (Hölder 不等式) 为中心[①].

定理 10 设 $(a), (b), \cdots, (l)$ 为 m 个组, 各有 n 个数, 则

$$\mathfrak{G}(a) + \mathfrak{G}(b) + \cdots + \mathfrak{G}(l) < \mathfrak{G}(a + b + \cdots + l), \tag{2.7.1}$$

除非 $(a), (b), \cdots, (l)$ 中每两个都成比例, 或存在 ν 使得 $a_\nu = b_\nu = \cdots = l_\nu = 0$.

此定理表明, 若 $\Sigma q = 1$, 则

$$a_1^{q_1} a_2^{q_2} \cdots a_n^{q_n} + b_1^{q_1} b_2^{q_2} \cdots b_n^{q_n} + \cdots + l_1^{q_1} l_2^{q_2} \cdots l_n^{q_n}$$
$$< (a_1 + b_1 + \cdots + l_1)^{q_1} (a_2 + b_2 + \cdots + l_2)^{q_2} \cdots (a_n + b_n + \cdots + l_n)^{q_n},$$

除非矩阵

$$\begin{pmatrix} a_1, & b_1, & \cdots, & l_1 \\ a_2, & b_2, & \cdots, & l_2 \\ \cdots, & \cdots, & \cdots, & \cdots \\ a_n, & b_n, & \cdots, & l_n \end{pmatrix}$$

的每两列都成比例, 或有一行都为 0. 所有各列都成比例 (即每两列都成比例) 的充要条件为: 对任意 μ 和 ν, $a_\mu b_\nu - a_\nu b_\mu = 0$, $a_\mu c_\nu - a_\nu c_\mu = 0$, $\cdots$. 而此条件也是所有各行都成比例的充要条件. 记住这一点, 并将我们的记号依照矩阵中行列位置互换的情况加以改变, 且将 $q_1, q_2, \cdots, q_n$ 写成 $\alpha, \beta, \cdots, \lambda$, 即可看出定理 10 相当于

[①] 严格说来, Hölder 不等式是定理 14 或定理 13 的 (2.8.3). 不等式 (2.7.1) 是由 Minkowski[1, p.117] 针对两个组和相等的权明确提出的.

定理 11 若 $\alpha, \beta, \cdots, \lambda$ 为正, 且 $\alpha + \beta + \cdots + \lambda = 1$, 则

$$\Sigma a^\alpha b^\beta \cdots l^\lambda < (\Sigma a)^\alpha (\Sigma b)^\beta \cdots (\Sigma l)^\lambda, \tag{2.7.2}$$

除非集合 $(a), (b), \cdots, (l)$ 都成比例, 或者有一个集合为零集.

等号成立的条件也可表示为: 有一个集合与其他所有的集合都成比例 (零集与所有其他的集合都成比例). 有一个集合为零集的情况是显然的, 因而在证明中可以不去管它.

在这里, 我们也给出两个证明.

(i) 由定理 7,

$$(\Sigma ab)^2 < \Sigma a^2 \Sigma b^2,$$

除非 (a) 与 (b) 成比例. 因此,

$$(\Sigma abcd)^4 \leqslant \left(\Sigma a^2 b^2\right)^2 \left(\Sigma c^2 d^2\right)^2 \leqslant \Sigma a^4 \Sigma b^4 \Sigma c^4 \Sigma d^4,$$

不等号至少在一处成立, 除非 $(a), (b), (c), (d)$ 都成比例[①]. 重复此项论证, 则可得

$$(\Sigma ab \cdots l)^{2^m} < \Sigma a^{2^m} \Sigma b^{2^m} \cdots \Sigma l^{2^m}, \tag{2.7.3}$$

式中共有 2^m 组 $(a), (b), \cdots$, 除非所有的集合都成比例, 否则不等号总成立. 此即等价于当每一指数都为 2^{-m} 时的 (2.7.2).

今设 M 为任一小于 2^m 的数, 并设 (g) 为第 M 个集. 若 $(ab \cdots g)$ 不为零集, 则定义 $A, B, \cdots, L$ 为

$$A^{2^m} = a^M, \cdots, G^{2^m} = g^M \quad (M \text{ 个集}),$$
$$H^{2^m} = K^{2^m} = \cdots = L^{2^m} = ab \cdots g \quad (2^m - M \text{ 个集}),$$

因而 $AB \cdots L = ab \cdots g$. 运用 (2.7.3) 于 $A, B, \cdots, L$, 则得

$$(\Sigma ab \cdots g)^{2^m} < \Sigma a^M \cdots \Sigma g^M (\Sigma ab \cdots g)^{2^m - M}$$

因此

$$(\Sigma ab \cdots g)^M < \Sigma a^M \Sigma b^M \cdots \Sigma g^M, \tag{2.7.4}$$

除非集合 $(A), (B), \cdots, (L)$ (从而集合 $(a), (b), \cdots, (g)$) 都成比例. 此即相当于每一指数都为 $1/M$ 时的 (2.7.2). 我们已经假定过 $(ab \cdots g)$ 不为零集; 若其为零集, 则 (2.7.4) 显然成立, 因 $(a), (b), \cdots, (g)$ 中没有一个为零集.

---

① 零集除外, 现在比例性具备了传递性: 参见 2.1 节.

今若 $\alpha, \beta, \cdots$ 为有理数, 则可记

$$\alpha = \frac{\alpha'}{M}, \quad \beta = \frac{\beta'}{M}, \quad \cdots,$$

其中 $\alpha', \beta', \cdots$ 都为整数, 且 $\Sigma\alpha' = M$. 运用 (2.7.2) (指数都为 $1/M$) 于由 α' 个同样的 a 集, β' 个同样的 b 集等所组成的 M 个集, 则得 (2.7.2), 其指数为 $\alpha, \beta, \cdots$.

最后, 若 $\alpha, \beta, \cdots$ 不全为有理数, 则可代之以和数为 1 的有理近似值. 然后就这些有理指数构成 (2.7.2), 再取极限. 在此过程中, "$<$" 退化为 "$\leqslant$", 因而如同 2.5 节 (i) 中一样, 我们还不能立刻得到一个完全的证明. 可以完成这一证明如下. 令 $\alpha = \alpha_1 + \alpha_2$, $\beta = \beta_1 + \beta_2$, $\cdots$, 其中所有的数都为正, 且附标为 1 的数都为有理数. 若 $\Sigma\alpha_1 = \sigma_1$, $\Sigma\alpha_2 = \sigma_2$, 因而 $\sigma_1 + \sigma_2 = 1$, 且 $P_1^{\sigma_1} = a^{\alpha_1} b^{\beta_1} \cdots$, $P_2^{\sigma_2} = a^{\alpha_2} b^{\beta_2} \cdots$. 于是有

$$\Sigma a^\alpha b^\beta \cdots l^\lambda = \Sigma P_1^{\sigma_1} P_2^{\sigma_2} \leqslant (\Sigma P_1)^{\sigma_1} (\Sigma P_2)^{\sigma_2}.$$

因 $\alpha_1, \beta_1, \cdots$ 为有理数, 故

$$\Sigma P_1 = \Sigma a^{\alpha_1/\sigma_1} \cdots l^{\lambda_1/\sigma_1} < (\Sigma a)^{\alpha_1/\sigma_1} \cdots (\Sigma l)^{\lambda_1/\sigma_1};$$

对于 ΣP_2, 也有类似的不等式, 但仅 "$\leqslant$" 成立, 合并我们的结果即得 (2.7.2).

(ii) 可以从定理 9 推出定理 11. 事实上, 我们有 (因为没有一个集合为零集)

$$\frac{\Sigma a^\alpha b^\beta \cdots l^\lambda}{(\Sigma a)^\alpha (\Sigma b)^\beta \cdots (\Sigma l)^\lambda} = \Sigma \left(\frac{a}{\Sigma a}\right)^\alpha \left(\frac{b}{\Sigma b}\right)^\beta \cdots \left(\frac{l}{\Sigma l}\right)^\lambda$$

$$\leqslant \Sigma \left(\alpha \frac{a}{\Sigma a} + \beta \frac{b}{\Sigma b} + \cdots + \lambda \frac{l}{\Sigma l}\right)$$

$$= \alpha + \beta + \cdots + \lambda = 1.$$

其中, 等号仅当

$$\frac{a_\nu}{\Sigma a} = \frac{b_\nu}{\Sigma b} = \cdots = \frac{l_\nu}{\Sigma l} \quad (\nu = 1, 2, \cdots, n)$$

时成立, 亦即仅当 $(a), (b), \cdots, (l)$ 成比例时成立.

可以看出, 不管 $\alpha, \beta, \cdots$ 是有理数或无理数, 在我们的证明中, 除了定理 9 的证明中所出现的极限手续外, 就不再包含另外的极限手续, 该证明的原则同下面由 Francis and Littlewood[1][①] 以及 F. Riesz[6] 独立得出的定理 13 的证明原则是相同的.

2.8　Hölder 不等式及其推广 (续)

若假定 $r \neq 0$, 并将定理 11 中的 $a, b, \cdots, l$ 分别代以 $qa^{r/\alpha}, qb^{r/\beta}, \cdots, ql^{r/\lambda}$, 则得

---

① 参见 Hardy[8].

定理 12 若 $r, \alpha, \beta, \cdots, \lambda$ 都为正, 且 $\alpha + \beta + \cdots + \lambda = 1$, 则

$$\mathfrak{M}_r(ab\cdots l) < \mathfrak{M}_{r/\alpha}(a)\mathfrak{M}_{r/\beta}(b)\cdots\mathfrak{M}_{r/\lambda}(l),$$

除非 $(a^{1/\alpha}), (b^{1/\beta}), \cdots, (l^{1/\lambda})$ 成比例, 或右边有一因子为 0. 若 $r < 0$, 则不等式改变符号.

可以看出, 当 $r > 0$ 时, 第二种例外情形仅当集 $(a), (b), \cdots$ 中有一个为零集时才发生; 而当 $r < 0$ 时, 只需某一集中有一数为 0 即可出现. 当 $r = 0$ 时, 在任何情况下等号都成立.

经常会看到, 当只涉及两组数时, 使用记号

$$k' = \frac{k}{k-1} \tag{2.8.1}$$

较为方便, 其中 k 为不等于 1 的任何实数. 关系 (2.8.1) 也可以写成对称形式

$$(k-1)(k'-1) = 1, \quad \frac{1}{k} + \frac{1}{k'} = 1 \tag{2.8.2}$$

(当 $k = 0$ 且 $k' = 0$ 时, 最后一种形式不可能). 我们称 k 和 k' 为**共轭**.

定理 13 设 $k \neq 0$, $k \neq 1$, k' 共轭于 k, 则

$$\Sigma ab < \left(\Sigma a^k\right)^{1/k}\left(\Sigma b^{k'}\right)^{1/k'} \quad (k > 1), \tag{2.8.3}$$

除非 (a^k) 和 $(b^{k'})$ 成比例; 又

$$\Sigma ab > \left(\Sigma a^k\right)^{1/k}\left(\Sigma b^{k'}\right)^{1/k'} \quad (k < 1), \tag{2.8.4}$$

除非 (a^k) 和 $(b^{k'})$ 成比例或 (ab) 为零集.

Cauchy 不等式 (定理 7) 为 $k = k' = 2$ 时的特殊情形, 此时 k 与其自身共轭.

(i) 设 $k > 1$, 则 (2.8.3) 为定理 11 的一种特例, 此时共有两组字母, 而 $\alpha = \frac{1}{k}$, $\beta = \frac{1}{k'}$. 这就是通常的 Hölder 不等式[1].

(ii) 设 $0 < k < 1$, 因而 $k' < 0$. 若有某个 b 为 0, 则如在 2.1 节中一样, (2.8.4) 右边的第二因子解释为 0, 因而 (2.8.4) 成立, 除非 (ab) 为零集. 若每个 b 都为正, 则定义 l 为

$$l = 1/k,$$

因而

$$l > 1, \quad k' = -kl';$$

---

① Hölder[1]. Hölder 将此定理表示成一个不大对称的形式, 这在稍早一些已由 Rogers[1] 得出.

又定义 u 和 v 为

$$u = (ab)^k, \quad v = b^{-k},$$

因而

$$ab = u^l, \quad a^k = uv, \quad b^{k'} = v^{l'}.$$

于是, (2.8.4) 就化归为 (2.8.3), 不过是以 u, v, l 代替 a, b, k. 例外情形就是 (u^l) 和 $(v^{l'})$ 成比例, 即 (ab) 和 $(b^{k'})$ 成比例. 若情形真是如此, 则 (因诸 b 现在全为正) 集 (a) 和 $(b^{k'-1})$ 成比例, 因而集 (a^k) 和 $(b^{k'})$ 成比例.

(iii) 若 $k < 0$, 则 $0 < k' < 1$. 将 a 与 b 交换, k 与 k' 交换, 则此种情况即化归为 (ii). (ii) 和 (iii) 都包含在 (2.8.4) 之中.

若作适当的规定, 则这些不等式对于例外情形 $k = 0$ 或 $k = 1$ 仍然成立. 若 $k = 0$, $k' = 0$, 我们必须将 (2.8.4) 解释为

$$a_1 b_1 + a_2 b_2 + \cdots + a_n b_n > n (a_1 \cdots a_n b_1 \cdots b_n)^{1/n}.$$

若 $k = 1$, 可以将 k' 解释为 $+\infty$ 或 $-\infty$. 在前一情形下, 我们将 (2.8.3) 解释为 $\Sigma ab < \max b \Sigma a$; 而在后一情形下, 则将 (2.8.4) 解释为 $\Sigma ab > \min b \Sigma a$. 请读者自己把等号成立的情形挑选出来.

可以把 (2.8.3) 和 (2.8.4) 合并成一个不等式

$$(\Sigma ab)^{kk'} < \left(\Sigma a^k\right)^{k'} \left(\Sigma b^{k'}\right)^{k} \quad (k \neq 0, k \neq 1). \tag{2.8.5}$$

鉴于 Hölder 不等式极为重要, 这里我们将改变一向的惯例, 明白地说出关于复数 a 和 b 的派生定理.

定理 14   若 $k > 1$, k' 共轭于 k, 则

$$|\Sigma ab| \leqslant \left(\Sigma |a|^k\right)^{1/k} \left(\Sigma |b|^{k'}\right)^{1/k'},$$

等号成立的充要条件是 $(|a_\nu|^k)$ 和 $(|b_\nu|^{k'})$ 成比例, 且 $\arg a_\nu b_\nu$ 与 ν 无关.

证明所需要的附加说明只有

$$|\Sigma ab| < \Sigma |ab|,$$

除非 $\arg a_\nu b_\nu$ 与 ν 无关. 可以认为 0 的辐角是任意的.

下述定理是定理 13 第一部分的一种变形, 有时可称之为 "Hölder 不等式的逆定理".

定理 15   设 $k > 1$, k' 共轭于 k, $B > 0$, 则 $\Sigma a^k \leqslant A$ 成立的充要条件为: 对于所有使得 $\Sigma b^{k'} \leqslant B$ 成立的 b, 都有 $\Sigma ab \leqslant A^{1/k} B^{1/k'}$.

由 (2.8.3),条件是必要的. 若 $\Sigma a^k > A$,则可以选择 b,使得 $\Sigma b^{k'} = B$,且使 $(b^{k'})$ 与 (a^k) 成比例. 于是

$$\Sigma ab = (\Sigma a^k)^{1/k} (\Sigma b^{k'})^{1/k'} > A^{1/k} B^{1/k'}.$$

因而条件为充分的.

定理 15 在确定 Σa^k 的上界时常常是很有用的. 任何基于此定理的论证,总可转变为只包含一个特殊的 (b) 的论证,不过这里所表达出来的形式,它具有任意的 (b),有时是比较方便的[①].

2.9 平均值 $\mathfrak{M}_r(a)$ 的一般性质

现在可以来证明一个定理,它使得 2.3 节至 2.4 节中的某些定理变得完善了,而且可以取代它们.

定理 16[②] 若 $r < s$,则

$$\mathfrak{M}_r(a) < \mathfrak{M}_s(a), \tag{2.9.1}$$

除非所有的 a 都相等,或 $s \leqslant 0$ 且有某些 a 为 0.

我们已经对下列几种特殊情形证明了本定理:(i) $r = -\infty$ (定理 5),(ii) $s = +\infty$ (定理 5),(iii) $r = 0$, $s = 1$ (定理 9),(iv) $s = 2r$ (定理 6).

先设 $0 < r < s$,并令 $r = s\alpha$,于是 $0 < \alpha < 1$;又令

$$pa^s = u, \quad p = v,$$

因而 $v > 0$ 且 $pa^{s\alpha} = (pa^s)^\alpha p^{1-\alpha} = u^\alpha v^{1-\alpha}$. 于是,由定理 11,有

$$\Sigma u^\alpha v^{1-\alpha} < (\Sigma u)^\alpha (\Sigma v)^{1-\alpha}, \tag{2.9.2}$$

除非 u_ν/v_ν 与 ν 无关,亦即 a_ν 与 ν 无关,因此,

$$\left(\frac{\Sigma pa^{s\alpha}}{\Sigma p}\right)^{1/s\alpha} < \left(\frac{\Sigma pa^s}{\Sigma p}\right)^{1/s},$$

此即 (2.9.1).

$r \leqslant 0$ 且有某些 a 为 0 的情形是显然的,可以不去管它. 若每个 a 都为正,且 $r = 0 < s$,则由定理 9 和 (2.2.7),可得

$$[\mathfrak{M}_0(a)]^s = [\mathfrak{G}(a)]^s = \mathfrak{G}(a^s) < \mathfrak{A}(a^s) = [\mathfrak{M}_s(a)]^s.$$

[①] 比较 6.9 节及 6.13 节.

[②] Schlömilch[1]. 参见 Reynaud and Duhamel[1, p.155] 以及 Chrystal[1, p.48].

余下的两种情形, $r < s < 0$ 和 $r < s = 0$, 根据 (2.2.9) 即化为已经讨论过的情形.

定理 17[①]   若 $0 < r < s < t$, 则

$$\mathfrak{M}_s^s < (\mathfrak{M}_r^r)^{\frac{t-s}{t-r}} (\mathfrak{M}_t^t)^{\frac{s-r}{t-r}}, \tag{2.9.3}$$

除非所有异于 0 的 a 都相等.

我们将参数限制为正, 因为负值或 0 会带来许多麻烦, 不值得作系统的钻研. 可以记

$$s = r\alpha + t(1 - \alpha) \quad (0 < \alpha < 1).$$

该不等式于是就成为

$$\Sigma qa^s < (\Sigma qa^r)^\alpha \left(\Sigma qa^t\right)^{1-\alpha}.$$

令 $u = qa^r$, $v = qa^t$, 这就化为定理 11 的一种特别情形. 等号成立的条件是 (u) 与 (v) 成比例, 而这显然是等价于在定理的叙述中所说明的. 读者应当分辨出定理 16 和定理 17 中等号成立的条件有何不同.

以后 (3.6 节, 定理 87) 我们将看到, 定理 17 可以用一种更简明的形式表出.

2.10   和数 $\mathfrak{S}_r(a)$

(i) 令

$$\mathfrak{S}_r = \mathfrak{S}_r(a) = (\Sigma a^r)^{1/r} \quad (r > 0).$$

我们只限于讨论 r 为正的情形, 而对于 $r \leqslant 0$ 这一情形, 请读者把构造关于 $\mathfrak{S}_r$ 的理论这一任务当成一个练习去完成.

定理 18   若 $0 < r < s < t$, 则

$$\mathfrak{S}_s^s < (\mathfrak{S}_r^r)^{\frac{t-s}{t-r}} (\mathfrak{S}_t^t)^{\frac{s-r}{t-r}}, \tag{2.10.1}$$

除非所有异于 0 的 a 都相等.

这基本上和定理 17 是同一定理. 事实上,

$$\mathfrak{S}_r(a) = n^{1/r} \mathfrak{M}_r(a), \tag{2.10.2}$$

平均值 $\mathfrak{M}_r(a)$ 是单位权做成的, n 的幂约掉, (2.10.1) 就化为 (2.9.3).

定理 17 和定理 18 之间的共同之处可以这样来说明, 即 (2.9.3) 和 (2.10.1) 是依 1.4 节中的第二种意义 (即记号 Σ) 为齐次的. 关于和数, 有一个与定理 16 相对应的定理, 但在该定理 [此系由下面的 (2.10.3) 表出] 中, 不等号反了过来. (2.10.3) 关于 Σ 是非齐次的, 它与 (2.9.1) 的关系并不像 (2.10.1) 与 (2.9.3) 的关系.

---

① Liapounoff[1, p.2].

定理 19[①]　若 $0 < r < s$，则

$$\mathfrak{S}_s(a) < \mathfrak{S}_r(a), \tag{2.10.3}$$

除非所有的 a 除了至多一个之外都为 0.

因为此不等式关于 a 为齐次，故可假定 $\Sigma a^r = 1$，即 $\mathfrak{S}_r = 1$[②]. 于是，对每一个 ν 都有 $a_\nu \leqslant 1$，因而有 $a_\nu^s \leqslant a_\nu^r$ 及

$$\Sigma a^s \leqslant \Sigma a^r = 1.$$

若不止一个 a 为正，则至少有一个正的 a 小于 1，因而不等式成立. 定理 19 通常叫作 Jensen 不等式.

(ii) 现在添上与定理 4 和定理 3 相对应的关于 $\mathfrak{S}_r(a)$ 的定理.

定理 20　当 $r \to \infty$ 时，$\mathfrak{S}_r \to \max a$.

定理 21　当 $r \to 0$ 时，$\mathfrak{S}_r \to \infty$，除非所有的 a 除了至多一个之外都为 0.

定理 20 可从 (2.10.2) 和定理 4 得出. 要证明定理 21，只需注意到 $\Sigma a^r = N + o(1)$ 即可，其中 N 为正 a 的个数.

(iii) 由定理 19，结合定理 11，可得下述的 Jensen 定理[③].

定理 22　若 $\alpha, \beta, \cdots, \lambda$ 为正，且 $\alpha + \beta + \cdots + \lambda > 1$，则

$$\Sigma a^\alpha b^\beta \cdots l^\lambda < (\Sigma a)^\alpha (\Sigma b)^\beta \cdots (\Sigma l)^\lambda,$$

除非有一个集合中的所有数都为 0，或每个集合中的所有数除了一个之外都为 0，而且在后一种情形下，其为正的数有着相同的秩 (rank).

令 $\alpha = k\alpha'$，$\beta = k\beta'$，$\cdots$，其中 $k > 1$，且 $\alpha' + \beta' + \cdots = 1$. 若 $a^k = A$，$b^k = B$，$\cdots$，则由定理 11 和定理 19，有

$$\Sigma a^\alpha b^\beta \cdots l^\lambda = \Sigma A^{\alpha'} B^{\beta'} \cdots L^{\lambda'} \leqslant (\Sigma A)^{\alpha'} (\Sigma B)^{\beta'} \cdots (\Sigma L)^{\lambda'}$$
$$= (\Sigma a^k)^{\alpha/k} \cdots (\Sigma l^k)^{\lambda/k} \leqslant (\Sigma a)^\alpha \cdots (\Sigma l)^\lambda.$$

不等号总在某一处成立，除非两个定理中等号成立的条件同时得到满足.

(iv) 很自然地考虑加权和数

$$\mathfrak{T}_r = \mathfrak{T}_r(a) = \mathfrak{T}_r(a, p) = (\Sigma p a^r)^{1/r}.$$

很明显，不可能存在一个形如 (2.9.1) 或 (2.10.3) 的一般关系，因为当 $p_\nu = 1$ 时，$\mathfrak{T}_r$ 即为定理 19 中的 $\mathfrak{S}_r$，而当 $\Sigma p_\nu = 1$ 时即为 $\mathfrak{M}_r$. 在这一个方向上可能出现的情形是由下面的定理解决的.

---

① Pringsheim[1]、Jensen[2]. Pringsheim 把它的第二个证明归功于 Lüroth.
② 可参见 1.4 节中关于这一证明所作的说明.
③ Jensen[2].

定理 23　　关系

$$\mathfrak{T}_r \leqslant \mathfrak{T}_s \quad (0 < r < s) \tag{2.10.4}$$

对给定的权 p 和所有的 a 都成立的充要条件是 $\Sigma p \leqslant 1$. 此时不等号总成立, 除非 (a) 为零集或 $\Sigma p = 1$ 且所有的 a 都相等.

关系

$$\mathfrak{T}_s \leqslant \mathfrak{T}_r \quad (0 < r < s) \tag{2.10.5}$$

对给定的权 p 及所有的 a 都成立的充要条件是 $p_\nu \geqslant 1$ 对所有的 ν 都成立. 此时不等号总成立, 除非 (a) 为零集, 或 $a_k > 0$, $p_k = 1$, 而其余的 a 都为 0.

(i) 若对每一个 ν 都取 $a_\nu = 1$, 则 $\mathfrak{T}_r = (\Sigma p)^{1/r}$, (2.10.4) 仅当 $\Sigma p \leqslant 1$ 时才能成立. 若此条件成立, 且 $r = s\alpha$, 则 $0 < \alpha < 1$, 因而有

$$\Sigma p a^r = \Sigma (p a^s)^\alpha p^{1-\alpha} \leqslant (\Sigma p a^s)^\alpha (\Sigma p)^{1-\alpha} \leqslant (\Sigma p a^s)^\alpha,$$

此即 (2.10.4). 等号成立的条件显然即为所述.

(ii) 若取 $a_k = 1$ 且其余的 a 为 0, 则 $\mathfrak{T}_r = p_k^{1/r}$, 而 (2.10.5) 仅当 $p_k \geqslant 1$ 时成立. 若此条件满足, 令 $s = r\beta$, 因而 $\beta > 1$, 并假定 $\Sigma p a^r = 1$ (根据齐次性, 可以这样做), 则对每一个 ν, $p a^r \leqslant 1$, 且

$$\Sigma p a^s = \Sigma (p a^r)^\beta p^{1-\beta} \leqslant \Sigma (p a^r)^\beta \leqslant \Sigma p a^r,$$

此即 (2.10.5). 等号成立的条件显然即为所述.

2.11　Minkowski 不等式

下面的定理是定理 10 的一个推广.

定理 24　　设 r 为有限的且不等于 1, 则

$$\mathfrak{M}_r(a) + \mathfrak{M}_r(b) + \cdots + \mathfrak{M}_r(l) > \mathfrak{M}_r\,(a + b + \cdots + l) \quad (r > 1), \tag{2.11.1}$$

$$\mathfrak{M}_r(a) + \mathfrak{M}_r(b) + \cdots + \mathfrak{M}_r(l) < \mathfrak{M}_r\,(a + b + \cdots + l) \quad (r < 1), \tag{2.11.2}$$

除非 $(a), (b), \cdots, (l)$ 成比例, 或 $r \leqslant 0$ 且对某一个 ν, $a_\nu = b_\nu = \cdots = l_\nu = 0$.

当 $r = 1$ 时, 对任何 $a, b, \cdots$ 等号都成立. 定理 10 乃是 $r = 0$ 这一特别情形. 主要的结果当 $r = \infty$ 或 $r = -\infty$ 时仍然成立 (而且是显然的), 只不过等号成立的条件需要另加叙述. 我们把它留给读者.

现取带有 q 的平均, 并令

$$a + b + \cdots + l = s, \quad \mathfrak{M}_r(s) = S,$$

于是有

$$S^r = \Sigma q s^r = \Sigma q a s^{r-1} + \Sigma q b s^{r-1} + \cdots + \Sigma q l s^{r-1}$$
$$= \Sigma (q^{1/r} a)(q^{1/r} s)^{r-1} + \cdots + \Sigma (q^{1/r} l)(q^{1/r} s)^{r-1}.$$

首先, 设 $r > 1$. 把定理 13 中的 (2.8.3) 运用到右边各和数, 则得

$$S^r \leqslant (\Sigma qa^r)^{1/r} (\Sigma qs^r)^{1/r'} + \cdots = S^{r-1}[(\Sigma qa^r)^{1/r} + \cdots]. \tag{2.11.3}$$

等号仅当 $(qa^r), (qb^r), \cdots$ 全与 (qs^r) 成比例时成立, 也就是仅当 $(a), (b), \cdots$ 成比例时成立. 因 S 为正 (除非每一集都为空集), 这就证明了 (2.11.1)[1].

其次, 假定 $0 < r < 1$. 除非所有的集 $(a), (b), \cdots$ 都为空集, 否则总有某一个 ν 使 $s_\nu > 0$. 若对某一个特定的 ν, 有 $s_\nu = 0$, 则 $a_\nu = b_\nu = \cdots = l_\nu = 0$, 于是就可将该 ν 略去不予考虑. 因此, 在讨论时就可以假定 $s_\nu > 0$ 对所有的 ν 都成立. 这样一来, 由定理 13 的 (2.8.4) 即得 (2.11.3), 只不过不等号反了过来, 而证明则可如前得出.

最后, 假定 $r < 0$. 若有某个 s_ν 为 0, 则所有的平均都为 0, 因此可以假定对所有的 ν 都有 $s_\nu > 0$. 若有某个 a_ν 为 0, 则 $\mathfrak{M}_r(a) = 0$, 因而可将文字 a 略去[2]. 在讨论时可以假定 $a, b, \cdots$ 都为正, 所有的一切都可由定理 13 的 (2.8.4) 得出.

当诸 q 都相等时, 可得

定理 25　若 r 为有限的, 且不等于 0 或 1, 则

$$[\Sigma(a + b + \cdots + l)^r]^{1/r} < (\Sigma a^r)^{1/r} + \cdots + (\Sigma l^r)^{1/r} \quad (r > 1), \tag{2.11.4}$$

$$[\Sigma(a + b + \cdots + l)^r]^{1/r} > (\Sigma a^r)^{1/r} + \cdots + (\Sigma l^r)^{1/r} \quad (r < 1), \tag{2.11.5}$$

除非 $(a), (b), \cdots, (l)$ 成比例, 或 $r < 0$ 且对某个 ν, $a_\nu, b_\nu, \cdots, l_\nu$ 全为 0.

(2.11.4) 通常称为 Minkowski 不等式[3]. 定理 24 只是表面上比定理 25 更广泛一些, 因为若将 $a, b, \cdots$ 代以 $p^{1/r}a, p^{1/r}b, \cdots$, 则它可从定理 25 得出.

定理 24 可以用一种非常好的对称形式表出[4].

定理 26　设 $\mathfrak{M}^{(\mu)}$ 表示关于附标 μ 所取的带有权 p_μ 的平均, $\mathfrak{M}^{(\nu)}$ 表示关于 ν 所取的带有权 q_ν 的平均[5]; 又设 $0 < r < s < \infty$. 则

$$\mathfrak{M}_s^{(\nu)}\mathfrak{M}_r^{(\mu)}(a_{\mu\nu}) < \mathfrak{M}_r^{(\mu)}\mathfrak{M}_s^{(\nu)}(a_{\mu\nu}),$$

除非 $a_{\mu\nu} = b_\mu c_\nu$.

这一结果对于满足 $r < s$ 的所有 r 和 s 普遍成立, 只不过要对等号成立的情形加以详细说明.

---

① 这一证明属于 F. Riesz[1, p.45].

② 这里用到了 (2.2.15).

③ Minkowski[1, pp.115-117].

④ 定理 26 是在 1929 年由 A. E. Ingham 先生告诉我们的. Minkowski 不等式的这一提法亦由 Jessen 独立地得出, 发表在他的论文 [1] 中. 这篇及其后的论文 [2] 和 [3] 中包含了许多有趣的推广: 参见定理 136 和定理 137.

⑤ 我们在这里没有遵守通常对于 q 所作的规定, Σq 不一定为 1 (虽然我们在证明此不等式时, 是把它转变为一个可以假定 $\Sigma q = 1$ 的不等式来证的).

现就 $0 < r < s < \infty$ 来证明本定理，而将其他情形留给读者. 当 $r \leqslant 0$ 或 r 与 s 中有一个为无穷时，关于等号的成立有着许多补充情况.

令 $s/r = k > 1$, $p_\mu a_{\mu\nu}^r = A_{\mu\nu}$, 则所要证的不等式即为

$$\left[\sum_{\nu=1}^{n} q_\nu \left(\sum_{\mu=1}^{m} p_\mu a_{\mu\nu}^r \right)^{s/r} \right]^{1/s} < \left[\sum_{\mu=1}^{m} p_\mu \left(\sum_{\nu=1}^{n} q_\nu a_{\mu\nu}^s \right)^{r/s} \right]^{1/r}$$

也就是

$$\left[\sum_{\nu=1}^{n} q_\nu \left(\sum_{\mu=1}^{m} A_{\mu\nu} \right)^k \right]^{1/k} < \sum_{\mu=1}^{m} \left(\sum_{\nu=1}^{n} q_\nu A_{\mu\nu}^k \right)^{1/k}.$$

当 $\Sigma q = 1$ 时，此式即化为 (2.11.1)，又因此式关于 q 为齐次，故无此条件时亦成立.

2.12 Minkowski 不等式的伴随不等式

下述定理乃是定理 25 的一个类似定理，不过比较简单.

定理 27 若 r 为正，且不等于 1, 则

$$\Sigma(a + b + \cdots + l)^r > \Sigma a^r + \Sigma b^r + \cdots + \Sigma l^r \quad (r > 1), \qquad (2.12.1)$$

$$\Sigma(a + b + \cdots + l)^r < \Sigma a^r + \Sigma b^r + \cdots + \Sigma l^r \quad (0 < r < 1), \qquad (2.12.2)$$

除非每一集 $a_\nu, b_\nu, \cdots, l_\nu (\nu = 1, 2, \cdots, n)$ 中所有的数除一个之外都为 0.

此定理由定理 19 立刻得出，因为如果 (比如说) $r > 1$, 则

$$(a + b + \cdots + l)^r > a^r + b^r + \cdots + l^r,$$

除非所有的 $a, b, \cdots, l$ 除一个之外都为 0. 我们要注意，(2.12.1) 和 (2.12.2) 的不等号方向与 (2.11.4) 和 (2.11.5) 的方向是相反的.

实际应用中通常需要把 (2.11.4) 和 (2.12.2) 结合起来使用，即

定理 28 若 $r > 0$, 则

$$[\Sigma(a + b + \cdots + l)^r]^R \leqslant (\Sigma a^r)^R + (\Sigma b^r)^R + \cdots + (\Sigma l^r)^R,$$

其中当 $0 < r \leqslant 1$ 时 $R = 1$, 当 $r > 1$ 时 $R = \dfrac{1}{r}$.

2.13 诸基本不等式的解说和应用

(i) Hölder 不等式和 Minkowski 不等式的几何解释

Hölder 不等式和 Minkowski 不等式的两个特别简单的情形是

$$(x_1x_2 + y_1y_2 + z_1z_2)^2 < (x_1^2 + y_1^2 + z_1^2)(x_2^2 + y_2^2 + z_2^2), \tag{2.13.1}$$

$$\sqrt{(x_1+x_2)^2 + (y_1+y_2)^2 + (z_1+z_2)^2} < \sqrt{x_1^2+y_1^2+z_1^2} + \sqrt{x_2^2+y_2^2+z_2^2}. \tag{2.13.2}$$

当变量取任何实数值时它们都成立, 反映了这样的两个事实, 即 (1) 一个实角的余弦在数值上总是小于 1 的; (2) 三角形两边之和大于第三边. 除非在 (1) 中向量 (x_1, y_1, z_1) 和 (x_2, y_2, z_2) 平行 (方向相同或相反), 在 (2) 中这两个向量平行且同向.

Minkowski 不等式的常用形式是 (2.13.2) 在 n 维度量空间中的一个推广, 该空间的距离定义为

$$P_1P_2 = (|x_1 - x_2|^r + |y_1 - y_2|^r + \cdots)^{1/r} \quad (r \geqslant 1).$$

(2.13.1) 的一些最明显的推广并不是得之于对于一般的 r 都成立的 Hölder 不等式, 而是联系着 $r = 2$ 这一情形从另外一个方面进行推广的.

定理 29 若 $\Sigma a_{\mu\nu}x_\mu x_\nu$ (其中 $a_{\mu\nu} = a_{\nu\mu}$) 为正二次型 (系数是实数, 但不一定是正数), 则

$$\left(\Sigma a_{\mu\nu}x_\mu y_\nu\right)^2 < \Sigma a_{\mu\nu}x_\mu x_\nu \Sigma a_{\mu\nu}y_\mu y_\nu,$$

除非 (x) 与 (y) 成比例.

该定理可由

$$\Sigma a_{\mu\nu}(\lambda x_\mu + \mu y_\mu)(\lambda x_\nu + \mu y_\nu)$$

为正这一事实立刻得出: 比较定理 7 的第二个证明. 它在几何上表示 (2.13.1) 在 n 维空间中的一个推广, 这个 n 维空间具有斜坐标或有一非欧测度.

欲阐明定理 15, 取 $k = 2$, $A = l^2$, $B = 1$, 并取直角坐标. 于是, 该定理即谓, 若一向量沿任何方向的射影之长不超过 l, 则该向量之长不超过 l.

(ii) **Hadamard 定理**[①]

下面的定理所涉及的也是一组实的但不一定为正的数 $a_{\mu\nu}$.

定理 30 设 D 为一行列式, 其元素为

$$a_{\mu\nu}(\mu, \nu = 1, 2, \cdots, n),$$

则

$$D^2 \leqslant \Sigma a_{1\kappa}^2 \Sigma a_{2\kappa}^2 \cdots \Sigma a_{n\kappa}^2. \tag{2.13.3}$$

等号只当

$$a_{\mu 1}a_{\nu 1} + a_{\mu 2}a_{\nu 2} + \cdots + a_{\mu n}a_{\nu n} = 0 \tag{2.13.4}$$

① Hadamard[1] 考虑了复元素的行列式, 定理 30 早先已为 Kelvin 发现, 并由 Muir[1] 证明.

对每一对不同的 μ 和 ν（即 $\mu \neq \nu$）都满足时，或 (2.13.3) 的右端项有一因子为 0 时才成立.

该定理的几何意义是：n 维空间中棱柱的体积不大于过同一个顶点的诸棱之积，且等号仅当诸棱正交或有一棱为 0 时才成立.

设 $\Sigma c_{\mu\nu} x_\mu x_\nu$（其中 $c_{\mu\nu} = c_{\nu\mu}$）为一正二次型，又设 Δ 为一行列式，其元素为 $c_{\mu\nu}$，则方程

$$\begin{vmatrix} c_{11} - \boldsymbol{\lambda} & c_{12} & \cdots \\ c_{21} & c_{22} - \boldsymbol{\lambda} & \cdots \\ \cdots & \cdots & \cdots \end{vmatrix} = 0 \tag{2.13.5}$$

有 n 个正根[①]，其和为 $\Sigma c_{\mu\nu}$，其积为 Δ. 因此，由定理 9，

$$\Delta \leqslant \left(\frac{c_{11} + c_{22} + \cdots + c_{nn}}{n} \right)^n. \tag{2.13.6}$$

若 $c_{\mu\mu} > 0$ 对所有的 μ 都成立，则二次型

$$\Sigma \frac{c_{\mu\nu}}{\sqrt{c_{\mu\mu} c_{\nu\nu}}} x_\mu x_\nu = \Sigma C_{\mu\nu} x_\mu x_\nu$$

也为正. 若将 (2.13.6) 运用于此二次型，则得

$$\Delta \leqslant c_{11} c_{22} \cdots c_{nn}. \tag{2.13.7}$$

这实质上就等价于 Hadamard 定理. 因为二次型

$$\Sigma (a_{1\kappa} x_1 + a_{2\kappa} x_2 + \cdots + a_{n\kappa} x_n)^2 = \Sigma c_{\mu\nu} x_\mu x_\nu$$

为正，除非 $D = 0$. 又 $\Delta = D^2$ 且

$$c_{\mu\mu} = a_{\mu 1}^2 + a_{\mu 2}^2 + \cdots + a_{\mu n}^2,$$

故 (2.13.7) 即为 (2.13.3).

欲使 (2.13.6) 中的等号成立，(2.13.5) 中所有的根必须相等，而这仅当对于 $\mu \neq \nu$ 有 $c_{\mu\nu} = 0$，且 $c_{\mu\mu}$ 与 μ 无关时才可能. 因此，欲使 (2.13.7) 中的等号成立，必须对于 $\mu \neq \nu$ 有 $C_{\mu\nu} = 0$，且 $C_{\mu\mu}$ 与 μ 无关. 最后的条件必然成立，因为 $C_{\mu\mu} = 1$，而 $C_{\mu\nu} = 0$ 即 $c_{\mu\nu} = 0$，此即 (2.13.4).

若用 Hermite 型代替二次型，本定理也可推广到复元素的行列式上去. 其他的推广[②]已由 Schur[2] 作出.

---

① 参见 Bôcher[1, p.171].
② 可参见 A. L. Dixon[1].

下述关于 (2.13.7) 的巧妙证明是由 Oppenheim[1] 得出的. Oppenheim 的论证不仅证明了 (2.13.7), 从而证明了 Hadamard 定理, 而且还证明了下述由 Minkowski[2] 和 Fischer[3] 分别得出的不等式 (2.13.8) 和不等式 (2.13.9).

任何两个正二次型 $\Sigma c_{ik}x_ix_k$ 和 $\Sigma d_{ik}x_ix_k$, 都可用一个具有单位行列式的线性变换同时化为平方和[4], 不妨设为 $\Sigma c_\nu y_\nu^2, \Sigma d_\nu y_\nu^2$, 其中 c_ν, d_ν 为正. 于是 $\Sigma(c_{ik}+d_{ik})x_ix_k$ 即化为 $\Sigma(c_\nu+d_\nu)y_\nu^2$, 而这些二次型的行列式 $|c_{ik}|, \cdots$ 满足关系

$$|c_{ik}| = \Pi c_\nu, \quad |d_{ik}| = \Pi d_\nu, \quad |c_{ik}+d_{ik}| = \Pi(c_\nu+d_\nu).$$

因此, 运用定理 10 于集合 $(c_\nu),(d_\nu)$, 则得

$$|c_{ik}|^{1/n} + |d_{ik}|^{1/n} \leqslant |c_{ik}+d_{ik}|^{1/n}. \tag{2.13.8}$$

今设 d 的矩阵是从 c 的矩阵先用 -1 乘其前 r 行, 然后再用 -1 乘其前 r 列得出的[5]. 于是, 如果我们用 2 除 (2.13.8), 并将其自乘 n 次, 则得

$$|c_{ik}| = |c_{11}\cdots c_{nn}| \leqslant |c_{11}\cdots c_{rr}||c_{r+1,r+1\cdots c_{nn}}|, \tag{2.13.9}$$

其中 $|c_{11}\cdots c_{rr}|$ 为 $|c_{ik}|$ 中左上角的 r 阶子式, $|c_{r+1,r+1\cdots c_{nn}}|$ 为右下角的 $n-r$ 阶余子式. 重复此项论证, 将 (2.13.9) 右端项的各个因子代以两个因子, 如此下去, 最后即得 (2.13.7).

(iii) 矩阵的模

设 A 与 B 为两个 n 行 n 列矩阵, 其元素分别为 $a_{\mu\nu}$ 与 $v_{\mu\nu}$, 诸元素可为复数. 矩阵 $A+B$ 与 BA 的元素分别定义为

$$a_{\mu\nu} + b_{\mu\nu}, \quad b_{\mu 1}a_{1\nu} + b_{\mu 2}a_{2\nu} + \cdots + b_{\mu n}a_{n\nu}.$$

定理 31[6]   若矩阵 A 的模 $|A|$ 定义为

$$|A| = \sqrt{\Sigma|a_{\mu\nu}|^2},$$

则

$$|A+B| \leqslant |A| + |B|, \quad |BA| \leqslant |B||A|.$$

---

① Oppenheim[2].
② Minkowski[2].
③ Fischer[1].
④ Bôcher[1, p.171].
⑤ 因此, $\Sigma d_{ik}x_ix_k$ 乃是由 $\Sigma c_{ik}x_ix_k$ 将其中的 $x_i, x_k(i, k = 1, 2, \cdots, r)$ 分别代以 $-x_i, -x_k$ 而得出的 (故当 $\Sigma c_{ik}x_ix_k$ 为正时亦为正).
⑥ 参见 Wedderburn[1].

前一个不等式乃是定理 25 当 $r = 2$ 时的一个直接推论, 第二个不等式可从定理 7 得出, 因为

$$\sum_{\mu, \nu} |b_{\mu 1} a_{1\nu} + \cdots + b_{\mu n} a_{n\nu}|^2 \leqslant \sum_{\mu, \nu, p, q} |b_{\mu p}|^2 |a_{q\nu}|^2.$$

(iv) 初等几何中的极大与极小

基本不等式在初等几何中有着不少的应用, 我们现在从中引述一些 (留给读者作为习题).

定理 32　给定周长为 $2p$ 的三角形, 其面积当三边 a, b, c 相等时取极大.

[运用定理 9 于 $p - a, p - b, p - c$.]

定理 33　若直棱柱的表面积已经给定, 则其体积当此棱柱为立方体时为最大.

[设过某一顶点的三条棱为 a, b, c, 并运用定理 9 于 bc, ca, ab. 对于 n 维空间中的棱柱, 也有一个类似的定理: 若 $k < n$, 又若 k 维边界的表面积已经给定, 则当此棱柱为直棱柱且其诸棱相等时, 其体积为最大. 可运用定理 9 和定理 30 并结合行列式中的一些恒等式来证明之.]

定义　若一棱锥之底外切于一圆, 又若其底面上的高的垂足即为此圆的圆心, 则称此棱锥为一直棱锥.

在直棱锥中, 各侧面上的高都相等, 且对底面都有同样的倾角.

定理 34　设所给的两棱锥有相等的高, 其底具有相等的面积和周长. 若其中一为直棱锥, 另一个不是, 则前者的侧面积小于后者. (Lhuilier[1, p.116])

[设 h 为高, b_ν 为底的一边之长, p_ν 为垂足至 b_ν 的垂线长, 则后一棱锥的侧面积为

$$\frac{1}{2} \Sigma b_\nu \sqrt{h^2 + p_\nu^2} > \frac{1}{2} \sqrt{(\Sigma h b_\nu)^2 + (\Sigma p_\nu b_\nu)^2}$$

(由定理 25 的 (2.11.4)), 除非所有的 p_ν 都相等.]

(v) 初等分析中用到的某些不等式

下面的两个定理容易从定理 9 推出, 它们在指数函数和对数函数理论中甚为重要.

定理 35　若 $\xi > -m$, $0 < m < n$, 则

$$\left(1 + \frac{\xi}{m}\right)^m < \left(1 + \frac{\xi}{n}\right)^n.$$

又若 $\xi < m$, 则

$$\left(1 - \frac{\xi}{m}\right)^{-m} > \left(1 - \frac{\xi}{n}\right)^{-n}.$$

定理 36　若 $\xi > 0$, $\xi \neq 1$, $0 < m < n$, 则

$$n(\xi^{1/n} - 1) < m(\xi^{1/m} - 1).$$

由定理 9, 可得

$$\left(1 + \frac{\xi}{m}\right)^{\frac{m}{n}} 1^{\frac{n-m}{n}} < \frac{m}{n}\left(1 + \frac{\xi}{m}\right) + \frac{n-m}{n} \times 1 = 1 + \frac{\xi}{n}.$$

若 $\xi < m$, 可用 $-\xi$ 代替 ξ. 此即证明了定理 35. 若将定理 36 中的 ξ 代以 $\left(1 \pm \dfrac{\xi}{m}\right)^m$, 则该定理由定理 35 即可得出.

2.14 诸基本不等式的归纳证明

我们的基本定理是定理 9、定理 10 (或定理 11)、定理 24 (或定理 25), 简称为
G、H、M. 我们从 G 导出 H[①] 又从 H 导出 M, G 是 H 的一种极限情形, H 是 M
的一种特别情形, 或 M 的先行定理.

G 的最简单情形是:

定理 37 (G_0)

$$a^\alpha b^\beta < a\alpha + b\beta \quad (\alpha + \beta = 1).$$

我们先来证明, G 可从 G_0 用归纳法得出.

假设我们已对 m 个字母 $a, b, \cdots, k$ (或对任何较少的数目) 证明了 G, 又设

$$\alpha + \beta + \cdots + \kappa + \lambda = 1, \quad \alpha + \beta + \cdots + \kappa = \sigma,$$

则对两个字母和对 m 个字母利用 G, 可得

$$
\begin{aligned}
a^\alpha b^\beta \cdots k^\kappa l^\lambda &= (a^{\alpha/\sigma} b^{\beta/\sigma} \cdots k^{\kappa/\sigma})^\sigma l^\lambda \\
&\leqslant (a^{\alpha/\sigma} b^{\beta/\sigma} \cdots k^{\kappa/\sigma})\sigma + l\lambda \\
&\leqslant a\alpha + b\beta + \cdots + k\kappa + l\lambda.
\end{aligned}
$$

仅当

$$a^{\alpha/\sigma} b^{\beta/\sigma} \cdots k^{\kappa/\sigma} = l, \quad a = b = \cdots = k$$

时亦即所有的字母都相等时最终的结果中等号成立. 因此, G 对 $m + 1$ 个字母
成立.

H 和 M 的最简单情形是:

定理 38 (H_0)

$$a_1^\alpha b_1^\beta + a_2^\alpha b_2^\beta < (a_1 + a_2)^\alpha (b_1 + b_2)^\beta \quad (\alpha + \beta = 1).$$

定理 39 (M_0)

$$[(a_1 + b_1)^r + (a_2 + b_2)^r]^{1/r} < (a_1^r + a_2^r)^{1/r} + (b_1^r + b_2^r)^{1/r} \quad (r > 1)$$

(当 $r < 1$ 时不等式反号). 将我们从 G 得出 H 并从 H 得出 M 的推导方法加以特
殊化, 即可从 G_0 得出 H_0, 从 H_0 得出 M_0. 也可以利用归纳法从 H_0 和 M_0 推出 H
和 M, 但因这些归纳的证明对于我们的论证无关紧要, 所以下面只大致描述一下.

---

① 虽然也给出了 H 的一个独立的证明.

(i) 我们有

$$a_1^\alpha b_1^\beta + a_2^\alpha b_2^\beta + a_3^\alpha b_3^\beta \leqslant (a_1 + a_2)^\alpha (b_1 + b_2)^\beta + a_3^\alpha b_3^\beta$$

$$\leqslant (a_1 + a_2 + a_3)^\alpha (b_1 + b_2 + b_3)^\beta.$$

这个过程可反复进行, 且不难弄清楚等号出现的情形. 于是可得定理 13 中的 (2.8.3) (对于各有 n 个数的两个集合的 H).

其次, 若 $\alpha + \beta + \gamma = 1$, $\alpha + \beta = \sigma$, 则有

$$\Sigma a^\alpha b^\beta c^\gamma = \Sigma (a^{\alpha/\sigma} b^{\beta/\sigma})^\sigma c^\gamma$$

$$\leqslant (\Sigma a^{\alpha/\sigma} b^{\beta/\sigma})^\sigma (\Sigma c)^\gamma$$

$$\leqslant (\Sigma a)^\alpha (\Sigma b)^\beta (\Sigma c)^\gamma.$$

这一过程也可反复进行, 由此即得出一般形式的 H.

也可以从别的方面施行归纳法, 即先增加集合的个数. 由此所得到的界于两者之间的推广 (关于各有两个数的任意多个集合的 H) 值得分开来叙述.

定理 40   若 $\alpha + \beta + \cdots + \lambda = 1$, 则

$$a_1^\alpha b_1^\beta \cdots l_1^\lambda + a_2^\alpha b_2^\beta \cdots l_2^\lambda < (a_1 + a_2)^\alpha (b_1 + b_2)^\beta \cdots (l_1 + l_2)^\lambda,$$

除非 $a_1/a_2 = b_1/b_2 = \cdots = l_1/l_2$, 或有一集合为零集.

(ii) 同理, 也可以从两个方面推广 M_0. 一方面有

$$[(a_1 + b_1 + c_1)^r + (a_2 + b_2 + c_2)^r]^{1/r}$$

$$\leqslant (a_1^r + a_2^r)^{1/r} + [(b_1 + c_1)^r + (b_2 + c_2)^r]^{1/r}$$

$$\leqslant (a_1^r + a_2^r)^{1/r} + (b_1^r + b_2^r)^{1/r} + (c_1^r + c_2^r)^{1/r},$$

另一方面有

$$[(a_1 + b_1)^r + (a_2 + b_2)^r + (a_3 + b_3)^r]^{1/r}$$

$$\leqslant \{[(a_1^r + a_2^r)^{1/r} + (b_1^r + b_2^r)^{1/r}]^r + (a_3 + b_3)^r\}^{1/r}$$

$$\leqslant (a_1^r + a_2^r + a_3^r)^{1/r} + (b_1^r + b_2^r + b_3^r)^{1/r}.$$

将这些过程反复结合使用, 即可得出一般情形.

2.15   与定理 37 有关的初等不等式

可以将 G_0 写成

$$a^\alpha < [a\alpha + b(1 - \alpha)]b^{\alpha - 1}$$

或

$$a^\alpha - b^\alpha < \alpha b^{\alpha-1}(a - b) \quad (0 < \alpha < 1),$$

此乃分析教科书中重要的一组不等式之一. 整个这一组不等式将在下面的定理 41 中表出. 该定理很重要, 值得给出一个严格符合于 1.7 节中的准则的直接证明.

定理 41 若 x 与 y 为正且不相等, 则

$$rx^{r-1}(x - y) > x^r - y^r > ry^{r-1}(x - y) \quad (r < 0 \text{ 或 } r > 1), \tag{2.15.1}$$

$$rx^{r-1}(x - y) < x^r - y^r < ry^{r-1}(x - y) \quad (0 < r < 1). \tag{2.15.2}$$

当 $r = 0$, $r = 1$ 或 $x = y$ 时等号显然成立. 先把该定理从它的几种情形中化为一种情形.

(i) 可设 r 为正. 因为我们可以假定 (2.15.1) 当 $r > 1$ 时已经得到证明, 所以当 $r < 0$ 时, 可设 $r = -s$, 因而 $s + 1 > 1$. 于是

$$\begin{aligned}
x^r - y^r &= x^{-s} - y^{-s} \\
&= x^{-s}y^{-s-1}(y^{s+1} - x^s y) \\
&= x^{-s}y^{-s-1}[y^{s+1} - x^{s+1} - x^s(y - x)] \\
&> x^{-s}y^{-s-1}sx^s(y - x) \\
&= ry^{r-1}(x - y).
\end{aligned}$$

(2.15.1) 中的另一个不等式可以同法处理.

(ii) 今设将 (2.15.1) 中左右两边的不等式分别记作 (1a) 和 (1b), (2.15.2) 的左右两边分别记作 (2a) 和 (2b). 若交换 x, y, 则 (1b) 和 (2b) 就变为 (1a) 和 (2a). 因此只须证明 (1b) 和 (2b) 即可.

(iii) 根据齐次性, 现在可假定 $y = 1$.

定理 41 的证明现在化为下面的定理的证明.

定理 42 若 x 为正且不等于 1, 则

$$x^r - 1 > r(x - 1) \quad (r > 1), \tag{2.15.3}$$

$$x^r - 1 < r(x - 1) \quad (0 < r < 1). \tag{2.15.4}$$

若在 (2.15.3) 中令 $r = 1/s$, $x = y^{1/r} = y^s$, 则它变为 (2.15.4), 不过是以 y, s 代替 x, r. 因此, 只须证明 (2.15.3) 即可.

假设 q 为大于 1 的整数[①], 若 $y > 1$, 则

$$qy^q > 1 + y + \cdots + y^{q-1} = \frac{y^q - 1}{y - 1} > q.$$

---

① 在这里我们放弃了通常对 q 和 p 的意义所作的约定.

若 $0 < y < 1$，则不等式反号. 以 x 代 y^q，则无论哪种情形都有

$$\frac{x-1}{x} < q(x^{1/q} - 1) < x - 1. \tag{2.15.5}$$

其次，我们有

$$\frac{y^{q+1} - 1}{q+1} - \frac{y^q - 1}{q}$$

$$= \frac{y-1}{q(q+1)}(qy^q - y^{q-1} - y^{q-2} - \cdots - 1)$$

$$= \frac{(y-1)^2}{q(q+1)}[y^{q-1} + (y^{q-1} + y^{q-2}) + \cdots + (y^{q-1} + y^{q-2} + \cdots + 1)].$$

方括号中包含了 $\frac{1}{2}q(q+1)$ 项，每一项都在 y^q 和 1 之间，于是有

$$\frac{1}{2}(y-1)^2 \leqslant \frac{y^{q+1} - 1}{q+1} - \frac{y^q - 1}{q} \leqslant \frac{1}{2}y^q(y-1)^2 \quad (y \geqslant 1); \tag{2.15.6}$$

因而若 p 为任何大于 q 的整数，则

$$\frac{1}{2}(p-q)(y-1)^2 \leqslant \frac{y^p - 1}{p} - \frac{y^q - 1}{q} \leqslant \frac{1}{2}(p-q)y^p(y-1)^2 \quad (y \geqslant 1). \tag{2.15.7}$$

但由 (2.15.5)，若 $x > 1$，则有

$$\frac{(x-1)^2}{x^2} < q^2(x^{1/q} - 1)^2 < (x-1)^2;$$

若 $0 < x < 1$，则不等式反号. 因此，若在 (2.15.7) 中以 x 代 y^q，则得

$$\frac{p-q}{2q}\frac{(x-1)^2}{x^2} \leqslant \frac{x^{p/q} - 1}{p/q} - (x-1) \leqslant \frac{p-q}{2q}x^{p/q}(x-1)^2 \quad (x \geqslant 1). \tag{2.15.8}$$

今设 $r > 1$. 若 r 为有理数，我们令 $r = p/q$；若 r 为无理数，作 $p/q \to r$. 无论哪种情形都有

$$\frac{1}{2}(r-1)\frac{(x-1)^2}{x^2} \lessgtr \frac{x^r - 1}{r} - (x-1) \lessgtr \frac{1}{2}(r-1)x^r(x-1)^2 \quad (r > 1, x \geqslant 1), \tag{2.15.9}$$

此式显然包含 (2.15.3).

这就证明了定理 42 和定理 41，但若得出当 $r < 1$ 时与 (2.15.9) 对应的不等式，这对于我们将会是有用的. 现在 (2.15.7) 中以 x 代 y^p，并利用 (2.15.5)，不过以 p 代 q，则得

$$\frac{p-q}{2p}\frac{(x-1)^2}{x^2} \leqslant x - 1 - \frac{x^{q/p} - 1}{q/p} \leqslant \frac{p-q}{2p}x(x-1)^2 \quad (x \geqslant 1), \tag{2.15.10}$$

$$\frac{1}{2}(1-r)\frac{(x-1)^2}{x^2} \gtrless x-1-\frac{x^r-1}{r} \gtrless \frac{1}{2}(1-r)x(x-1)^2 \quad (0 < r < 1, x \geqslant 1). \quad (2.15.11)$$

上面把 (2.15.3) 式的证明做得比需要的更精细，为的是要得出 "二阶" 不等式 (2.15.6) 至 (2.15.11)，它们本身就是有趣的. 若只要证明 (2.15.3)，则可以如下进行. 若 p 与 q 都是整数，且 $p > q$，我们不用 (2.15.6)，相反我们只写

$$\frac{y^{q+1}-1}{q+1} > \frac{y^q-1}{q},$$

因而

$$\frac{y^p-1}{p} > \frac{y^q-1}{q}.$$

于是，对于**有理数** r，我们就得到了 (2.15.3)，经过取极限，就得

$$x^r - 1 \geqslant r(x-1)$$

对于任何的 $r > 1$ 都成立. 今若 r 为无理数，则可写 $r = \alpha s$，其中 α 与 s 都大于 1，且 α 为有理数. 于是

$$x^r - 1 = (x^s)^\alpha - 1 > \alpha(x^s - 1) \geqslant \alpha s(x-1) = r(x-1),$$

故 (2.15.3) 普遍成立.

关于满足要求的定理 41 的其他证明，可参见 Stolz and Gmeiner[1, pp.202-208] 和 Pringsheim[1]. Pringsheim 利用此结果得出了 H 的一个初等证明. Radon[1, p.1351] 从定理 41 推出了 H 和 M，但他是利用微分法证明这一点的. 正文中所载的定理 41 的证明，一般只限于有理数 r，参见 (比如) Chrystal[1, pp.42-45] 以及 Hardy[1, p.138].

2.16　定理 3 的初等证明

2.15 节顺便证明了一些比定理 41 和定理 42 还要精密的不等式. 我们并不强调它们，因为利用微分法，不难求出更为精密的不等式 (参见 4.2 节). 但还是值得简要地指出，若有需要，如何利用这些不等式去把定理 3 的证明 "初等化".

首先注意到，对于固定的正 a 和小的 (正的或负的)r，我们有

$$a^r = 1 + O(r); \quad (2.16.1)$$

对于固定的 q 和小的 u，有

$$(1+u)^q = 1 + qu + O(u^2); \quad (2.16.2)$$

(若 $0 \leqslant q \leqslant 1$，则为 $(1+u)^q \leqslant 1+qu$.) 对于小的 r，有

$$[1 + O(r^2)]^{1/r} = 1 + O(r). \quad (2.16.3)$$

这些公式可从 2.15 节的结果导出，我们把它们的证明留给读者.

今设 r 甚小，由 (2.16.1)，可得 $a_\nu^r = 1 + u_\nu$，其中 $u_\nu = O(r)$；又由 (2.16.2)，有

$$a_\nu^{q_\nu r} = (1 + u_\nu)^{q_\nu} = 1 + q_\nu u_\nu + O(r^2).$$

因此

$$
\frac{\mathfrak{G}}{\mathfrak{M}_r} = \left(\frac{a_1^{q_1 r} \cdots a_n^{q_n r}}{q_1 a_1^r + \cdots + q_n a_n^r} \right)^{1/r} = \left[\frac{(1 + u_1)^{q_1} \cdots (1 + u_n)^{q_n}}{q_1 (1 + u_1) + \cdots + q_n (1 + u_n)} \right]^{1/r}
$$

$$
= \left[\frac{1 + q_1 u_1 + \cdots + q_n u_n + O(r^2)}{1 + q_1 u_1 + \cdots + q_n u_n} \right]^{1/r} = [1 + O(r^2)]^{1/r} = 1 + O(r) \to 1.
$$

2.17 Tchebychef 不等式

我们已经知道 (定理 24) $\mathfrak{M}_r(a + b)$ 和 $\mathfrak{M}_r(a) + \mathfrak{M}_r(b)$ 是可比较的 (1.6 节). 自然就会问，$\mathfrak{M}_r(ab)$ 是否可以和 $\mathfrak{M}_r(a)\,\mathfrak{M}_r(b)$ 相比较. 下述的定理 43 说明事实并非如此.

若对于所有的 μ 和 ν，都有

$$(a_\mu - a_\nu)(b_\mu - b_\nu) \geqslant 0,$$

则称 (a) 与 (b) **排法相似**；若对所有的 μ 和 ν，上面的不等式都反号，则称 (a) 与 (b) 为**排法相反**. 显而易见，若附标有一排列 $\nu_1, \nu_2, \cdots, \nu_n$ 使 $a_{\nu_1}, a_{\nu_2}, \cdots, a_{\nu_n}$ 和 $b_{\nu_1}, b_{\nu_2}, \cdots, b_{\nu_n}$ 都为非降序列，则 (a) 与 (b) 为排法相似；若 $a_{\nu_1}, \cdots$ 为非升，而 $b_{\nu_1}, \cdots$ 为非降，则 (a) 与 (b) 排法相反. 其逆亦真.

定理 43 [①] 若 $r > 0$，且 (a) 与 (b) 排法相似，则

$$\mathfrak{M}_r(a)\mathfrak{M}_r(b) < \mathfrak{M}_r(ab), \tag{2.17.1}$$

除非所有的 a 或所有的 b 都相等. 若 (a) 与 (b) 排法相反，则不等式反号.

由 (2.2.7)，只须讨论 $r = 1$ 的情形即可. 因此，只要序列排法相似，就有

$$
\begin{aligned}
\Sigma p \Sigma pab - \Sigma pa \Sigma pb &= \Sigma p_\mu \Sigma p_\nu a_\nu b_\nu - \Sigma p_\mu a_\mu \Sigma p_\nu b_\nu \\
&= \Sigma\Sigma (p_\mu p_\nu a_\nu b_\nu - p_\mu p_\nu a_\mu b_\nu) \\
&= \Sigma\Sigma (p_\nu p_\mu a_\mu b_\mu - p_\nu p_\mu a_\nu b_\mu) \\
&= \frac{1}{2} \Sigma\Sigma (p_\mu p_\nu a_\nu b_\nu - p_\mu p_\nu a_\mu b_\nu + p_\nu p_\mu a_\mu b_\mu - p_\nu p_\mu a_\nu b_\mu)
\end{aligned}
$$

---

① 此定理在积分方面的类似定理属于 Tchebychef. 参见 Hermite[1, pp.46-47]、Franklin[1]、Jensen[1] 以及定理 236. 当 $r = 1$ 时，$\mathfrak{M}_r = \mathfrak{A}$，此不等式对任何实的且排法相似的 a 和 b 都成立.

$$= \frac{1}{2}\Sigma\Sigma p_\mu p_\nu (a_\mu - a_\nu)(b_\mu - b_\nu)$$
$$\geqslant 0,$$

也就是

$$\mathfrak{A}(a)\mathfrak{A}(b) \leqslant \mathfrak{A}(ab).$$

可以如下确定等号出现的情形. 依照本节早先所作的说明, 可以假定 (a) 与 (b) 为非降. 上面的二重和包含一项

$$p_1 p_n (a_1 - a_n)(b_1 - b_n),$$

而它仅当所有的 a 或所有的 b 都相等时才为 0.

一个直接的推论是: 若 r 为正, 且 $(a),(b),\cdots,(l)$ 全为排法相似, 则

$$\mathfrak{M}_r(a)\mathfrak{M}_r(b)\cdots\mathfrak{M}_r(l) < \mathfrak{M}_r(ab\cdots l).$$

特别地, 若 m 为大于 1 的整数, 则

$$\mathfrak{M}_r(a) < \mathfrak{M}_{mr}(a).$$

它包含定理 6, 但包含于定理 16 中.

本节开头所提出的问题包含在一个更为广泛的问题之中, 而后者可由下面的定理解决.

定理 44 设 $r, s, \cdots, v$ 都为正, 则 $\mathfrak{M}_r(ab\cdots l)$ 与 $\mathfrak{M}_s(a)\mathfrak{M}_t(b)\cdots\mathfrak{M}_v(l)$ 为可比较的充要条件是

$$\frac{1}{r} \geqslant \frac{1}{s} + \frac{1}{t} + \cdots + \frac{1}{v}; \tag{2.17.2}$$

此时有

$$\mathfrak{M}_r(ab\cdots l) \leqslant \mathfrak{M}_s(a)\mathfrak{M}_t(b)\cdots\mathfrak{M}_v(l). \tag{2.17.3}$$

条件的充分性可从定理 12 和定理 16 立刻得出. 若将 (2.17.3) 中的每一组数都取作 $(1,0,0,\cdots,0)$, 我们立即看出 (2.17.2) 也是必要的. 要找一个对于任何 $r, s, \cdots$ 都成立的与 (2.17.3) 相反的一般性的不等式是不可能的, 因为 $a_\nu b_\nu \cdots l_\nu$ 可能对每一 ν 都为 0 而右端项仍然可以为正.

2.18 Muirhead 定理

本节至 2.22 节都假定 a 严格为正, 令

$$\Sigma! F(a_1, a_2, \cdots, a_n)$$

表示从 $F(a_1, a_2, \cdots, a_n)$ 经 a 的各种可能排列而得到的 $n!$ 个项的和. 我们只讨论特殊情形:

$$F(a_1, a_2, \cdots, a_n) = a_1^{\alpha_1} a_2^{\alpha_2} \cdots a_n^{\alpha_n} \quad (a_\nu > 0, \alpha_\nu \geqslant 0).$$

记

$$[\alpha] = [\alpha_1, \alpha_2, \cdots, \alpha_n] = \frac{1}{n!} \Sigma! a_1^{\alpha_1} a_2^{\alpha_2} \cdots a_n^{\alpha_n}.$$

显而易见, $[\alpha]$ 对 α 的任何排列不变, 因此若两组 α 只在排列上有差异时, 我们可以把它们看为同一个. 可以把形如 $[\alpha]$ 的平均称为**对称平均**.

特别地, 有

$$[1, 0, 0, \cdots, 0] = \frac{(n-1)!}{n!}(a_1 + a_2 + \cdots + a_n) = \mathfrak{A}(a),$$

$$\left[\frac{1}{n}, \frac{1}{n}, \cdots, \frac{1}{n}\right] = \frac{n!}{n!} a_1^{1/n} a_2^{1/n} \cdots a_n^{1/n} = \mathfrak{G}(a),$$

此即具有单位权的算术平均和几何平均. 当 $\alpha_1 + \alpha_2 + \cdots + \alpha_n = 1$ 时, $[\alpha]$ 即为 $\mathfrak{A}(a)$ 和 $\mathfrak{G}(a)$ 的一个共同推广.

一般说来, $[\alpha']$ 与 $[\alpha]$ 是不能按照 1.6 节中的意义作比较的. 本节至 2.20 节所解决的问题就是确定可比条件的问题.

当 (α) 与 (α') 可以排列得满足下述 3 个条件:

$$\alpha_1' + \alpha_2' + \cdots + \alpha_n' = \alpha_1 + \alpha_2 + \cdots + \alpha_n; \tag{2.18.1}$$

$$\alpha_1' \geqslant \alpha_2' \geqslant \cdots \geqslant \alpha_n', \quad \alpha_1 \geqslant \alpha_2 \geqslant \cdots \geqslant \alpha_n; \tag{2.18.2}$$

$$\alpha_1' + \alpha_2' + \cdots + \alpha_\nu' \leqslant \alpha_1 + \alpha_2 + \cdots + \alpha_\nu \quad (1 \leqslant \nu < n) \tag{2.18.3}$$

时, 则称 (α') 为 (α) **所控制** (majorised), 并记作

$$(\alpha') \prec (\alpha).$$

第二个条件本身并非一个限制, 因为我们可以将 (α') 和 (α) 按任意次序排列, 但它对于叙述第三个条件则是必要的. 显然有 $(\alpha) \prec (\alpha)$.

定理 45　$[\alpha']$ 与 $[\alpha]$ 对于所有正值 a 为可比较的充要条件是: (α') 和 (α) 中有一个为另一个所控制. 若 $(\alpha') \prec (\alpha)$, 则

$$[\alpha'] \leqslant [\alpha]. \tag{2.18.4}$$

等号仅当 (α') 和 (α) 完全相同或所有的 a 都相等时才成立[①].

---

① 定理 45 主要属于 Muirhead[2], 但 Muirhead 只考虑了整数的 α.

2.19 Muirhead 定理的证明

(1) **必要性.** 显然可以假定 (2.18.2) 成立，且 (2.18.4) 对所有的正 a 也成立. 取所有的 a 都等于 x，则得

$$x^{\Sigma\alpha'} = [\alpha'] \leqslant [\alpha] = x^{\Sigma\alpha}.$$

它仅当 (2.18.1) 成立时才能够既对大的 x 又对小的 x 成立.

其次，取

$$a_1 = a_2 = \cdots = a_\nu = x, \quad a_{\nu+1} = \cdots = a_n = 1,$$

x 为充分大. 因 (α') 与 (α) 为按降序排列，故 $[\alpha']$ 和 $[\alpha]$ 中 x 的最高次幂的指数分别为

$$\alpha_1' + \alpha_2' + \cdots + \alpha_\nu', \quad \alpha_1 + \alpha_2 + \cdots + \alpha_\nu.$$

显而易见，前者不能超过后者，此即证明了 (2.18.3).

(2) **充分性.** 这一点的证明是相当麻烦的，需要一个新的定义和两条引理.

如下定义诸 α 的一种特殊类型的线性变换 (可称之为变换 T). 设 α_k 与 α_l 为两个不相等的 α，前者较大，记

$$\alpha_k = \rho + \tau, \quad \alpha_l = \rho - \tau \quad (0 < \tau \leqslant \rho). \tag{2.19.1}$$

今若

$$0 \leqslant \sigma < \tau \leqslant \rho \tag{2.19.2}$$

则

$$\begin{cases} \alpha_k' = \rho + \sigma = \dfrac{\tau + \sigma}{2\tau}\alpha_k + \dfrac{\tau - \sigma}{2\tau}\alpha_l, \\[2mm] \alpha_l' = \rho - \sigma = \dfrac{\tau - \sigma}{2\tau}\alpha_k + \dfrac{\tau + \sigma}{2\tau}\alpha_l, \\[2mm] \alpha_\nu' = \alpha_\nu \quad (\nu \neq k, \nu \neq l) \end{cases} \tag{2.19.3}$$

定义了变换 T. 若 (α') 是从 (α) 经变换 T 而得到，则记 $\alpha' = T\alpha$. 该定义并不一定含有 α 或 α' 是按降序排列的意思.

显而易见，若下述两个引理得到证明，则可比条件的充分性即成立，而且在定理 45 中关于等号情形所说的一切也就得到证明.

引理 1 若 $\alpha' = T\alpha$，则 $[\alpha'] \leqslant [\alpha]$，等号仅当所有的 a 都相等时才成立.

引理 2 若 $(\alpha') \prec (\alpha)$，但 (α') 不恒等于 (α)，则 (α') 可从 (α) 经连续运用有限次变换 T 后得出.

引理 1 的证明. 可以将 (α) 和 (α') 加以排列, 使得 $k = 1$, $l = 2$. 于是

$$n!2[\alpha] - n!2[\alpha']$$
$$= n!2[\rho + \tau, \rho - \tau, \alpha_3, \cdots] - n!2[\rho + \sigma, \rho - \sigma, \alpha_3, \cdots]$$
$$= \Sigma! a_3^{\alpha_3} \cdots a_n^{\alpha_n}(a_1^{\rho+\tau} a_2^{\rho-\tau} + a_1^{\rho-\tau} a_2^{\rho+\tau} - a_1^{\rho+\sigma} a_2^{\rho-\sigma} - a_1^{\rho-\sigma} a_2^{\rho+\sigma})$$
$$= \Sigma! (a_1 a_2)^{\rho-\tau} a_3^{\alpha_3} \cdots a_n^{\alpha_n}(a_1^{\tau+\sigma} - a_2^{\tau+\sigma})(a_1^{\tau-\sigma} - a_2^{\tau-\sigma})$$
$$\geqslant 0, \tag{2.19.4}$$

等号仅当所有的 a 都相等时才成立.

引理 2 的证明. 假定条件 (2.18.2) 成立, 并将差数 $\alpha_\nu - \alpha'_\nu$ 中不为 0 者的个数称为 (α) 与 (α') 的**异度** (discrepancy). 若异度为 0, 则这两个集合为同一. 现用归纳法来证明此引理, 即假定其当异度小于 r 时成立而来证明它在异度为 r 时亦成立.

于是我们假定 $(\alpha') \prec (\alpha)$, 且假定异度为 $r > 0$. 因由 (2.18.1), $\Sigma(\alpha_\nu - \alpha'_\nu) = 0$, 且这些差数并非都为 0, 故其中必有为正者和为负者; 又由 (2.18.3), 第一个不为 0 者必为正. 因此可求出 k 与 l, 使得

$$\alpha'_k < \alpha_k, \quad \alpha'_{k+1} = \alpha_{k+1}, \quad \cdots, \quad \alpha'_{l-1} = \alpha_{l-1}, \quad \alpha'_l > \alpha_l^{①}. \tag{2.19.5}$$

取 $\alpha_k = \rho + \tau$, $\alpha_l = \rho - \tau$, 有如 (2.19.1), 并定义

$$\sigma = \max(|\alpha'_k - \rho|, |\alpha'_l - \rho|). \tag{2.19.6}$$

于是 $0 < \tau \leqslant \rho$, 因为 $\alpha_k > \alpha_l$. 又因 $\alpha'_k \geqslant \alpha'_l$, 故

$$\alpha'_l - \rho = -\sigma, \quad \alpha'_k - \rho = \sigma$$

中总有一个成立 ^{②}; 因 $\alpha'_k < \alpha_k$ 且 $\alpha'_l > \alpha_l$, 故 $\sigma < \tau$. 因此

$$0 \leqslant \sigma < \tau \leqslant \rho,$$

此即式 (2.19.2).

现令

$$\alpha''_k = \rho + \sigma, \quad \alpha''_l = \rho - \sigma, \quad \alpha''_\nu = \alpha_\nu \quad (\nu \neq k, \nu \neq l). \tag{2.19.7}$$

若 $\alpha'_k - \rho = \sigma$, 则 $\alpha''_k = \alpha'_k$; 若 $\alpha'_l - \rho = -\sigma$, 则 $\alpha''_l = \alpha'_l$. ^{③} 因数对 α_k, α'_k 和 α_l, α'_l 各对 (α') 和 (α) 之间的异度 r 提供了一个单位, 故 (α') 和 (α'') 之间的异度就比 r 小, 它是 $r - 1$ 或 $r - 2$.

---

① $\alpha_l - \alpha'_l$ 为第一个负差, $\alpha_k - \alpha'_k$ 为在它之前的最后一个正差. 正文中假定 $l - k > 1$, $l - k = 1$ 的情况是比较容易的.

② 可能两个式子同时成立

③ 同样, 可能这两个式子都成立.

其次, 将 (2.19.7) 与 (2.19.3) 加以比较, 并注意 (2.19.2) 成立, 则可看出 (α'') 可由 (α) 经一变换 T 而得到.

最后, 我们来证 (α') 为 (α'') 所控制. 欲证此理, 必须证明当用 α'' 代 α 时, 与 (2.18.1), (2.18.2), (2.18.3) 相对应的条件都成立. 对于第一个条件, 我们有

$$\alpha_k'' + \alpha_l'' = 2\rho = \alpha_k + \alpha_l, \quad \Sigma\alpha' = \Sigma\alpha = \Sigma\alpha''. \tag{2.19.8}$$

对于第二个条件, 首先注意到

$$\alpha_k' \leqslant \rho + |\alpha_k' - \rho| \leqslant \rho + \sigma = \alpha_k'',$$

$$\alpha_l' \geqslant \rho - |\alpha_l' - \rho| \geqslant \rho - \sigma = \alpha_l'',$$

因而由 (2.19.5), 有

$$\alpha_{k-1}'' = \alpha_{k-1} \geqslant \alpha_k = \rho + \tau > \rho + \sigma = \alpha_k'' \geqslant \alpha_k' \geqslant \alpha_{k+1}' = \alpha_{k+1} = \alpha_{k+1}'',$$

$$\alpha_{l-1}'' = \alpha_{l-1} = \alpha_{l-1}' \geqslant \alpha_l' \geqslant \alpha_l'' = \rho - \sigma > \rho - \tau = \alpha_l \geqslant \alpha_{l+1} = \alpha_{l+1}''.$$

关于诸 α'' 的不等式即为所要的不等式. 最后, 我们要来证明

$$\alpha_1' + \alpha_2' + \cdots + \alpha_\nu' \leqslant \alpha_1'' + \alpha_2'' + \cdots + \alpha_\nu''.$$

由 (2.19.7) 和 (2.18.3), 上式当 $\nu < k$ 或 $\nu \geqslant l$ 时成立; 因它对 $\nu = k - 1$ 成立, 且 $\alpha_k' \leqslant \alpha_k''$, 故它对 $\nu = k$ 亦成立; 因它对 $\nu = k$ 成立, 且对 $k < \nu < l$, α_ν' 与 α_ν'' 相同, 故它对 $k < \nu < l$ 也成立.

于是, 我们就证明了 (α') 为 (α'') 所控制, 而 (α'') 乃是由 (α) 经一变换 T 所得, 它与 (α') 之间的异度小于 r. 这就证明了引理 2, 因而也就完全证明了定理 45 [①].

2.20   一个备选定理

对于 (α) 与 (α'), 若存在 n^2 个数 $p_{\mu\nu}$, 使得

$$p_{\mu\nu} \geqslant 0, \quad \sum_{\mu=1}^{n} p_{\mu\nu} = 1, \quad \sum_{\nu=1}^{n} p_{\mu\nu} = 1, \tag{2.20.1}$$

及

$$\alpha_\mu' = p_{\mu 1}\alpha_1 + p_{\mu 2}\alpha_2 + \cdots + p_{\mu n}\alpha_n, \tag{2.20.2}$$

---

① 关于其他的证明, 可参见定理 74 和定理 75.

则称 (α') 为 (α) 的**均值** (average). 因条件 (2.20.1) 不受诸 μ 或诸 ν 排列的影响, 故此定义正如 2.18 节中的定义一样, 与诸 α 或诸 α' 的次序无关. (2.19.3) 式说明 当 (2.19.2) 成立时, $(\rho+\sigma, \rho-\sigma, \alpha_3, \cdots)$ 是 $(\rho+\tau, \rho-\tau, \alpha_3, \cdots)$ 的一个均值.

(2.20.1) 中的最后两个条件也可表述如下: $\Sigma\alpha'$, 当表示成诸 α 的某一函数时, 与 $\Sigma\alpha$ 相同, 且若每一 α 都为 1, 则每一 α' 也都为 1. 由此可知, 这一关系是可传递的. 若 (α') 为 (α) 的均值, (α'') 为 (α') 的均值, 则 (α'') 为 (α) 的均值. 由此以及 2.19 节中的引理 2 可知, 若 $(\alpha') \prec (\alpha)$, 则 (α') 为 (α) 的均值.

其逆亦真. 倘若假定 (2.20.1) 和 (2.20.2) 成立, 则将诸 (2.20.2) 式相加即得 (2.18.1). 最后, 若假定 (α) 与 (α') 按降幂排列, 并令

$$p_{1\nu} + p_{2\nu} + \cdots + p_{m\nu} = k_\nu,$$

则由 (2.20.1) 有 $k_\nu \leqslant 1$ 且 $\Sigma k_\nu = m$, 因而

$$\begin{aligned}
\alpha_1' + \alpha_2' + \cdots + \alpha_m' &\leqslant k_1\alpha_1 + \cdots + k_{m-1}\alpha_{m-1} + (m - k_1 - \cdots - k_{m-1})\alpha_m \\
&\leqslant (\alpha_1 - \alpha_m) + \cdots + (\alpha_{m-1} - \alpha_m) + m\alpha_m \\
&= \alpha_1 + \alpha_2 + \cdots + \alpha_m,
\end{aligned}$$

此即 (2.18.3).

于是, 我们已经证明了下述的两个定理.

定理 46 (α') 为 (α) 的均值之充要条件是 $(\alpha') \prec (\alpha)$.

定理 47 $[\alpha']$ 与 $[\alpha]$ 为可比较之充要条件是 (α') 与 (α) 中有一集为另一集的均值. 若 (α') 为 (α) 的均值, 则 $[\alpha'] \leqslant [\alpha]$, 等号成立的条件与定理 45 相同.

2.21   关于对称平均的其他定理

(1) 定理 45 与定理 47 具有两大用途. 第一, 无论是哪一个定理, 都给出了一种简单的判别法, 用以确定两个平均 $[\alpha]$ 与 $[\alpha']$ 是不是可以比较的; 第二, 定理 45 的证明指出, 如何反复运用变换 (2.19.3) 和公式 (2.19.4), 把两个可比较的平均之差分解成各项显然都为正的一个和. 比如说, 我们对于 (具有单位权的) 算术平均和几何平均定理就得到了一个新的而且是有趣的证明. 事实上,

$$\begin{aligned}
\mathfrak{A}(a^n) - \mathfrak{G}(a^n) &= [n, 0, 0, \cdots, 0] - [1, 1, \cdots, 1] \\
&= ([n, 0, 0, \cdots, 0] - [n-1, 1, 0, \cdots, 0]) \\
&\quad + ([n-1, 1, 0, \cdots, 0] - [n-2, 1, 1, 0, \cdots, 0]) \\
&\quad + ([n-2, 1, 1, 0, \cdots, 0] - [n-3, 1, 1, 1, 0, \cdots, 0]) + \cdots
\end{aligned}$$

$$= \frac{1}{2(n!)} [\Sigma! (a_1^{n-1} - a_2^{n-1})(a_1 - a_2) + \Sigma! (a_1^{n-2} - a_2^{n-2})(a_1 - a_2)a_3$$

$$+ \Sigma! (a_1^{n-3} - a_2^{n-3})(a_1 - a_2)a_3 a_4 + \cdots].$$

因为除了 $a_r = a_s$ 外,

$$(a_r - a_s)(a_r^\nu - a_s^\nu) > 0,$$

由此即得定理 [1].

(2) **定理 48**　若 $\alpha_1 + \alpha_2 + \cdots + \alpha_n = 1$, 则

$$\mathfrak{G}(a) < [\alpha] < \mathfrak{A}(a),$$

除非 $[\alpha]$ 就是 $\mathfrak{G}(a)$ 或 $\mathfrak{A}(a)$, 或者所有的 a 都相等.

该定理 [2] 说明, 所有的一次齐次式 $[\alpha]$ 与 $\mathfrak{G}(a)$ 和 $\mathfrak{A}(a)$ 都可比较, 虽然它们自身之间一般不都是可比较的. 要证明这点, 现运用定理 47. 因

$$\frac{1}{n} = \frac{\alpha_1}{n} + \frac{\alpha_2}{n} + \cdots + \frac{\alpha_n}{n},$$

且 $\alpha_\mu = \alpha_\mu \cdot 1 + \alpha_{\mu+1} \cdot 0 + \cdots + \alpha_n \cdot 0 + \alpha_1 \cdot 0 + \cdots + \alpha_{\mu-1} \cdot 0$, 故 $\left(\frac{1}{n}, \frac{1}{n}, \cdots, \frac{1}{n} \right)$ 是 (α) 的均值, (α) 是 $(1, 0, \cdots, 0)$ 的均值. 也可以从定理 45 直接推出定理 48.

(3) 下面我们给出两个具有同类性质的定理, 但只给出证明的提示性纲要.

定理 49　若 $0 < \sigma \leqslant 1$, 则 $[\alpha'] \leqslant [\alpha]^\sigma$ 的充要条件为 $(\alpha') \prec (\sigma\alpha)$. 若 $\sigma > 1$, 则条件为必要, 但非充分.

[要证明条件的必要性, 可依照 2.19 节 (1) 的线索进行. 要证明条件的充分性, 可结合定理 45 和定理 11 来处理. 例如

$$[r, 0, 0, \cdots] \leqslant [s, 0, 0, \cdots]^{r/s} \quad (0 < r < s),$$

此即 $\mathfrak{M}_r(a) \leqslant \mathfrak{M}_s(a)$ (定理 16), 其权为 1. 该例说明, 当 $\sigma > 1$ 时, 条件不再是充分的.]

定理 50　若 r, p, a 为正, 且

$$T_r = \Sigma p_\nu a_\nu^r = \mathfrak{T}_r^r$$

(采用 2.10 节 (iv) 的记号), 则

$$T_{a_1'} T_{a_2'} \cdots T_{a_n'} \leqslant T_{a_1} T_{a_2} \cdots T_{a_n}$$

对所有的 a 与 p 都成立的充要条件是 $(\alpha') \prec (\alpha)$.

[条件的必要性可如前证明. 欲证其充分性, 可利用定理 46 和 Hölder 不等式, 由此即得

$$T_{\alpha_\mu'} = T_{s_{\mu 1}\alpha_1 + s_{\mu 2}\alpha_2 + \cdots + s_{\mu m}\alpha_m} \leqslant (T_{a_1})^{s_{\mu 1}} (T_{a_2})^{s_{\mu 2}} \cdots (T_{a_m})^{s_{\mu m}}.$$

为了避免与 2.10 节的符号矛盾, 我们已将符号作了轻微的改变. 两边相乘即得此定理.]

---

[1] 这一证明在 Muirhead 的工作之前即已知道, 参见 Hurwitz[1].
[2] 是由 I. Schur 教授告诉我们的.

2.22 n 个正数的初等对称函数

若

$$(x+a_1)(x+a_2)\cdots(x+a_n) = x^n + c_1 x^{n-1} + c_2 x^{n-2} + \cdots + c_n$$
$$= x^n + \binom{n}{1} p_1 x^{n-1} + \binom{n}{2} p_2 x^{n-2} + \cdots + p_n,$$

则 c_r 即为诸 a 的第 r 个初等对称函数, 即每次取 r 个不同的 a 构成的积的和, 而 p_r 即为这些积的均值. 在本节中, 我们要讨论有关此诸 p_r 的两个众所周知的定理. 记 $c_0 = p_0 = 1$.

按照 2.18 节的记号,

$$c_r = \frac{1}{r!(n-r)!} \Sigma! a_1 a_2 \cdots a_r,$$
$$p_r = \frac{r!(n-r)!}{n!} c_r = [1, 1, \cdots, 1, 0, 0, \cdots, 0],$$

其中有 r 个 1 和 $n-r$ 个 0. 又 $p_1 = \mathfrak{A}(a)$, $p_n = \mathfrak{G}^n(a)$, 其权为 1. 不同的 p_r 具有不同的次数, 故不可比较[1], 但它们可由一些非线性不等式联系起来.

定理 51 $\quad p_{r-1} p_{r+1} < p_r^2 (1 \leqslant r < n)$, 除非所有的 a 都相等.

定理 52 $\quad p_1 > p_2^{1/2} > p_3^{1/3} > \cdots > p_n^{1/n}$, 除非所有的 a 都相等.

定理 51 是由牛顿[2] 得出的, 实际上它对于实数 a 都成立 (a 不必为正). 在 4.3 节中, 我们将依据微分法, 给出这个更广泛的定理的一个证明. 定理 52 属于 Maclaurin[3].

定理 52 是定理 51 的推论, 因为由

$$(p_0 p_2)(p_1 p_3)^2 (p_2 p_4)^3 \cdots (p_{r-1} p_{r+1})^r < p_1^2 p_2^4 p_3^6 \cdots p_r^{2r}$$

即得 $p_{r+1}^r < p_r^{r+1}$, 也就是

$$p_r^{1/r} > p_{r+1}^{1/(r+1)}.$$

此阐述加上 4.3 节的证明, 就可以证明这两个定理. 但利用本章的方法来考虑它们的证明还是有趣的.

(i) **利用 2.6 节 (iii) 的方法来证明定理 52.** 先证明一个与定理 51 类似但要弱一些的定理.

---

① 这是定理 45 的一种简单情形.

② Newton[1, p.173]. 也参见 Maclaurin[2].

③ Maclaurin[2], 也可参见 Schlömilch[1]. 不等式 $p_1 > p_n^{1/n}$ 是定理 9 的一种情形.

定理 53 [①] $c_{r-1}c_{r+1} < c_r^2$.

该定理比定理 51 弱, 因 $p_{r-1}p_{r+1} < p_r^2$ 就是

$$\frac{(r+1)(n-r+1)}{r(n-r)}c_{r-1}c_{r+1} < c_r^2.$$

要证明该定理, 注意到, $c_{r-1}c_{r+1} - c_r^2$ 中的典型项为

$$a_1^2 a_2^2 \cdots a_{r-s}^2 a_{r-s+1} \cdots a_{r+s},$$

而该项以系数

$$\binom{2s}{s-1} - \binom{2s}{s} < 0$$

出现.

若 $r < s$, 则由定理 53 即得

$$c_{r-1}c_s < c_r c_{s-1}. \tag{2.22.1}$$

现在可以证明定理 52 如下. 若诸 a 不全相等, 令 $a_1 = \min a$, $a_2 = \max a$, 于是

$$a_1 < \alpha_1 < a_2, \tag{2.22.2}$$

其中

$$\alpha_1 = p_\mu^{1/\mu}.$$

我们用 α_1 和 α_2 分别代替 a_1 和 a_2, 而选取 α_2 使得 p_μ 不变. 然后证明, 对于 $\nu > \mu$, 任何 p_ν 经此变换的后都增大. 则所要的结果将如同 2.6 节 (iii) 中一样得出.

我们有

$$\binom{n}{\mu}p_\mu = c_\mu = a_1 a_2 c_{\mu-2}' + (a_1 + a_2)c_{\mu-1}' + c_\mu',$$

其中 c_r' 乃是 a_1 和 a_2 以外的 $n-2$ 个数所构成的 c_r. 因 p_μ 不变, 故

$$a_1 a_2 c_{\mu-2}' + (a_1 + a_2)c_{\mu-1}' + c_\mu' = \alpha_1 \alpha_2 c_{\mu-2}' + (\alpha_1 + \alpha_2)c_{\mu-1}' + c_\mu',$$

$$(\alpha_1 \alpha_2 - a_1 a_2)c_{\mu-2}' = -(\alpha_1 + \alpha_2 - a_1 - a_2)c_{\mu-1}', \tag{2.22.3}$$

$$(\alpha_1 c_{\mu-2}' + c_{\mu-1}')\alpha_2 = a_1 a_2 c_{\mu-2}' + (a_1 + a_2 - \alpha_1)c_{\mu-1}'. \tag{2.22.4}$$

由 (2.22.2) 可知, 由 (2.22.4) 所定义的 α_2 的值为正.

---

① 如同定理 51 和定理 52 一样, 该定理是对正的 a 来说的. 但如证明中所指出的, 它对非负的 a 也成立, 除非 $c_r = 0$(即除 $r-1$ 个 a 之外, 其他的 a 都为 0).

又若 p_ν 变为 p_ν^*, 则

$$\binom{n}{\nu}(p_\nu^* - p_\nu) = (\alpha_1\alpha_2 - a_1a_2)c'_{\nu-2} + (\alpha_1 + \alpha_2 - a_1 - a_2)c'_{\nu-1};$$

因而 $p_\nu^* - p_\nu$ 与

$$(\alpha_1 + \alpha_2 - a_1 - a_2)\left(\frac{c'_{\nu-1}}{c'_{\nu-2}} - \frac{c'_{\mu-1}}{c'_{\mu-2}}\right)$$

具有同样的符号. 由 (2.22.1), 第二个因子为负; 由 (2.22.3) 及 (2.22.2),

$$\begin{aligned}
\operatorname{sgn}(\alpha_1 + \alpha_2 - a_1 - a_2) &= \operatorname{sgn}(a_1a_2 - \alpha_1\alpha_2)\\
&= \operatorname{sgn}[a_1(\alpha_1 + \alpha_2 - a_1 - a_2) + a_1a_2 - \alpha_1\alpha_2]\\
&= \operatorname{sgn}[(\alpha_1 - a_1)(\alpha_1 - a_2)]\\
&= -1.
\end{aligned}$$

故得 $p_\nu^* > p_\nu$, 此即证明了定理.

(ii) **利用归纳法证明定理 51.** [①]　假设已经对 $n-1$ 个数 $a_1, a_2, \cdots, a_{n-1}$ 证明了定理 51, 又假设 c'_r, p'_r 就是这 $n-1$ 个数所构成的 c_r, p_r. 先假定这 $n-1$ 个数不全相等, 于是

$$c_r = c'_r + a_nc'_{r-1},$$

因而

$$p_r = \frac{n-r}{n}p'_r + \frac{r}{n}a_np'_{r-1}.$$

由此即得

$$n^2(p_{r-1}p_{r+1} - p_r^2) = A + Ba_n + Ca_n^2,$$

其中

$$\begin{aligned}
A &= [(n-r)^2 - 1]p'_{r-1}p'_{r+1} - (n-r)^2p_r'^2,\\
B &= (n-r+1)(r+1)p'_{r-1}p'_r + (n-r-1)(r-1)p'_{r-2}p'_{r+1} - 2r(n-r)p'_{r-1}p'_r,\\
C &= (r^2 - 1)p'_{r-2}p'_r - r^2p_{r-1}'^2.
\end{aligned}$$

因 $a_1, a_2, \cdots, a_{n-1}$ 不全相等, 故由归纳法假设有

$$p'_{r-1}p'_{r+1} < p_r'^2, \quad p'_{r-2}p'_r < p_{r-1}'^2, \quad p'_{r-2}p'_{r+1} < p'_{r-1}p'_r,$$

故

$$A < -p_r'^2, \quad B < 2p'_{r-1}p'_r, \quad C < -p_{r-1}'^2,$$

---

① 该证明是由 Messrs A. L. Dixon、A. E. Jolliffe 和 M. H. A. Newman 各自独立告诉我们的.

$$n^2(p_{r-1}p_{r+1} - p_r^2) < -(p_r' - a_n p_{r-1}')^2 \leqslant 0.$$

此即证明了定理. 当

$$a_1 = a_2 = \cdots = a_{n-1}$$

时结果仍然成立, 因为此时有 $a_n \neq a_1 = p_r'/p_{r-1}'$.

定理 51 也可利用 2.21 节 (1) 中所讨论的那种类型的恒等式来证明.

定理 54

$$p_r^2 - p_{r-1}p_{r+1} = \cfrac{1}{r(r+1)\binom{n}{r}\binom{n}{r+1}} \sum_{i=0}^{r-1} \binom{2i}{i} \frac{(r,i)}{i+1},$$

其中

$$(r,i) = \Sigma a_1^2 \cdots a_{r-i-1}^2 a_{r-i} \cdots a_{r+i-1}(a_{r+i} - a_{r+i+1})^2,$$

求和记号取遍了对诸 a 按所述形式构成的所有乘积.

定理 55

$$\left[\frac{n!}{(r-1)!(n-r-1)!}\right]^2 (p_r^2 - p_{r-1}p_{r+1})$$
$$= (n-1)\Sigma(a_1 - a_2)^2 (c_{r-1}^{n-2})^2$$
$$+ \frac{2!(n-3)}{(r-1)(n-r-1)}\Sigma(a_1 - a_2)^2(a_3 - a_4)^2(c_{r-2}^{n-4})^2$$
$$+ \frac{3!(n-5)}{(r-1)(r-2)(n-r-1)(n-r-2)}$$
$$\Sigma(a_1 - a_2)^2(a_3 - a_4)^2(a_5 - a_6)^2(c_{r-3}^{n-6})^2$$
$$+ \cdots,$$

其中 c_{r-1}^{n-2} 是一个和数, 它的项是从异于 a_1, a_2 的其他 $n-2$ 个 a 中每次取 $r-1$ 个构成的积, 余类推.

定理 54 属于 Muirhead[1], 定理 55 属于 Jolliffe[1]. 定理 55 给出了本节开头提到的定理 51 的形式更一般的 (对所有实数 a) "直观的" 证明.

2.23　关于定型的一点说明

在 2.21 节 (1) 中所证明的 Hurwitz 和 Muirhead 恒等式指出: 当 $a > 0$ 时,

$$a_1^n + a_2^n + \cdots + a_n^n - na_1 a_2 \cdots a_n$$

可以表示成一个和数, 其中每一项显然是非负的.

若记 $a_1 = x_1^2, a_2 = x_2^2, \cdots$, 则得

$$x_1^{2n} + \cdots + x_n^{2n} - nx_1^2 x_2^2 \cdots x_n^2 = \frac{1}{2(n-1)!}[\Sigma!(x_1^{2n-2} - x_2^{2n-2})(x_1^2 - x_2^2) + \cdots]. \quad (2.23.1)$$

而

$$(x_1^{2n-2} - x_2^{2n-2})(x_1^2 - x_2^2) = (x_1^2 - x_2^2)^2(x_1^{2n-4} + x_1^{2n-6}x_2^2 + \cdots + x_2^{2n-4})$$

是像 $(x_1^2 - x_2^2)x_1^{n-2}$ 这样的多项式的平方和, 故 (2.23.1) 的右端项是一平方和. 最后, 因

$$\begin{aligned}
&x_1^{2n} + \cdots + x_{2n}^{2n} - 2nx_1x_2\cdots x_{2n} \\
=\ &x_1^{2n} + \cdots + x_n^{2n} - nx_1^2\cdots x_n^2 + x_{n+1}^{2n} + \cdots + x_{2n}^{2n} \\
&- nx_{n+1}^2\cdots x_{2n}^2 + n(x_1\cdots x_n - x_{n+1}\cdots x_{2n})^2,
\end{aligned}$$

故得

$$F = x_1^{2n} + \cdots + x_{2n}^{2n} - 2nx_1x_2\cdots x_{2n} = \sum_i P_i^2, \tag{2.23.2}$$

其中诸 P_i 为 n 次实多项式. 例如

$$\begin{aligned}
&x^6 + y^6 + z^6 + u^6 + v^6 + w^6 - 6xyzuvw \\
=\ &\frac{1}{2}(x^2 + y^2 + z^2)[(y^2 - z^2)^2 + (z^2 - x^2)^2 + (x^2 - y^2)^2] \\
&+ \frac{1}{2}(u^2 + v^2 + w^2)[(v^2 - w^2)^2 + (w^2 - u^2)^2 + (u^2 - v^2)^2] + 3(xyz - uvw)^2
\end{aligned}$$

即为 9+9+1=19 个实多项式的平方和.

一个**实型**乃是 m 个实变量 $x_1, x_2, \cdots, x_m$ 的一个实系数齐次多项式 $F(x_1, x_2, \cdots, x_m)$. 若型 F 在变量的某一区域内不变号, 比如说, 若 $F \geqslant 0$, 则称此 F 在该区域内为**定型的**. 我们可将定型分为正型和负型. 显然只须考虑**正型**即可. 例如, 型 (2.32.2) 在变量的整个实值区域内为正的. 显而易见, 具有此项性质的型必为偶数次.

若在某一区域中 $F > 0$, 则称 F 在该区域中为**严格正的**.

型 (2.32.2) 以及定理 7 和定理 55 中所讨论的型 (以 x 代 a), 都可表为实多项式的平方和. 因而自然要问, 是不是这就是定型的一般性质. 若 $F \geqslant 0$ **对所有实** x **都成立, 是不是就有**

$$F = \sum_i P_i^2,$$

其中 P_i 为实多项式?

这一问题已为 Hilbert [1] 全部解决. 这里由于篇幅的限制, 只能作一些零星的说明. 首先注意到, 有两种情形可以立刻得出答案. 记 F 的次数为 $2n$, 变量的个数为 m.

---

① Hilbert[1].

若 $m = 2$, 即 $F = F(x, y)$, 而 n 为任意的, 则 F 的任何实因子 $ax + by$ 必以偶次幂出现, 复因子必以共轭对 $ax + by, \bar{a}x + \bar{b}y$ 出现. 因此, 适当地集中因子, 则得

$$F = p^2(q + \mathrm{i}r)(q - \mathrm{i}r) = (pq)^2 + (pr)^2,$$

其中 p, q, r 为实多项式.

代数中有一个熟知的定理 [1], 即 m 个变量的任何定二次型都可以表示为至多 m 个实线性型的平方和. 于是在下述的两种情形, 即

(1) $m = 2$, n 为任意的;

(2) m 为任意的, $2n = 2$

中, 答案是肯定的.

Hilbert 发现了第三种情形

(3) $m = 3$, $2n = 4$,

并证明了, 任何三元正四次型都可以表示为三个实二次型的平方和. 他又证明了, 在所有其他情形下, 答案都是否定的, 即存在 m 个变量的 $2n$ 次定型, 它不可能以所说的形式表出.

于是, Hilbert 提出了下面的定理: 任何正的 F 都可表为

$$F = \sum_i R_i^2,$$

其中 R_i 是一实有理函数. 一个与之等价的定理是: 任何正的 F 都可以表示为实型的平方和之商 [2].

Hilbert[3] 对 (x, y, z) 的三元形式给出了这两个定理的一个非常困难的证明. 一般性的定理是由 Artin[4] 首先证明的. Artin 的证明非常值得注意, 而且相当简单, 但他所依据的是近世抽象代数的思想, 以致我们不可能把它放到这里来讲.

2.24 关于严格正型的一个定理

2.23 节中的一些相当零散的说明自然地引导着这里所讨论的比较简单的问题. 我们所关心的是在正 x 这一区域内严格为正的型. 我们将要证明的定理与 2.23 节

---

① 比如可参见 Bôcher[1, pp.144-154].

② 前一定理显然隐含第二定理 (分母只有一平方). 又因

$$\frac{\Sigma g_i^2}{\Sigma h_j^2} = \sum_{i,j} \left(\frac{g_i h_j}{\Sigma h_j^2}\right)^2,$$

故第二定理隐含第一定理.

③ Hilbert[2].

④ Artin[1].

中所述的相似, 即断言正型都可以表示成这样的一种形式, 使得它的正的性质从直观上就可以看出. 型的次数现在不必要是偶数.

定理 56[1]　　若型 $F(x_1, x_2, \cdots, x_m)$ 对

$$x \geqslant 0, \quad \Sigma x > 0$$

严格为正, 则 F 可表示成

$$F = \frac{G}{H},$$

其中 G 和 H 都是系数为正的型. 特别地, 我们可以假定

$$H = (x_1 + x_2 + \cdots + x_m)^p,$$

其中 p 为适当的数.

为书写简单起见, 假定 $m = 3$. 对于一般的 m, 并没有任何原则上的不同.

函数 $F(x, y, z)$ 在闭域

$$x \geqslant 0, \quad y \geqslant 0, \quad z \geqslant 0, \quad x + y + z = 1 \tag{2.24.1}$$

中为正且连续, 故在该域中有一正的极小值 μ. 令

$$F(x, y, z) = \Sigma_n A_{\alpha\beta\gamma} \frac{x^\alpha y^\beta z^\gamma}{\alpha! \beta! \gamma!}, \tag{2.24.2}$$

其中求和记号系就

$$\alpha \geqslant 0, \quad \beta \geqslant 0, \quad \gamma \geqslant 0, \quad \alpha + \beta + \gamma = n \tag{2.24.3}$$

而取者. 又令

$$\phi(x, y, z; t) = t^n \Sigma_n A_{\alpha\beta\gamma} \binom{xt^{-1}}{\alpha} \binom{yt^{-1}}{\beta} \binom{zt^{-1}}{\gamma}, \tag{2.24.4}$$

其中 $t > 0$, 且对于 $\alpha = 0, 1, 2, 3, \cdots$ 而言, $\binom{xt^{-1}}{\alpha}$, $\cdots$ 都是寻常的二项系数, 即

$$\binom{xt^{-1}}{0} = 1,$$

$$t^\alpha \binom{xt^{-1}}{\alpha} = \frac{x(x-t)(x-2t)\cdots[x-(\alpha-1)t]}{1 \times 2 \times 3 \times \cdots \times \alpha}.$$

---

[1] Pólya[3]. 该定理 (除了最后一句) 早先已由 Poincaré[1] 对 $m = 2$, Meissner[1] 对 $m = 3$ 给了证明, 原则上 Meissner 的方法可运用到一般情形, 但不能导出这样简单的结果.

显而易见，当 $t \to 0$ 时，

$$\phi(x, y, z; t) \to F(x, y, z).$$

又若记

$$\phi(x, y, z; 0) = F(x, y, z),$$

则 ϕ 在

$$x \geqslant 0, \quad y \geqslant 0, \quad z \geqslant 0, \quad x + y + z = 1, \quad 0 \leqslant t \leqslant 1$$

中连续，从而就有一个 ε，使得对于 $0 < t < \varepsilon$ 及 (2.24.1) 中所有的 x, y, z，都有

$$\phi(x, y, z; t) > \phi(x, y, z; 0) - \frac{1}{2}\mu = F(x, y, z) - \frac{1}{2}\mu \geqslant \frac{1}{2}\mu > 0. \tag{2.24.5}$$

又，我们有

$$(x + y + z)^{k-n} = (k-n)! \Sigma_{k-n} \frac{x^\kappa y^\lambda z^\mu}{\kappa! \lambda! \mu!}, \tag{2.24.6}$$

其中求和记号系就

$$\kappa \geqslant 0, \quad \lambda \geqslant 0, \quad \mu \geqslant 0, \quad \kappa + \lambda + \mu = k - n$$

而取者. 将 (2.24.2) 与 (2.24.6) 相乘，即得

$$(x + y + z)^{k-n} F = (k-n)! \Sigma_n \Sigma_{k-n} A_{\alpha\beta\gamma} \frac{x^{\alpha+\kappa} y^{\beta+\lambda} z^{\gamma+\mu}}{\alpha! \kappa! \beta! \lambda! \gamma! \mu!}.$$

记

$$\alpha + \kappa = a, \quad \beta + \lambda = b, \quad \gamma + \mu = c,$$

则 a, b, c 系在

$$a \geqslant 0, \quad b \geqslant 0, \quad c \geqslant 0, \quad a + b + c = k \tag{2.24.7}$$

中变化，α, β, γ 系在

$$0 \leqslant \alpha \leqslant a, \quad 0 \leqslant \beta \leqslant b, \quad 0 \leqslant \gamma \leqslant c, \quad \alpha + \beta + \gamma = n \tag{2.24.8}$$

中变化，由此即得

$$(x + y + z)^{k-n} F = (k-n)! \Sigma_k \frac{x^a y^b z^c}{a! b! c!} \Sigma' A_{\alpha\beta\gamma} \binom{a}{\alpha} \binom{b}{\beta} \binom{c}{\gamma}. \tag{2.24.9}$$

在 (2.24.9) 中，Σ' 表示关于 α, β, γ 在 (2.24.8) 中求和，但因当 $\alpha > a, \beta > b, \cdots$ 时 $\binom{a}{\alpha} = 0, \binom{b}{\beta} = 0, \cdots$，故此求和可由在 (2.24.3) 上所取的求和来代替，即由 Σ_n

来代替. 于是就得到

$$(x+y+z)^{k-n}F = (k-n)!\Sigma_k \frac{x^a y^b z^c}{a!b!c!} \Sigma_n A_{\alpha\beta\gamma} \binom{a}{\alpha}\binom{b}{\beta}\binom{c}{\gamma}$$

$$= (k-n)!k^n \Sigma_k \phi\left(\frac{a}{k}, \frac{b}{k}, \frac{c}{k}; \frac{1}{k}\right) \frac{x^a y^b z^c}{a!b!c!}. \tag{2.24.10}$$

由 (2.24.5), 若 k 充分大, 这里的 ϕ 则为正, 这就证明了定理.

(1) 对于一个任意给定的型 F, 要确定它是否对于正的 x 严格为正, 该定理给出了一个系统的方法. 我们反复以 Σx 去乘, 若此型为正, 则迟早总会得出一个系数为正的型.

对于

$$F = x_1^n + x_2^n + \cdots + x_n^n - (n-\varepsilon)x_1 x_2 \cdots x_n$$

(其中 ε 为正且很小) 讨论这一做法是富有教益的. 在

$$\phi = (x_1 + \cdots + x_n)^{nq} F$$

中,

$$x_1^{i_1} x_2^{i_2} \cdots x_n^{i_n} \quad [\text{其中 } i_1 + i_2 + \cdots + i_n = n(q+1)]$$

的系数, 当有某个 i 为 0 时必为正. 若 $i_1 \geqslant 1, \cdots, i_n \geqslant 1$, 则为

$$\frac{(nq)!}{(i_1-n)!i_2!i_3!\cdots} + \frac{(nq)!}{i_1!(i_2-n)!i_3!\cdots} + \cdots - (n-\varepsilon)\frac{(nq)!}{(i_1-1)!(i_2-1)!\cdots},$$

其符号与

$$\psi(i_1, i_2, \cdots, i_n) = i_1(i_1-1)\cdots(i_1-n+1) + i_2(i_2-1)\cdots(i_2-n+1) + \cdots - (n-\varepsilon)i_1 i_2 \cdots i_n$$

相同. 我们要求 ψ 对所有的 $i_1, i_2, \cdots, i_n$ 都为正.

若 $i_1, i_2, \cdots$ 不全等于 $q+1$, 则其中必有一个小于 $q+1$, 设其为 i_1; 也有一个大于 $q+1$, 设其为 i_2. 将 i_1, i_2 分别改为 i_1+1, i_2-1, 则 ψ 改变了

$$n[i_1(i_1-1)\cdots(i_1-n+2) - (i_2-1)(i_2-2)\cdots(i_2-n+1)]$$

$$- (n-\varepsilon)i_3 \cdots i_n(i_2-i_1-1) < 0.$$

因此, 当每个 i 都为 $q+1$ 时, 若 ψ 为正, 则其对所有的 i 都为正. 此时 ψ 是正的, 只要

$$n(q+1)q(q-1)\cdots(q-n+2) > (n-\varepsilon)(q+1)^n$$

也就是

$$\left(1 - \frac{1}{q+1}\right)\left(1 - \frac{2}{q+1}\right)\cdots\left(1 - \frac{n-1}{q+1}\right) > 1 - \frac{\varepsilon}{n},$$

更不用说 [1] 当

$$q+1 > \frac{n^2(n-1)}{2\varepsilon}$$

---

[1] 参见定理 58.

了. 若此条件满足, 则 ϕ 中的所有系数都为正.

由此可知, 当 $x \geqslant 0$, $\Sigma x > 0$ 时 $F > 0$. 令 $\varepsilon \to 0$, 即可得出形如 $\Sigma x^n \geqslant n \Pi x$ 的平均值定理的其他证明.

(2) 若记
$$x_m = 1 - x_1 - \cdots - x_{m-1},$$
则可以得出一个关于 $m-1$ 个变量的一般的非齐次多项式的定理.

定理 57 若 (非齐次) 多项式 $f(x_1, x_2, \cdots, x_{m-1})$ 在区域
$$x_1 \geqslant 0, \cdots, x_{m-1} \geqslant 0, \quad x_1 + x_2 + \cdots + x_{m-1} \leqslant 1$$
内为正, 则 $f(x)$ 可表示为
$$f(x) = \Sigma c x_1^{a_1} \cdots x_{m-1}^{a_{m-1}} (1 - x_1 - \cdots - x_{m-1})^{a_m},$$
其中诸 a 为非负整数, 诸 c 为正.

该定理是属于 Hausdorff[1] 的一个定理的推广.

2.25　各种定理及特例[2]

定理 58 设 $\alpha, \beta, \gamma, \cdots, \lambda$ 都大于 -1, 且或全为正, 或全为负, 则
$$(1+\alpha)(1+\beta) \cdots (1+\lambda) > 1 + \alpha + \beta + \cdots + \lambda.$$

(对于 $\alpha = \beta = \cdots = \lambda$ 这种情形, 可参见 James Bernoulli[1, p.5, p.112].)

定理 59 若 $c > 0$, 则对所有 (实的或复的) a 和 b 有
$$|a+b|^2 \leqslant (1+c)|a|^2 + \left(1 + \frac{1}{c}\right)|b|^2.$$

(参见 Bohr[1, p.78].)

定理 60 设 $\mathfrak{A}_n$ 和 $\mathfrak{G}_n$ 为 $a_1, a_2, \cdots, a_n$ 的具有单位权的算术平均和几何平均, $\mathfrak{A}_{n+1}$ 和 $\mathfrak{G}_{n+1}$ 为 $a_1, a_2, \cdots, a_n, a_{n+1}$ 的相应平均, 则
$$n(\mathfrak{A}_n - \mathfrak{G}_n) < (n+1)(\mathfrak{A}_{n+1} - \mathfrak{G}_{n+1}),$$
除非
$$a_{n+1} = \mathfrak{G}_n.$$

[该定理是 R. Rado 博士告诉我们的, 它体现出平均值定理的另一证明, 若记 $a_{n+1} = x^{n+1}$, $\mathfrak{G}_n = y^{n+1}$, 则所要证明的不等式即为
$$x^{n+1} - (n+1)xy^n + ny^{n+1} > 0,$$

---

① Hausdorff[1]. Hausdorff 取 $m = 2$.
② 下述定理中, 有一些只不过是读者的习题, 但大部分则是有某种独立意义的.

而它可由定理 41 得出.]

定理 61

$$ab \leqslant \frac{a^r}{r} + \frac{b^{r'}}{r'} \quad (a > 0, b > 0, r > 1),$$

等号当 $b = a^{r-1}$ 时成立.

(这是定理 37 的另一种形式. 关于该定理以及下面两个定理, 可参见 Young [1, 5, 6].)

定理 62

$$uv \leqslant u\frac{u^p - 1}{p} + \left(\frac{1 + pv}{1 + p}\right)^{(1+p)/p} \quad \left(u > 0, v > -\frac{1}{p}, p > 0\right).$$

[在定理 61 中以 $1 + p$ 代 r, 并以 u, $(1 + pv)/(1 + p)$ 代 a, b.]

定理 63

$$uv \leqslant u \ln u + e^{v-1} \quad (u > 0).$$

[在定理 62 中令 $p \to 0$, 也可参见 4.4 节 (5).]

定理 64 若 $a > 0$, $a_1 a_2 \cdots a_n = l^n$, 则

$$(1 + a_1)(1 + a_2) \cdots (1 + a_n) > (1 + l)^n,$$

除非所有的 a 都相等.

(Chrystal[1, p.51]. 定理 40 的特例.)

定理 65 若 a 与 b 为正, 且 $p > 1$ 或 $p < 0$, 则

$$\Sigma \frac{a^p}{b^{p-1}} > \frac{(\Sigma a)^p}{(\Sigma b)^{p-1}},$$

除非 (a) 与 (b) 成比例. 若 $0 < p < 1$, 则不等式反号.

(Radon[1, p.1351]: 定理 13 的转换.)

定理 66 若 $a > 0$, 则 $\Sigma a \Sigma a^{-1} > n^2$, 除非所有的 a 都相等.

(利用定理 7 或定理 9 或定理 16 或定理 43.)

定理 67

$$\Sigma(a + b)\Sigma \frac{ab}{a + b} < \Sigma a \Sigma b,$$

除非 (a) 与 (b) 成比例.

(Milne[1].)

定理 68

$$\Sigma(a + b + c)\Sigma \frac{bc + ca + ab}{a + b + c}\Sigma \frac{abc}{bc + ca + ab} < \Sigma a \Sigma b \Sigma c,$$

除非 $(a), (b), (c)$ 成比例.

定理 69 若 $0 < r < s$, 且

$$M_r(a, b) = \left(\frac{a^r + b^r}{2}\right)^{1/r},$$

则

$$\Sigma M_r(a,b)\Sigma M_{-r}(a,b) < \Sigma M_s(a,b)\Sigma M_{-s}(a,b) < \Sigma a\Sigma b,$$

除非 (a) 与 (b) 成比例.

定理 70 若 $0 < k < 1$, 且对所有的 b 有

$$\Sigma ab \geqslant A(\Sigma b^{k'})^{1/k'},$$

则

$$\Sigma a^k \geqslant A^k.$$

[这是定理 15 对于 $0 < k < 1$ 这种情形的一个类似定理 (此时 $k' < 0$). 若所有的 a 都为正, 则定义 b 如下,

$$ab = a^k, \quad b = a^{k-1}, \quad b^{k'} = a^k,$$

于是

$$\Sigma a^k \geqslant A(\Sigma a^k)^{1/k'}, \quad \Sigma a^k \geqslant A^k \tag{i}$$

若所有的 a 都为 0, 则 A 必为 0, 因而就没有什么需要证明的. 但若其中有一些 (但不是全部) 为 0, 我们就假定在含有 μ 个元素的集 E 中 $a > 0$, 在含有 $\nu = n - \mu$ 个元素的余集 CE 中 $a = 0$, 并在 E 中定义 b 如上, 在 CE 中定义 $b = G$. 则

$$\Sigma a^k = \Sigma ab \geqslant A\left(\sum_E a^k + \nu G^{k'}\right)^{1/k'} = A(\Sigma a^k + \nu G^{k'})^{1/k'}.$$

令 $G \to \infty$, 我们又得到 (i).]

定理 71 若 $0 < h \leqslant a_\nu \leqslant H, 0 < k \leqslant b_\nu \leqslant K$, 则

$$1 \leqslant \frac{\Sigma a^2 \Sigma b^2}{(\Sigma ab)^2} \leqslant \frac{1}{4}\left(\sqrt{\frac{HK}{hk}} + \sqrt{\frac{hk}{HK}}\right)^2.$$

(参见 Pólya and Szegö [1, Ⅰ, p.57, p.213], 该处给出了等号成立的条件.)

定理 72

$$\lim_{r\to\infty} \frac{\mathfrak{M}_{r+1}^{r+1}(a)}{\mathfrak{M}_r^r(a)} = \mathfrak{M}_\infty(a).$$

若所有的 a 都为正, 则对于 $-\infty$ 也有一个类似的定理.

定理 73 若

$$\frac{\mathfrak{A}(a) - \mathfrak{G}(a)}{\mathfrak{A}(a)} \leqslant \varepsilon < 1,$$

此处的平均值系就单位权做成的, 则

$$1 + \xi < \frac{a_\nu}{\mathfrak{A}} < 1 + \xi',$$

其中 ξ 和 ξ' 分别为方程

$$(1+x)\mathrm{e}^{-x} = (1-\varepsilon)^n$$

的负根和正根.

(参见 Pólya and Szegö [1，I，p.58, p.215].)

定理 74　若

$$[\gamma_1', \cdots, \gamma_k'] \leqslant [\gamma_1, \cdots, \gamma_k], \quad [\delta_1', \cdots, \delta_l'] \leqslant [\delta_1, \cdots, \delta_l]$$

对于所涉及的变量的所有值都成立，则

$$[\gamma_1', \cdots, \gamma_k', \delta_1', \cdots, \delta_l'] \leqslant [\gamma_1, \cdots, \gamma_k, \delta_1, \cdots, \delta_l].$$

(由第一假设及和数的定义，有

$$[\gamma_1', \cdots, \gamma_k', \delta_1] \leqslant [\gamma_1, \cdots, \gamma_k, \delta_1].$$

重复此项论证，有

$$[\gamma_1', \cdots, \gamma_k', \delta_1, \cdots, \delta_l] \leqslant [\gamma_1, \cdots, \gamma_k, \delta_1, \cdots, \delta_l]. \tag{i}$$

同理，利用第二假设，有

$$[\gamma_1', \cdots, \gamma_k', \delta_1', \cdots, \delta_l'] \leqslant [\gamma_1', \cdots, \gamma_k', \delta_1, \cdots, \delta_l]. \tag{ii}$$

所要的结果由 (i) 和 (ii) 即可得出.)

定理 75　若 $(\alpha') \prec (\alpha)$，且 α 与 α' 系按降序排列，则存在一个最大的非负 δ，使得

$$(\beta) = (\alpha_1' + \delta, \alpha_2', \cdots, \alpha_{n-1}', \alpha_n' - \delta) \prec (\alpha). \tag{i}$$

若 δ 取这一数值，则

$$(\alpha_1', \alpha_n') \prec (\beta_1, \beta_n), \tag{ii}$$

且对 1 与 $n-1$ 之间 (两端包含在内) 的某一个 k，有

$$(\beta_1, \cdots, \beta_k) \prec (\alpha_1, \cdots, \alpha_k), \quad (\beta_{k+1}, \cdots, \beta_n) \prec (\alpha_{k+1}, \cdots, \alpha_n). \tag{iii}$$

(由定义显然可以看出：(a)(i) 对 $\delta = 0$ 成立；(b) 使得它成立的 δ 所成的集为一闭集；(c) 若它对某一正的 δ 成立，则它对任何较小的正 δ 也成立. 因此，存在一最大的非负 δ，使得 (i) 和 (ii) 都成立.

若 δ 取此数值，则或 (a) $\beta_n = \alpha_n' - \delta$，或 (b) 对某一 $k < n$，有

$$\beta_1 + \cdots + \beta_k = \alpha_1' + \cdots + \alpha_k' + \delta = \alpha_1 + \cdots + \alpha_k,$$

否则我们就可将 δ 增大而不影响 (i). 在情形 (a) 中，

$$\sum_1^{n-1} \alpha_\nu \leqslant \sum_1^n \alpha_\nu = \sum_1^n \beta_\nu = \sum_1^{n-1} \beta_\nu \leqslant \sum_1^{n-1} \alpha_\nu,$$

因而有 $\beta_1 + \cdots + \beta_{n-1} = \alpha_1 + \cdots + \alpha_{n-1}$，此即 (b) 当 $k = n-1$ 的情形. 因此，(b) 在任何情况下都成立，因而 (iii) 由定义即可得出.

R. Rado 博士将定理 74 和定理 75 告诉了我们，并运用它们得出了 Muirhead 判别法 (定理 45) 的充分性的一个新而巧妙的证明. 由 2.19 节的引理 1，结果当 $n = 2$ 时成立. 现假

定 $n > 2$，又假定条件 (2.18.1), (2.18.2) 和 (2.18.3) 都满足，且结果对小于 n 的变量个数都成立. 于是，由归纳法假设，$[\alpha_1', \alpha_n'] \leqslant [\beta_1, \beta_n]$，$[\beta_1, \cdots, \beta_k] \leqslant [\alpha_1, \cdots, \alpha_k]$，$[\beta_{k+1}, \cdots, \beta_n] \leqslant [\alpha_{k+1}, \cdots, \alpha_n]$. 因此，将定理 74 运用两次，则得

$$
[\alpha_1', \cdots, \alpha_n'] = [\alpha_1', \beta_2, \cdots, \beta_{n-1}, \alpha_n'] \leqslant [\beta_1, \cdots, \beta_n]
$$
$$
= [\beta_1, \cdots, \beta_k, \beta_{k+1}, \cdots, \beta_n] \leqslant [\alpha_1, \cdots, \alpha_k, \alpha_{k+1}, \cdots, \alpha_n]
$$
$$
= [\alpha_1, \cdots, \alpha_n].)
$$

定理 76　若 $a > 0$，r 与 s 为正整数，则

$$
\Sigma a_1^r a_2^r \cdots a_s^r \Sigma \frac{1}{a_1^s a_2^s \cdots a_r^s} > \binom{n}{r}\binom{n}{s},
$$

除非所有的 a 都相等.

（该定理是定理 66 的推广. 由定理 45，有

$$
[r, r, \cdots (s \text{ 次}), 0, 0, \cdots, 0] > \left[\frac{rs}{n}, \frac{rs}{n}, \cdots, \frac{rs}{n}\right].
$$

将 r 与 s 交换，并以 $1/a$ 代 a，然后做成相应的不等式，再相乘即得.）

定理 77　设 $p_1, p_2, \cdots, p_n$ 如 2.22 节中所定义，又设诸 α 为正，则

$$
p_1^{\alpha_1'} p_2^{\alpha_2'} \cdots p_n^{\alpha_n'} \leqslant p_1^{\alpha_1} p_2^{\alpha_2} \cdots p_n^{\alpha_n}
$$

对所有的正 a 都成立的充要条件是：对 $1 \leqslant m \leqslant n$，有

$$
\alpha_m' + 2\alpha_{m+1}' + \cdots + (n - m + 1)\alpha_n' \geqslant \alpha_m + 2\alpha_{m+1} + \cdots + (n - m + 1)\alpha_n,
$$

当 $m = 1$ 时取等号.

（充分性可从定理 51 得出. 必要性可依照 2.19 节 (1) 中的途径证明. Dougall[1] 根据一个恒等式对整数 α 给出了一个证明. 对于某些特别情形，例如

$$
p_{\mu-\lambda} p_{\mu+\lambda} \leqslant p_{\mu-\kappa} p_{\mu+\kappa} \quad (0 \leqslant \kappa < \lambda < \mu),
$$

$$
p_{\mu_1+\mu_2+\cdots+\mu_r} \leqslant p_{\mu_1} p_{\mu_2} \cdots p_{\mu_r},
$$

可参见 Kritikos[1].）

定理 78　平均值 $\left[\dfrac{1}{2}, \dfrac{1}{2}, 0, 0, \cdots, 0\right]$ 与 $\left[\dfrac{3}{5}, \dfrac{1}{5}, \dfrac{1}{5}, 0, \cdots, 0\right]$ 不可比较.

（定理 45 的特例和定理 48 的说明.）

定理 79　若 $a > 0$，P_μ 为 μ 个不同的 a 的积的 μ 次根的算术平均，则

$$
P_1 > P_2 > \cdots > P_n,
$$

除非所有的 a 都相等.

(Smith[1, p.440]. 定理 45 的特例:

$$[1,0,0,\cdots,0] > \left[\frac{1}{2},\frac{1}{2},0,\cdots,0\right] > \left[\frac{1}{3},\frac{1}{3},\frac{1}{3},\cdots,0\right] > \cdots.)$$

定理 80 若 $\mu \geqslant 0$, 且 x, y, z 为正, 则

$$x^{\mu}(x-y)(x-z) + y^{\mu}(y-z)(y-x) + z^{\mu}(z-x)(z-y) > 0,$$

除非 $x = y = z$.

定理 81 若 $\nu \geqslant 0$, $\delta > 0$, 诸 a 为正且不全相等, 则

$$[\nu+2\delta,0,0,\alpha_4,\cdots] - 2[\nu+\delta,\delta,0,\alpha_4,\cdots] + [\nu,\delta,\delta,\alpha_4,\cdots] > 0.$$

(该结果是 I. Schur 教授告诉我们的, 它并不是定理 45 的一个推论, 但可从定理 80 通过取 $\mu = \nu/\delta$ 得出.)

第 3 章 关于任意函数的平均，凸函数论

3.1 定 义

平均值 $\mathfrak{M}_r(a)$ 和 $\mathfrak{G}(a)$ 具有

$$\mathfrak{M}_\phi(a) = \phi^{-1}[\Sigma q\phi(a)] \qquad (3.1.1)$$

的形式，其中 $\phi(x)$ 是函数

$$x^r, \quad \ln x$$

之一，$\phi^{-1}(x)$ 表示 $\phi(x)$ 的反 (逆) 函数. 很自然地我们要讨论形如 (3.1.1) 的更为一般的平均，它由一个服从适当条件的任意函数 ϕ 构成. 要加之于 ϕ 的最为明显的条件就是它应当是连续的和严格单调的. 此时，它的反函数 ϕ^{-1} 存在，且满足同样的条件.

我们需要用到下述的预备定理.

定理 82 若

(i) $\phi(x)$ 在 $H \leqslant x \leqslant K$ 中连续且严格单调;

(ii) $H \leqslant a_\nu \leqslant K$ $(\nu = 1, 2, \cdots, n)$;

(iii) $q_\nu > 0$, $\Sigma q_\nu = 1$;

则 (1) 在 $[H, K]$ 中有唯一的 $\mathfrak{M}$ 使得

$$\phi(\mathfrak{M}) = \Sigma q\phi(a); \qquad (3.1.2)$$

(2) $\mathfrak{M}$ 总是大于某一些 a 而小于另一些 a，除非这些 a 都相等.

因为 $\phi(x)$ 连续，且当 x 从 H 增加到 K 时，它从 $\phi(H)$ 变化 (增加或减少) 到 $\phi(K)$，而 $\Sigma q\phi(a)$ 界于这两者之间，故恰有某个 $\mathfrak{M}$ 满足 (3.1.2). 由

$$\Sigma q[\phi(\mathfrak{M}) - \phi(a)] = 0,$$

故必有某些项为正，某些项为负，除非全为 0. 因此，$\mathfrak{M} - a$ 有时为正有时为负，除非它常为 0.

我们已经假定 $\phi(x)$ 在闭区间 $[H, K]$ 中连续. 但若 $\phi(x)$ 在 $H < x < K$ 中连续且严格单调递增，且当 $x \to H$ 时 $\phi(x) \to -\infty$，或当 $x \to K$ 时 $\phi(x) \to +\infty$，则上述论证仍然有效，此时只要将 $\phi(H)$ 解释为 $-\infty$，或将 $\phi(K)$ 解释为 $+\infty$，且当

$\Sigma q\phi(a) = -\infty$ 时, 将 $\mathfrak{M}$ 解释为 H, 当 $\Sigma q\phi(a) = +\infty$ 时, 将 $\mathfrak{M}$ 解释为 K. 在这里, H 可以是 $-\infty$, 或 K 可以是 $+\infty$. 一种特别重要的情形是当 $H = 0$, $K = +\infty$ 时的情形. 在下述的定义中, 以及本章今后关于 $\mathfrak{M}_\phi$ 的性质所作的各种讨论中, 总是假定 ϕ 为严格单调, 且或在闭区间中连续, 或其性状有如刚才所说.

记 [1]

$$\mathfrak{M}_\phi = \mathfrak{M}_\phi(a) = \mathfrak{M}_\phi(a, q) = \phi^{-1}[\Sigma q\phi(a)] = \phi^{-1}\{\mathfrak{A}[\phi(a)]\}. \tag{3.1.3}$$

权 q 乃是其和为 1 的任意正数, 在比较两种平均时, 总是认为这些平均的权都相同. 当 $\phi(x) = x, \ln x, x^r$ 时, $\mathfrak{M}_\phi$ 分别化为 $\mathfrak{A}, \mathfrak{G}, \mathfrak{M}_r$.

3.2　等 价 平 均

当函数 ϕ 给定时, 平均 $\mathfrak{M}_\phi$ 即已确定. 我们可能会问, 逆命题是否成立. 若对于所有的 a 和 q, $\mathfrak{M}_\psi = \mathfrak{M}_\chi$, 是不是 ψ 必然与 χ 是同一函数? 该问题由下面的定理来回答.

定理 83[2]

$$\mathfrak{M}_\psi(a) = \mathfrak{M}_\chi(a) \tag{3.2.1}$$

对所有的 a 及 q 都成立的充要条件是

$$\chi = \alpha\psi + \beta, \tag{3.2.2}$$

其中 α 与 β 为常数, 且 $\alpha \neq 0$.

在下述的论证中, 我们总是假定 ψ 与 χ 在闭区间 $[H, K]$ 中连续. 容易看出, 只要经过简单的变化, 这项论证也适用于 3.1 节中所述的例外情形. 我们真正证明的比所说的要多, 就是说, 我们证明了 (3.2.2) 是 (3.2.1) 对所有的 a 和 q 都成立的充分条件, 又证明了它是 (3.2.1) 对所有由两个变量所成的组和任意的权都成立的必要条件. 后面 (3.7 节) 我们还要证明更多一些, 即证明, (3.2.2) 是 (3.2.1) 对所有的二变量组和一对固定的权都成立的必要条件.

(i) 若 (3.2.2) 成立, 则

$$\chi[\mathfrak{M}_\chi(a)] = \Sigma q\chi(a) = \Sigma q[\alpha\psi(a) + \beta]$$
$$= \alpha\Sigma q\psi(a) + \beta = \alpha\psi[\mathfrak{M}_\psi(a)] + \beta = \chi[\mathfrak{M}_\psi(a)],$$

因而 $\mathfrak{M}_\chi = \mathfrak{M}_\psi$. 故条件为**充分的**.

---

[1] 本章直接定义 $\mathfrak{M}_\phi$, 然后从定义推出它的性质. 第 6 章 (6.19 节至 6.22 节) 将指出, 如何 "从公理" 去定义 $\mathfrak{M}_\phi$, 就是说, 依据它的特征性质的规定.

[2] Knopp[2]、Jessen[2].

(ii) 要证明条件为**必要的**，只须假定 (3.2.1) 对所有的二变量组和权都成立. 在 (3.2.1) 中，取

$$n = 2, \quad a_1 = H, \quad a_2 = K, \quad q_1 = \frac{K-t}{K-H}, \quad q_2 = \frac{t-H}{K-H},$$

其中 $H < t < K$. 于是对 $H < t < K$，有

$$\psi^{-1}\left[\frac{K-t}{K-H}\psi(H) + \frac{t-H}{K-H}\psi(K)\right] = \chi^{-1}\left[\frac{K-t}{K-H}\chi(H) + \frac{t-H}{K-H}\chi(K)\right]; \quad (3.2.3)$$

而上式对于 $t = H$ 和 $t = K$ 也成立. 若将此一般值记作 x，则当 t 从 H 变到 K 时，x 取 $[H, K]$ 中的所有值，且

$$\frac{K-t}{K-H}\psi(H) + \frac{t-H}{K-H}\psi(K) = \psi(x),$$

$$\frac{K-t}{K-H}\chi(H) + \frac{t-H}{K-H}\chi(K) = \frac{\psi(K)-\psi(x)}{\psi(K)-\psi(H)}\chi(H) + \frac{\psi(x)-\psi(H)}{\psi(K)-\psi(H)}\chi(K)$$

$$= \alpha\psi(x) + \beta,$$

其中 α 和 β 与 x 无关，因此，对于 $[H, K]$ 中所有的 x 有

$$x = \chi^{-1}[\alpha\psi(x) + \beta],$$

而此式即 (3.2.2). 这就完全证明了定理 83.

定理 83 的一个推论有时是有用处的：因 $-\phi$ 是 ϕ 的一个线性函数，故若 ϕ 为单调递减，则 $-\phi$ 为单调递增. 因此，若有必要，我们常常可以假定在 $\mathfrak{M}_\phi(x)$ 中所包含的 ϕ 是一个**增函数**.

第 2 章在讲述平均值 $\mathfrak{M}_r$ 的各种情形时，涉及了 $\mathfrak{M}_0 = \mathfrak{G}$ 的显然的例外情形. 利用定理 83 可以对此加以说明. 因为当 $r \neq 0$ 时，

$$\phi_r(x) = \int_1^x t^{r-1}\mathrm{d}t = \frac{x^r - 1}{r}$$

是 x^r 的一个线性函数，故由定理 83，有

$$\mathfrak{M}_r(a) = \mathfrak{M}_{\phi_r}(a).$$

因 $\phi_0(x) = \ln x$，故此式当 $r = 0$ 时仍成立.

3.3　平均 $\mathfrak{M}_r$ 的特征性质

我们自然要问，第 2 章中的诸平均是否具有任何简单的性质，使得可以把它们从这里所讨论的较为广泛的平均中区分出来.

定理 84[1]　　设 $\phi(x)$ 在开区间 $(0, \infty)$ 内连续, 又设

$$\mathfrak{M}_\phi(ka) = k\mathfrak{M}_\phi(a) \tag{3.3.1}$$

对所有正的 a, q, k 都成立, 则 $\mathfrak{M}_\phi(a)$ 即为 $\mathfrak{M}_r(a)$. 换言之, 平均 $\mathfrak{M}_r$ 是 $\mathfrak{M}_\phi$ 中唯一的齐次平均.

(3.3.1) 当然并不隐含 $\phi = x^r$(或 $\ln x$). 因为由定理 83, 我们可用 $\alpha\phi + \beta$ 代 ϕ 而不改变 $\mathfrak{M}_\phi$.

(3.3.1) 当 $\phi = x^r$ 或 $\phi = \ln x$ 时显然成立. 我们现在假定 (3.3.1) 成立, 而来求出 ϕ 的形式. 根据定理 83, 可以假定

$$\phi(1) = 0, \tag{3.3.2}$$

因为我们可将 $\phi(x)$ 代以 $\phi(x) - \phi(1)$.

记 (3.3.1) 为

$$\mathfrak{M}_\phi(a) = k^{-1}\mathfrak{M}_\phi(ka) = k^{-1}\phi^{-1}[\Sigma q\phi(ka)] = \mathfrak{M}_\psi(a),$$

其中

$$\psi(x) = \phi(kx).$$

由定理 83[2] 得

$$\phi(kx) = \alpha(k)\phi(x) + \beta(k), \tag{3.3.3}$$

其中 $\alpha(k)$ 和 $\beta(k)$ 是 k 的函数, 且 $\alpha(k) \neq 0$. 由 (3.3.2) 和 (3.3.3) 得

$$\phi(k) = \beta(k). \tag{3.3.4}$$

若将 (3.3.4) 代入 (3.3.3), 并以 y 代 k, 则对所有正的 x 和 y 有

$$\phi(xy) = \alpha(y)\phi(x) + \phi(y). \tag{3.3.5}$$

同理, 有

$$\phi(xy) = \alpha(x)\phi(y) + \phi(x). \tag{3.3.6}$$

而由 (3.3.5) 和 (3.3.6) 可得

$$\frac{\alpha(x) - 1}{\phi(x)} = \frac{\alpha(y) - 1}{\phi(y)}.\text{[3]}$$

---

① Nagumo[1]、de Finetti[1]、Jessen[4]. 下述是 de Finetti 的证明的一个简单的变形, 它是 Jessen 博士告诉我们的.

② 若我们引用了在 3.2 节定理 83 的叙述之后所提到的该定理的更为精确的形式, 则我们就可以得到定理 84 的一种更为精确的形式, 其中齐次性只是对某些类的变量集或权作假定.

③ 假定 $x \neq 1$, $y \neq 1$. 因 (3.3.7) 对 x 或 y 为 1 时显然成立, 故此种除外情形无关紧要.

上式必然等于某个常数 c, 故得 $\alpha(y) = 1 + c\phi(y)$. 于是, 由 (3.3.5) 即得

$$\phi(xy) = c\phi(x)\phi(y) + \phi(x) + \phi(y). \tag{3.3.7}$$

在讨论这一函数方程时, 必须区分两类情形:

(1) 若 $c = 0$, 则 (3.3.7) 即化为古典方程

$$\phi(xy) = \phi(x) + \phi(y).$$

对 $x > 0$ 连续的最一般的解是 [①] $\phi = C \ln x$.

(2) 若 $c \ne 0$, 则令 $c\phi(x) + 1 = f(x)$, 于是该方程即化为

$$f(xy) = f(x)f(y),$$

它的通解是 $f = x^r$. 因此,

$$\phi(x) = \frac{x^r - 1}{c}.$$

3.4 可比较性

我们对于 a 的函数的 "可比较性" 所作的一般说明 (1.6 节) 引起了下面的一个问题: 对于任意给定的两个函数 ψ 和 χ, 它们都在 $[H, K]$ 中连续且严格单调, 那么 $\mathfrak{M}_\psi$ 和 $\mathfrak{M}_\chi$ 是否可以比较, 或者说, 是否存在一个不等式

$$\mathfrak{M}_\psi \leqslant \mathfrak{M}_\chi \tag{3.4.1}$$

(或相反的不等式), 它对所有的 a 和 q 都成立?

记

$$\chi[\psi^{-1}(x)] = \phi(x),$$

于是, ϕ 连续且严格单调, 并有逆函数 $\phi^{-1} = \psi\chi^{-1}$. 又记

$$x = \psi(a), \quad a = \psi^{-1}(x),$$

则 x 乃是 $\psi(H)$ 和 $\psi(K)$ 之间的任意的数. 且若 χ 为单调递增, 则 (3.4.1) 即变为

$$\phi(\Sigma qx) \leqslant \Sigma q\phi(x) \quad (\text{对所有的 } q), \tag{3.4.2}$$

若 χ 为单调递减, 则上面的不等式反号.

于是, 我们就得到以下定理.

---

① Cauchy[1, pp.103-105].

定理 85　若 ψ 和 χ 连续且严格单调, 则 $\mathfrak{M}_\psi$ 和 $\mathfrak{M}_\chi$ 为可比较的充要条件是 $\phi = \chi\psi^{-1}$ 必须满足 (3.4.2), 或满足与之相反的不等式.

下面对这类函数进行详细的考察.

对于任意的权 p, (3.4.2) 变为

$$\phi\left(\frac{\Sigma px}{\Sigma p}\right) \leqslant \frac{\Sigma p\phi(x)}{\Sigma p}. \tag{3.4.3}$$

3.5　凸　函　数

3.4 节中的函数 ϕ 乃是两个单调函数的结式, 因而本身为单调, 但我们现在要来讨论一个只服从 (3.4.2) 的函数 ϕ.

(3.4.2) 的最简单的情形是

$$\phi\left(\frac{x+y}{2}\right) \leqslant \frac{\phi(x)+\phi(y)}{2}. \tag{3.5.1}$$

满足 (3.4.2) 的函数也满足 (3.5.1), 但满足 (3.5.1) 的函数类却广泛得多. 不过, 我们将证明, 这两个不等式对于服从某些限制并不十分强的条件的函数来说却是等价的.

在某一区间中满足 (3.5.1) 的函数称为在该区间内是**凸的** (convex). 若 $-\phi$ 为凸的, 则 ϕ 为**凹的**. 也可以在一个开区间内来定义凸性和凹性. 容许函数在区间的端点可以取无限值常常会是很方便的. 显而易见, 若区间为有限, 则这样的值对凸函数必为正, 对凹函数必为负.

凸函数论的基础是由 Jensen[2] 奠定的. [1] (3.5.1) 的几何意义是, 曲线 $y = \phi(x)$ 的任一条弦的中点必在该曲线的上方或在该曲线上. 这里的曲线可以是任一图形, 不一定连续. 不等式

$$\phi(q_1 x_1 + q_2 x_2) \leqslant q_1 \phi(x_1) + q_2 \phi(x_2) \tag{3.5.2}$$

(对于所有的 q) 说明整条弦都在曲线的上方或在曲线上, 而一般的不等式 (3.4.2) 则表明曲线上任意多个加权的点的重心或在曲线的上方, 或在曲线上. 从几何直观可以看出, 当曲线为连续时, 从最弱的条件 (3.5.1) 也可以推出较强的条件 (3.5.2), 但我们将看出, 通过分析还可得出更多的东西. 虽然可以用 (3.4.2) 或 (3.5.2) 来定义凸性, 但我们还是依照 Jensen 从最弱的定义出发. **最自然的**定义或许是 (3.5.2) 和在 3.19 节中所讨论的另外一个. 但若将假设尽可能减少, 这是有某种逻辑上的兴趣的.

---

① 虽然 Hölder[1] 在 Jensen 之前曾讨论过不等式 (3.4.2).

对于有限的或可列的无限数集, 定义凸性和凹性有时是有用处的. 对于集 $a_1, \cdots, a_n$, 若有

$$2a_\nu \leqslant a_{\nu-1} + a_{\nu+1} \quad (\nu = 2, 3, \cdots, n-1),$$

即若此集的二阶差分为非负, 则称此集为**凸的**.

于是, 我们就可将定理 51 以 "$\leqslant$" 这种不很确切的形式表述为: 集 $\ln p$ 为凹的. 完全的定理是: $\ln p$ 为严格凹的 (参见 3.8 节), 除非所有的 a 都相等. 当诸 p 的幂的两个乘积可比较时, 它们之间成立的不等式总可从 $\ln p$ 的凹性导出 (实质上就像从实理 51 导出定理 52). 这是定理 77 的核心.

3.6 连续凸函数

现在来研究使得 (3.4.2) 和 (3.5.1) 为等价的最简单的情形.

若 $\phi(x)$ 满足 (3.5.1), 则有

$$4\phi\left(\frac{x_1 + x_2 + x_3 + x_4}{4}\right) \leqslant 2\phi\left(\frac{x_1 + x_2}{2}\right) + 2\phi\left(\frac{x_3 + x_4}{2}\right)$$
$$\leqslant \phi(x_1) + \phi(x_2) + \phi(x_3) + \phi(x_4),$$

等等, 于是我们就证明了: 对一列特别的 n, 即 $n = 2^m$, 有

$$\phi\left(\frac{x_1 + x_2 + \cdots + x_n}{n}\right) \leqslant \frac{\phi(x_1) + \phi(x_2) + \cdots + \phi(x_n)}{n}. \tag{3.6.1}$$

要证明 (3.6.1) 普遍成立, 只须证明若它对 n 成立, 则它对 $n-1$ 也成立.[①] 于是我们就假定 (3.6.1) 对 n 个数已经得到证明, 并设给定了 $n-1$ 个数 $x_1, x_2, \cdots, x_{n-1}$. 取 x_n 为此 $n-1$ 个数的 (具有相等的权的) 算术平均 $\mathfrak{A}$, 并运用 (3.6.1), 即得

$$\phi(\mathfrak{A}) = \phi\left[\frac{(n-1)\mathfrak{A} + \mathfrak{A}}{n}\right] = \phi\left(\frac{x_1 + x_2 + \cdots + x_{n-1} + \mathfrak{A}}{n}\right)$$
$$\leqslant \frac{\phi(x_1) + \phi(x_2) + \cdots + \phi(x_{n-1}) + \phi(\mathfrak{A})}{n}$$

因而有

$$\phi(\mathfrak{A}) \leqslant \frac{\phi(x_1) + \phi(x_2) + \cdots + \phi(x_{n-1})}{n-1},$$

此即 (3.6.1), 不过是以 $n-1$ 代 n. 故 (3.6.1) 普遍成立.

其次, 若假定在 (3.6.1) 中诸 x 组成一些适当的组, 各组具有同样的 x, 则对于任何**可通约的** q 即得 (3.4.2).

---

① 这里依照了 2.6 节 (ii) 中的途径. 关于更直接地按照 Cauchy 的证法所作出的证明, 可参见 Jensen[2].

最后，若 $\phi(x)$ **连续**，则可以在诸 q 上不加任何限制而证明 (3.4.2). 因为我们可以将诸 q 代以可通约的近似值然后取极限即可. 于是即得

定理 86　任何连续凸函数满足 (3.4.2).

作为一个应用，可以考虑定理 17. 若 $s = \dfrac{1}{2}(r+t)$，则由定理 7 可得

$$(\Sigma pa^s)^2 \leqslant \Sigma pa^r \Sigma pa^t,$$

也就是

$$[\mathfrak{M}_s^s(a)]^2 \leqslant \mathfrak{M}_r^r(a)\mathfrak{M}_t^t(a),$$

因此

$$\ln \mathfrak{M}_s^s(a) \leqslant \frac{1}{2}[\ln \mathfrak{M}_r^r(a) + \ln \mathfrak{M}_t^t(a)].$$

换言之，我们有

定理 87　$\ln \mathfrak{M}_r^r(a) = r \ln \mathfrak{M}_r(a)$ 是 r 的一个凸函数.

借助定理 86(或重复证明此定理时所用的论述)，即可得定理 17(除了关于等号情形所作的详细描述之外).

3.7　关于凸函数的另一个定义[①]

3.5 节在刻画凸函数时利用了这样的事实，即曲线 $y = \phi(x)$ 的任一弦的中点在该曲线的上方或在该曲线上. Riesz 和 Jessen 曾经指出一个有趣的同时在应用中有时也是重要的事实 [②]，即当 $\phi(x)$ 连续时，只需要弦上**有某一个**点在曲线的上方或在曲线上即可.

定理 88　若 $\phi(x)$ 连续，又若曲线 $y = \phi(x)$ 的每一条弦，除了端点之外，至少有一个点在曲线的上方或在曲线上，则每一条弦上的每一点都在曲线的上方或在曲线上，因而 $\phi(x)$ 为凸的.

设 PQ 为一弦，R 为弦上在曲线下的一点，则在 PR 上有一点 S，它是曲线与 PR 最后相交之点；在 RQ 上有一点 T，它是曲线与 RQ 最初相交之点. S 可能是 P 而 T 可能是 Q，弦 ST 全部在曲线之下，这与假设相矛盾.

这里的论述对定理 86 给出了另一个证明. 若 $\phi(x)$ 为凸的，则任一弦的中点必在曲线的上方或曲线上. 因此，正如已经证明的，弦的每一点都在曲线的上方或曲线上. 就是说，若 $q_1 > 0, q_2 > 0, q_1 + q_2 = 1$，则

---

① M. Riesz[1]、Jessen[2].

② 可以参见 8.13 节.

$$\phi(q_1 x_1 + q_2 x_2) \leqslant q_1 \phi(x_1) + q_2 \phi(x_2),$$

但若 q_1 和 q_2 为任意，则可用归纳法来进行. 不妨设 $q_1 + q_2 + q_3 = 1$，则

$$
\begin{aligned}
\phi(q_1 x_1 + q_2 x_2 + q_3 x_3) &= \phi \left[q_1 x_1 + (q_2 + q_3) \frac{q_2 x_2 + q_3 x_3}{q_2 + q_3} \right] \\
&\leqslant q_1 \phi(x_1) + (q_2 + q_3) \phi \left(\frac{q_2 x_2 + q_3 x_3}{q_2 + q_3} \right) \\
&\leqslant q_1 \phi(x_1) + (q_2 + q_3) \frac{q_2 \phi(x_2) + q_3 \phi(x_3)}{q_2 + q_3} \\
&= q_1 \phi(x_1) + q_2 \phi(x_2) + q_3 \phi(x_3), \quad\quad (3.7.1)
\end{aligned}
$$

如此类推以至一般.

定理 88 的一个推论是

定理 89　若 $\phi(x)$ 连续，又若 $y = \phi(x)$ 的每一条弦都与曲线相交于一个异于端点的点，则 $\phi(x)$ 为线性的.

由定理 88，每一条弦上的每一个点都在曲线上方或在曲线上. 但在定理 88 的假设和结论中若将"在上方"代之以"在下方"，则该定理仍成立. 因此，曲线的每一条弦都与曲线相合.

由定理 89，我们还可导出 3.2 节中所提到的定理 83 的改进，设

$$\psi^{-1}[q_1 \psi(a_1) + q_2 \psi(a_2)] = \chi^{-1}[q_1 \chi(a_1) + q_2 \chi(a_2)]$$

对固定的 q_1、q_2 和任意的 a 都成立. 记 $\chi \psi^{-1} = \phi$, $\psi(a) = x$, $a = \psi^{-1}(x)$，则得

$$\phi(q_1 x_1 + q_2 x_2) = q_1 \phi(x_1) + q_2 \phi(x_2),$$

因而 $y = \phi(x)$ 的每一条弦总有一个异于端点的点在此曲线上. 由定理 89，ϕ 为线性的.

3.8　诸基本不等式中的等号

现假定 $\phi(x)$ 连续，且为凸函数，而来考虑 (3.5.1)(3.5.2)(3.4.2) 中的等号何时成立.

假定 $x_1 < x_3 < x_2$ 且 $x_3 = q_1 x_1 + q_2 x_2$，又假定 $P_1, P_2, \cdots$ 是曲线 $y = \phi(x)$ 上与 $x_1, x_2, \cdots$ 相应的点. 若 $\phi(x)$ 在 (x_1, x_2) 内不是线性的，则在 (x_1, x_2) 中必存在一点 x_4，使得 P_4 处在直线 $P_1 P_2$ 之下. 今设 (比如说) x_4 在 (x_1, x_3) 内，于是 x_3 就在 (x_4, x_2) 内，P_3 即在 $P_4 P_2$ 上或在它的下面，因而位于 $P_1 P_2$ 之下. 于是 (3.5.2)

中不等号成立. 由是可知, (3.5.2) 中的等号仅当 $\phi(x)$ 在 (x_1, x_2) 内为线性时才能成立.

这一结论可以很容易地推广到一般性不等式 (3.4.2) 上去. 比如说, 假设当 $n=3$ 时等号成立, 又设 $x_1 < x_2 < x_3$, 则 (3.7.1) 中所有的不等号必都化为等号, 因而 $\phi(x)$ 在各区间

$$\left(x_1, \frac{q_2 x_2 + q_3 x_3}{q_2 + q_3}\right), (x_2, x_3)$$

内必为线性, 故在 (x_1, x_3) 内亦为线性.

于是我们已经证明了

定理 90　若 $\phi(x)$ 连续, 且为凸函数, 则

$$\phi(\Sigma qx) < \Sigma q\phi(x), \tag{3.8.1}$$

$$\phi\left(\frac{\Sigma px}{\Sigma p}\right) < \frac{\Sigma p\phi(x)}{\Sigma p}, \tag{3.8.2}$$

除非 (i) 所有的 x 都相等, 或 (ii) $\phi(x)$ 在一段包含所有的 x 的区间内为线性.

定理 91　一条连续凸曲线的任一弦, 除了它的端点之外, 全部都在该曲线之上, 或与该曲线相合.

若对于每一对不相等的 x 和 y, 都有

$$\phi\left(\frac{x+y}{2}\right) < \frac{1}{2}[\phi(x) + \phi(y)], \tag{3.8.3}$$

则称 $\phi(x)$ 为**严格凸的**. 因严格凸函数在任何区域内不可能为线性, 故任何这类函数, 若为连续, 必满足 (3.8.1) 和 (3.8.2), 除非所有的 x 都相等.

3.9　定理 85 的改述和推广[①]

可以将定理 85 改述成下面的形式:

定理 92　若 χ 和 ψ 都连续, 且严格单调, 又设 χ 为单调递增, 则 $\mathfrak{M}_\psi \leqslant \mathfrak{M}_\chi$ 对所有的 a 和 q 成立的充要条件是 $\phi = \chi\psi^{-1}$ 为凸的[②].

在这种情况下, 我们就说 χ **关于** ψ **为凸的**. 于是, 当 $s \geqslant r > 0$ 时, t^s 关于 t^r 为凸的.

曲线 $y = \phi(x)$ 具有参数表示

$$x = \psi(t), \quad y = \chi(t).$$

---

① Jessen[2, 3].
② 关于条件的必要性, 我们所证明的实际要多些: 参见关于定理 83 所作的说明.

过曲线上与 $t = t_1$ 和 $t = t_2$ 相应的点的弦为

$$x = \psi(t), \quad y = \psi^*(t),$$

其中

$$\psi^*(t) = \frac{\psi(t_2) - \psi(t)}{\psi(t_2) - \psi(t_1)} \chi(t_1) + \frac{\psi(t) - \psi(t_1)}{\psi(t_2) - \psi(t_1)} \chi(t_2)$$

乃是形如

$$\alpha \psi(t) + \beta$$

的一个函数, 它在 $t = t_1$ 和 $t = t_2$ 时分别取值 $\chi(t_1)$ 和 $\chi(t_2)$. 可以称 $y = \psi^*(x)$ 为 $y = \chi(x)$ 的 ψ 弦. 欲使 χ 关于 ψ 为凸的, 其充分必要条件为 $\chi \leqslant \psi^*$, 即 χ 的任一 ψ 弦的每一点都在曲线的上方或在曲线上.

定理 92 可以推广如下: 设

$$a = a_{\nu_1, \nu_2, \cdots, \nu_m}$$

是 m 个变量 $\nu_1, \nu_2, \cdots, \nu_m$ 的函数, 又设

$$\mathfrak{M}_{\psi_m}^{\nu_m} \cdots \mathfrak{M}_{\psi_2}^{\nu_2} \mathfrak{M}_{\psi_1}^{\nu_1}(a)$$

是关于 $\nu_1, \nu_2, \cdots, \nu_m$ 相继取平均所得的结果.

定理 93 设 ψ_μ 与 χ_μ 连续, 且严格单调, 又设 χ_μ 为单调递增, 则

$$\mathfrak{M}_{\psi_m}^{\nu_m} \cdots \mathfrak{M}_{\psi_1}^{\nu_1}(a) \leqslant \mathfrak{M}_{\chi_m}^{\nu_m} \cdots \mathfrak{M}_{\chi_1}^{\nu_1}(a)$$

对所有的 a 和 q 都成立的充要条件是每一个 χ_μ 关于相应的 ψ_μ 为凸的.

不言而喻, 算子 $\mathfrak{M}_{\psi_\mu}$ 和 $\mathfrak{M}_{\chi_\mu}$ 中所包含的权都是相同的, 虽然它们一般是随着 μ 而变. 条件的充分性可由定理 92 立刻得出. 要看出它们的必要性, 只需假定 a 是单一的 ν_μ 的函数即可.

3.10 二阶可微的凸函数

我们把关于凸函数的一般性质的进一步讨论放到 3.18 节, 现在来讨论这类函数的一种特别重要的子类, 即具有二阶导数的凸函数类.

定理 94 设 $\phi(x)$ 在开区间 (H, K) 中具有二阶导数 $\phi''(x)$, 则 $\phi(x)$ 在该区间内为一凸函数的充要条件是

$$\phi''(x) \geqslant 0.^{①} \tag{3.10.1}$$

(i) **条件的必要性.** 将 (3.5.1) 中的 $\frac{1}{2}(x+y)$ 和 $\frac{1}{2}(x-y)$ 分别代以 t 和 h，并假定 $x > y$，因而 $h > 0$，则对于所有使得 $t+h, t-h, t$ 都属于所说区间内的 t 和 h 都有

$$\phi(t+h) + \phi(t-h) - 2\phi(t) \geqslant 0. \tag{3.10.2}$$

今设 $\phi''(t) < 0$，则有正数 δ 和 h，使得当 $0 < u \leqslant h$ 时有

$$\phi'(t+u) - \phi'(t-u) < -\delta u.$$

将此不等式两边从 $u = 0$ 到 $u = h$ 取积分，则得

$$\phi(t+h) + \phi(t-h) - 2\phi(t) < -\frac{1}{2}\delta h^2,$$

此式与 (3.10.2) 相矛盾.

(ii) **条件的充分性.** 现证明 ϕ 满足 (3.4.2). 事实上，若 $X = \Sigma qx$，则对 X 与 x_ν 之间的某一 ξ_ν 有

$$\phi(x_\nu) = \phi(X) + (x_\nu - X)\phi'(X) + \frac{1}{2}(x_\nu - X)^2 \phi''(\xi_\nu),$$

因而有

$$\Sigma q\phi(x) \geqslant \phi(X) = \phi(\Sigma qx).$$

若 $\phi''(x) > 0$，则等号仅当每个 x 都等于 X 时才成立. 于是我们证明了

定理 95[②]　若 $\phi''(x) > 0$，则 $\phi(x)$ 为严格凸的，且满足 (3.8.1) 和 (3.8.2)，除非所有的 x 都相等.

3.11　二阶可微的凸函数的性质的应用

结合定理 85 和定理 95 [第 (ii) 部分] 的证明，我们就得到了下面的定理，它在应用中特别有用.

定理 96　若 ψ 和 χ 严格单调，χ 为单调递增，$\phi = \chi\psi^{-1}$，且 $\phi'' > 0$，则 $\mathfrak{M}_\psi < \mathfrak{M}_\chi$，除非所有的 a 都相等.

---

① 实际应用中重要的情形是 ϕ'' 在开区间内存在的情形 (如该定理中所说). 但通常我们都希望把凸性设在闭区间之中. 因为 $\phi'' \geqslant 0$，所以 ϕ' 和 ϕ 在临近区间的端点时为单调，故趋于一有限或无限之极限；ϕ' 可能在左端点趋于 $-\infty$ 而在右端点趋于 $+\infty$，而 ϕ 可以在任一端点趋于 $+\infty$. 在一个闭区间中，若函数在各端点之值不小于其在该端点之极限，则该函数为凸的.

② Hölder[1].

例 (1) 若 $\psi = \ln x$, $\chi = x$, 则 $\phi = \chi\psi^{-1} = e^x$. 定理 96 即化为定理 9.

(2) 若 $\psi = x^r$, $\chi = x^s$, 其中 $0 < r < s$, 则 $\phi = x^{s/r}$, $\phi'' > 0$. 由定理 96 即得出定理 16(关于正指数的情形). 定理 16 的其他情形也可用同法导出.

(3) 设 $\phi = x^k$, 其中 k 不是 0, 也不是 1, 则当 $k < 0$ 或 $k > 1$ 时, ϕ 在 $(0, \infty)$ 中为凸的, 当 $0 < k < 1$ 时为凹的. 设 $k > 1$, 运用定理 95, 即得

$$\Sigma qx < (\Sigma qx^k)^{1/k}$$

或

$$\Sigma px < (\Sigma px^k)^{1/k}(\Sigma p)^{1/k'},$$

除非所有的 x 都相等. 若令 $px = ab$, $px^k = a^k$, 则得定理 13 ($k > 1$ 的情形). 其他情形也可用同法推出.

(4) 设 $\phi = \ln(1 + e^x)$, 因而

$$\phi''(x) = \frac{e^x}{(1 + e^x)^2} > 0;$$

又设 (3.8.1) 中的横标和权分别为 $\ln(a_2/a_1), \ln(b_2/b_1), \cdots$ 和 $\alpha, \beta, \cdots$, 则得

$$a_1^\alpha b_1^\beta \cdots l_1^\lambda + a_2^\alpha b_2^\beta \cdots l_2^\lambda < (a_1 + a_2)^\alpha (b_1 + b_2)^\beta \cdots (l_1 + l_2)^\lambda,$$

除非 $a_2/a_1 = b_2/b_1 = \cdots$ (定理 40: 关于各有两个数的任意多个集合的 H).

(5) 设 $\phi = (1 + x^r)^{1/r}$, 其中 r 不是 0, 也不是 1, 又设 (3.8.2) 中的横标和权分别为 $a_2/a_1, b_2/b_1, \cdots$ 和 $a_1, b_1, \cdots$. 此时, 当 $r > 1$ 时 ϕ 为凸的, 当 $r < 1$ 时 ϕ 为凹的. 我们有 (比如说)

$$[(a_1 + b_1 + \cdots + l_1)^r + (a_2 + b_2 + \cdots + l_2)^r]^{1/r}$$
$$< (a_1^r + a_2^r)^{1/r} + (b_1^r + b_2^r)^{1/r} + \cdots + (l_1^r + l_2^r)^{1/r},$$

只要 $r > 1$ 且 $a_2/a_1, b_2/b_1, \cdots$ 不全相等 (关于各有两个数的任意多个集合的 M). 要记住, H 和 M 都可用归纳法推广到由更多的数所成的集合上去.

(6) **定理 97** 若 $a > 0$, $p > 0$, 则

$$\exp\left(\frac{\Sigma p \ln a}{\Sigma p}\right) < \frac{\Sigma pa}{\Sigma p} < \exp\left(\frac{\Sigma pa \ln a}{\Sigma pa}\right),$$

除非所有的 a 都相等.

上式中我们把 q 写成 p, 这是为了对称的缘故. 若令 $\phi(x) = \ln x$, 这是一个凹函数, 则前一不等式即 (3.8.2) 反号. 它与 G(定理 9) 等价. 若令 $\phi(x) = x\ln x$, 这是一个凸函数, 则后一不等式即 (3.8.2).

3.12   多元凸函数

设 D 为平面 (x, y) 上的一个凸域, 即包含了连结其中任何两点的整个直线段的域 [1]. 若函数 $\Phi(x, y)$ 在 D 中处处有定义, 且对 D 中所有的 (x_1, y_1) 和 (x_2, y_2) 有

$$\Phi\left(\frac{x_1 + x_2}{2}, \frac{y_1 + y_2}{2}\right) \leqslant \frac{1}{2}[\Phi(x_1, y_1) + \Phi(x_2, y_2)], \tag{3.12.1}$$

则称 $\Phi(x, y)$ **在 D 中为凸的**[2]. 这个定义比要求函数分别关于 x 和 y 具有凸性要强些. 例如 xy 对每个 y 都是 x 的凸函数, 对每个 x 都是 y 的凸函数, 但它却不是 x 和 y 的凸函数.

刚才的定义有另外一种形式, 使用它常常要方便些. 设 x, y, u, v 已经给定, 而来考虑使得 $(x + ut, y + vt)$ 属于 D 的 t 值 (若存在的话). 因 D 为凸的, 故这种值构成一个区间 (它可能为空集). 于是, 若对每一组 x, y, u, v, 函数

$$\chi(t) = \Phi(x + ut, y + vt) \tag{3.12.2}$$

在所说的 t 区间内为 t 的凸函数, 则称 $\Phi(x, y)$ 在 D 内为凸的. 该定义和先前所给的定义等价. 因为若

$$x + ut_1 = x_1, \quad y + vt_1 = y_1, \quad x + ut_2 = x_2, \quad y + vt_2 = y_2,$$

则 (3.12.1) 变为

$$\chi\left(\frac{t_1 + t_2}{2}\right) \leqslant \frac{1}{2}[\chi(t_1) + \chi(t_2)].$$

若 $-\Phi$ 为凸的, 即 Φ 称为凹的.

若 $z = \Phi(x, y)$ 为直角坐标系中某曲面的方程, 则 (3.12.1) 阐明: 曲面任一条弦的中点位于曲面的相应点上或其上方. 若曲面连续, 则可推知整条弦都在曲面上或其上方, 且曲面上任意多个加权的点的重心位于曲面上或其上方. 这就是下面的定理所阐述的.

定理 98   若 $\Phi(x, y)$ 连续, 且为凸的, 则

---

① 只需考虑矩形域即可, 但应加之于 D 的自然限制却是凸性. 关于与凸域或一般的域有关的拓扑问题的讨论, 不在我们的计划之内.

② 关于一元凸函数的概念, 还有一个更广泛些的推广, 它在函数论中甚为重要, 但我们将不予讨论. 若函数 $\Phi(x, y)$ 在任一圆的圆心之值不超过它圆周上的值的平均, 则称之为**次调和的**. 特别地, 若 Φ 为两次可微的, 且

$$\nabla^2 \Phi = \Phi_{xx} + \Phi_{yy} \geqslant 0,$$

则它是次调和的. 关于次调和函数的理论, 可参见 F. Riesz[5, 9]、Montel[1].

$$\Phi(\Sigma qx, \Sigma qy) \leqslant \Sigma q\Phi(x, y). \tag{3.12.3}$$

除了在记号上有一些明显改变外, 该定理的证明与定理 86 的证明相同.

也有一个与定理 88 对应的定理, 只需断言曲面没有一条弦 (除了它的端点之外) 全部在曲面之下即可. 3.7 节中所有其他的阐述经明显的改变之后仍然成立.

对应于定理 94 和定理 95 的定理是

定理 99 若 $\Phi(x, y)$ 在一开域 D 内为二次可微的, 则其在 D 内是一个凸函数的充要条件是二次型

$$Q = \Phi_{xx}u^2 + 2\Phi_{xy}uv + \Phi_{yy}v^2$$

对于所有的 u、v 及 D 中所有的 (x, y) 都为正 [1].

若 Q 严格为正 [2], 则 (3.12.3) 中不等号成立, 除非所有的 x 和所有的 y 都相等.

(1) **条件的必要性.** 若 (x, y) 属于 D, 则由 (3.12.2) 定义的 $\chi(t)$ 在 $t = 0$ 的某一邻域内为凸的. 因而由定理 94, $\chi''(0) \geqslant 0$, 即 $Q \geqslant 0$.

(2) **条件的充分性.** 若

$$\Sigma q = 1, \quad X = \Sigma qx, \quad Y = \Sigma qy,$$

则

$$\begin{aligned} \Phi(x_\nu, y_\nu) = \Phi(X, Y) &+ (x_\nu - X)\Phi_x^0 + (y_\nu - Y)\Phi_y^0 + \frac{1}{2}[(x_\nu - X)^2\Phi_{xx}^1 \\ &+ 2(x_\nu - X)(y_\nu - Y)\Phi_{xy}^1 + (y_\nu - Y)^2\Phi_{yy}^1], \end{aligned}$$

其中指标 0 表示点 (X, Y), 指标 1 表示连接此点与 (x_ν, y_ν) 的直线上的某一点. 由此即得

$$\Sigma q\Phi(x, y) \geqslant \Phi(X, Y) = \Phi(\Sigma qx, \Sigma qy).$$

若 Q 严格为正, 且等号成立, 则对所有的 ν 有 $x_\nu = X$, $y_\nu = Y$.

注意 Q 为正的充要条件是

$$\Phi_{xx} \geqslant 0, \quad \Phi_{yy} \geqslant 0, \quad \Phi_{xx}\Phi_{yy} - \Phi_{xy}^2 \geqslant 0. \tag{3.12.4}$$

严格为正的充要条件是

$$\Phi_{xx} > 0, \quad \Phi_{xx}\Phi_{yy} - \Phi_{xy}^2 > 0. \tag{3.12.5}$$

若 (3.12.4) 中第三个不等式成立, 而前两个不等式以反号成立, 则 Q 为负.

读者可将本节的定理和定义推广到两个以上变量的函数的情形.

---

[1] $Q \geqslant 0$.

[2] 除 $u = v = 0$ 外 $Q > 0$.

3.13　Hölder 不等式的推广

可以将 Hölder 不等式写成

$$\mathfrak{A}(ab) \leqslant \mathfrak{M}_F(a)\mathfrak{M}_G(b) \tag{3.13.1}$$

或

$$\Sigma qab \leqslant F^{-1}[\Sigma qF(a)]G^{-1}[\Sigma qG(b)] \tag{3.13.2}$$

的形式, 其中 $F(x) = x^r (r > 1)$, $G(x) = x^{r'}$, r' 同往常一样, 乃是在 2.8 节的意义下与 r 共轭的指数. 若记

$$\phi = F^{-1}, \quad \psi = G^{-1}, \quad F(a) = x, \quad G(b) = y, \quad a = \phi(x), \quad b = \psi(y),$$

则得

$$\Sigma q\phi(x)\psi(y) \leqslant \phi(\Sigma qx)\psi(\Sigma qy). \tag{3.13.3}$$

其最简单的情形是

$$\frac{1}{2}[\phi(x_1)\psi(y_1) + \phi(x_2)\psi(y_2)] \leqslant \phi\left[\frac{1}{2}(x_1 + x_2)\right]\psi\left[\frac{1}{2}(y_1 + y_2)\right],$$

它表示这样的一个事实, 即 $\phi(x)\psi(y)$ 是 x 和 y 的凸函数. 当 (恰如这里的情形) ϕ 和 ψ 连续时, 它即等价于更一般的不等式 (3.13.3). 因此, 将上面的论证 (具有任意的 ϕ 和 ψ) 倒转, 则得

定理 100　若 F 和 G 连续且严格单调, 则 $\mathfrak{A}(ab)$ 与 $\mathfrak{M}_F(a)\mathfrak{M}_G(b)$ 为可比较的充要条件是 $F^{-1}(x)G^{-1}(y)$ 为二元 x 与 y 的凹或凸函数. 在前一情形下, (3.13.1) 成立; 在后一情形下, 不等式反号.

可以取 $F(x) = x^r$, $G(y) = y^s$ 作为一例. 此时由定理 100 和定理 99 即得

$$\mathfrak{A}(ab) \leqslant \mathfrak{M}_r(a)\mathfrak{M}_s(b),$$

只要 $r > 1$, $s > 1$ 且 $(r-1)(s-1) \geqslant 1$. 若 $r < 1$, $s < 1$, $(1-r)(1-s) \geqslant 1$, 则不等式反号. 这些就是仅有的可以比较的情形 [①]. 在论证中, $r = 0$ 和 $s = 0$ 这两种情形排除在外, 但若用指数 (exponential) 去代替幂 (power), 这两种情形也可包括进去.

对于 Hölder 不等式, 或许可以寻求一个更为直接的推广. Hölder 不等式断言: 若 $f(x)$ 和 $g(x)$ 是 x 的幂函数, 幂次为正, f 和 g 互为反函数, 且或

---

① 比较定理 44.

(a)
$$F(x) = xf(x), \quad G(x) = xg(x),$$

或

(b)
$$F(x) = \int_0^x f(t)\mathrm{d}t, \quad G(x) = \int_0^x g(t)\mathrm{d}t,$$

则 (3.13.1) 成立. 因而我们可能会期望, 它对于别的互逆函数对 f 和 g 也成立. 下面的定理指出, 这样的推广是不可能的.

定理 101 设 $f(x)$ 连续且严格单调递增, 它当 $x = 0$ 时为 0, 且当 $x > 0$ 时具有二阶连续导数. 又设 $g(x)$ 为其反函数 (它必然具有同样的性质). 设 $F(x)$ 和 $G(x)$ 由 (a) 或 (b) 定义, 且 (3.13.1) 对所有正的 a, b 都成立, 则 f 必为 x 的幂函数, 且 (3.13.1) 就是 Hölder 不等式.

先来讨论情形 (a). [1] 若我们像在定理 100 的证明中那样, 将 F^{-1} 和 G^{-1} 写成 ϕ 和 ψ, 则 $\phi(x)\psi(x)$ 必为 x 和 y 的凹函数, 由定理 99 和 (3.12.4) [2]即知, 对于所有正的 x 和 y, 有 $\phi'' \leqslant 0$, $\psi'' \leqslant 0$ 和

$$[\phi'(x)\psi'(y)]^2 \leqslant \phi(x)\psi(y)\phi''(x)\psi''(y). \tag{3.13.4}$$

若 $\phi(x) = u$, $\psi(x) = v$, 则得

$$x = F(u) = uf(u), \quad \frac{x}{u} = f(u), \quad u = g\left(\frac{x}{u}\right),$$

$$x = \frac{x}{u}g\left(\frac{x}{u}\right) = G\left(\frac{x}{u}\right), \quad \frac{x}{u} = \psi(x) = v,$$

因而有

$$\phi(x)\psi(x) = x. \tag{3.13.5}$$

于是有

$$\phi''(x)\psi(x) + 2\phi'(x)\psi'(x) + \phi(x)\psi''(x) = 0,$$

由 (3.13.4) 即得

$$(\phi''\psi + \phi\psi'')^2 = 4\phi'^2\psi'^2 \leqslant 4\phi\psi\phi''\psi'',$$

式中所有的参量都是 x, 上式仅当

$$\phi''\psi = \phi\psi'' = -\phi'\psi', \quad \phi''\psi + \phi'\psi' = 0$$

或 $\phi'\psi$ 为常数时才能成立. 因此, 由 (3.13.5), $x\phi'/\phi$ 为常数. 此时, ϕ 和其他的函数都为 x 的幂函数.

---

[1] 关于情形 (b), 可参见 Cooper[4].
[2] 将记号作适当的改变.

3.14　关于单调函数的一些定理

这里搜集了一些后面将要用到的简单定理. 其中第一个定理正如同 (3.4.2) 刻画出连续凸函数一样刻画出单调函数.

定理 102[1]

$$(\Sigma p)\phi(\Sigma x) \leqslant \Sigma p\phi(x) \tag{3.14.1}$$

对所有正的 x 和 p 都成立的充要条件是 $\phi(x)$ 对 $x > 0$(依广义) 单调递减. 相反的不等式类似地刻画出单调递增函数.

若 $\phi(x)$ 为严格单调递减, 且 x 的个数大于 1, 则严格不等式成立.

(i) 若 ϕ 单调递减, 则 $\phi(\Sigma x) \leqslant \phi(x)$, 因而有 (3.14.1).

(ii) 若在 (3.14.1) 中取 $n = 2$, $x_1 = x$, $x_2 = h$, $p_1 = 1$, $p_2 = p$, 则得

$$(1 + p)\phi(x + h) \leqslant \phi(x) + p\phi(h).$$

令 $p \to 0$, 则可得 $\phi(x + h) \leqslant \phi(x)$.

当 $\phi(x) = x^{\alpha-1}(0 < \alpha < 1)$, $p = x$ 时, 即得定理 19.

定理 103

$$f(\Sigma x) \leqslant \Sigma f(x) \tag{3.14.2}$$

对所有的正 x 都成立的充分条件是 $x^{-1}f(x)$ 单调递减. 若 $x^{-1}f(x)$ 为严格单调递减, 且 x 的个数大于 1, 则有严格的不等式.

理由如下. 若记 $f(x) = x\phi(x)$, 则 (3.14.2) 即变为 (3.14.1), 其中 $p = x$. 该条件并不是必要的, 因为 (3.14.2) 对于所有满足

$$f(x) > 0, \quad \max f(x) \leqslant 2 \min f(x)$$

的 $f(x)$ 都成立. 例如 $f(x) = 3 + \cos x$.

定理 104　若

$$\phi(\Sigma px) \leqslant \Sigma p\phi(x) \tag{3.14.3}$$

对所有正的 x 和 p 都成立, 则 $\phi(x)$ 为 x 的倍数.

若在 (3.14.3) 中取 $n = 2$, $x_1 = x$, $x_2 = y$, $p_1 = y/2x$, $p_2 = \dfrac{1}{2}$, 则得

$$\frac{\phi(y)}{y} \leqslant \frac{\phi(x)}{x}.$$

因 x 和 y 可以交换, 故 ϕ/x 为常数.

---

[1] Jensen[2]: Jensen 并没有提到条件的必要性.

3.15 关于任意函数的和数：Jensen 不等式的推广

可以定义关于任意函数 ϕ 的"和数"，同样也可以定义相应的平均. 令

$$\mathfrak{S}_\phi(a) = \phi^{-1}[\Sigma\phi(a)],$$

其中 $\phi(x)$ 为一个连续且严格单调的函数，和 3.1 节中一样. 但这里还需要多假定一些，因为 $\Sigma\phi(a)$ 并不 (如像 $\Sigma q\phi(a)$ 那样) 是 $\phi(a)$ 的值的一个平均，因而不一定是 $\phi(x)$ 的一个可能值. 因此，我们假定 $\phi(x)$ 对所有的正 x 都为正，且当 $x \to 0$ 或当 $x \to \infty$ 时趋于 ∞. 我们也假定诸 a 都为正，而当有某些 a 为 0 时，请读者自己去考虑作适当的修改 [①].

定理 105[②] 若 ψ 和 χ 连续，严格单调，且为正，则当 (1)ψ 和 χ 朝相反方向变化时，或 (2)ψ 和 χ 朝相同方向变化而 χ/ψ 为单调时，$\mathfrak{S}_\psi$ 和 $\mathfrak{S}_\chi$ 可比较.

在情形 (1) 中，若 ψ 单调递减而 χ 单调递增，则

$$\mathfrak{S}_\psi \leqslant \mathfrak{S}_\chi. \tag{3.15.1}$$

在情形 (2) 中，若 χ/ψ 单调递减，则 (3.15.1) 成立. 在情形 (1) 中等号仅当仅有一个 a 时才成立；若 χ/ψ 为严格单调，在情形 (2) 中情况亦然.

在情形 (1) 中，当 χ 为单调递增时，有

$$\mathfrak{S}_\chi(a) \geqslant \chi^{-1}[\chi(\max a)] = \max a.$$

同理，有 $\mathfrak{S}_\psi(a) \leqslant \min a$.

在情形 (2) 中，设 ψ 和 χ 单调递增，并记

$$\psi(a) = x, \quad a = \psi^{-1}(x), \quad \chi\psi^{-1} = f,$$

则 (3.15.1) 化为 (3.14.2)，且当 $x^{-1}f(x)$ 为单调递减时，即当

$$\frac{f[\psi(x)]}{\psi(x)} = \frac{\chi(x)}{\psi(x)}$$

为单调递减时成立. 若 ψ 和 χ 单调递减，则 (3.15.1) 化为 (3.14.2) 的反号，且当 f/x 为单调递增，也就是 χ/ψ 为单调递减时成立.

---

① 例如设 $\phi(x) = x^r$，其中 $r > 0$ (2.10 节的情形). 此时 $\phi(0) = 0$，因而就不必将像 $(1, 1)$ 和 $(1, 1, 0)$ 这样的两组 a 加以区别. 若 $\phi(0)$ 为正，这样的两组 a 就必须给以区分，因而定理 105 中关于等号成立的情形的判断就变得很麻烦. 若 $x \to 0$ 时 $\phi(x) \to \infty$，则当有任一 a 为 0 时，$\mathfrak{S}_\phi(a) = 0$.

② 该定理的实质部分属于 Cooper[2].

读者不难辨别等号成立的情形. 当 $\psi = x^s$, $\chi = x^r$ 时即得定理 19.

也可以定义与 2.10 节 (iv) 中之和相类似的加权和，即

$$\mathfrak{T}_\phi(a) = \phi^{-1}[\Sigma p\phi(a)],$$

其中诸 p 为任意的正数. 当 $\Sigma p = 1$ 时 $\mathfrak{T}_\phi$ 化为 $\mathfrak{M}_\phi$，当每一个 p 都为 1 时 $\mathfrak{T}_\phi$ 化为 $\mathfrak{S}_\phi$.

3.16　Minkowski 不等式的推广

若 $\phi(x) = x^r$，其中 $r > 1$，则有

$$\mathfrak{M}_\phi\left(\frac{a+b}{2}\right) \leqslant \frac{1}{2}[\mathfrak{M}_\phi(a) + \mathfrak{M}_\phi(b)], \tag{3.16.1}$$

$$\mathfrak{S}_\phi\left(\frac{a+b}{2}\right) \leqslant \frac{1}{2}[\mathfrak{S}_\phi(a) + \mathfrak{S}_\phi(b)], \tag{3.16.2}$$

$$\mathfrak{T}_\phi\left(\frac{a+b}{2}\right) \leqslant \frac{1}{2}[\mathfrak{T}_\phi(a) + \mathfrak{T}_\phi(b)], \tag{3.16.3}$$

所有这些不等式本质上都是等价的，且都包含在定理 24 之中.

对于一般的 ϕ，这些不等式并不等价，它们全都具有形式

$$2\phi^{-1}\left[\Sigma p\phi\left(\frac{a+b}{2}\right)\right] \leqslant \phi^{-1}[\Sigma p\phi(a)] + \phi^{-1}[\Sigma p\phi(b)], \tag{3.16.4}$$

不过诸权 p 之间的差别现在却有着重要意义. 在 (3.16.1) 中，$\Sigma p = 1$；在 (3.16.2) 中，$p = 1$；在 (3.16.3) 中，诸 p 为任意正数. 分别称这 3 种情形为情形 (I), (II), (III). 在讨论它们时，我们将假定对 $x > 0$ 有

$$\phi > 0, \quad \phi' > 0.$$

不等式 (3.16.4) 谓，对于给定的 p, $\phi^{-1}[\Sigma p\phi(x)]$ 是 n 个变量 $x_1, x_2, \cdots, x_n$ 的一个凸函数，或按照 3.12 节，[①] 对于所有使得 $x + ut$ 为正的 t,

$$\chi(t) = \phi^{-1}[\Sigma p\phi(x + ut)]$$

都是 t 的凸函数，其中诸 x, p, u 为固定的数，诸 x 和 p 为正数. 若 ϕ 为二次可微的，则由定理 94，此条件等价于 $\chi''(0) \geqslant 0$. 经直接计算即得

$$[\phi'(\chi)]^3\chi'' = [\phi'(\chi)]^2\Sigma pu^2\phi''(x) - \phi''(\chi)[\Sigma pu\phi'(x)]^2, \tag{3.16.5}$$

---

① 我们把 3.12 节从两个变量推广到 n 个变量这种明显的推广视为理所当然.

其中
$$\chi = \chi(0) = \phi^{-1}[\Sigma p\phi(x)], \tag{3.16.6}$$
且 $\chi'' = \chi''(0)$. 因此，我们需要考虑在什么情况下有

$$[\phi'(\chi)]^2 \Sigma p u^2 \phi''(x) - \phi''(\chi)[\Sigma p u \phi'(x)]^2 \geqslant 0. \tag{3.16.7}$$

容易看出，若不在 ϕ'' 的符号上加以限制，(3.16.7) 一般不能成立. 例如设 $\phi' > 0$，又设 ϕ'' 为连续，且有时为负. 于是可以选取 x_1 和 x_2，使得 $\phi''(x_1) < 0$，$\phi''(x_2) < 0$，且可以选取 u_1 和 u_2，使得

$$p_1 u_1 \phi'(x_1) + p_2 u_2 \phi'(x_2) = 0.$$

此时，对 $n = 2$ (3.16.7) 化为

$$[\phi'(\chi)]^2 [p_1 u_1^2 \phi''(x_1) + p_2 u_2^2 \phi''(x_2)] \geqslant 0,$$

而这是不成立的. 因此下面将假定

$$\phi > 0, \quad \phi' > 0, \quad \phi'' > 0.$$

可以将 (3.16.7) 写成

$$\psi(\chi) = \frac{\phi'^2(\chi)}{\phi''(\chi)} \geqslant \frac{[\Sigma p u \phi'(x)]^2}{\Sigma p u^2 \phi''(x)}. \tag{3.16.8}$$

但由定理 7，

$$(\Sigma p u \phi')^2 = \left(\Sigma \sqrt{p\phi''} u \cdot \sqrt{\frac{p\phi'^2}{\phi''}} \right)^2 \leqslant \Sigma p u^2 \phi'' \Sigma p \frac{\phi'^2}{\phi''}, \tag{3.16.9}$$

故若

$$\psi(\chi) \geqslant \Sigma p \frac{[\phi'(x)]^2}{\phi''(x)} = \Sigma p \psi(x) \tag{3.16.10}$$

对所有的 x 成立，则 (3.16.8) 对所有的 x, u 必然成立. 此外，若

$$u = \frac{\phi'(x)}{\phi''(x)} \quad (\nu = 1, 2, \cdots, n),$$

则 (3.16.9) 中等号成立，因而 (3.16.10) 是 (3.16.8) 成立的一个充要条件. 最后，若记 $y = \phi(x)$，

$$\Phi(y) = \psi(x) = \psi[\phi^{-1}(y)] = \frac{\{\phi'[\phi^{-1}(y)]\}^2}{\phi''[\phi^{-1}(y)]}, \tag{3.16.11}$$

则 (3.16.10) 变成

$$\Phi(\Sigma py) \geqslant \Sigma p\Phi(y). \tag{3.16.12}$$

现在分别来考虑情形 (I), (II), (III).

(i) 在情形 (I) 中, (3.16.12) 成立的充要条件是 $\Phi(y)$ 为 y 的一个凹函数.

(ii) 在情形 (II) 中, (3.16.12) 即反号的 (3.14.2), 且以 y, Φ 代 x, f. 其成立的一个充分 (但不是必要的) 条件是 Φ/y 为 y 的一个增函数, 或者, 也是一样, $\phi\phi''/\phi'^2$ 为 x 的一个单调递减函数.

(iii) 在情形 (III) 中, 经适当的变化, (3.16.12) 即化为 (3.14.3). 它仅当 $\Phi(y)$ 是 y 的倍数, 或当 $\phi\phi''/\phi'^2$ 为常数时 [此时 ϕ 具有下列形式之一:

$$(ax + b)^c \quad (a > 0, c > 1^{①}), \quad e^{ax+b}.] \tag{3.16.13}$$

才能普遍成立. 在这些情形下, 它确实成立.

条件 (i) 和 (ii) 还有另外的形式, 这些形式可以更好地表示出它们之间相互的关系. 我们将假定 $\phi^{(4)}$ 连续, 这样做并不会严重影响到结果的好处. 于是, 由

$$\Phi(y) = \frac{\phi'^2(x)}{\phi''(x)}$$

即得

$$\Phi'(y) = \frac{\mathrm{d}}{\mathrm{d}x}\frac{\phi'(x)}{\phi''(x)} + 1,$$

$$\Phi''(y) = \frac{1}{\phi'(x)}\frac{\mathrm{d}^2}{\mathrm{d}x^2}\frac{\phi'(x)}{\phi''(x)}.$$

因此, 当且仅当 $\phi'(x)/\phi''(x)$ 为凹时 $\Phi(y)$ 为凹, 换言之, 即当 $\phi'\phi'''/\phi''^2$ 为单调递增时 $\Phi(y)$ 为凹. 这些就是 (i) 的其他形式, 而 (ii) 的另外一种形式则是 "ϕ/ϕ' 为凸函数".

总括以上结论, 即得

定理 106[②] 设 $\phi^{(4)}$ 连续, 且 $\phi > 0$, $\phi' > 0$, $\phi'' > 0$, 则

(i) (3.16.1) 成立的充要条件是 ϕ'/ϕ'' 为凹的, 或 $\phi'\phi'''/\phi''^2$ 为单调递增;

(ii) (3.16.2) 成立的充分 (但不是必要的) 条件是 ϕ/ϕ' 为凸的, 或 $\phi\phi''/\phi'^2$ 为单调递减;

(iii) (3.16.3) 成立的充要条件是 ϕ 为 (3.16.13) 中的函数之一.

---

① 因为 $\phi'' > 0$.
② 刻画这一特征的早先的结果属于Bosanquet[1]: Bosanquet考虑了情形 (II).

当 (比如说) $\phi > 0$, $\phi' < 0$, $\phi'' > 0$, 或当这些不等式都反号时, 请读者自己阐明这一定理的变形. 一件有教益的事情是去证明 (从某一 x 之后) 当 $\phi = x^p / \ln x$ 时 (i) 成立, 其中 $p > 1$, 但当 $\phi = x^p \ln x$ 时则不然; 对于 (ii), 情况正好相反.

3.17 集合的比较

定理 105 说的是, 对于给定的一对函数 ψ 和 χ 及所有的 a, 有

$$\mathfrak{S}_\psi(a) \leqslant \mathfrak{S}_\chi(a).$$

本节的定理则属于另一种不同的形式, 它包含给定的集合 (a) 和 (a') 及一个变动的函数 ϕ. 现在来考虑在什么条件下, 对于给定的 a 和 a' 及所有属于某一类的函数 ϕ, 有

$$\mathfrak{S}_\phi(a') \leqslant \mathfrak{S}_\phi(a),$$

或者, 对于单调递增的 ϕ, 有

$$\phi(a_1') + \phi(a_2') + \cdots + \phi(a_n') \leqslant \phi(a_1) + \phi(a_2) + \cdots + \phi(a_n). \tag{3.17.1}$$

定理 107 设集合 (a) 和 (a') 系按从小到大排列, 则 (3.17.1) 对于所有连续且单调递增的函数 ϕ 都成立的充要条件是

$$a_\nu' \leqslant a_\nu \quad (\nu = 1, 2, \cdots, n).$$

条件的充分性是显而易见的. 要证明它的必要性, 可假定, 对于某个 μ, 有 $a_\mu' > a_\mu$, 因此 $a_\mu < b < a_\mu'$, 并定义 $\phi^*(x)$ 为

$$\phi^*(x) = \begin{cases} 0 & (x \leqslant b) \\ 1 & (x > b) \end{cases},$$

于是

$$\Sigma \phi^*(a') \geqslant \mu > \mu - 1 \geqslant \Sigma \phi^*(a).$$

故 (3.17.1) 对于 ϕ^* 不成立, 因而对于 ϕ^* 的一个适当选取的连续单调递增的逼近也不成立.

下面的定理和 2.18 节至 2.20 节中的定理有关.

定理 108 欲使 (3.17.1) 对于所有的连续凸函数 ϕ 成立, 其充分必要条件是: 或 $(1)(a') \prec (a)$, 即 (a') 依 2.18 节之意义为 (a) 所控制, 或 $(2)(a')$ 依 2.20 节之意义是 (a) 的均值.

若上述条件成立, 且 $\phi''(x)$ 对所有的 x 存在且为正, 则在 (3.17.1) 中, 等号仅当 (a) 和 (a') 恒等时才成立[①].

在定理 46 中我们已经证明这两个条件是等价的, 因此只须证明前者为必要、后者为充分即可. 可以假定 (a) 和 (a') 系按降序排列.

(i) **条件 (1) 是必要的.** 条件 (1) 谓

$$a'_1 + a'_2 + \cdots + a'_\nu \leqslant a_1 + a_2 + \cdots + a_\nu (\nu = 1, 2, \cdots, n), \tag{3.17.2}$$

在 $\nu = n$ 时取等号.

函数 x 和 $-x$ 在任何区间内都连续且是凸的. 故若 (3.17.1) 成立, 则 $\Sigma a' \leqslant \Sigma a$, $\Sigma(-a') \leqslant \Sigma(-a)$, 即 $\Sigma a' = \Sigma a$, 此即 (3.17.2) 中当 $\nu = n$ 时等号成立的情形.

其次, 令

$$\phi(x) = 0 (x \leqslant a_\nu), \quad \phi(x) = x - a_\nu (x > a_\nu),$$

则 $\phi(x)$ 在任何区间内连续且为凸的, 且 $\phi(x) \geqslant 0$, $\phi(x) \geqslant x - a_\nu$. 因此,

$$a'_1 + a'_2 + \cdots + a'_\nu - \nu a_\nu \leqslant \Sigma \phi(a') \leqslant \Sigma \phi(a) = a_1 + a_2 + \cdots + a_\nu - \nu a_\nu,$$

此即 (3.17.2).

(ii) **条件 (2) 是充分的.** 若 (a') 为 (a) 的均值, 则对于所有的 μ 和 ν 有

$$a'_\mu = p_{\mu 1} a_1 + p_{\mu 2} a_2 + \cdots + p_{\mu n} a_n,$$

其中

$$p_{\mu\nu} \geqslant 0, \quad \sum_{\mu=1}^{n} p_{\mu\nu} = 1, \quad \sum_{\nu=1}^{n} p_{\mu\nu} = 1.$$

若 ϕ 为凸的, 则

$$\phi(a'_\mu) \leqslant p_{\mu 1} \phi(a_1) + \cdots + p_{\mu n} \phi(a_n). \tag{3.17.3}$$

于是, 求和即可得出 (3.17.1).

(iii) 若在 (3.17.1) 中等号成立, 则 (3.17.3) 必对于所有的 μ 以等号成立.

若 $\phi''(x) > 0$, **且每一** $p_{\mu\nu}$ **都为正**, 则由定理 95 可知, 所有的 a 都相等. 此时所有的 a' 也都相等, 且两者具有同样的公共值.

但一般说来, 某些 $p_{\mu\nu}$ 可能为 0. 若 $p_{\mu\nu} > 0$, 亦即 a_ν 在关于 a'_μ 的公式中真正出现, 则称 a'_μ 和 a_ν **是直接有联系的**; 若某两个元素 (不管是 a 或 a') 可由一串元素连成一链, 链中相邻的两个元素都是直接有联系的, 则称该两元素是**有联系的**.

---

① Schur[2] 证明了 (2) 是一个充分条件, 关于等号成立情况的论述也是属于他的. 至于完整的定理, 可参见 Hardy, Littlewood and Pólya[2]. Karamata[1] 考虑了条件 (1).

现在来考虑与 a_1 有联系的所有元素构成的全集 C. 可以将此集写成 (若有必要, 可将元素的编号加以改变)

$$a_1, a_2, \cdots, a_r, \quad a_1', a_2', \cdots, a_s'. \tag{C}$$

在 C 中每个 a' 的表达式中, 只出现 C 中的 a 而无其他的 a, 同时也没有别的 a' 使得在它的表达式中真正出现 C 中的 a. 于是, 利用诸 p 的和的性质, 即得

$$s = \sum_{\mu=1}^{s} \sum_{\nu=1}^{r} p_{\mu\nu} = \sum_{\nu=1}^{r} \sum_{\mu=1}^{s} p_{\mu\nu} = r,$$

故 C 所包含的 a' 与其所包含的 a 一样多. 由定理 95 和 (3.17.3) 中的等式, 可知与某个 a' 直接有联系的所有的 a 都等于该 a'. 因此, 所有有联系的 a 和 a' 都相等, 因而 C 包含每一集中的 r 个全都等于 a 的元素.

从 a_{r+1} 出发重复此项论证, 即可断言: (a) 和 (a') 两者都是由一些各由相同元素构成的块所组成, 相对应的块中的元素具有相同值.

我们已经顺便证明了:

定理 109 若 $\phi''(x) > 0$, $p_{\mu\nu} > 0$, $\sum_{\mu} p_{\mu\nu} = 1$, $\sum_{\nu} p_{\mu\nu} = 1$, $a_{\mu}' = \sum_{\nu} p_{\mu\nu} a_{\nu}$, 则

$$\Sigma\phi(a') < \Sigma\phi(a), \tag{3.17.4}$$

除非所有的 a 和 a' 都相等.

若所有的 a' 都相等, (3.17.4) 即为定理 95 的一种特别情形.

定理 108 的一个常会用到的特别情形是

定理 110 若 $\phi(x)$ 连续且为凸的, 并且 $|h'| \leqslant |h|$, 则

$$\phi(x - h') + \phi(x + h') \leqslant \phi(x - h) + \phi(x + h). \tag{3.17.5}$$

3.18 凸函数的一般性质

从 3.6 节开始, 我们一直假定 $\phi(x)$ 连续. 我们现在将放弃这一假设而来考虑 (3.5.1) 的直接推论. 下述诸定理的总的论断就是: **一个凸函数要么很规则, 要么很不规则**; 特别地, 一个并非 "完全不规则" 的凸函数必连续 (因而连续性的假设并没有原来意料到的那么限制人).

定理 111 设 $\phi(x)$ 在开区间 (H, K) 内为凸的, 且在 (H, K) 内的某一区间 i 中为上有界, 则 $\phi(x)$ 在开区间 (H, K) 内连续. 此外, $\phi(x)$ 还处处具有左导数和右导数, 右导数不小于左导数, 且两个导数都随 x 而增加.

由此可知, 不连续凸函数在任一区间内都无界.

先证明 $\phi(x)$ 在 (H, K) 内的任一区间中为上有界. 证明的核心就是这点. 3.6 节的论证指出, 对于任何**有理数** q, 有

$$\phi(\Sigma qx) \leqslant \Sigma q\phi(x),$$

只是从有理数 q 到无理数 q 的过程中我们才用到连续性的假设. 今设 i 是 (h, k), 并设 ϕ 在 i 中的上界为 G. 只须证明 ϕ 在 (l, h) 和 (k, m) 中为上有界即可, 其中 l 和 m 是满足关系式 $H < l < h < k < m < K$ 的任何数. 若 x 属于 (l, h), 则在 i 中可得一 ξ, 使得 x 将 (l, ξ) 分成有理数之比. 于是, $\phi(x)$ 就小于一个由 $\phi(l)$ 和 G 所决定的界, 因而在 (l, h) 中为上有界. 同理, 它在 (k, m) 中亦必为上有界.

为详细叙述这一论证, 现令 h 表示 i 的左端点, G 为 ϕ 在 i 中的上界, 并假定

$$H < l < x < h.$$

可以选取整数 m 和 $n > m$, 使得

$$\xi = l + \frac{n}{m}(x - l)$$

属于 i, 因而

$$\phi(x) = \phi\left[\frac{m\xi + (n - m)l}{n}\right] \leqslant \frac{m}{n}\phi(\xi) + \frac{n - m}{n}\phi(l)$$

$$\leqslant \frac{m}{n}G + \frac{n - m}{n}\phi(l) \leqslant \max[G, \phi(l)],$$

因而 $\phi(x)$ 在 (l, h) 中为上有界.

在证明该定理的其余部分时, 可以只限于讨论 (H, K) 内的某一区间 (H', K'), 或者, 换言之, 可以假定 ϕ 在原区间内为上有界. 于是我们就假定在 (H, K) 内 $\phi(x) \leqslant G$, $H < x < K$, m 和 $n > m$ 都为正整数, δ 是一充分小的 (正的或负的) 数, 使得 $x + n\delta$ 仍属于 (H, K). 于是,

$$\phi(x + m\delta) = \phi\left[\frac{m(x + n\delta) + (n - m)x}{n}\right] \leqslant \frac{m}{n}\phi(x + n\delta) + \frac{n - m}{n}\phi(x),$$

也就是

$$\frac{\phi(x + n\delta) - \phi(x)}{n} \geqslant \frac{\phi(x + m\delta) - \phi(x)}{m}(m < n).$$

以 $-\delta$ 代 δ, 并结合这两个不等式, 则得

$$\frac{\phi(x + n\delta) - \phi(x)}{n} \geqslant \frac{\phi(x + m\delta) - \phi(x)}{m}$$

$$\geqslant \frac{\phi(x) - \phi(x - m\delta)}{m} \geqslant \frac{\phi(x) - \phi(x - n\delta)}{n} \tag{3.18.1}$$

(中间的不等式可由 ϕ 的凸性直接得出).

若在 (3.18.1) 中取 $m = 1$, 并记住 $\phi \leqslant G$, 则可看出

$$\frac{G - \phi(x)}{n} \geqslant \phi(x + \delta) - \phi(x) \geqslant \phi(x) - \phi(x - \delta) \geqslant \frac{\phi(x) - G}{n}. \tag{3.18.2}$$

现假定 $\delta \to 0$, $n \to \infty$, 但同时保证 $x \pm n\delta$ 仍在区间 (H, K) 之内. 于是, 由 (3.18.2) 可知, $\phi(x + \delta)$ 和 $\phi(x - \delta)$ 都趋于 $\phi(x)$, 因而 ϕ 连续.

其次, 假定 $\delta > 0$, 并在 (3.18.1) 中以 $\dfrac{\delta}{n}$ 代替 δ, 则得

$$\frac{\phi(x + \delta) - \phi(x)}{\delta} \geqslant \frac{\phi(x + \delta') - \phi(x)}{\delta'}$$
$$\geqslant \frac{\phi(x) - \phi(x - \delta')}{\delta'} \geqslant \frac{\phi(x) - \phi(x - \delta)}{\delta}, \tag{3.18.3}$$

其中 $\delta' = m\delta/n$ 乃是小于 δ 的 δ 的任何有理倍数. 因 ϕ 连续, (3.18.3) 对任何 $\delta' < \delta$ 都成立. 于是可知, 当 δ 单调下降趋于 0 时, 左右两端的商数分别单调递减和单调递增, 因而分别趋于某一极限. 因此, ϕ 具有右导数 ϕ'_r 和左导数 ϕ'_l, 且 $\phi'_l \leqslant \phi'_r$.

最后, 可以记 $x - \delta' = x_1$, $x = x_2$, $x + \delta = x_3$(或 $x - \delta = x_1$, $x = x_2$, $x + \delta' = x_3$), 于是, 由 (3.18.3) 即得

$$\frac{\phi(x_3) - \phi(x_2)}{x_3 - x_2} \geqslant \frac{\phi(x_2) - \phi(x_1)}{x_2 - x_1}.$$

进一步, 若 $x_1 < x_2 < x_3 < x_4$, 则得

$$\frac{\phi(x_4) - \phi(x_3)}{x_4 - x_3} \geqslant \frac{\phi(x_2) - \phi(x_1)}{x_2 - x_1}.$$

令 $x_3 \to x_4$, $x_2 \to x_1$, 则得

$$\phi'_r(x_4) \geqslant \phi'_l(x_4) \geqslant \phi'_r(x_1) \geqslant \phi'_l(x_1), \tag{3.18.4}$$

这就完全证明了定理.

由上所述显然可以看出, 若 $x_1 \leqslant x_2 < x_3 \leqslant x_4$, 则

$$\phi'_l(x_4) \geqslant \frac{\phi(x_3) - \phi(x_2)}{x_3 - x_2} \geqslant \phi'_r(x_1). \tag{3.18.5}$$

定理 111 关于常微系数 $\phi'(x)$ 的存在与否并没有作什么论断. 但容易证明, 至多除了 x 的一个可列集之外, $\phi'(x)$ 常存在. 函数 $\phi'_l(x)$, 作为一个单调函数, 至

多在除了一个这类的集之外为连续. 若它在 x_1 处连续，则由 (3.18.4)，$\phi'_r(x_1)$ 位于 $\phi'_l(x_1)$ 和 $\phi'_l(x_4)$ 之间；但当 $x_4 \to x_1$ 时 $\phi'_l(x_4)$ 趋于 $\phi'_l(x_1)$，故 $\phi'_r(x_1) = \phi'_l(x_1)$，因而当 $x = x_1$ 时 $\phi'(x)$ 存在.

由 (3.18.5) 显然也可以看出，若 $\phi(x)$ 在一开区间 (a,b) 中连续且为凸的，则对于 (a,b) 的任何闭子区间内的所有 x 和 x'，

$$\left| \frac{\phi(x') - \phi(x)}{x' - x} \right|$$

为有界.

3.19　连续凸函数的其他性质

现在假定 $\phi(x)$ 连续且为凸的. 由 (3.18.5) 可知，若 $H < \xi < K$，且

$$\phi'_l(\xi) \leqslant \lambda \leqslant \phi'_r(\xi),$$

则直线

$$y - \phi(\xi) = \lambda(x - \xi) \tag{3.19.1}$$

全部都在此曲线之下 (在曲线上或其下方). 换言之，

定理 112　若 $\phi(x)$ 连续且为凸的，则过曲线 $y = \phi(x)$ 上的每一点至少有一条直线，它全在曲线之下.

过曲线上一点且全在曲线一边 (上边或下边) 的直线叫作该曲线的**支撑线** (Stützgerade). 若 $\phi(x)$ 为凹的，则 $\phi(x)$ 的图像在每一点都有一条在曲线上边的支撑线. 若 $\phi(x)$ 既是凸的又是凹的，则这两条直线必合而为一，因而 $\phi(x)$ 必为一直线.

容易直接看出定理 112 成立. 若 $\xi < x < x'$ 且 P, Q, Q' 为曲线上与 ξ, x, x' 相对应的点，则 PQ 在 PQ' 之下，且 PQ 的斜率随 x 趋于 ξ 而递减，因而趋于某一极限 ν. 同理，若 $x < \xi$，且 x 趋于 ξ，则 QP 的斜率单调递增趋于某一极限 μ. 若 μ 大于 ν 且 x_1, x_2 分别小于和大于 ξ，且充分靠近 ξ，则 P 必在 $P_1 P_2$ 的上方，这与曲线的凸性相矛盾. 因此，$\mu \leqslant \nu$，且若 λ 取 μ 和 ν 间的任何值 (包括 μ, ν 在内)，则 (3.19.1) 即在曲线的下方.

在这一证明中，我们并没有求助于定理 111，但该证明所依据的，恰恰就是 3.18 节中比较正式而且是分析的证法所依据的几何思路.

现在反过来，假定 $\phi(x)$ 连续，并且具有定理 112 所断言的性质. 若 x_1 和 x_2 是 x 的两个值，P_1 和 P_2 是曲线上与之对应的点，P 是与 $\xi = \frac{1}{2}(x_1 + x_2)$ 对应的点，则 P_1 和 P_2 两者必都在某一条过 P 点的直线上方，且 $P_1 P_2$ 的中点也在 P 的上方. 故 $\phi(x)$ 为凸的.

于是我们已经证明，定理 112 的性质为连续函数的凸性提供了一个充要条件，因而可以用作凸性的另一定义. 就是说，对于连续函数，可以定义凸性如下：设 $\phi(x)$

为 (H, K) 中的连续函数, 若对 (H, K) 中的任一点 ξ, 存在一个数 $\lambda = \lambda(\xi)$, 使得对于 (H, K) 中所有的 x 都有

$$\phi(\xi) + \lambda(x - \xi) \leqslant \phi(x),$$

则称 $\phi(x)$ 在 (H, K) 中为凸的.

凸函数的这一定义和基于 (3.5.2) 所给出的定义一样自然, 可以直接从它推出连续凸函数的一些特征性质. 例如不等式 (3.4.2) 可以证明如下 [1].

像通常一样, 记

$$\mathfrak{A}(b) = \Sigma q b,$$

并取 $\xi = \mathfrak{A}(a)$, 这是在 a 的变化区域内的一个值, 于是对某一个 $\lambda = \lambda(\xi)$ 和所有的 a 有

$$\phi[\mathfrak{A}(a)] + \lambda(a - \xi) \leqslant \phi(a).$$

在等号两边施行运算 $\mathfrak{A}$, 则得

$$\phi[\mathfrak{A}(a)] + \lambda[\mathfrak{A}(a) - \xi] \leqslant \mathfrak{A}[\phi(a)],$$

因此

$$\phi[\mathfrak{A}(a)] \leqslant \mathfrak{A}[\phi(a)],$$

此即 (3.4.2). 将这一证法与 3.10 节 (ii) 中的相比较, 将会是有教益的.

3.20 不连续的凸函数

由定理 111, 不连续的凸函数在任何区间内都是无界的, 只在 Zermelo 公理的假定之下或在 (这对我们的目的来说也是等价的) 连续统是可以良序的假定之下它们的存在才得到证明.

$$f(x + y) = f(x) + f(y), \tag{3.20.1}$$

则

$$f(2x) = 2f(x),$$

$$2f\left(\frac{x + y}{2}\right) = f(x + y) = f(x) + f(y).$$

因此, (3.20.1) 的解必为一个凸函数.

---

① Jessen[2].

Hamel[1] 曾经证明 [1], 若 Zermelo 公理成立, 则对于实数, 存在一组基 $[\alpha, \beta,$ $\gamma, \cdots]$, 也就是说, 存在一组实数 $\alpha, \beta, \gamma, \cdots$, 使得每一个实数 x 都可以唯一地表成一有限和的形式:

$$x = a\alpha + b\beta + \cdots + l\lambda,$$

其中系数 $a, b, \cdots, l$ 为有理数. 若我们假设这一事实成立, 则可以立刻写出 (3.20.1) 的不连续解. 对于 $x = \alpha, \beta, \cdots$, 我们随意给定 $f(x)$ 以数值 $f(\alpha), f(\beta), \cdots$, 然后一般地定义 $f(x)$ 如

$$f(x) = af(\alpha) + bf(\beta) + \cdots + lf(\lambda).$$

于是, 若 $y = a'\alpha + \cdots$, 则得

$$f(x + y) = f[(a + a')\alpha + \cdots] = (a + a')f(\alpha) + \cdots = f(x) + f(y).$$

关于凸函数的性质、方程 (3.20.1) 的解以及与之有关的不等式等的更为详尽的研究, 可参见 Darboux[1]、Fréchet[1, 2]、F. Bernstein[1]、Bernstein and Doetsch[1]、Blumberg[1]、Sierpiński[1, 2]、Cooper[3]、Ostrowski[1]、Blumberg 和 Sierpiński 证明了, **任何可测的凸函数必连续**, Ostrowski 得到了一个更为一般的结果.

3.21   各种定理及特例

定理 113   若 α 为常数, $\alpha \neq 0$, $\chi = \alpha\phi$, 则

$$\mathfrak{S}_\chi(a) = \mathfrak{S}_\phi(a), \mathfrak{T}_\chi(a) = \mathfrak{T}_\phi(a).$$

($\mathfrak{M}$ 的相应的性质已包含在定理 83 之中.)

定理 114   凸函数的单调递增凸函数是凸的.

定理 115   若一条连续曲线的每一条弦总包含位于曲线上方的一点, 则每一条弦上的每一点, 除了端点之外, 都在曲线的上方.

定理 116   若 $\phi(x)$ 为一个连续凸函数, $a < b < c$, 且 $\phi(a) = \phi(b) = \phi(c)$, 则 $\phi(x)$ 在 (a, c) 中为常数.

定理 117   若下式中所有的数都为正, 则

$$x \ln \frac{x}{a} + y \ln \frac{y}{b} > (x + y) \ln \frac{x + y}{a + b},$$

除非 $x/a = y/b$.

$[(x \ln x)'' > 0.]$

定理 118   若 $f(x)$ 为正, 且为二阶可微的, 则 $\ln f(x)$ 为凸函数的充要条件是 $ff'' - f'^2 \geqslant 0$.

① 也可参见 Hahn[1, p.581].

定理 119   若 $\phi(x)$ 当 $x > 0$ 时连续, 且函数 $x\phi(x)$ 和 $\phi\left(\dfrac{1}{x}\right)$ 当中有一个为凸的, 则另一个亦然.

定理 120   若 $\phi(x)$ 为正, 二阶可微, 且为凸的, 则

$$x^{\frac{1}{2}(s+1)}\phi(x^{-s}) \; (s \geqslant 1), \quad \mathrm{e}^{\frac{1}{2}x}\phi(\mathrm{e}^{-x})$$

亦然 (前者是对正的 x).

定理 121   若 ψ 与 χ 连续且严格单调, χ 单调递增, 则

$$\psi^{-1}[\psi^{q_1}(a_1)\cdots\psi^{q_n}(a_n)] \leqslant \chi^{-1}[\chi^{q_1}(a_1)\cdots\chi^{q_n}(a_n)]$$

对所有的 a 和 q 都成立的充要条件是

$$\phi(y) = \ln[\chi\psi^{-1}(\mathrm{e}^y)]$$

为凸的.

(比较定理 92.)

定理 122   设对一开区间 I 中满足关系式 $x_1 < x_2 < x_3$ 的任何 x_1, x_2, x_3,

$$\phi(x_1)(x_3 - x_2) + \phi(x_2)(x_1 - x_3) + \phi(x_3)(x_2 - x_1) \geqslant 0 \tag{i}$$

也即

$$\begin{vmatrix} 1 & x_1 & \phi(x_1) \\ 1 & x_2 & \phi(x_2) \\ 1 & x_3 & \phi(x_3) \end{vmatrix} \geqslant 0, \tag{ii}$$

则 $\phi(x)$ 在 I 中连续, 且在 I 中每一点都有有限的左导数和右导数.

若 $\phi(x)$ 为二阶可微的, 则 (i) 和 (ii) 与微分不等式

$$\phi''(x) \geqslant 0$$

等价.

[(i) 和 (ii) 是 (3.5.2) 的另一种形式, 故 $\phi(x)$ 为凸的. 因而此定理乃是定理 111 和定理 94 的一部分的改述.]

定理 123   设对一开区间 I 中满足关系式 $x_1 < x_2 < x_3 < x_1 + \pi$ 的任何 x_1, x_2, x_3,

$$\phi(x_1)\sin(x_3 - x_2) + \phi(x_2)\sin(x_1 - x_3) + \phi(x_3)\sin(x_2 - x_1) \geqslant 0 \tag{i}$$

也即

$$\begin{vmatrix} \cos x_1 & \sin x_1 & \phi(x_1) \\ \cos x_2 & \sin x_2 & \phi(x_2) \\ \cos x_3 & \sin x_3 & \phi(x_3) \end{vmatrix} \geqslant 0, \tag{ii}$$

则 $\phi(x)$ 在 I 中连续, 且在 I 中每一点都有有限的左导数和右导数.

若 $\phi(x)$ 为二阶可微的, 则 (i) 和 (ii) 与微分不等式

$$\phi''(x) + \phi(x) \geqslant 0$$

等价.

(该结果在研究凸曲线以及解析函数在角域中的性状时很重要. 参见 Pólya[1, p.320; 4, pp.573-576].)

定理 124　连续函数 $\phi(x)$ 在一区间 I 中为凸函数的充要条件是: 若 a 为任一实数, i 为 I 中的任一闭区间, 则 $\phi(x) + ax$ 必在 i 的一端点取其在 i 上的极大值. 若 x 与 $\phi(x)$ 为正, 则 $\ln \phi(x)$ 为 $\ln x$ 的凸函数的充要条件是: $x^a \phi(x)$ 具有同样的极大性质.

(关于这一定理的应用, 它是从定义直接就可以得出的, 可参见 Saks[1].)

定理 125　连续函数 $\phi(x)$ 在 (a,b) 中为凸函数的充要条件是: 对 $a \leqslant x - h < x < x + h \leqslant b$, 有

$$\phi(x) \leqslant \frac{1}{2h} \int_{x-h}^{x+h} \phi(t) \mathrm{d}t. \tag{i}$$

[这是定理 124 的推论. 若 $\phi(x)$ 满足 (i), 则 $\phi(x) + ax$ 亦然; 而且很明显, 任何满足 (i) 的连续函数必然具有定理 124 中的性质.[1]

也可以独立地证出定理 125, 它还有许多的推广. 特别地, 我们只须假设 (i) 对所有的 x 和任意小的 $h = h(x)$ 都成立.]

定理 126　若 $\phi(x)$ 对所有的 x 都是连续凸函数, 且非常数, 则当 x 朝某一方向趋于无穷时, $\phi(x)$ 亦趋于无穷, 而且到后来将大于 $|x|$ 的某一常数倍.

定理 127　若当 $x > 0$ 时 $\phi'' > 0$ 且 $\phi(0) \leqslant 0$, 则当 $x > 0$ 时 ϕ/x 单调递增.

[该定理可从方程

$$x^2 \frac{\mathrm{d}}{\mathrm{d}x} \left(\frac{\phi}{x} \right) = x\phi' - \phi, \quad \frac{\mathrm{d}}{\mathrm{d}x}(x\phi' - \phi) = x\phi''$$

立刻得出.]

定理 128　若当 $x \geqslant 0$ 时 $\phi'' > 0$ 且

$$\lim_{x \to \infty} (x\phi' - \phi) \leqslant 0,$$

则当 $x > 0$ 时 ϕ/x(严格) 单调递减.

(因 $x\phi' - \phi$ 为单调递增, 故上面的极限必然存在, 该结果可从证明定理 127 时所用的方程得出. 定理 127 和定理 128 中所考虑的情形乃是当 $\phi'' > 0$ 时可能出现的极端情形. 若一个条件都不满足, 则 ϕ/x 对某一正 x 取极小.)

定理 129　若对于所有的 x, $\phi'' > 0$, $\phi(0) = 0$, 且当 $x = 0$ 时 ϕ/x 解释为 $\phi'(0)$, 则对于所有的 x, ϕ/x 单调递增.

定理 130　若数列 $a_1, a_2, \cdots, a_{2n+1}$ 按照 3.5 节的意义为凸的, 就是说, 若

$$\Delta^2 a_\nu = a_\nu - 2a_{\nu+1} + a_{\nu+2} \geqslant 0 \quad (\nu = 1, 2, \cdots, 2n - 1),$$

---

[1] 欲得到一个正式的证明, 可利用定理 183.

则

$$\frac{a_1 + a_3 + \cdots + a_{2n+1}}{n+1} \geqslant \frac{a_2 + a_4 + \cdots + a_{2n}}{n}$$

除了这些数成等差数列的情形之外, 不等号成立.

(Nanson[1]. 对诸不等式

$$r(n-r+1)\Delta^2 a_{2r-1} \geqslant 0, \quad r(n-r)\Delta^2 a_{2r} \geqslant 0$$

求和. 定理 130 也可作为定理 108 的特别情形来证明: 由数 $2, 4, \cdots, 2n$ 各取 $n+1$ 次所成的集被由数 $1, 3, \cdots, 2n+1$ 各取 n 次所成的集所控制.)

定理 131 若 $0 < x < 1$, 则

$$\frac{1-x^{n+1}}{n+1} > \frac{1-x^n}{n}\sqrt{x}.$$

(在定理 130 中令 $x = y^2$, $a_\nu = y^\nu$.)

定理 132 设 C 为某一圆的圆心, $A_0 A_1 \cdots A_n C A_0$ 为某一多边形, 其顶点除 C 外都以所述的顺序散布在圆上. C, A_0, A_n 是固定的, 而 $A_1, A_2, \cdots, A_{n-1}$ 是变动的, 则该多边形的面积与周长当

$$A_0 A_1 = A_1 A_2 = \cdots = A_{n-1} A_n$$

时最大.

[令 $\angle A_{\nu-1} C A_\nu$ 为 α_ν. 因为当 $0 < x < \pi$ 时 $(\sin x)'' < 0$, 故由定理 95 有

$$\frac{1}{n}\Sigma \sin \alpha_\nu < \sin\left(\frac{\Sigma \alpha_\nu}{n}\right),$$

除非所有的 α_ν 都相等. 若诸 α_ν 各代以 $\frac{1}{2}\alpha_\nu$, 亦有类似的不等式. 由这些不等式即得出该定理的两个部分. 当 A_n 与 A_0 合而为一时, 它们即化为我们所熟悉的正多边形所具有的极大性质.]

定理 133 设 f 和 g 是连续单调递增的互逆函数, 它们在 0 点都为 0. 又设 $F = xf, G = xg$, 且 g 满足不等式

$$g(xy) \leqslant g(x)g(y).$$

若对于所有使得 $\Sigma G(b) \leqslant G(B)$ 成立的正 b 和正 a 都有

$$\Sigma ab \leqslant AB,$$

则

$$\Sigma F(a) \leqslant \frac{1}{F(1/A)}.$$

(Cooper[3]. 当 f 为 x 的方幂时, 此结果已包含在定理 15 之中.)

定理 134 若当 $x \geqslant 0$ 时 $\phi(x)$ 连续且为凸的, $\nu = 1, 2, 3, \cdots$; a_ν 为非负且单调递减, 则

$$\phi(0) + \Sigma\{\phi(na_n) - \phi[(n-1)a_n]\} \leqslant \phi(\Sigma a_n).$$

若 $\phi'(x)$ 严格单调递增，则等号仅当诸 a_ν 从某一点起都是 0 而在该点之前都相等时成立.

(Hardy, Littlewood and Pólya[2]. 记

$$s_0 = 0, \quad s_\nu = a_1 + a_2 + \cdots + a_\nu \quad (\nu \geqslant 1),$$
$$s_\nu + (\nu - 1)a_\nu = s_{\nu-1} + \nu a_\nu = 2x,$$
$$s_\nu - (\nu - 1)a_\nu = 2h, \quad s_{\nu-1} - \nu a_\nu = 2h',$$

容易证明 $|h'| \leqslant h$，等号仅当 $a_\nu = 0$ 或

$$a_1 = a_2 = \cdots = a_\nu$$

时成立. 由定理 110 可得

$$\phi(\nu a_\nu) - \phi[(\nu - 1)a_\nu] \leqslant \phi(s_\nu) - \phi(s_{\nu-1}),$$

经过求和即得所要的结果.)

定理 135   若 $q > 1$，且 a_ν 单调递减，则

$$\Sigma[\nu^q - (\nu - 1)^q]a_\nu^q \leqslant (\Sigma a_\nu)^q.$$

(定理 134 的特例.)

定理 136   设 a 是 $\nu_1, \nu_2, \cdots, \nu_m$ 的函数；$i_1, i_2, \cdots, i_m$ 是数 $1, 2, \cdots, m$ 的一个排列；ψ 和 χ 连续且严格单调，且 χ 单调递增，则欲使对所有的 a 和 q 都有

$$\mathfrak{M}_{\psi_m}^{\nu_m} \cdots \mathfrak{M}_{\psi_1}^{\nu_1}(a) \leqslant \mathfrak{M}_{\chi_{i_m}}^{\nu_{i_m}} \cdots \mathfrak{M}_{\chi_{i_1}}^{\nu_{i_1}}(a),$$

其必要条件是：

(1) 对 $\mu = 1, 2, \cdots, m$，χ_μ 关于 ψ_μ 为凸的；

(2) χ_λ 关于 ψ_μ 为凸的，若 $\lambda > \mu$，且 λ 与 μ 在排列 $i_1, i_2, \cdots, i_m$ 中对应于一个反转 (即，若在数列 $1, 2, \cdots, m$ 中 μ 位于 λ 之前，则在 $i_1, i_2, \cdots, i_m$ 中，μ 位于 λ 之后).

(Jessen[3].)

定理 137   欲使

$$\mathfrak{M}_{r_m}^{\nu_m} \cdots \mathfrak{M}_{r_1}^{\nu_1}(a) \leqslant \mathfrak{M}_{s_{i_m}}^{\nu_{i_m}} \cdots \mathfrak{M}_{s_{i_1}}^{\nu_{i_1}}(a)$$

对所有的 a 和 q 都成立，其**充分**必要条件是：(1) $r_\mu \leqslant s_\mu$ 和 (2) $r_\mu \leqslant s_\lambda$（$\mu$ 与 λ 的变化范围依定理 136 中所定义).

(Jessen[3]. 最重要的情形是：

$$m = 1, \quad r < s; \tag{i}$$

$$m = 2, \quad (i_1, i_2) = (2, 1), \quad s_2 = r_2 \geqslant s_1 = r_1. \tag{ii}$$

这两种情形与定理 16 和定理 26 相对应，定理的核心包含在这样一个说法之中，即当此不等式的两边可比较时，可以通过重复运用与 (i) 和 (ii) 相对应的特殊情形而证明此不等式.)

定理 138 设在一开区间 (例如 $0 < x < 1$) 中定义的连续曲线 $y = \phi(x)$ 具有下面的性质: 过曲线上的每一点或有 (a) 一条直线在曲线的下方, 或有 (b) 一条直线在曲线的上方. 则 (a) 和 (b) 中必有一个对曲线上的所有点都成立, 因而此曲线或为凹的或为凸的.

[容易证明, 若 S_a 和 S_b 分别是使得 (a) 和 (b) 成立的 x 值所成之集, 则 S_a 与 S_b 为闭集 (在开区间中). 但一连续统不可能是两个相互排斥的非空闭集之和.]

定理 139 设 $\phi(x)$ 在 (H, K) 中为凸函数且下有界, $m(x)$ 是 $\phi(x)$ 在 x 处的下界 ($\phi(x)$ 在一个包含 x 的区间中的下界的极限), 则 $m(x)$ 是一连续凸函数; 且或 (i) $\phi(x)$ 与 $m(x)$ 恒等, 或 (ii) $\phi(x)$ 的图像在区域 $H \leqslant x \leqslant K, y \geqslant m(x)$ 中稠密.

若 $\phi(x)$ 为凸的, 且非下有界, 则其图像在区间 $H \leqslant x \leqslant K$ 中稠密.

(Bernstein and Doetsch[1].)

第4章 微积分学的若干应用

4.1 导 引

对于寻常分析中所出现的一些特殊不等式,利用某些特别的方法来证明往往比求助于任何一般性的理论要容易得多. 因此,我们现在就把本书主题的系统研究暂置一边,而专辟一短章来阐述一些最简单而且最有用的特别方法. 本章主要是按照所用的方法和工具 (而不是依照结果的性质) 来安排内容的:其中 4.2 节至 4.5 节介绍一元函数的微分法,4.6 节讲述多元函数的微分法,4.7 节及 4.8 节讲述积分法.

4.2 中值定理的应用

我们的前几个例题所依据的就是中值定理

$$f(x+h) - f(x) = hf'(x+\theta h) \quad (0 < \theta < 1) \tag{4.2.1}$$

的直接应用或其在高阶导数方面的推广. (4.2.1) 的一个推论就是:导数为正的函数总是随 x 的增大而增大.

(1) 当 $x > 0$ 时,我们有

$$\ln(x+1) - \ln x = \frac{1}{\xi},$$

其中 $x < \xi < x+1$. 由此即得

$$\frac{\mathrm{d}}{\mathrm{d}x}\{x[\ln(x+1) - \ln x]\} = \ln(x+1) - \ln x - \frac{1}{x+1} > 0,$$

$$\frac{\mathrm{d}}{\mathrm{d}x}\{(x+1)[\ln(x+1) - \ln x]\} = \ln(x+1) - \ln x - \frac{1}{x} < 0.$$

因此 $\left(1 + \dfrac{1}{x}\right)^x$ 随 x 的增大而增大,$\left(1 + \dfrac{1}{x}\right)^{x+1}$ 则随 x 的增大而减小. 因后一函数就是 $\left(1 - \dfrac{1}{y}\right)^{-y}$,其中 $y = x+1 > 1$,于是可得

定理 140 当 $x > 0$ 时,$\left(1 + \dfrac{1}{x}\right)^x$ 单调递增;当 $x > 1$ 时,$\left(1 - \dfrac{1}{x}\right)^{-x}$ 单调

递减.

该定理实质上和定理 35 相同.

(2) 若 $x > 1$, $r > 1$, 我们有

$$x^r = 1 + r(x - 1) + \frac{1}{2}r(r-1)\xi^{r-2}(x-1)^2,$$

其中 $1 < \xi < x$, 因而有

定理 141 $x^r > 1 + r(x-1) + \frac{1}{2}r(r-1)\left(\dfrac{x-1}{x}\right)^2 \quad (x > 1, r > 1).$

这一不等式已在 2.15 节中得出, 不过那里所得到的形式没有现在的精确.

(3) 若 $x \neq 0$, 则

$$e^x = 1 + x + \frac{1}{2}x^2 e^{\theta x}, \tag{4.2.2}$$

其中 $0 < \theta < 1$, 因而有

定理 142 $e^x > 1 + x \quad (x \neq 0)$.

可以得出定理 9 的另一个证明. 若

$$\Sigma q = 1, \quad \Sigma qa = \mathfrak{A}$$

且诸 a 不全相等, 则可令 $a = (1 + x)\mathfrak{A}$, 其中 $\Sigma qx = 0$, 诸 x 不全为 0. 于是, $1 + x \leqslant e^x$, 不等号至少对一个 x 成立, 且

$$\Pi a^q = \mathfrak{A}\Pi(1 + x)^q < \mathfrak{A}e^{\Sigma qx} = \mathfrak{A} = \Sigma qa.$$

这一证法乃是 3.19 节末所用证法的一种特殊情形.

(4) 函数 $f(x) = e^x - 1 - x - \frac{1}{2}x^2$ 及其一阶和二阶导数当 $x = 0$ 时为 0. $f(x)$ 再没有别的 0 点, 因为 (通过反复运用 Rolle 定理), $f'''(x) = e^x$ 没有 0 点. 于是

$$e^x > 1 + x + \frac{1}{2}x^2 \quad (x > 0), \quad e^x < 1 + x + \frac{1}{2}x^2 \quad (x < 0).$$

这种证法也可应用于各种函数的 Taylor 级数的任意多项. 当此函数为 e^x 时, 则得

定理 143 若 n 为奇数, 则

$$e^x > 1 + x + \frac{x^2}{2!} + \cdots + \frac{x^n}{n!} \quad (x \neq 0). \tag{4.2.3}$$

若 n 为偶数, 则 (4.2.3) 当 $x > 0$ 时成立, 而当 $x < 0$ 时反号.

4.3　初等微分学的进一步应用

在本节中，我们将给出一些并非显而易见的应用.

(1) 反复运用 Rolle 定理，容易得出下面的引理[1]：若

$$f(x,y) = c_0 x^m + c_1 x^{m-1}y + \cdots + c_m y^m = 0$$

的所有根 x/y 都为实的，则由此方程通过对 x 和 y 的偏微分而得的所有非恒等方程[2]的根也都是实的. 此外，若 E 是其中的一个方程，它有一个重根 α，并且 E 是由 F 经微分而得的方程，则 α 也是 F 的一个根，其重数比原来多一.

现用此引理来证明一个在 2.22 节中已经证明了的定理，不过当时定理的形式没有下述的完善.

定理 144[3]　若 $a_1, a_2, \cdots, a_n$ 是 n 个非 0 实数. $p_0 = 1$，p_μ 是所有 μ 个不同的 a 的乘积的算术平均，则

$$p_{\mu-1} p_{\mu+1} < p_\mu^2 \quad (\mu = 1, 2, \cdots, n-1),$$

除非所有的 a 都相等.

假定诸 a 皆不为 0，因为若容许有 a 为 0，则描述等号成立的情形就变得比较麻烦.

令

$$f(x,y) = (x + a_1 y)(x + a_2 y) \cdots (x + a_n y)$$
$$= p_0 x^n + \binom{n}{1} p_1 x^{n-1} y + \binom{n}{2} p_2 x^{n-2} y^2 + \cdots + p_n y^n.$$

因诸 a 都不为 0，故 $p_n \neq 0$，且 $x/y = 0$ 不是 $f = 0$ 的一个根. 因此，$x/y = 0$ 不可能是导出方程的一个重根，故不可能有两个相邻的 p (比如 p_μ 和 $p_{\mu+1}$) 同时为 0. 由此可知，从 $f(x,y) = 0$ 经一系列微分而得到的导出方程

$$p_{\mu-1} x^2 + 2 p_\mu xy + p_{\mu+1} y^2 = 0$$

不是恒等方程，故其根为实数. 由此得

$$p_{\mu-1} p_{\mu+1} \leqslant p_\mu^2.$$

---

[1] Maclaurin[2]. 参见 Pólya and Szegö[1, II, pp.45-47; pp.230-232].

[2] 即所有系数不全为 0 的方程.

[3] Newton[1, p.173]. 关于进一步的参考，见 2.22 节.

最后，仅当原方程所有根都相等时上面的导出方程的根才能相等.

可以看出，诸 a 不必要像在 2.22 节中那样一定都为正 [1].

(2) 设 $\phi(x) = \ln(\Sigma pa^x)$，并设 (这并不是一个真正的限制) 诸 a 都为正且不相等，于是有

$$\phi' = \frac{\Sigma pa^x \ln a}{\Sigma pa^x},$$

$$\phi'' = \frac{\Sigma pa^x \Sigma pa^x (\ln a)^2 - (\Sigma pa^x \ln a)^2}{(\Sigma pa^x)^2} > 0$$

(定理 7). 经简单计算可知，若 a_r 是诸 a 中之最大者，则

$$\phi(0) = \ln \Sigma p, \quad \lim_{x \to \infty} (x\phi' - \phi) = -\ln p_r.$$

由定理 127 和定理 129 可知，若 $\Sigma p \leqslant 1$，则当 $x > 0$ 时 ϕ/x 为单调递增，若 $\Sigma p = 1$，则对所有的 x 有 ϕ/x 单调递增. 在后一种情形中，有

$$\frac{\phi(x)}{x} = \ln \mathfrak{M}_x(a), \quad \lim_{x \to 0} \frac{\phi(x)}{x} = \phi'(0) = \ln \mathfrak{G}(a).$$

由此即得定理 9 和定理 16 的另外证明.

另一方面，若对每一个 ν，$p_\nu \geqslant 1$，则由定理 128，ϕ/x 单调递减. 特别地，$\mathfrak{G}_x(a) = (\Sigma a^x)^{1/x}$ 单调递减 (定理 19). 其一般情形给出了定理 23 的一部分.

(3) 下面的特例在弹道学中很有用:

定理 145 $\ln \sec x < \frac{1}{2} \sin x \tan x \left(0 < x < \frac{1}{2}\pi \right)$.

定理 146 令

$$g(x) = \int_0^x (1 + \sec t)\mathrm{d}t = x + \ln(\sec x + \tan x),$$

则当 x 从 0 增到 $\frac{1}{2}\pi$ 时，函数

$$\rho(x) = \frac{8 \ln \sec x}{[g(x)]^2}$$

从 1 单调下降到 0.

[利用定理 145 证明 $\frac{\mathrm{d}}{\mathrm{d}x}(g^3 \rho' \cot x) < 0$，因而有 $\rho' < 0$.]

定理 147 当 x 从 0 增加到 $\frac{1}{2}\pi$ 时，函数

---

[1] 定理 55 除外. 对于正的 a，可参见定理 51, 54, 77 以及 3.5 节.

$$\sigma(x) = \frac{\int_0^x (1 + \sec t) \ln \sec t \, \mathrm{d}t}{\ln \sec x \int_0^x (1 + \sec t) \mathrm{d}t}$$

从 $\frac{1}{3}$ 单调递增到 $\frac{1}{2}$.

下面的一般性的定理对于证明定理 147 是有用的.

定理 148   若 $f, g, f'/g'$ 都是正的单调递增函数, 则 f/g 或对于所有讨论中的 x 单调递增, 或对所有此种 x 单调递减, 或减小到一极小值然后再单调递增. 特别地, 若 $f(0) = g(0) = 0$, 则 f/g 对 $x > 0$ 单调递增.

要证明这一点, 首先注意到

$$\frac{\mathrm{d}}{\mathrm{d}x}\left(\frac{f}{g}\right) = \left(\frac{f'}{g'} - \frac{f}{g}\right)\frac{g'}{g},$$

并考虑曲线 $y = f/g$ 和 $y = f'/g'$ 可能有的交点. 在其中的任一个交点上, 前一条曲线具有水平的切线, 后一条曲线具有竖直的切线, 因此至多只能有一个交点.

若取 g 作为独立变量, 记 $f(x) = \phi(g)$, 并如同定理的最后一句中那样, 假设

$$f(0) = g(0) = 0,$$

或 $\phi(0) = 0$, 则定理即变为: 若 $\phi(0) = 0$, 且当 $g > 0$ 时 $\phi'(g)$ 单调递增, 则当 $g > 0$ 时 ϕ/g 单调递增. 这是定理 127 的一部分的少许推广. 定理 148 也应当和定理 128 和定理 129 相比较.

4.4   一元函数的极大值和极小值

证明不等式的一种最普通的方法, 就是通过讨论 $\phi'(x)$ 的符号去求函数 $\phi(x)$ 的绝对极大值或极小值.

(1) 因 $\frac{\mathrm{d}}{\mathrm{d}x}[(1 - x)\mathrm{e}^x] = -x\mathrm{e}^x$, 故函数 $(1 - x)\mathrm{e}^x$ 在 $x = 0$ 处有唯一的极大值. 因而有

定理 149 $\mathrm{e}^x < \dfrac{1}{1 - x}$ $(x < 1, x \neq 0)$.

这也是定理 142 的推论.

(2) 因 $\frac{\mathrm{d}}{\mathrm{d}x}(\ln x - x + 1) = \frac{1}{x} - 1$, 故函数 $\ln x - x + 1$ 在 $x = 1$ 处有一个极大值. 由此即得

定理 150 $\ln x < x - 1$ $(x > 0, x \neq 1)$.

更一般地, 对于任何正的 n, 有 $\ln x < n(x^{1/n} - 1)$, 这只须在定理 150 中以 $x^{1/n}$ 代 x 即得. 这一结果也是定理 36 的推论.

(3) 令 $\phi(x) = 1 + xy - (1 + x^k)^{1/k}(1 + y^{k'})^{1/k'}$, 其中 $k > 1$, $x > 0$, $y > 0$. 容易证明, 当 $x^k = y^{k'}$ 时 $\phi(x)$ 有唯一的极大值 0.

这就给出了 H_0(定理 38) 的另一证明, 也给出了 H(定理 11) 的另一证明.

(4) 若 x 和 y 都为正, 且 $k > 1$, 则函数

$$\phi(x) = xy - \frac{x^k}{k} - \frac{y^{k'}}{k'}$$

具有导数 $y - x^{k/k'}$, 并且在 $x^k = y^{k'}$ 处取其极大值 0. 由此即得出定理 61(以及定理 39 和定理 9).

(5) 函数

$$\phi(x) = xy - x \ln x - \mathrm{e}^{y-1},$$

其中 x 为正, 在 $x = \mathrm{e}^{y-1}$ 处取其极大值 0. 由此即得出定理 63.

4.5 Taylor 级数的使用

若 $f(x) = \Sigma a_n x^n$, $g(x) = \Sigma b_n x^n$ 是两个具有正系数的级数, 且 $a_n \leqslant b_n$ 对任一 n 都成立, 则称 $f(x)$ 为 $g(x)$**所控制**, 记作 $f \prec g$. 显而易见, 若 $f \prec g$, $f_1 \prec g_1$, 则 $ff_1 \prec gg_1$, 等等.

为了阐明如何把这一思想运用到不等式的证明之中, 现来证明

定理 151   若 $s_n = a_1 + a_2 + \cdots + a_n$, 其中 $n > 1$ 且诸 a 为正, 则

$$(1 + a_1)(1 + a_2) \cdots (1 + a_n) < 1 + \frac{s_n}{1!} + \frac{s_n^2}{2!} + \cdots + \frac{s_n^n}{n!}.$$

事实上, $1 + a_\nu x \prec \mathrm{e}^{a_\nu x}$, 故

$$\Pi(1 + ax) \prec \mathrm{e}^{s_n x}.$$

将 $1, x, x^2, \cdots, x^n$ 的系数相加, 并注意在 x^2 的系数之间存在一严格不等式, 则得所要的结果. 也可将此不等式的左边写成

$$1 + np_1 + \frac{n(n-1)}{1 \times 2} p_2 + \cdots + p_n$$

(因而 $np_1 = s_n$), 然后利用定理 52 而证明之.

4.6 多元函数的极大极小理论的应用

用来发现并证明不等式的最 "万能的" 武器, 是多元函数 (包括一元函数) 的极大值和极小值的一般理论. 假定我们希望证明连续变量 $x_1, x_2, \cdots, x_n$ 的两个函

数 ϕ 和 ψ 是可比较的. 为了明确我们的想法, 不妨假定要证明 $\phi - \psi \geqslant 0$. 若 $\phi - \psi$ 具有极小值, 则此命题成立的充要条件就是此极小值为非负. 这是一个常常可以用极大极小理论的标准方法来解决 (至少在函数是可微时是这样的) 的问题.

虽然在理论上这一方法是吸引人的, 而且对于解决问题也常常给出一些初步的线索, 但却容易导致细节上的严重复杂性 (常常是与变量的 "边界值" 有关), 同时我们也将发现, 尽管它具有很强的启发性, 但它很少能引导出简单的解法. 我们现在把它用到基本不等式 G 和 H 上来阐明上面的说法.

(1) 要证明 G, 考虑

$$f(x_1, x_2, \cdots, x_{n-1}) = x_1^{q_1} x_2^{q_2} \cdots x_n^{q_n},$$

其中

$$x_n = \frac{1}{q_n}(\mathfrak{A} - q_1 x_1 - \cdots - q_{n-1} x_{n-1}),$$

诸 x 属于由上式及 $x_1 \geqslant 0, \cdots, x_n \geqslant 0$ 所规定的有界闭域. 此函数连续, 因而有一极大值, 但不是在边界上 (此时 f 为 0). 在取极大值处有

$$0 = \frac{1}{f}\frac{\partial f}{\partial x_\nu} = \frac{q_\nu}{x_\nu} - \frac{q_n}{x_n}\frac{q_\nu}{q_n} \quad (\nu = 1, 2, \cdots, n-1),$$

故诸 x 全等于 $\mathfrak{A}$. 此时, 没有因边界值而引起任何严重的复杂性 [①].

(2) 可以用 (关于两组变量的)H 来说明 "Lagrange 方法". 考虑

$$f(x_1, x_2, \cdots, x_n) = b_1 x_1 + b_2 x_2 + \cdots + b_n x_n,$$

其中 $b_\nu > 0$, 诸 x 服从条件:

$$\phi(x_1, x_2, \cdots, x_n) = x_1^k + x_2^k + \cdots + x_n^k \quad (k > 1)$$

为正的常数 X. 由 $x \geqslant 0$, $\phi = X$ 所定义的 $n-1$ 维域是一个有界闭域, 在其边界上的每一点总有某些 x 为 0.

若极大值在某一内点达到, 则在该点,

$$\frac{\phi_{x_\nu}}{f_{x_\nu}} = \frac{kx_\nu^{k-1}}{b_\nu} = \lambda$$

与 ν 无关. 经初等计算可以看出,

---

① 比较 2.6 节 (i).

$$f = X^{1/k}(\Sigma b^{k'})^{1/k'} = (\Sigma x^k)^{1/k}(\Sigma b^{k'})^{1/k'}.$$

这里极大值仍有可能在某个边界点上达到, 在该处有某个 x (设为 x_n) 为 0. 这种可能性可用归纳法把它排除掉, 因为, 如果我们假定此不等式已对 $n-1$ 个变量得到证明, 且 $x_n = 0$, 则有

$$f = \sum_1^{n-1} b_\nu x_\nu \leqslant \left(\sum_1^{n-1} x_\nu^k\right)^{1/k}\left(\sum_1^{n-1} b_\nu^{k'}\right)^{1/k'} < (\Sigma x_\nu^k)^{1/k}(\Sigma b_\nu^{k'})^{1/k'}.$$

这一方法的弱点在于: 假若终究要用归纳法来论证, 倒不如就用归纳法来证明整个定理, 而这样一来, 我们又回到已经给出了的 H 的几个证明中的一个证明.

(3) 用这种方法完善细节时, 比如在情形 (2) 中那样, 十之八九都会导致麻烦, 但即使是在这类情形中, 对于指引出问题的一个解法, 它还是非常有用的.

我们的大量定理都是在两个次数相同, 且对于所有正的 x 都为正的齐次对称函数 $f(x_1, x_2, \cdots, x_n)$ 和 $g(x_1, x_2, \cdots, x_n)$ 之间建立起不等式. 比如定理 9、定理 16 和定理 17 (对于单位权, 这也是最重要的情形)、定理 45 (可比较的情形)、定理 51 和定理 52 就是这样.

使用 Lagrange 方法时, 必须对于等于常量的 g (比如 $g = 1$) 来考虑 f 的极大值. Lagrange 方程是

$$\frac{\partial f}{\partial x_\nu} = \lambda \frac{\partial g}{g x_\nu} \quad (\nu = 1, 2, \cdots, n).$$

这些方程常有一组解 $x_1 = x_2 = \cdots = x_n$, 而 λ 则是 f 对于此组 x 所取的值. 若 λ 是 f 的一个严格绝对极大值, 则 $f \leqslant \lambda g$, 除非所有的 x 都相等, 否则不等号总成立.

对于刚才所提到的情形, 所有这些事实上都是对的, 但也有一些另外的情形, 此时解答并没有给出 f 的极大值. 例如在定理 45 中, 对于不可比较的情形, 情况就是这样.

4.7 级数与积分的比较

有许多不等式利用积分法最容易证明, 而且常常是依靠对于面积或体积的考虑以一种 "直观的" 方式来进行的. 在这里, 我们只给出少数几个最有用的一般性定理, 在这些定理中, 所涉及的积分都是初等的 Riemann 或 Riemann-Stieltjes 积分. 第 6 章将会系统考虑积分之间的不等式, 那里将要使用一般的 Lebesgue 和 Lebesgue-Stieltjes 积分.

下述的几个定理原则上属于 Maclaurin 和 Cauchy[1].

定理 152 若 $x \geqslant 0$ 时 $f(x)$ 单调递减, 则

$$f(1) + f(2) + \cdots + f(n) \leqslant \int_0^n f(x) \mathrm{d}x \leqslant f(0) + f(1) + \cdots + f(n-1).$$

若 $f(x)$ 为严格单调递减, 则不等号成立.

事实上,

$$f(\nu + 1) \leqslant \int_\nu^{\nu+1} f(x) \mathrm{d}x \leqslant f(\nu).$$

[若 $f(x)$ 为严格单调递减, 则不等号成立.]

同一类型的其他定理有 (只叙述, 不加证明):

定理 153 若 $a_0 < a_1 < a_2 < \cdots$, 且当 $x \geqslant a_0$ 时 $f(x)$ 单调递减, 则

$$\sum_{\nu=1}^{n} (a_\nu - a_{\nu-1}) f(a_\nu) \leqslant \int_{a_0}^{a_n} f(x) \mathrm{d}x \leqslant \sum_{\nu=1}^{n} (a_\nu - a_{\nu-1}) f(a_{\nu-1}).$$

定理 154 若 $f(x) \geqslant 0$, 且 $f(x)$ 在 $(0, \xi)$ 中单调递减, 在 $(\xi, 1)$ 中单调递增, 其中 $0 \leqslant \xi \leqslant 1$, 则

$$\frac{1}{n} \left[f\left(\frac{1}{n}\right) + f\left(\frac{2}{n}\right) + \cdots + f\left(\frac{n-1}{n}\right) \right]$$
$$\leqslant \int_0^1 f(x) \mathrm{d}x$$
$$\leqslant \frac{1}{n} \left[f(0) + f\left(\frac{1}{n}\right) + \cdots + f(1) \right].$$

定理 155 若 $f(x, y)$ 对于固定的 y 为 x 的一个单调递减函数, 对于固定的 x 为 y 的一个单调递减函数, 则

$$\sum_{\mu=1}^{m} \sum_{\nu=1}^{n} f(\mu, \nu) \leqslant \int_0^m \int_0^n f(x, y) \mathrm{d}x \mathrm{d}y \leqslant \sum_{\mu=0}^{m-1} \sum_{\nu=0}^{n-1} f(\mu, \nu).$$

关于这些定理的应用, 特别是在级数的收敛理论方面, 可以在任何分析教科书中找到.

4.8 W. H. Young 的一个不等式

下面的一个简单而又有用的定理属于 W. H. Young[2], 它属于另外一种类型.

定理 156 设 $\phi(0) = 0$, 当 $x \geqslant 0$ 时 $\phi(x)$ 连续且严格单调递增. $\psi(x)$ 为其逆函数, 因而 $\psi(x)$ 也满足同样的条件. 又设 $a \geqslant 0$, $b \geqslant 0$, 则

$$ab \leqslant \int_0^a \phi(x) \mathrm{d}x + \int_0^b \psi(x) \mathrm{d}x.$$

---

① Maclaurin[1, I, p.289]、Cauchy[2, p.222].

② W. H. Young[2].

等号只当 $b = \phi(a)$ 时成立.

若画出曲线 $y = \phi(x)$ 或 $x = \psi(x)$, 以及直线 $x = 0$, $x = a$, $y = 0$, $y = b$, 并考虑由它们所框定的各个区域, 则此定理可从直观上看出. 正式的证明包含在后面一些更广泛的定理的证明之中.

定理 156 的一个推论是:

定理 157 若定理 156 的条件都满足, 则

$$ab \leqslant a\phi(a) + b\psi(b).$$

定理 157 比定理 156 要弱, 但在应用中常常具有同样的效果.

现在来证明几个更广泛的包含定理 156 的定理.

定理 158 设 $\nu = 1, 2, \cdots, n$; $a_\nu \geqslant 0$; 又设 $f_\nu(x)$ 为连续、非负和严格单调递增的函数, 且诸 $f_\nu(0)$ 中有一个为 0. 则

$$\Pi f_\nu(a_\nu) \leqslant \Sigma \int_0^{a_\nu} \prod_{\mu \neq \nu} f_\mu(x) \mathrm{d} f_\nu(x),$$

等号仅当 $a_1 = a_2 = \cdots = a_n$ 时成立.[1]

若考虑 n 维空间中的曲线 $x_\nu = f_\nu(t)$, 以及由坐标平面和将曲线射影到这些平面上去的柱面所框定的体积, 则上面的不等式从直观上即可看出.

要得出一个正式的证明, 令

$$F_\nu(x) = \begin{cases} f_\nu(x) & (0 \leqslant x \leqslant a_\nu) \\ f_\nu(a_\nu) & (x \geqslant a_\nu) \end{cases},$$

因而有 $F_\nu(x) \leqslant f_\nu(x)$. 若假定 (这是可以做到的)$a_n$ 是诸 a_ν 中的最大者, 因为 $\Pi F_\nu(0) = 0$, 则有

$$\Pi f_\nu(a_\nu) = \Pi F_\nu(a_n) = \int_0^{a_n} \mathrm{d}\left[\Pi F_\nu(x)\right] = \sum_\nu \int_0^{a_n} \prod_{\mu \neq \nu} F_\mu(x) \mathrm{d} F_\nu(x)$$

$$= \sum_\nu \int_0^{a_\nu} \prod_{\mu \neq \nu} F_\mu(x) \mathrm{d} f_\nu(x) \leqslant \sum_\nu \int_0^{a_\nu} \prod_{\mu \neq \nu} f_\mu(x) \mathrm{d} f_\nu(x),$$

除非每一个 a_ν 都等于 a_n, 否则不等号总成立.

定理 159[2] 设 $g_\nu(x)(\nu = 1, 2, \cdots, n)$ 为连续、严格单调递增的函数组, 且当 $x = 0$ 时全为 0. 又设

$$\Pi g_\nu^{-1}(x) = x, \tag{4.8.1}$$

且 $a_\nu \geqslant 0$. 则

---

① Oppenheim[1]. 此证明属于 T. G. Cowling.

② Cooper[1].

$$\Pi a_\nu \leqslant \Sigma \int_0^{a_\nu} \frac{g_\nu(x)}{x} \mathrm{d}x.$$

除非 $g_1(a_1) = g_2(a_2) = \cdots = g_n(a_n)$，否则不等号总成立.

若令

$$g_\nu^{-1}(x) = \chi_\nu(x), \quad b_\nu = g_\nu(a_\nu), \quad a_\nu = g_\nu^{-1}(b_\nu) = \chi_\nu(b_\nu),$$

并运用定理 158 于函数组 $f_\nu(x) = \chi_\nu(x)$，则得

$$\Pi a_\nu = \Pi \chi_\nu(b_\nu) \leqslant \Sigma \int_0^{b_\nu} \frac{x}{\chi_\nu(x)} \mathrm{d}\chi_\nu(x) = \Sigma \int_0^{a_\nu} \frac{g_\nu(y)}{y} \mathrm{d}y.$$

由 (4.8.1) 联系起来的函数组

$$\phi_\nu(x) = \frac{g_\nu(x)}{x} \quad (\nu = 1, 2, \cdots, n),$$

乃是互逆函数对的一个推广. 如若假定 $n = 2$, $g_1(x) = x\phi(x)$, $g_2(x) = x\psi(x)$，并将 (4.8.1) 写成下面的两种形式：

$$\frac{x}{g_1^{-1}(x)} = g_2^{-1}(x), \quad \frac{x}{g_2^{-1}(x)} = g_1^{-1}(x),$$

则

$$\phi(x) = \frac{g_1(x)}{x} = g_2^{-1}[g_1(x)], \quad \psi(x) = \frac{g_2(x)}{x} = g_1^{-1}[g_2(x)],$$

且 $g_2^{-1}g_1, g_1^{-1}g_2$ 互逆. 因定理 156 中的函数 ϕ 和 ψ 总可以表示成此种形式，故定理 159 包含定理 156.

若在定理 159 中取 $g_\nu(x) = x^{1/q_\nu}$，其中 $\Sigma q_\nu = 1$，则 (4.8.1) 成立，因而有

$$\Pi a_\nu \leqslant \Sigma q_\nu a_\nu^{1/q_\nu},$$

此即定理 9. 若在定理 156 中取 $\phi(x) = x^{k-1}$，其中 $k > 1$，则有 $\psi(x) = x^{k'-1}$. 由此即得定理 61. 若取

$$\phi(x) = \ln(x + 1), \quad \psi(y) = \mathrm{e}^y - 1,$$

并记 u 和 v 分别为 $a + 1$ 和 $b + 1$，则对 $u \geqslant 1$, $v \geqslant 1$ 即得定理 63[①].

前面曾经指出，定理 156 可从简单的几何直观得出. 若不采用计算面积而是计算其中格点 (具有整数坐标的点) 的个数，则得

————————————————

① 实际上，该结果对 $u > 0$ 及所有的 v 都成立. 参见 4.4 节 (5).

定理 160   若 $\phi(x)$ 随 x 严格单调递增, $\phi(0) = 0$, $\psi(x)$ 是与 $\phi(x)$ 互逆的函数, 则

$$mn \leqslant \sum_0^m [\phi(\mu)] + \sum_0^n [\psi(\nu)],$$

其中 $[y]$ 是 y 的整数部分.

该定理本身不大值得注意, 但它阐明了一类在数论中常常是有效的证法.

第5章 无穷级数

5.1 导 引

一直到现在, 我们的定理都只涉及有限和. 现在就来考虑把它们推广到无穷级数上去. 总的结论是: 我们的定理对无穷级数仍然有效, 只要它们此时还有意义.

需要先作两个预备性的说明.

(1) 第一个是关于我们的公式的**解释**. 若 X 和 Y 是无穷级数, 则不等式 $X < Y$(或 $X \leqslant Y$) 总是解释为: 若 Y 收敛, 则 X 也收敛, 且 $X < Y$(或 $X \leqslant Y$). 更一般地, 形如

$$X < \Sigma AY^b \cdots Z^c \tag{5.1.1}$$

(或 $X \leqslant \Sigma AY^b \cdots Z^c$) 的不等式, 其中 $Y, \cdots, Z$ 是任意有限多个无穷级数, Σ 是一有限和, $A, b, \cdots, c$ 都是正数, 可以解释为: 若 $Y, \cdots, Z$ 收敛, 则 X 亦收敛, 且 X 满足此不等式. 假若忽略了这一点, 则当不等式中是 "$<$" 号时, 就会引起混淆. 若 Y 发散, 我们可将 Y 读为 ∞, 这样一来, "$X \leqslant \infty$" 就不具有任何意义, 但 "$X < \infty$" 则表示 X 收敛, 这种论断往往是不正确的.

有些不等式并不以 (5.1.1) 的形式出现. 但它们通常都是次要的, 而且只要对它们的解释有任何疑义, 总可以把它们化为 (5.1.1) 的形式. 例如

$$X^a < AY^b$$

总是解释为

$$X < A^{1/a}Y^{b/a},$$

它具有 (5.1.1) 的形式. $X > Y$ 总是解释为 $Y < X$.

有一个重要的不等式, 即

$$\Sigma ab > (\Sigma a^k)^{1/k}(\Sigma b^{k'})^{1/k'}, \tag{5.1.2}$$

其中 $k < 1$, $k \neq 0$.[①] 我们故意把它写成一个异于 (5.1.1) 的形式. 但也可以把它写成 (当 $0 < k < 1$ 时)

$$\Sigma a^k < (\Sigma ab)^k(\Sigma b^{k'})^{-k/k'}, \tag{5.1.3}$$

———————————
① 定理 13 的 (2.8.4).

或写成 (当 $k < 0$ 时)

$$\Sigma b^{k'} < (\Sigma ab)^{k'}(\Sigma a^k)^{-k'/k}. \tag{5.1.4}$$

它们都具有 (5.1.1) 的形式, 而且也是最初在定理 13 的证明中出现的形式. 不过, 为了优化表述形式, 为了能清楚地表明定理 13 的两种情形之间的对比, 我们宁愿选取形式 (5.1.2). 但若我们希望明白而确切地表示出收敛性的蕴涵关系, 我们必然会用到其他的形式.

有少数的情形, 在那里所建立起来的不等式, 并不是无穷级数之间的不等式, 而是包含了其他的极限运算所产生的结果. 例如当我们推广不等式 $\mathfrak{G}(a) < \max a$(定理 2) 时, 即得出一个无穷乘积以及一个无限集的上确界之间的不等式. 这样的一个不等式 "$X < Y$" 仍用同样的方法来解释, 即 "若 Y 有限, 则 X 有限, 且 $X < Y$".

(2) 第二个说明是关于**方法**方面的, 它应当结合 1.7 节来阅读. 假若 (比如说) 现在我们希望对于无穷级数来证明不等式

$$(\Sigma ab)^2 \leqslant \Sigma a^2 \Sigma b^2.$$

对于有限和我们已经知道这一不等式 (定理 7), 又因为所有的变量都是正的, 所以我们的结论可以通过取极限得出.

我们还不能用这种简单方法把定理 7 完整地推广到无穷级数上去, 因为在取极限时, "$<$" 退化为 "$\leqslant$", 因而不能挑选出等号成立的各种可能情形. 在这里以及其他地方, 我们都必须避免取极限的过程. 我们不是从有限定理去推出无限定理, 而是去验证对于有限定理所给出的证明, 经过在新条件之下所必需的极小限度的修改之后, 对于无限的情形仍然有效. 例如 2.4 节中所给出的定理 7 的无论哪一个证明, 只要在有关收敛性方面增加一点明显的注释, 都可推广到无限的情形中去.

没有必要再按第 2 章中的叙述顺序系统地重述一遍. 我们这里所出现的为数不多的新情况既不困难, 也不特别值得注意. 只要它们是重要的, 在第 6 章中就会以一种更有意义的形式重新出现. 因此我们就不拘形式地安排这一章的内容, 先阐明和详解各种新的可能性, 最后列举了第 2 章中一些比较重要的定理, 它们在新的解释之下仍旧是有效的.

5.2 平 均 值 $\mathfrak{M}_r$

先来讨论一些在平均值 $\mathfrak{M}_r$ 的定义中所出现的新情况. 我们现在有着无限多个项 a 和权 p, 而且根据 Σp 之为收敛或发散, 还有两种情形要考虑.

(i) 若 Σp 收敛, 可以假定此和为 1, 且把 p 记为 q. 此时, 对于 $r > 0$, 可以定义 $\mathfrak{M}_r$ 为

$$\mathfrak{M}_r(a) = (\Sigma q a^r)^{1/r}, \tag{5.2.1}$$

并且可以认为它是 2.2 节意义下的一个 "平均", 或 2.10 节 (iv) 意义下的一个 "加权平均". 它依照 $\Sigma q a^r$ 之收敛或发散而为有限或无限.

(ii) 若 Σp 发散, 仍然可以定义 $\mathfrak{M}_r$ 为一个极限, 例如定义为

$$\mathfrak{M}_r(a) = \lim_{n \to \infty} \left(\sum_1^n p_\nu a_\nu^r \Big/ \sum_1^n p_\nu \right)^{1/r} \tag{5.2.2}$$

或为相应的上极限 $\overline{\lim}$. 后一定义并不值得特别注意, 尽管它可以保留我们的大部分定理. 若用 (5.2.2) 来定义 $\mathfrak{M}_r$, 我们就会遇到一个困难: $\mathfrak{M}_r$ **对于某一给定的** r **存在, 并不保证它对任何别的** r **都存在**. 事实上, 我们可以确定诸 a 使得 $\mathfrak{M}_r$ 对于一组给定的 r 值 $r_1, r_2, \cdots, r_m$ 都存在, 而对于别的则不存在. 因此, 我们就把注意力集中到情形 (i).

关于 $\mathfrak{M}_r$ 的存在性的一般问题, 可参见 (例如) Besicovitch[1]. 我们现在简略地指出如何寻求 a 使得极限

$$\lim \frac{1}{n}(a_1 + a_2 + \cdots + a_n), \quad \lim \frac{1}{n}(a_1^2 + a_2^2 + \cdots + a_n^2)$$

中只有一个存在而另一个不存在, 此时 $p = 1$.

先取两个周期为 $\overline{\omega}$ 的序列:

$$\alpha_1, \alpha_2, \cdots, \alpha_{\overline{\omega}}, \alpha_1, \alpha_2, \cdots; \quad \beta_1, \beta_2, \cdots, \beta_{\overline{\omega}}, \beta_1, \beta_2, \cdots.$$

当 $a = \alpha$ 时, 两个极限都存在, 其值分别为

$$A_1 = \frac{\alpha_1 + \alpha_2 + \cdots + \alpha_{\overline{\omega}}}{\overline{\omega}}, \quad A_2 = \frac{\alpha_1^2 + \alpha_2^2 + \cdots + \alpha_{\overline{\omega}}^2}{\overline{\omega}}$$

而当 $a = \beta$ 时, 它们具有相应的值 B_1, B_2.

现取 a 如下:

$$\alpha_1, \alpha_2, \cdots, \alpha_{\overline{\omega}} \ (\text{重复 } N_1 \text{ 次}),$$
$$\beta_1, \beta_2, \cdots, \beta_{\overline{\omega}} \ (\text{重复 } N_2 \text{ 次}),$$
$$\alpha_1, \alpha_2, \cdots, \alpha_{\overline{\omega}} \ (\text{重复 } N_3 \text{ 次}),$$
$$\cdots\cdots$$

容易看出, 若假定序列 $N_1, N_2/N_1, N_3/N_2, \cdots$ 以很大的速度趋于无穷, 我们就可使 $(a_1 + \cdots + a_n)/n$ 和 $(a_1^2 + \cdots + a_n^2)/n$ 分别在 A_1, B_1 之间和 A_2, B_2 之间来回振荡. 于是收敛的条件分别是 $A_1 = B_1$ 和 $A_2 = B_2$, 显然可以选取 α 和 β, 使得这两个条件中有一个成立, 而另一个不成立.

因此, 我们就只限于讨论情形 (i). 对于正的或负的 r, 定义 $\mathfrak{M}_r$ 为 (5.2.1), 并约定若 r 为负且有某个 a 为 0, 或 $\Sigma q a^r$ 发散时, $\mathfrak{M}_r = 0$. 定义 $\mathfrak{G}$ (也就是 $\mathfrak{M}_0$) 为

$$\mathfrak{G}(a) = \mathfrak{M}_0(a) = \Pi a^q = \exp(\Sigma q \ln a), \tag{5.2.3}$$

并约定, 当 Πa^q 发散到 ∞ (即若 $\Sigma q \ln a$ 发散到 $+\infty$) 时, $\mathfrak{G} = \infty$; 当 Πa^q 发散到 0 (即 $\Sigma q \ln a$ 发散到 $-\infty$) 时, $\mathfrak{G} = 0$. 可以看出, $\ln a$ 可以为正或为负, 而且当 $\Sigma q \ln a$ 为振荡时, $\mathfrak{G}$ 的定义就无效. 此时, $\mathfrak{G}$ 没有意义.

由定理 36 和定理 150 可知

$$\ln t < \frac{t^r - 1}{r} < \frac{t^s - 1}{s} \quad (0 < r < s, \ t > 0), \tag{5.2.4}$$

除非 $t = 1$, 此时等号成立. 定义 $\ln^+ t$ 和 $\ln^- t$ 为

$$\ln^+(t) = \begin{cases} 0 & (0 < t \leqslant 1) \\ \ln t & (t > 1) \end{cases}, \quad \ln^-(t) = \begin{cases} \ln t & (0 < t \leqslant 1) \\ 0 & (t > 1) \end{cases}.$$

因而有

$$\ln^+ t \geqslant 0, \quad \ln^- t \leqslant 0, \quad \ln t = \ln^+ t + \ln^- t, \quad \ln^- t = -\ln^+ \frac{1}{t}.$$

于是, 由 (5.2.4) 可知

$$0 \leqslant \Sigma q \ln^+ a \leqslant \frac{1}{r} \Sigma' q(a^r - 1) \leqslant \frac{1}{s} \Sigma' q(a^s - 1),$$

其中 Σ' 表示对所有大于 1 的 a 求和. 因此, 若 $\mathfrak{M}_s(a)$ 对某一正的 s 有限, 则 $\mathfrak{M}_r(a)$ 对 $0 < r < s$ 亦有限, 且 $\Sigma q \ln^+ a$ 收敛. 同理可以证明, 若 $\mathfrak{M}_{-s}(a)$ 对某一正的 s 为正, 则 $\mathfrak{M}_{-r}(a)$ 对 $-s < -r < 0$ 亦为正, 且 $\Sigma q \ln^- a$ 收敛. 在前一种情形下, $\mathfrak{G}$ 为正且有限或为 0, 在后一种情形下, 它为正且有限或为无穷. 若 $\Sigma q \ln a$ 为振荡, 则 $\Sigma q \ln^+ a$ 和 $\Sigma a \ln^- a$ 同时发散, 而这仅当对所有正的 r 有 $\mathfrak{M}_r(a) = \infty$, 对所有负的 r 有 $\mathfrak{M}_r(a) = 0$ 时才有可能. 只有在这种情形下, $\mathfrak{G}(a)$ 的定义才无效.

有一种新情况, 它在我们的某些定理之中, 正如我们将在 5.9 节中所要看到的那样, 对于等号成立情形的详细说明将发生影响. 这一情况的出现是由于当 $r \leqslant 0$ 时, $\mathfrak{M}_r(a)$ 可能为 0, 尽管没有一个 a 为 0. 若 $r > 0$, 则如第 2 章中那样, $\mathfrak{M}_r(a)$ 仅当 (a) 为零集时才能为 0, 此时, $\mathfrak{M}_r(a)$ 对所有的 r 都为 0. 但当 $r \leqslant 0$ 时却有所差别. 对于此种 r, 第 2 章中的 $\mathfrak{M}_r(a)$ 为 0 的充要条件是有某些 a 为 0, 此时 $\mathfrak{M}_r(a)$ 对所有的 $r \leqslant 0$ 都为 0. 但现在当 $r \leqslant 0$ 时却可能出现这样的情形: $\mathfrak{M}_s(a)$ 当 $s < r$ 时为 0, 而当 $s \geqslant r$ 时为正; 或当 $s \leqslant r$ 时为 0 而当 $s > r$ 时为正.

例如在定理 1 中就有两种除外的情形:

$$\min a < \mathfrak{M}_r(a) < \max a^{①},$$

除非所有的 a 都相等，或 $r < 0$ 且有某个 a 为 0. 现在所能说的就只是 "除非所有的 a 都相等 (此时，两个不等式都变成等式)，或 $r < 0$ 且 $\mathfrak{M}_r(a) = 0$ (此时 $\min a = 0$，前一不等式变为等式)". 大体说来，同样的情况也随着定理 2, 5, 10, 16, 24, 25 而出现 (我们只列举 5.9 节中所提到的结果).

5.3   定理 3 和定理 9 的推广

我们要用到不等式 (5.2.4) 和等式

$$\lim_{r \to 0} \frac{t^r - 1}{r} = \ln t.$$

在 (5.2.4) 中取 $t = a/\Sigma qa = a/\mathfrak{A}$, $r = 1$，则得

$$\ln a - \ln \mathfrak{A} \leqslant \frac{a}{\mathfrak{A}} - 1,$$

$$\ln \mathfrak{G} - \ln \mathfrak{A} = \Sigma q(\ln a - \ln \mathfrak{A}) \leqslant 1 - 1 = 0,$$

等号仅当每个 a 都等于 $\mathfrak{A}$ 时才成立. 这就证明了定理 9 的类似定理.

今设 $\mathfrak{M}_s$ 对某些正的 s 为有限，则 $\mathfrak{G}$ 为正且有限或为 0. 下面的证明同时适用于这两种情形[②]. 给定 $\varepsilon > 0$，可以选取 N 使得

$$\sum_{n \leqslant N} q \ln a < \ln(\mathfrak{G} + \varepsilon), \tag{5.3.1}$$

$$\sum_{n > N} q \frac{a^s - 1}{s} < \varepsilon. \tag{5.3.2}$$

然后取 r_0，使得 $0 < r_0 < s$，且对 $0 < r < r_0$ 有

$$\sum_{n \leqslant N} q \frac{a^r - 1}{r} < \sum_{n \leqslant N} q \ln a + \varepsilon. \tag{5.3.3}$$

于是可得

$$\ln \mathfrak{G}(a) = \frac{1}{r} \ln \mathfrak{G}(a^r) \leqslant \frac{1}{r} \ln \mathfrak{A}(a^r) \leqslant \frac{\mathfrak{A}(a^r) - 1}{r} = \sum_{n \leqslant N} q \frac{a^r - 1}{r}$$

$$+ \sum_{n > N} q \frac{a^r - 1}{r} < \sum_{n \leqslant N} q \ln a + \varepsilon + \sum_{n > N} q \frac{a^s - 1}{s} < \ln(\mathfrak{G} + \varepsilon) + 2\varepsilon.$$

① 这里的 min 和 max 此时分别理解为下确界和上确界. ——译者注
② 这里仿照了 F. Riesz[7] 关于相应的积分型定理所给的证明: 参见 6.8 节.

因此, 当 $r \to +0$ 时有

$$\ln \mathfrak{M}_r(a) = \frac{1}{r} \ln \mathfrak{A}(a^r) \to \ln \mathfrak{G}(a).$$

请读者自己去证明, 若 $\mathfrak{M}_r$ 对某些负的 r 为正, 则当 $r \to -0$ 时 $\mathfrak{M}_r \to \mathfrak{G}$.

5.4 Hölder 不等式及其推广

第 2 章中所给出的 Hölder 不等式以及同一类型的其他不等式的证明同样适用于无穷级数. 顺便还可以看到, 这类级数还可以是**多重级数**. 比如

$$(\Sigma\Sigma a_{\mu\nu} b_{\mu\nu})^2 \leqslant \Sigma\Sigma a_{\mu\nu}^2 \Sigma\Sigma b_{\mu\nu}^2.$$

例如设 Σu_μ^2 和 Σv_ν^2 收敛, 并取

$$a_{\mu\nu} = u_\mu v_\nu, \quad b_{\mu\nu} = \frac{1}{(\mu+\nu)^{1+\delta}} \quad (\delta > 0).$$

因为 $\Sigma\Sigma(\mu+\nu)^{-2-2\delta}$ 收敛, 故知

$$\Sigma\Sigma \frac{u_\mu v_\nu}{(\mu+\nu)^{1+\delta}}$$

收敛. 这是后面将要证明的一个定理 (定理 315) 的一种不完美的形式.

从 Hölder 不等式推导出来的有关 $\mathfrak{M}_r$ 的定理 (定理 16 和定理 17) 仍旧未变, 只不过定理 16 的第二个除外情形的叙述必须要按照 5.2 节之末所作的注释加以修改. 在这里我们必须说 "除非 $s \leqslant 0$ 且 $\mathfrak{M}_s(a) = 0$".

联系着这一组定理, 出现了一种新的比较值得注意的情况. 有一个定理, 它是因定理 15 而联想起来的, 但又不是它的一个推论 (即使把它推广到无穷级数上去), 它在有限和中并没有相类似的定理.

定理 161[①] 若 $k > 1$ 且 Σab 对于所有使得 $\Sigma b^{k'}$ 收敛的 b 都收敛, 则 Σa^k 收敛.

现从另外一个本身就是很值得注意的属于 Abel[②]的定理来推出这个定理.

---

① Landau[1].

② Abel[1]. 有一些同一类型的包含一个任意函数 $f(x)$ 的定理. 例如, 若 Σa_n 发散, $f(x)$ 为正且单调递减, 且

$$I = \int_1^\infty f(x)\mathrm{d}x,$$

则 I 之收敛包含 $\Sigma a_n f(A_n)$ 之收敛, I 之发散包含 $\Sigma a_n f(A_{n-1})$ 之发散. 参见 (例如)de la Vallée Poussin[1, pp.398-399]、Littlewood[1]. 这一定理, 虽然带有较普遍的性质, 但并不真正包含定理 162: "I 之发散一定包含 $\Sigma a_n f(A_n)$ 之发散" 未必为真. 作为一个反例, 我们可取 $a_n = 2^{2^n}$, $f(x) = \frac{1}{x \ln x}$.

定理 162   若 Σa_n 发散, 且

$$A_n = a_1 + a_2 + \cdots + a_n,$$

因而 $A_n \to \infty$, 则

(i) $\Sigma \dfrac{a_n}{A_n}$ 发散;

(ii) $\Sigma \dfrac{a_n}{A_n^{1+\delta}}$ 对任意正的 δ 都收敛.

(i) 我们有

$$\frac{a_{n+1}}{A_{n+1}} + \frac{a_{n+2}}{A_{n+2}} + \cdots + \frac{a_{n+r}}{A_{n+r}} \geqslant \frac{A_{n+r} - A_n}{A_{n+r}} = 1 - \frac{A_n}{A_{n+r}},$$

当 n 固定且 $r \to \infty$ 时上式右端趋于 1, 因而对于任意的 n 和某一相应的 r, 上式左端大于 $\dfrac{1}{2}$. 此即证明了 (i).

(ii) 显然可假定 $0 < \delta < 1$, 于是

$$\Sigma \frac{A_n^\delta - A_{n-1}^\delta}{A_{n-1}^\delta A_n^\delta} = \Sigma \left(\frac{1}{A_{n-1}^\delta} - \frac{1}{A_n^\delta} \right)$$

收敛. 由定理 41, 左边的分子不小于 $\delta A_n^{\delta-1}(A_n - A_{n-1}) = \delta a_n A_n^{\delta-1}$. 由此可知

$$\Sigma \frac{a_n}{A_n A_{n-1}^\delta}$$

收敛. 事实上, 我们证明的比 (ii) 要多一些.

要导出定理 161, 记

$$a^k = u, \quad ab = uv, \quad b^{k'} = uv^{k'}.$$

于是就要证: 若 Σu_n 发散, 则有某个 v_n 使得 $\Sigma u_n v_n$ 发散且 $\Sigma u_n v_n^{k'}$ 收敛. 取 $v_n = 1/U_n$, 其中 $U_n = u_1 + u_2 + \cdots + u_n$, 则所要的结论由定理 162 即可得出.

5.5   平均值 $\mathfrak{M}_r$ (续)

关于平均值 $\mathfrak{M}_r$, 我们虽无多少增添, 但需要作一两点另外的说明. 先从一个有关定理 4 的推广的论述开始. 只要定理 4 涉及正的 r, 就必须作如下的解释: 若诸 a 有界, $a^* = \max a$ 是它们的上确界, 则当 $r \to +\infty$ 时有

$$\mathfrak{M}_r \to \mathfrak{M}_\infty = a^*;$$

若诸 a 无界, 但 $\mathfrak{M}_r$ 对于所有正的 r 为有限, 则 $\mathfrak{M}_r \to \infty$.

对于某个有限的正 r 或负 r, $\mathfrak{M}_r$ 的连续性问题已不再是十分明显. 我们现在给出一个内容广泛的定理, 但不予证明, 因为所有牵涉的问题都以一种更为有趣的形式在第 6 章 (6.10 节至 6.11 节) 出现.

若 $a_n = C$, 则 $\mathfrak{M}_r = C$ 对所有的 r 都成立 (不管 C 为正或为 0). 我们排除了这种情形, 并排除使得 $\mathfrak{S}$ 无意义的情形 (此时对 $r > 0$ 有 $\mathfrak{M}_r = \infty$, 对 $r < 0$ 有 $\mathfrak{M}_r = 0$). 记

$$\mathfrak{L}_r(a) = \ln \mathfrak{M}_r(a)$$

(约定 $\ln \infty = +\infty$, $\ln 0 = -\infty$).

定理 163   除了刚才所说的情形之外, 使得 $\mathfrak{L}_r(a)$ 是有限的那种值所成的集 I 或为一个空集, 或为一个闭区间, 或为一个半闭区间, 或为一个开区间 (u, v), 其中 $-\infty \leqslant u \leqslant v \leqslant +\infty$, 它以 $r = 0$ 为一内点或端点, 因而 $u \leqslant 0 \leqslant v$, 但其他方面则是任意的 (特别地, 它可能包含所有的实数或一个都不包含). 在 I 的右方, $\mathfrak{L}_r$ 为 $+\infty$; 在左方为 $-\infty$; 在 I 的内部 (假若存在的话) 是 r 的一个连续且严格单调递增的函数; 而当 r 从 I 的内部趋于 I 的一个端点时, 则趋于某一极限, 该极限等于它在此端点的值.

5.6   和   数 $\mathfrak{S}_r$

2.10 节给出的 $\mathfrak{S}_r$ 的定义仍保持不变, 并且有关 $\mathfrak{S}_r$ 的定理也没有多少需要说明的, 虽然那些涉及 r 的连续性的定理并不可以立即得出. 定理 20 必须按照下面的意义来解释:"若 $\mathfrak{S}_r$ 对于某一 (充分大的)r 收敛, 则其对于所有更大的 r 亦收敛, 且 ……", 定理 21 则按"若 $\mathfrak{S}_r$ 对于所有正的 (任意小的) r 收敛, 则 ……"来解释. 定理 20 的推广可以如下证明. 若 $\mathfrak{S}_R$ 对于某一正 R 收敛, 则 $a_n \to 0$, 且 $\mathfrak{S}_r$ 对 $r > R$ 亦收敛. 于是存在某个最大的 a, 根据齐次性可假定此 a 为 1, 并可假定诸 a 按降序排列. 于是, 若

$$a_1 = a_2 = \cdots = a_N = 1 > a_{N+1},$$

则对 $r > R$, 有

$$\mathfrak{S}_r = (N + a_{N+1}^r + a_{N+2}^r + \cdots)^{1/r}.$$

上面的级数位于 1 与

$$N + a_{N+1}^R + a_{N+2}^R + \cdots$$

之间, 由此即得定理.

有一个新定理 (在有限情形中, 这是显而易见的).

定理 164   若 $\mathfrak{S}_R$ 收敛, 则当 $r > R$ 时 $\mathfrak{S}_r$ 连续, 且当 $r = R$ 时 $\mathfrak{S}_r$ 右连续. 若 $\mathfrak{S}_R$ 发散, 但 $\mathfrak{S}_r$ 当 $r > R$ 时收敛, 则当 $r \to R$ 时 $\mathfrak{S}_r \to \infty$.

证明留给读者完成.

5.7　Minkowski 不等式

2.11 节至 2.12 节中的主要情节不需要更动. 定理 24 至定理 26 可以推广到二重级数.

定理 165[①]　若 $r > 1$, 且 a_{mn} 不取 $b_m c_n$ 的形式, 则

$$\left[\sum_n q_n \left(\sum_m p_m a_{mn} \right)^r \right]^{1/r} < \sum_m p_m \left(\sum_n q_n a_{mn}^r \right)^{1/r}.$$

当 $0 < r < 1$ 时不等式取反号.

不失一般性, 可以假定 $p = 1$, $q = 1$, 于是证明可如前进行. 同理, 对应于定理 27, 我们有

定理 166　若 $r > 1$, 则

$$\sum_n \left(\sum_m a_{mn} \right)^r > \sum_m \sum_n a_{mn}^r$$

(若 $0 < r < 1$ 则不等式反号), 除非对于每一个 n, a_{mn} 除某一个 m 之外都为 0.

5.8　Tchebychef 不等式

现取 Tchebychef 不等式 (定理 43) 作更进一步的阐述.

可以假定 $\Sigma p = 1$. 由恒等式

$$\sum_1^n p_\mu \sum_1^n p_\nu a_\nu b_\nu - \sum_1^n p_\mu a_\mu \sum_1^n p_\nu b_\nu = \frac{1}{2} \sum_1^n \sum_1^n p_\mu p_\nu (a_\mu - a_\nu)(b_\mu - b_\nu)$$

可知 (当然假定 (a) 和 (b) 都不为零集), (i) 若 (a) 与 (b) 排法相似, 则 Σpab 收敛隐含 Σpa 和 Σpb 收敛, (ii) 若 (a) 与 (b) 排法相反, 则 Σpa 和 Σpb 收敛隐含 Σpab 收敛. 无论哪一种情形, 都可以在恒等式中令 $n = \infty$, 于是我们的结论即可如前得出.

5.9　小　　结

下述的定理实际上列举了第 2 章的主要定理中对无穷级数仍然成立的那些定理, 不过要加上 5.8 节所说的解释.

定理 167　定理 $1, 2, 3, 4, 5, 7, 9, 10, 11, 12, 13, 14, 15, 16, 17, 18, 19, 20, 21, 22, 24,$ $25, 27, 28, 43$ 当所涉及的级数是无限时仍然成立, 只要将它们所断言的不等式按照

---

① 这里正如定理 26 中一样, 我们放弃了平常关于 q 所作的约定.

5.1 节中所作的约定来解释，而且将定理 $1, 2, 5, 10, 16, 24, 25$ 中例外情形的叙述按照 5.2 节中所说的方式来修改.

需要把该定理的最后一句作更明确的叙述. 诸定理的最后字句必须代之以

(1) "或 $r < 0$ 且 $\mathfrak{M}_r(a) = 0$",

(2) "或 $\mathfrak{G}(a) = 0$",

(5) "或 $r \leqslant 0$ 且 $\mathfrak{M}_r(a) = 0$",

(10) "或 $(2)\mathfrak{G}(a + b + \cdots + l) = 0$",

(16) "或 $s \leqslant 0$ 且 $\mathfrak{M}_s(a) = 0$",

(24) "或 $r \leqslant 0$ 且 $\mathfrak{M}_r(a + b + \cdots + l) = 0$",

(25) "或 $r < 0$ 且 $[\Sigma(a + b + \cdots + l)^r]^{1/r} = 0$".

还可以再加上一句 (有如在 6.4 节中所说): 定理 167 中所引用到的大部分定理 (特别是有关 $\mathfrak{M}_r$ 者) 可以从有关积分的相应定理中经特殊化而得. 但在第 6 章中我们常常忽略负的 r.

5.10　各种定理及特例

下述诸定理大部分都与定理 156 和定理 157 有关. 在定理 168 至定理 175 中, 我们假定 $f(x)$ 和 $g(x)$ 是互逆函数, 它们当 $x = 0$ 时为 0, 当 x 增加时为严格单调递增, 并假定

$$F(x) = \int_0^x f(u)\mathrm{d}u, \quad G(x) = \int_0^x g(t)\mathrm{d}t.$$

定理 168　若 $\Sigma F(a_n)$ 和 $\Sigma G(b_n)$ 收敛, 则 $\Sigma a_n b_n$ 收敛, 且

$$\Sigma a_n b_n \leqslant \Sigma F(a_n) + \Sigma G(b_n).$$

(定理 156 的推论.)

定理 169　若 $\Sigma a_n f(a_n)$ 和 $\Sigma b_n g(b_n)$ 收敛, 则 $\Sigma a_n b_n$ 收敛, 且

$$\Sigma a_n b_n \leqslant \Sigma a_n f(a_n) + \Sigma b_n g(b_n).$$

(定理 157 的推论.)

定理 170　可以选取 f(因而 g, F, G) 和 a_n, 使得 $\Sigma F(a_n)$ 发散, 但 $\Sigma a_n b_n$ 对所有使得 $\Sigma G(b_n)$ 收敛的 b_n 都收敛.

定理 171　可以使得 $\Sigma a_n f(a_n)$ 发散, 但 $\Sigma a_n b_n$ 收敛, 只要 $\Sigma b_n g(b_n)$ 收敛.

(上述两个定理的目的是要说明: 按照定理 161 给出 Hölder 不等式之逆以及相应的收敛性判别法这种意义而言, 定理 168 和定理 169 是没有逆的. 定理 171 是由 Cooper[3] 证明的, 而包含了定理 171 而且比它要稍微强一些定理 170, 仍可以用同样方法来证明.)

定理 172 若 $\Sigma \dfrac{b_n}{\ln(1/b_n)}$ 收敛, 则 $\Sigma \dfrac{b_n}{\ln n}$ 收敛.

(Cooper[3]: 在 Copper 关于定理 171 的证明中用到了定理 172.)

定理 173 若 $g(x)$ 满足不等式

$$g(xy) \leqslant g(x)g(y),$$

且当 $\Sigma b_n g(b_n)$ 收敛时 $\Sigma a_n b_n$ 也收敛, 则 $\Sigma a_n f(a_n)$ 收敛. 同理, 若当 $\Sigma G(b_n)$ 收敛时 $\Sigma a_n b_n$ 也收敛, 则 $\Sigma F(a_n)$ 收敛.

(关于前一命题, 可参见 Cooper[3], 在现有情形下它是较强一些, 第二命题是一个推论.)

定理 174 若当 $\Sigma G(b_n)$ 收敛时 $\Sigma a_n b_n$ 也收敛, 则存在一个依赖于序列 (a) 的数 $\lambda = \lambda(a)$ 使得 $\Sigma F(\lambda a_n)$ 收敛.

定理 175 设定理 174 的条件成立, 又设对于小的 x, 某个 $c > 1$, 以及某一个 k, $F(cx) \leqslant kF(x)$, 则 $\Sigma F(a_n)$ 收敛.

(关于上面的两个定理, 可参见 Birnbaum and Orlicz[1].)

定理 176 若 a_n 和 b_n 趋于 0, k 为正, 且

$$\Sigma \frac{a_n}{\ln(1/a_n)}, \quad \Sigma e^{-k/b_n}$$

都收敛, 则 $\Sigma a_n b_n$ 收敛.

(利用定理 169.)

定理 177 若 $x > 0$, $a_n \geqslant 0$, $f(x) = \Sigma a_n x^n$, 则 $f(x)$ 是 x 的凸函数, $\ln f(x)$ 是 $\ln x$ 的凸函数.

[显然有 $f''(x) \geqslant 0$. 要证明第二结果, 可令 $x = e^{-y}$, $f(x) = g(y)$. 于是, 由定理 7,

$$gg'' - g'^2 = \Sigma a_n e^{-ny} \Sigma n^2 a_n e^{-ny} - (\Sigma n a_n e^{-ny})^2 \geqslant 0.$$

由定理 118 即得所要的结果.]

定理 178 若 $a_n \geqslant 0$, $\lambda_n > \lambda_{n-1} \geqslant 0$, 且 $f(x) = \Sigma a_n e^{-\lambda_n x}$, 则 $\ln f(x)$ 是 x 的凸函数.

定理 179 若 $a_n > 0$, 且 $\lambda_n, \mu_n, \cdots, \nu_n, x, y, \cdots, z$ 为实数, 则级数

$$\Sigma a e^{\lambda x + \mu y + \cdots + \nu z} = f(x, y, \cdots, z)$$

的收敛域 D 是凸的, 且 $\ln f$ 在 D 中是 $x, y, \cdots, z$ 的凸函数.

[因为 (利用定理 11 在无穷级数方面的推广)

$$f[x_1 t + x_2(1-t), \cdots, z_1 t + z_2(1-t)] \leqslant [f(x_1, \cdots, z_1)]^t [f(x_2, \cdots, z_2)]^{1-t}.$$

在这里, 我们关于收敛性所作的约定是重要的.]

定理 180 $\Sigma a_n^2 < 2(\Sigma n^2 a_n^2)^{\frac{1}{2}} [\Sigma(a_n - a_{n+1})^2]^{\frac{1}{2}}$, 除非对所有的 n 都有 $a_n = 0$.

(参见定理 226.)

第6章 积　　分

6.1　关于 Lebesgue 积分的一些初步说明

本章所考虑的积分都是 Lebesgue 积分 (其中 6.6 节至 6.14 节讲述平均值), 但 6.15 节至 6.22 节除外, 在那里我们要涉及 Stieltjes 积分 (其中 6.19 节至 6.22 节讲述平均值的公理处理). 这里先讲述一些我们关于该理论所作的假定, 以便于后面的阐述. 大致说来, 很少. 读者一般所需要知道的也就是: 存在积分的**某种**定义, 它具备下面所描述的性质. 我们的定理中当然有许多对于老的定义来说仍旧有意义而且保持有效, 但若这些定义先就具有一定的广泛性, 则该主题就会变得**比较容易**, 内容就变得更为广泛.

我们把**可测集** (measurable set) 这一概念视为理所当然, 一般都是指一维的, 但偶尔也指多维的. 我们所考虑的集可以是有界的, 也可以是无界的. 测度的定义先是用于有界集: 一个无界集, 若它的任何有界部分都是可测的, 则称之为可测集, 其测度则是它的有界成分的测度的上确界.

一般情况下, 总是无条件地假定, 我们所涉及的任何集 E 都是可测的. E 的测度记作 mE, 有时在不致引起混淆的情况下就简记为 E. 若 E 为无界, mE 可能为 ∞.

我们也把**可测函数**这一概念视为理所当然. 可测函数的和、积、极限都可测. 所有可以用寻常分析中的手续来定义的函数都可测, 而我们将只限于考虑可测函数. 通常不再重新说明: 本书所出现的函数假定是可测的.

其次, 我们把一有界或无界的函数在任一 (有界的或无界的) 区间或可测集上的积分的定义视为理所当然. 有界可测函数在任一有界可测集上可积. 称在所讨论的区间或集 E 上为可积的 (有界或无界) 函数的类为类 L; 若要强调所讨论的集时, 也可称之为类 $L(E)$. 若 f 属于 L, 则称 "f 是 L", 记作 $f \in L$ (对于其他的类, 可作类似处理).

若 $f = 1$, 则 $\int_E f \mathrm{d}x = mE$.

若 $f \in L$, 则 $|f| \in L$. 若 f^+ 表示这样的一个函数, 它当 f 为正时等于 f, 否则为 0, f^- 则是当 f 为负时等于 f, 否则为 0, 则有

$$f^+ = \max(f, 0), \quad f^- = \min(f, 0) \quad f = f^+ + f^-, \quad |f| = f^+ - f^-,$$

故知 $f^+ \in L$, $f^- \in L$, 且 [①]

$$\int f \mathrm{d}x = \int f^+ \mathrm{d}x + \int f^- \mathrm{d}x, \quad \int |f| \mathrm{d}x = \int f^+ \mathrm{d}x - \int f^- \mathrm{d}x.$$

若 $f \geqslant 0$, 且 $(f)_n = \min(f, n)$, 则 (由定义)

$$\int f \mathrm{d}x = \lim_{n \to \infty} \int (f)_n \mathrm{d}x.$$

若 $f \in L$, 又 (g 为可测且)$|g| < C|f|$, 则 $g \in L$.

若 $f_1, f_2, \cdots, f_n \in L$, 则

$$\int (a_1 f_1 + a_2 f_2 + \cdots + a_n f_n)\mathrm{d}x = a_1 \int f_1 \mathrm{d}x + a_2 \int f_2 \mathrm{d}x + \cdots + a_n \int f_n \mathrm{d}x.$$

若 $p > 0$, f 可测且 $|f|^p \in L$, 则称 f 属于 Lebesgue L^p 类, 或 $f \in L^p$. 这些类当 $p \geqslant 1$ 时最为重要. L^1 就是 L.

若积分是在有限区间 (或有界集) 上取的, 则对每一个 $q > p$, L^p 包含 L^q; $f \in L^q$ 隐含 $f \in L^p$. 有界函数属于任何 L^q. 这些性质对无限区间并不成立, 在 $(0, \infty)$ 中 f 可能只对一个 p 属于 L^p.

若区间有限, 且 $f \in L^q$, $p < q$, 则 $|f|^p < 1 + |f|^q$, 故 $f \in L^p$.

若区间是 $(0, a)$, 其中 $a < 1$, 则 (a) 对每一个 $\delta > 0$, $x^{-1/p}$ 属于 $L^{p-\delta}$, 但不属于 L^p; (b) $x^{-1/p}\left(\ln \dfrac{1}{x}\right)^{-2/p}$ 属于 L^p, 但不属于 $L^{p+\delta}$; (c) $\ln \dfrac{1}{x}$ 属于每一个 L^p; (d) $\mathrm{e}^{1/x}$ 不属于任何 L^p. 若区间为 $(0, \infty)$, 则 $x^{-\frac{1}{2}}(1 + |\ln x|)^{-1}$ 属于 L^2, 但不属于其他的 L^p.

6.2 关于零集和零函数的说明

测度为 0 的集称为**零集** (null set). 在积分论中零集是无关重要的. 若除零集之外 $f = g$, 则称 f 与 g **等价**, 记作 $f \equiv g$. 等价函数具有同样的积分 (若有积分的话).

若 $f \equiv 0$, 则称 f 为**零函数** (null function), 并且说 f **为零**.

同理, 可以定义 "在 E 上等价" "在 E 中为零": 若 f 在 E 中除零集中的点外都等于 0, 则称 f 在 E 中为零. 此时, 当行文中明显易辨时, 我们就不反复提到 E, 比如在考虑 E 上的积分时就是这样.

若性质 $P(x)$ 除了属于零集中的 x 外为其余所有的 x 所具有, 则称它为**几乎所有的** x 所具有, 或 $P(x)$ 对几乎所有的 x 都成立, 或**几乎处处**成立. 于是, 零函数几乎处处为 0.

---

① 我们只就一个变量叙述这些结果, 并且把积分的区间或集合省略不写出来.

一般总是假定: 函数 $f, g, \cdots$ 几乎处处为有限, 但有时偶尔也考虑在某一正测度的集上为无限的函数. 例如, 若 f 一般为正, 但在某一正测度的集 E 上为 0, 又若 $r < 0$, 则我们必须认为 f^r 在 E 上为无穷, 而 $\int f^r \mathrm{d}x$ 则取值 ∞.

若 E 为零集, 则对所有的 f,

$$\int_E f \mathrm{d}x = 0.$$

若不加特殊说明, 我们将毫无例外地假定, 凡在上面取积分之集 E 都不是零集.

若 $f \geqslant 0$, 则 $\int f \mathrm{d}x = 0$ 的充要条件是 f 为零 (函数).

值得注意的是, Riemann 积分理论中与上面的定理处于相当地位的定理. 我们把 Riemann 可积的函数类记作 R (它包含在 L 之中). f 属于 R 的充要条件是 f 有界, 且其不连续点作成一零集.

若 f 属于 R, 且 $f \geqslant 0$, 则 $\int f \mathrm{d}x = 0$ 的充要条件是在 f 的所有连续点有 $f = 0$.

因为 (1) 若此条件成立, 则 $f \equiv 0$, 因而 $\int f \mathrm{d}x = 0$. 又 (2) 若此条件不成立, 则有某一连续点 ξ 使得 $f(\xi) > 0$, 因而有某一包含 ξ 的区间, 在此区间中 $f(x) > \frac{1}{2}f(\xi)$, 故 $\int f \mathrm{d}x > 0$.

根据这一定理, 我们能够刻画在我们的不等式中等号成立的情形, 只要它们仅是关系到 R 中的函数. 事实上, 我们的大多数定理都具有一个对偶的解释. 主要的解释是: 其中的积分是 Lebesgue 积分, "零" 和 "等价" 是按照 Lebesgue 的理论来解释的. 在附属的解释中, 积分是 "Riemann 积分", "零函数" 是在其连续点都为 0 的函数, "等价函数" 则是其差在此意义下为零的函数.

6.3 有关积分的进一步说明

6.1 节至 6.2 节的说明对于后面的多数定理, 例如 Hölder 不等式和 Minkowski 不等式的最完全的形式 (定理 188 和定理 198), 已是一个足够的基础, 但还有少数的情形, 在那里, 我们还将求助于更为困难的定理. 现将它们列举如下.

(a) **分部积分** 所需要的定理是: 若 f 和 g 都是可积的 (绝对连续函数), 则

$$\int_a^b f g' \mathrm{d}x = f g \big|_a^b - \int_a^b f' g \mathrm{d}x.$$

(b) **积分号下取极限** 两个主要定理是

(i) 若 $|s_n(x)| < \phi(x)$, 其中 $\phi \in L$, 且对于所有或几乎所有的 x, $s_n(x)$ 趋于某一极限 $s(x)$, 则

$$\int s_n(x) \mathrm{d}x \to \int s(x) \mathrm{d}x.$$

(ii) 若对所有的 n, $s_n(x) \in L$, $s_n(x)$ 对于所有或几乎所有的 x 随 n 增加, 且

$$\lim s_n(x) = s(x).$$

则

$$\int s_n(x)\mathrm{d}x \to \int s(x)\mathrm{d}x.$$

(ii) 中右边的积分可为无限, 此时上面的结果解释为 $\int s_n(x)\mathrm{d}x \to \infty$. 特别地, 若在某一正测度的集上 $s(x) = \infty$, 则会出现此种情形. 在上述的每一个定理中, n 可以是趋于无穷的整数, 或趋于某一极限的连续参数.

正如在实变函数论的图书中所讲的, 由 (i) 可知, 若函数 $f(x)$ 的增量比

$$\frac{f(x+h) - f(x)}{h}$$

有界 (因而几乎处处可导), 则 $f(x)$ 为其导数的积分. 将这点说明与 3.18 节之末结合在一起, 我们可以看出, 连续凸函数 $f(x)$ 是其导数 $f'(x)$ 的积分, 或是其单边导数 $f'_l(x), f'_r(x)$ 的积分. 因此, 它是一单调递增函数的积分. 另一方面, 若 $f(x)$ 是一单调递增函数 $g(x)$ 的积分, 且 $h > 0$, 则

$$f(x+h) - f(x) = \int_x^{x+h} g(u)\mathrm{d}u \geqslant \int_{x-h}^x g(u)\mathrm{d}u = f(x) - f(x-h),$$

故 $f(x)$ 为凸的. 因此, 连续凸函数类与由单调递增函数的积分所成的函数类一致.

单调递增函数属于 R, 故上述诸积分作为 Riemann 积分都存在, 因而此定理不必用到 Lebesgue 的理论即可证明.

(c) **代换**   标准的定理是: **若 f 与 g 可积, $g \geqslant 0$, G 是 g 的积分, 且 $a = G(\alpha)$, $b = G(\beta)$, 则**

$$\int_a^b f(x)\mathrm{d}x = \int_\alpha^\beta f[G(y)]g(y)\mathrm{d}y, \tag{6.3.1}$$

其中 a, b, α, β 中任何一个可为无穷.

对于后面在施行独立变量变换时需要用到积分变换规则的各种情形, 上面的定理可以完全满足需要 [①]. 但一般我们只用到像 $x = y + a$ 或 $x = ay$ 之类的简单变换, 此时这一规则的正确性由定义立可得出.

(d) **重积分和累次积分**   唯一要用到的定理是 "Fubini 定理". 若 $f(x,y)$ 是面积可测且非负的函数, 又若积分

$$\int_a^A \int_b^B f\mathrm{d}x\mathrm{d}y, \quad \int_a^A \mathrm{d}x \int_b^B f\mathrm{d}y, \quad \int_b^B \mathrm{d}y \int_a^A f\mathrm{d}x$$

中有一个存在, 则其余的积分也存在, 且全相等. 这里的上下限可以是有限, 也可以是无穷, 而且也包括发散的情形: 若有某个积分发散, 则其余的积分也发散.

---

① 关于公式 (6.3.1), 还可以加上两点额外的说明.

(1) 若像正文中那样假定 g 是非负且可积, 而 f 则只假定为可测 (而不是可积), 则 (6.3.1) 右边的存在既是左边的存在 (即 f 为可积) 的一个充分条件, 而且也是一个必要条件.

(2) $f(x)$ 可积, 虽然隐含 $f[G(y)]g(y)$ 可积, 但并不能隐含 $f[G(y)]$ 可测.

于是假定 $f(x,y)$ 是可测的且是非负的. 则二重积分为 0 的充要条件是 $f(x,y)$ 为 0, 即使得 $f(x,y) > 0$ 的点所成的集具有测度 0. 前一个累次积分为 0 的充要条件是对于几乎所有的 x, $f(x,y)$ 关于 y 为 0; 后一个则是对于几乎所有的 y, $f(x,y)$ 关于 x 为 0. 因此, "二元非负零函数" 的这三种意义是等价的.

6.4 关于证法的说明

对于有限和已经证明了的不等式, 利用取极限, 常可推广到积分上去, 但一般总有些东西会在论证中损失掉. 可以通过考虑定理 7 在积分方面的类似定理来阐明这一点.

先设 $f(x)$ 和 $g(x)$ 在 $(0,1)$ 中为非负且 Riemann 可积, 并在定理 7 中取

$$a_\nu = f\left(\frac{\nu}{n}\right), \quad b_\nu = g\left(\frac{\nu}{n}\right).$$

除以 n^2, 则得 [①]

$$\left[\frac{1}{n}\Sigma f\left(\frac{\nu}{n}\right)g\left(\frac{\nu}{n}\right)\right]^2 \leqslant \frac{1}{n}\Sigma f^2\left(\frac{\nu}{n}\right)\cdot\frac{1}{n}\Sigma g^2\left(\frac{\nu}{n}\right).$$

令 $n \to \infty$, 则得

$$\left(\int_0^1 fg\mathrm{d}x\right)^2 \leqslant \int_0^1 f^2\mathrm{d}x\int_0^1 g^2\mathrm{d}x. \tag{6.4.1}$$

若使用 Lebesgue 积分, 则必须另外来讨论 [②]. 设 f 和 g 在 $(0,1)$ 中为非负, 且属于 L^2, 又设 e_{rs} 是使得

$$\frac{r-1}{n} \leqslant f^2 < \frac{r}{n}, \quad \frac{s-1}{n} \leqslant g^2 < \frac{s}{n} \quad (r,s = 1,2,3,\cdots)$$

成立的 x 所构成的集, 则由定理 7,

$$\left(\int_0^1 fg\mathrm{d}x\right)^2 \leqslant \left[\Sigma\Sigma\left(\frac{r}{n}\right)^{\frac{1}{2}}\left(\frac{s}{n}\right)^{\frac{1}{2}}e_{rs}\right]^2 \leqslant \Sigma\Sigma\frac{r}{n}e_{rs}\Sigma\Sigma\frac{s}{n}e_{rs}.$$

但

$$\Sigma\Sigma\frac{r}{n}e_{rs} = \Sigma\Sigma\frac{1}{n}e_{rs} + \Sigma\Sigma\frac{r-1}{n}e_{rs} \leqslant \frac{1}{n} + \int_0^1 f^2\mathrm{d}x,$$

而关于 g 也有一个类似的不等式, 因此, 令 $n \to \infty$, 则得 (6.4.1).

无论哪种情形, 最终结果都是不完全的. 即使我们能够用定理 7 的 "$<$", 但当取极限时, 它也将退化为 "$\leqslant$", 从而我们将无法精确描述取等号的情形.

---

① 在这里, "关于 Σ 为齐次" (1.4 节) 甚为重要.
② 这里所用的证法的精确形式是由 H. D. Ursell 先生提供给我们的.

相反, 从积分不等式转化到和数不等式要简单得多, 可以经过适当的特殊化来实现. 例如, 现在来考虑不等式

$$\exp\left[\int_0^1 \ln f(x)\mathrm{d}x\right] < \int_0^1 f(x)\mathrm{d}x \tag{6.4.2}$$

(6.7 节, 定理 184). 设

$$q_\nu > 0, \quad q_1 + q_2 + \cdots + q_n = 1,$$

并定义 $f(x)$ 为

$$f(x) = a_\nu \quad (q_1 + \cdots + q_{\nu-1} \leqslant x < q_1 + \cdots + q_{\nu-1} + q_\nu),$$

其中的 $q_1 + \cdots + q_{\nu-1}$ 理解为当 $\nu = 1$ 时为 0, 由此即得定理 9. 定理 9 中不等式退化为等式的条件也可从 (6.4.2) 的相应条件立刻得出

这种证明方法是常常有用的, 因为积分比级数常常更易处理. 在第 9 章中我们还要遇到一些例子.

6.5　关于方法的进一步说明: Schwarz 不等式

正如同处理无穷级数一样, 我们在对待 6.4 节中的困难时, 可回到第 2 章的定理的证明中去, 并且注意, 经过明显的改变, 这些证明仍可运用于最一般形式的积分中去. 现在可以通过"Schwarz 不等式 [①], 即定理 7 的类似定理, 来说明这一点.

定理 181　　$\left(\int fg\mathrm{d}x\right)^2 < \int f^2\mathrm{d}x \int g^2\mathrm{d}x$, 除非 $Af \equiv Bg$, 其中 A 与 B 是不同时为 0 的常数.

今后, 当积分上下限明写出来也无甚好处时, 我们就把它们略去. 它们可以是有限或无限, 积分也可以在任何可测集上来取, 此时, $Af \equiv Bg$ 当然就意味着在 E 中有 $Af \equiv Bg$. 我们也采用与 5.1 节中相应的惯例: "$X < Y$" 表示 "若 Y 有限, 则 X 有限, 且 $X < Y$"; 而像 5.1 节中所述的其他形式的不等式也作类似的解释. 于是, 每一个不等式都隐含着一个关于 "收敛" 的断言, 我们只是偶尔才明确地将它表示出来. 例如定理 181 即隐含着: "若 $\int f^2\mathrm{d}x$ 和 $\int g^2\mathrm{d}x$ 有限, 则 $\int fg\mathrm{d}x$ 有限; 若 f 和 g 属于 L^2, 则 fg 属于 L".

与 2.4 节的证明相对应的证明如下.

(i) 我们有

$$\int f^2\mathrm{d}x \int g^2\mathrm{d}x - \left(\int fg\mathrm{d}x\right)^2 = \frac{1}{2}\int f^2(x)\mathrm{d}x \int g^2(y)\mathrm{d}y + \frac{1}{2}\int g^2(x)\mathrm{d}x \int f^2(y)\mathrm{d}y$$
$$- \int f(x)g(x)\mathrm{d}x \int f(y)g(y)\mathrm{d}y$$

---

① 或称 Buniakowsky 不等式, 参见 2.4 节脚注.

$$= \frac{1}{2}\int\mathrm{d}y\int[f(x)g(y) - g(x)f(y)]^2\mathrm{d}x \geqslant 0.$$

留下来的就是去讨论等号何时可能成立. 首先, 若 $Af \equiv Bg$, 则必有等式. 其次, 若有等式, 且 g 为零函数, 则 $Af \equiv Bg$, 其中 $A = 0, B = 1$. 因此可以假定 g 不为零函数, 因而使得 $g(y) \neq 0$ 的集 E 具有正测度. 若

$$\int\mathrm{d}y\int[f(x)g(y) - g(x)f(y)]^2\mathrm{d}x = 0,$$

则对于几乎所有的 y, 因而对于 E 中的某些 y 有

$$\int[f(x)g(y) - g(x)f(y)]^2\mathrm{d}x = 0. \tag{6.5.1}$$

于是, 可以假定 $g(y_0) \neq 0$, 且 (6.5.1) 对 $y = y_0$ 成立. 但这样一来, 对于几乎所有的 x 有

$$f(x)g(y_0) - g(x)f(y_0) = 0,$$

此即完成了证明.

(ii) 二次型

$$\int(\lambda f + \mu g)^2\mathrm{d}x = \lambda^2\int f^2\mathrm{d}x + 2\lambda\mu\int fg\mathrm{d}x + \mu^2\int g^2\mathrm{d}x$$

为正, 现可按照 2.4 节中那样完成我们的证明.

定理 181 关于重积分的类似定理可以同法证明. 一般我们将不再明示这种推广结论, 但有时视同它们当然成立. 这样做就意味着, 这项推广可以依照原定理那样用同法来证明.

用同样的方法可以把定理 8 的证明转述出来, 即得

定理 182[1]

$$\begin{vmatrix} \int f^2\mathrm{d}x & \int fg\mathrm{d}x & \cdots & \int fh\mathrm{d}x \\ \vdots & \vdots & & \vdots \\ \int hf\mathrm{d}x & \int hg\mathrm{d}x & \cdots & \int h^2\mathrm{d}x \end{vmatrix} > 0,$$

除非诸函数 $f, g, \cdots, h$ 线性相关, 也就是说, 除非存在不全为 0 的常数 $A, B, \cdots, C$ 使得

$$Af + Bg + \cdots + Ch \equiv 0.$$

6.6 平均值 $\mathfrak{M}_r(f)$ 在 $r \neq 0$ 时的定义

在下面, 若对于积分符号无明确的说明, 其积分范围都指一个有限或无限的区

---

① Gram[1].

间 (a, b), 或是一个可测集 E [①]. $f(x)$ 在 E 中几乎处处有限, 且为非负; "权函数" $p(x)$ 在 E 中处处有限并为正 [②], 且在 E 上可积. 参数 r 是非零实数.

　　我们的假定包含着 $0 < \int p\mathrm{d}x < \infty$. 若假定

$$\int p\mathrm{d}x = 1,$$

则常常会方便得多, 此时 (参见 2.2 节), 我们把 p 写作 q.

　　记

$$\mathfrak{M}_r(f) = \mathfrak{M}_r(f, p) = \left(\frac{\int pf^r\mathrm{d}x}{\int p\mathrm{d}x}\right)^{1/r} \quad (r \neq 0), \tag{6.6.1}$$

$$\mathfrak{A}(f) = \mathfrak{M}_1(f), \tag{6.6.2}$$

因而有

$$\mathfrak{M}_r(f) = [\mathfrak{A}(f^r)]^{1/r}. \tag{6.6.3}$$

对于这些记号, 我们作下面的规定. 若 $\int pf^r\mathrm{d}x$ 无限, 则记

$$\int pf^r\mathrm{d}x = \infty, \quad \mathfrak{M}_r(f) = \infty \ (r > 0), \quad \mathfrak{M}_r(f) = 0 \ (r < 0).$$

特别地, 若 $r < 0$ 且 f 在一正测度的集上为 0, 则 $\mathfrak{M}_r(f) = 0$. 此外, 若我们约定把 0 和 ∞ 看作互为倒数, 则有

$$\mathfrak{M}_r(f) = \frac{1}{\mathfrak{M}_{-r}(1/f)}. \tag{6.6.4}$$

使用这一公式, 我们可以从正的 r 转换到负的 r, 因而在大多数的情况下, 我们只限于讨论正的 r, 从而简化后面的定理.

　　若 $f \equiv 0$, 则对所有的 r, $\mathfrak{M}_r(f) = 0$. 若 $f \equiv C$, 其中 C 为正且有限, 则对所有的 r, $\mathfrak{M}_r(f) = C$. 若 $f \equiv \infty$ [③], 则对所有的 r, $\mathfrak{M}_r(f) = \infty$. 除了这些情形之外, $\mathfrak{M}_r(f)$ 仅当 $r > 0$ 时才可能为 ∞, 只当 $r < 0$ 时才可能为 0.

　　定义 $\max f$, 即 f 的 "有效上界" 为具有下述性质的最大的 ξ:

　　"若 $\xi > 0$, 则有一正测度的集 $\mathrm{e}(\varepsilon)$ 使得 $f > \xi - \varepsilon$". 若无此种 ξ 存在, 则记 $\max f = \infty$. 对于在一闭区间内连续的函数, $\max f$ 即为通常的极大值. $\min f$ 亦同法定义, $\min f \geqslant 0$ 且

$$\min f = \frac{1}{\max(1/f)}. \tag{6.6.5}$$

等价函数具有同样的 $\max$ 和 $\min$.

---

　　① 当 $r > 0$ 时, 可设 f 在 E 的补集上为 0, 而将所有的情况全都化为区间 $(-\infty, \infty)$ 的情况.

　　② 若假设不是 $p > 0$ 而是 $p \geqslant 0$, 则关于等号成立的情形就会导出略为不同的结果 (例如以 $pf \equiv pC$ 代替 $f \equiv C$). 若将 E 代以 E 中使得 $p > 0$ 的子集, 则此种情形即化为显然是比较特殊的情形.

　　③ 容许这种情形就是暂时放弃 6.2 节中的理解, 即假定 f 几乎处处有限.

例如, 假设积分范围是 $(0, \infty)$, $f(x)$ 和 $q(x)$ 是由

$$f(x) = a_n, \quad q(x) = q_n \quad (n-1 \leqslant x < n, \ n = 1, 2, 3, \cdots)$$

所定义的阶梯函数, 则由定义 (5.2.1) 有

$$\mathfrak{M}_r(f) = (\Sigma q a^r)^{1/r} = \mathfrak{M}_r(a).$$

同理, 有

$$\max f = \max a, \quad \min f = \min a,$$

和 (若提前使用 6.7 节中的定义) $\mathfrak{G}(f) = \mathfrak{G}(a)$. 经过这一特殊化处理, 我们就可以把第 2 章和第 5 章中的许多定理包含在本章的相应定理之中.

另一方面 (如同在 6.4 节中那样), 可以假定积分范围为 $(0, 1)$, 并定义 $f(x)$ 和 $q(x)$ 如

$$f(x) = a_n \quad (q_1 + \cdots + q_{n-1} \leqslant x < q_1 + \cdots + q_n), \quad q(x) = 1.$$

在这种情形下, $\mathfrak{M}_r(f)$ 也化为 $\mathfrak{M}_r(a)$.

定理 183 若 $r \neq 0$, $\mathfrak{M}_r(f)$ 有限且为正, 则

$$\min f < \mathfrak{M}_r(f) < \max f,$$

除非 $f \equiv C$.

这里的 r 可为正, 也可为负, 证明和定理 1 相似. 先设 $r = 1$, 于是, 利用一个权函数 $q(x)$, 则得

$$\int q(f - \mathfrak{A}) \mathrm{d}x = 0.$$

因此, 或 $f \equiv \mathfrak{A}$, 或 $f - \mathfrak{A}$ 在一正测度集中为正, 同时又在另一正测度集中为负. 此即对 $r = 1$ 证明了所要的结果, 利用 (6.6.3), 即可将它推广到一般情形.

若希望将定理 183 表述成与定理 1 及其在第 5 章中的推广更相一致的形式[①], 我们就必须说 "$\min f < \mathfrak{M}_r(f) < \max f$, 除非 $f \equiv C$ 或 $r < 0$ 且 $\mathfrak{M}_r(f) = 0$". 于是我们就有两种使得等号成立的情形, 它们恰好与 5.2 节中所区分出来的情形相对应: 在 "首要" 情形下 (此时 $f \equiv C$), 两个不等号都变为等号; 在 "附属" 情形下 (这只在 $r < 0$ 时才出现), 只有一个不等号化为等号. 当 $r < 0$ 时, 这种差别存在于我们的许多定理中, 正如同它存在于第 2 章和第 5 章中那样. 但在这里, 因我们常常忽略了负的 r, 这种差别并不显得很明显.

6.7 函数的几何平均

定义几何平均 $\mathfrak{G}(f)$ 为

$$\mathfrak{G}(f) = \mathfrak{G}(f, p) = \exp\left(\frac{\int p \ln f \mathrm{d}x}{\int p \mathrm{d}x}\right) \tag{6.7.1}$$

---

① 参见 5.2 节.

或

$$\ln \mathfrak{G}(f) = \mathfrak{A}(\ln f) \tag{6.7.2}$$

于是，特别地，当 $p = q$, $\int q \mathrm{d}x = 1$ 时，有

$$\mathfrak{J}(f) = \ln \mathfrak{G}(f) = \int q \ln f \mathrm{d}x. \tag{6.7.3}$$

我们需要作一些预备性的说明.

因 $\ln f$ 不一定为正，故 $\mathfrak{J}$ 的收敛问题比至今所考虑的其他收敛问题更复杂.

若用 $\mathfrak{J}^+$ 和 $\mathfrak{J}^-$ 分别表示用 $\ln^+ f$ 和 $\ln^- f$ 所构成的积分，就如同 $\mathfrak{J}$ 之用 $\ln f$ 所构成的那样 [①]，则有 4 种可能性: (a) $\mathfrak{J}^+$ 和 $\mathfrak{J}^-$ 都有限, (b) $\mathfrak{J}^+$ 有限, $\mathfrak{J}^- = -\infty$, (c) $\mathfrak{J}^+ = \infty$, $\mathfrak{J}^-$ 有限, (d) $\mathfrak{J}^+ = \infty$, $\mathfrak{J}^- = -\infty$. 这 4 种情形可以以 $(0, 1)$ 中的函数

$$x, \quad \mathrm{e}^{-1/x}, \quad \mathrm{e}^{1/x}, \quad \exp\left(\frac{1}{x^2}\sin\frac{1}{x}\right)$$

作为例子加以说明，此时取 $q(x) = 1$.

若 $\mathfrak{M}_r(f)$ 对某些 $r > 0$ 有限，则由

$$\ln^+ f \leqslant \max\left(\frac{f^r - 1}{r}, 0\right)$$

可知，$\mathfrak{J}^+(f)$ 有限，因而只出现情形 (a) 和 (b). 在情形 (a) 中，$\mathfrak{J}(f)$ 作为某个 Lebesgue 积分而存在，$\mathfrak{G}(f)$ 为正且有限. 在情形 (b) 中，记

$$\mathfrak{J}(f) = -\infty, \quad \mathfrak{G}(f) = 0.$$

同理，若 $\mathfrak{M}_r(1/f)$ 对某些 $r > 0$ 有限，则有情形 (a) 或情形 (c). 在后一种情形中，记

$$\mathfrak{J}(f) = \infty, \quad \mathfrak{G}(f) = \infty.$$

在情形 (d) 中，记号 $\mathfrak{G}(f)$ 无意义. 此时，$\mathfrak{M}_r(f)$ 和 $\mathfrak{M}_r(1/f)$ 对所有正的 r 都为无穷，$\mathfrak{M}_r(f)$ 对所有负的 r 都为 0.

在情形 (a) 中，我们有

$$\mathfrak{G}\left(\frac{1}{f}\right) = \frac{1}{\mathfrak{G}(f)}, \tag{6.7.4}$$

等式两边都为正且有限. 容易证明，假若关于 0 和 ∞ 仍采用与 (6.6.4) 中一样的惯例，并且约定，若等式 (6.7.4) 的一边无意义，则另一边也无意义，则此等式对各种情形都成立.

现来证明与定理 9 相类似的一个定理.

定理 184   若 $\mathfrak{A}(f)$ 有限，则

$$\mathfrak{G}(f) < \mathfrak{A}(f), \tag{6.7.5}$$

---

① 关于 $\ln^+$ 和 $\ln^-$ 的定义，可参见 5.2 节.

除非 $f \equiv C$，其中 C 为常数. 更一般地，若 $\mathfrak{M}_r(f)$ 有限，其中 $r > 0$，则

$$\mathfrak{G}(f) < \mathfrak{M}_r(f), \tag{6.7.6}$$

它有同样的保留条件.[①]

先设 $r = 1$，$\mathfrak{M}_r = \mathfrak{A}$. 若 $\mathfrak{A}(f) = 0$，$f \equiv 0$，则 $\mathfrak{I}(f) = -\infty$，$\mathfrak{G}(f) = 0 = \mathfrak{A}(f)$. 因此可假定 $\mathfrak{A}(f) > 0$.

因为由定理 150，若 $t > 0$，$t \neq 1$，有

$$\ln t < t - 1. \tag{6.7.7}$$

由此即得

$$\ln f - \ln \mathfrak{A}(f) \leqslant \frac{f}{\mathfrak{A}(f)} - 1,$$

$$\mathfrak{A}(\ln f) - \ln \mathfrak{A}(f) \leqslant \frac{\mathfrak{A}(f)}{\mathfrak{A}(f)} - 1 = 0,$$

$$\ln \mathfrak{G}(f) = \mathfrak{A}(\ln f) \leqslant \ln \mathfrak{A}(f).$$

等号仅当 $f \equiv \mathfrak{A}(f)$ 时才能出现.

关于一般 r 的结果，从 (6.6.3) 即可得出.

在定理 184 中，我们已把假设 "若 $\mathfrak{A}(f)$ 有限" "若 $\mathfrak{M}_r(f)$ 有限" 明确地提出. 今后我们将如同 5.1 节和 6.5 节中所说明的那样，按照约定将这种假设省去以节省篇幅. 在不致引起混淆的时候，我们也会用 $C, A, B, a, b, \cdots$ 表示常数而不加说明. 在同一关系中出现的两个 C 不一定是一样的.

现在添加两个推论 (定理 10 的推广).

定理 185 $\mathfrak{G}(f) + \mathfrak{G}(g) < \mathfrak{G}(f + g)$，除非 $Af \equiv Bg$，其中 A, B 不同时为 0，或 $\mathfrak{G}(f + g) = 0$.

可以假定 $\mathfrak{G}(f + g) > 0$. 于是，由定理 184 有

$$\frac{\mathfrak{G}(f)}{\mathfrak{G}(f + g)} = \mathfrak{G}\left(\frac{f}{f + g}\right) \leqslant \mathfrak{A}\left(\frac{f}{f + g}\right).$$

将此种形式的两个不等式相加，即得所要的结果.

更一般地，有

定理 186 $\mathfrak{G}(f_1) + \mathfrak{G}(f_2) + \mathfrak{G}(f_3) + \cdots < \mathfrak{G}(f_1 + f_2 + f_3 + \cdots)$(此级数可以有限，也可以无限)，除非 $f_n \equiv C_n \Sigma f_n$ 或 $\mathfrak{G}(\Sigma f_n) = 0$.

6.8 几何平均的其他性质

下面的定理对应于定理 3(对于正的 r).

----

① 关于下述的证明，可参见 F. Riesz[7].

定理 187   若 $\mathfrak{M}_r(f)$ 对某些正的 r 有限, 则当 $r \to +0$ 时, 有

$$\mathfrak{M}_r(f) \to \mathfrak{G}(f). \tag{6.8.1}$$

应当看到, 即使当 $\mathfrak{M}_r(f)$ 对所有的 $r > 0$ 都为 ∞ 时, $\mathfrak{G}(f)$ 仍可为有限. 例如, 若 $f(x) = \exp\left(x^{-\frac{1}{2}}\right)$, $q(x) = 1$, 区间为 $(0, 1)$, 情形就是这样.

若 E 为一闭区间或闭集, f 为正且连续, 则证明甚为显然. 此时, $f \geqslant \delta > 0$, $\ln f$ 有界, 且

$$\mathfrak{M}_r^r = \int e^{r \ln f} q \mathrm{d}x = \int \left[1 + r\ln f + O\left\{r^2(\ln f)^2\right\}\right] q\mathrm{d}x = 1 + r\mathfrak{I} + O(r^2),$$

$$\lim \ln \mathfrak{M}_r = \lim \frac{1}{r} \ln[1 + r\mathfrak{I} + O(r^2)] = \mathfrak{I}.$$

要把这种证法推广到一般情形上去, 当然存在着一些困难. 但这种困难可避免如下 [①]: 由 (6.7.6) 和 (6.7.7), 我们有

$$\ln \mathfrak{G}(f) \leqslant \ln \mathfrak{M}_r(f) = \frac{1}{r} \ln \mathfrak{A}(f^r) \leqslant \frac{1}{r}[\mathfrak{A}(f^r) - 1] = \int \frac{f^r - 1}{r} q\mathrm{d}x. \tag{6.8.2}$$

当 r 下降趋于 0 时, $(t^r - 1)/r$ 下降 (由定理 36) 且趋于极限 $\ln t$. 因此 [②]

$$\lim \frac{1}{r}[\mathfrak{A}(f^r) - 1] = \mathfrak{A}(\ln f) = \ln \mathfrak{G}(f), \tag{6.8.3}$$

右边可为有限或 $-\infty$. 结合 (6.8.2) 和 (6.8.3), 可以看出

$$\ln \mathfrak{G}(f) \leqslant \varliminf \ln \mathfrak{M}_r(f) \leqslant \varlimsup \ln \mathfrak{M}_r(f) \leqslant \ln \mathfrak{G}(f),$$

此即证明定理.

6.9   关于积分的 Hölder 不等式

其次, 我们来考虑与定理 11 至定理 15 相对应的关于积分方面的定理. 现在引入另一个定义, 以便缩短我们关于等号成立的情形的论述. 若对函数 f, g, 存在两个不同时为 0 的常数 A, B, 使得 $Af \equiv Bg$, 则称这两个函数**实际上成比例**(effectively proportional). 这一概念已在定理 181 和定理 185 中出现. 零函数与任何函数实际上成比例. 若 $f, g, h, \cdots$ 中任何两个都实际上成比例, 则称它们实际上成比例.

---

① F. Riesz[7]. 其他 (不像这样简单的) 证明由 Besicovitch、Hardy 和 Littlewood 给出: 参见 Hardy[7].

② 参见 6.3 节 (b)(ii).

定理 188 若 $\alpha, \beta, \cdots, \lambda$ 为正, 且 $\alpha + \beta + \cdots + \lambda = 1$, 则

$$\int f^{\alpha} g^{\beta} \cdots l^{\lambda} \mathrm{d}x < \left(\int f \mathrm{d}x \right)^{\alpha} \left(\int g \mathrm{d}x \right)^{\beta} \cdots \left(\int l \mathrm{d}x \right)^{\lambda}, \tag{6.9.1}$$

除非其中有一个函数为 0, 或所有的函数实际上成比例.

设没有一个函数为 0, 则由定理 9, 有

$$\frac{\int f^{\alpha} g^{\beta} \cdots l^{\lambda} \mathrm{d}x}{\left(\int f \mathrm{d}x \right)^{\alpha} \left(\int g \mathrm{d}x \right)^{\beta} \cdots \left(\int l \mathrm{d}x \right)^{\lambda}} = \int \left(\frac{f}{\int f \mathrm{d}x} \right)^{\alpha} \left(\frac{g}{\int g \mathrm{d}x} \right)^{\beta} \cdots \left(\frac{l}{\int l \mathrm{d}x} \right)^{\lambda} \mathrm{d}x$$

$$\leqslant \int \left(\frac{\alpha f}{\int f \mathrm{d}x} + \frac{\beta g}{\int g \mathrm{d}x} + \cdots + \frac{\lambda l}{\int l \mathrm{d}x} \right) \mathrm{d}x$$

$$= 1,$$

除非

$$\frac{f}{\int f \mathrm{d}x} \equiv \frac{g}{\int g \mathrm{d}x} \equiv \cdots \equiv \frac{l}{\int l \mathrm{d}x},$$

否则不等号成立.

作为一个推论[1], 我们有

定理 189 若 $k > 1$, 则

$$\int f g \mathrm{d}x < \left(\int f^k \mathrm{d}x \right)^{1/k} \left(\int g^{k'} \mathrm{d}x \right)^{1/k'}, \tag{6.9.2}$$

除非 f^k 和 $g^{k'}$ 实际上成比例.

若 $0 < k < 1$ 或 $k < 0$, 则

$$\int f g \mathrm{d}x > \left(\int f^k \mathrm{d}x \right)^{1/k} \left(\int g^{k'} \mathrm{d}x \right)^{1/k'}, \tag{6.9.3}$$

除非 (a) f^k 和 $g^{k'}$ 实际上成比例, 或 (b)fg 为 0.

定理的第二部分需要作一点说明. 先设 $0 < k < 1$, 并设 $\int g^{k'} \mathrm{d}x$ 有限, 因而 g 几乎处处为正. 于是, 若记 $l = \dfrac{1}{k}$ (因而 $l > 1$),

$$f = (uv)^l, \quad g = v^{-l},$$

因而

$$fg = u^l, \quad f^k = uv, \quad g^{k'} = v^{l'},$$

则 u 和 v 对几乎所有的 x 都有定义, 且

$$\int u v \mathrm{d}x < \left(\int u^l \mathrm{d}x \right)^{1/l} \left(\int v^{l'} \mathrm{d}x \right)^{1/l'}$$

---

[1] 比较 2.8 节.

也就是
$$\int f^k \mathrm{d}x < \left(\int fg\mathrm{d}x\right)^k \left(\int g^{k'}\mathrm{d}x\right)^{1-k},$$

除非 $u^l, v^{l'}$ 实际上成比例, 或者 (换言之) 除非 $f^k, g^{k'}$ 实际上成比例. 因 $\int g^{k'}\mathrm{d}x$ 有限且不为 0 [①], 此即 (6.9.3).

若 $\int g^{k'}\mathrm{d}x = \infty$, 则
$$\left(\int g^{k'}\mathrm{d}x\right)^{1/k'} = 0$$

(因为 $k' < 0$). 因此, (6.9.3) 的右边为 0, 且不等号成立, 除非 $\int fg\mathrm{d}x = 0$ 或 fg 为 0.

对于 $k < 0, 0 < k' < 1$, 证法本质上相同.

依照我们在 5.1 节和 6.5 节中所说, 该定理隐含着关于收敛和有限性的一个论断: 若所涉及的积分中有两个有限, 则第三个亦有限. 当其他两个积分为有限时则为有限的第三个积分当 $k > 1$ 时是 $\int fg\mathrm{d}x$, 当 $0 < k < 1$ 时是 $\int f^k\mathrm{d}x$, 当 $k < 0$ 时是 $\int g^{k'}\mathrm{d}x$.

与定理 161 相对应的定理是很重要的, 正如定理 161 一样, 它并不是前面定理的一个直接推论.

定理 190[②] 若 $k > 1$, 且 fg 对于所有属于 $L^{k'}$ 的 g 都属于 L, 则 f 属于 L^k.

先考虑 (a, b) 有限 (或 mE 有限) 的情形, 并设 $\int f^k\mathrm{d}x = \infty$. 可以找出一个函数 f^*, 它 (1) 只取可列的无限个值 a_i; (2) 满足 $f^* \leqslant f < f^* + \varepsilon$. 因由定理 13, f^k 不超过 $f^{*k} + (f - f^*)^k$ 的某一常数倍, 故有 $\int f^{*k}\mathrm{d}x = \infty$. 于是, 若 e_i 是使得 $f^* = a_i$ 的集, 则
$$\Sigma a_i^k e_i = \infty.$$

由定理 161, 取
$$a_i^k e_i = u_i^k, \quad b_i^{k'} e_i = v_i^{k'}, \quad a_i b_i e_i = u_i v_i,$$

可知存在一组 b_i, 使得 $\Sigma b_i^{k'} e_i$ 收敛, 且 $\Sigma a_i b_i e_i = \infty$. 在 e_i(对于所有的 i) 中定义 $g(x) = b_i$, 则
$$\int g^{k'}\mathrm{d}x = \Sigma b_i^{k'} e_i$$

收敛, 但
$$\int f^* g\mathrm{d}x = \Sigma a_i b_i e_i = \infty,$$

因而 $\int fg\mathrm{d}x = \infty$, 与假设相矛盾.

若积分是在某一无限区间 [设为 $(0, \infty)$] 上取的, 记
$$x = \frac{t}{1-t},$$

---

① $\int g^{k'}\mathrm{d}x = 0$ 将隐含 $g^{k'} \equiv 0$, 因而 $g \equiv \infty$. 而由 6.2 节的理解, 这种可能情况是排除在外的.

② F. Riesz[2].

则
$$\int_0^\infty fg\mathrm{d}x = \int_0^1 FG\mathrm{d}t, \quad \int_0^\infty f^k\mathrm{d}x = \int_0^1 F^k\mathrm{d}t, \quad \int_0^\infty g^{k'}\mathrm{d}x = \int_0^1 G^{k'}\mathrm{d}t,$$

其中
$$F(t) = (1-t)^{-2/k} f\left(\frac{t}{1-t}\right), \quad G(t) = (1-t)^{-2/k'} g\left(\frac{t}{1-t}\right).$$

于是定理又化为有限的情形.

定理 191 若 $k > 1$, 则 $\int f^k\mathrm{d}x \leqslant F$ 的充要条件是, 对于所有使得 $\int g^{k'}\mathrm{d}x \leqslant G$ 的 g, 都有 $\int fg\mathrm{d}x \leqslant F^{1/k}G^{1/k'}$.

由定理 189, 条件是必要的. 若条件满足, 则由定理 190, $\int f^k\mathrm{d}x$ 有限. 若 $\int f^k\mathrm{d}x > F$, 则可取 g, 使得 $g^{k'}$ 与 f^k 实际上成比例. 于是, 由定理 189,

$$\int fg\mathrm{d}x = \left(\int f^k\mathrm{d}x\right)^{1/k} \left(\int g^{k'}\mathrm{d}x\right)^{1/k'} > F^{1/k}G^{1/k'}.$$

该定理还可以表达为 (把两个不等式中的 "$\leqslant$" 换成 "$<$"): $\int f^k\mathrm{d}x < F$ 的充要条件是 $\int fg\mathrm{d}x < F^{1/k}G^{1/k'}$, 只要 $\int g^{k'}\mathrm{d}x \leqslant G$.

可以证明定理 191 而不求助于较为困难的定理 190. 若 $\int f^k\mathrm{d}x > F$, 则对于充分大的 n, $\int(f)_n^k\mathrm{d}x > F$. 于是, 选取实际上成比例的 g 与 $(f)_n^{k-1}$, 则有

$$\int fg\mathrm{d}x \geqslant \int(f)_n g\mathrm{d}x = \left(\int(f)_n^k\mathrm{d}x\right)^{1/k} G^{1/k'} > F^{1/k}G^{1/k'},$$

它与定理的假设相矛盾.

Banach [1, pp. 85-86] 曾给出了定理 190 (以及与之相伴随的定理 161) 的另一证明.

用到定理 191 的一个例子将在 6.13 节出现, 即在证明定理 202 的时候; 在第 9 章中还有一些别的应用.[①] 在 6.13 节, 定理 202 是用两种不同的方法证明的: 其中的一种, 明显地依赖于定理 191, 而另一种则不用它, 定理 191 在这一类证明中的逻辑地位也将在该处详细地加以阐明.

6.10 平均 $\mathfrak{M}_r(f)$ 的一般性质

现在将要证明一些定理, 其中包含 2.9 节中一些定理的类似定理. 这里所要研究的性质比在那里所研究的稍微复杂一些. 同时, 我们还需要作一些另外的规定, 这样才能把它们彻底地表达清楚. 先假定 $r > 0$; 对于这种情形所证明的定理, 加上我们关于 $\mathfrak{G}(f)$ 所证明的定理, 实质上就得到我们所要求的条件. 这样我们就能够比较概括地表达出关于一般 r 的结果, 而把大部分证明的细节留给读者.

定理 192 若 $0 < r < s$ 且 $\mathfrak{M}_s$ 有限, 则

$$\mathfrak{M}_r < \mathfrak{M}_s,$$

---

① 特别是在 9.3 节和 9.7 节 (2) 中.

除非 $f \equiv C$.

若 $r = s\alpha$, 因而 $0 < \alpha < 1$, 则由定理 188 可得

$$\int qf^r \mathrm{d}x = \int (qf^s)^\alpha q^{1-\alpha} \mathrm{d}x < \left(\int qf^s \mathrm{d}x\right)^\alpha \left(\int q\mathrm{d}x\right)^{1-\alpha} = \left(\int qf^s \mathrm{d}x\right)^\alpha,$$

除非 $qf^s \equiv Cq$. 因为 $q > 0$, 此即所要的结果.

定理 193　若 $\mathfrak{M}_r$ 对每一个 r 都有限, 则当 $r \to +\infty$ 时, $\mathfrak{M}_r \to \max f$.

(i) 设 $\mu = \max f$ 有限, 则 (a) $\mathfrak{M}_r \leqslant \mu$, (b) 在一正测度 ζ 的集 e 中有 $f > \mu - \varepsilon$, 因而有

$$\int_\varepsilon q\mathrm{d}x = \zeta > 0, \quad \mathfrak{M}_r \geqslant (\mu - \varepsilon)\zeta^{1/r}, \quad \varliminf \mathfrak{M}_r \geqslant \mu - \varepsilon.$$

(ii) 设 $\max f = \infty$, 则对于任何 $G > 0$, 在一正测度的集 e 中有 $f > G$, 因而如前有 $\varliminf \mathfrak{M}_r \geqslant G$.

由 (6.6.4), (6.6.5) 及定理 193 可知, 当 $r \to -\infty$ 时,

$$\mathfrak{M}_r \to \min f.$$

定理 194　若 $0 < s < \infty$, 且 $\mathfrak{M}_s$ 有限, 则 $\mathfrak{M}_r$ 在 $0 < r < s$ 中连续, 且当 $r = s$ 时左连续. 若 $\mathfrak{M}_s = \infty$, 但 $\mathfrak{M}_r$ 当 $0 < r < s$ 时有限, 则当 $r \to s$ 时 $\mathfrak{M}_r \to \infty$.

(i) 设 $\mathfrak{M}_s$ 有限, 则

$$qf^r \leqslant q \max(1, f^s),$$

这是一个属于 L 类且与 r 无关的控制函数, 由 6.3 节 (b)(i) 即得所要的结果.[1]

(ii) 设 $\mathfrak{M}_s = \infty$. 则可选取 n, 使得

$$\int (qf^s)_n \mathrm{d}x > G.$$

但 $(qf^r)_n$ 是 r 的连续函数, 因而[2] 当 $r > s - \varepsilon$ 时有

$$\int (qf^r)_n \mathrm{d}x > \frac{1}{2}G.$$

于是, $\int qf^r \mathrm{d}x > \frac{1}{2}G$, 定理得证.

6.11　平均 $\mathfrak{M}_r(f)$ 的一般性质 (续)

在 6.10 节, 我们主要把注意力集中在 $r \geqslant 0$ 时的平均, 而让读者自己从公式 (6.6.4) 和 (6.6.5) 去推导出关于负阶平均的相应结果. 本节将比较详尽地考虑平均. 依据定理 187 和定理 193, 我们自然地可以记

$$\mathfrak{G}(f) = \mathfrak{M}_0(f), \quad \max f = \mathfrak{M}_{+\infty}(f), \quad \min f = \mathfrak{M}_{-\infty}(f). \tag{6.11.1}$$

---

[1] $r < s$ 时的连续性也可以从定理 111 和定理 197 得出 (参见 6.12 节).
[2] 由 6.3 节 (b)(i).

$\mathfrak{M}_0(f)$ 可能无意义, 但只在对所有的 $r > 0$ 有 $\mathfrak{M}_r(f) = \infty$ 和对所有的 $r < 0$ 有 $\mathfrak{M}_r(f) = 0$ 时才如此.

先来处理两种例外的情形.

(A) 若 $f \equiv C$, 则对所有的 r 有 $\mathfrak{M}_r = C$, 而这即使在极端情形 $C = 0$ 和 $C = \infty$ 时亦成立 [①].

(B) 我们可能有

$$\mathfrak{M}_r = 0 \ (r < 0), \quad \mathfrak{M}_0 \ 无意义, \quad \mathfrak{M}_r = \infty \ (r > 0).$$

把这些情形排除在外, 然后请读者去证明下面 (1) 和 (2) 中的命题成立, 这些命题包含了异于 (A) 和 (B) 的所有情形.

(1) 当 $-\infty \leqslant r < s \leqslant \infty$ 时, $\mathfrak{M}_r < \mathfrak{M}_s$, 除非 (a)$\mathfrak{M}_r = \mathfrak{M}_s = \infty$(这仅当 $r \geqslant 0$ 时才可能出现), 或 (b)$\mathfrak{M}_r = \mathfrak{M}_s = 0$(这仅当 $s \leqslant 0$ 时才可能出现).

(2) 用 $\mathfrak{M}_{r-0}$ 和 $\mathfrak{M}_{r+0}$ 分别表示 $\mathfrak{M}_t$ 当 t 从下面和从上面趋于 r 时的极限 (这总是存在的).

若 $r > 0$, 则 $\mathfrak{M}_{r-0} = \mathfrak{M}_r$, 且 $\mathfrak{M}_{r+0} = \mathfrak{M}_r$, 除了当 $\mathfrak{M}_r$ 为正且有限而 $\mathfrak{M}_t$ 对 $t > r$ 为 ∞ 的情形之外, 此时

$$\mathfrak{M}_{r+0} = \infty > \mathfrak{M}_r.$$

若 $r < 0$, 则 $\mathfrak{M}_{r+0} = \mathfrak{M}_r$, 且 $\mathfrak{M}_{r-0} = \mathfrak{M}_r$, 除了当 $\mathfrak{M}_r$ 为正且有限而 $\mathfrak{M}_t$ 对 $t < r$ 为 0 的情形之外, 此时

$$\mathfrak{M}_{r-0} = 0 < \mathfrak{M}_r.$$

若 $r = 0$, 则有例外情形出现, 其与上述的各种情形相对应. 若 $\mathfrak{M}_0$ 为 0 或 ∞, 则或 (a)$\mathfrak{M}_{-0}$ 和 $\mathfrak{M}_{+0}$ 都等于 $\mathfrak{M}_0$, 或 (b)

$$\mathfrak{M}_{-0} = \mathfrak{M}_0 = 0, \quad \mathfrak{M}_{+0} = \infty$$

或

$$\mathfrak{M}_{-0} = 0, \quad \mathfrak{M}_0 = \mathfrak{M}_{+0} = \infty.$$

若 $\mathfrak{M}_0$ 为正且有限, 此时 $\mathfrak{M}_{-0}$ 与 $\mathfrak{M}_{+0}$ 若仍为正且有限, 则等于 $\mathfrak{M}_0$; 但 $\mathfrak{M}_{-0}$ 亦可为 0, $\mathfrak{M}_{+0}$ 可为 ∞.

最后, 我们没有明确排除的各种可能性实际上都可能发生 [②].

这些结果可以用

$$\mathfrak{L}_r = \ln \mathfrak{M}_r$$

---

① 严格说来, 根据 6.2 节的理解, 第二种情形已排除在外.

② 参见定理 231.

比较对称地和简明地表达出来: 约定 $\ln \infty = +\infty$, $\ln 0 = -\infty$. 我们把与上述情形 (A) 和 (B) 相对应的情形除外:

(a) $f \equiv C$(其中 C 可为 0 或 ∞), 此时对所有的 r, $\mathfrak{L}_r = \ln C$;

(b) $\mathfrak{L}_0$ 无意义, 此时 $\mathfrak{L}_r$ 对 $r > 0$ 为 $+\infty$, 对 $r < 0$ 为 $-\infty$.

定理 195　除了刚才所说的情形之外, 使得 $\mathfrak{L}_r = \ln \mathfrak{M}_r$ 有限的 r 所成之集或为零集, 或为闭集, 半闭集, 或开区间 I 也就是 (u, v), 其中 $-\infty \leqslant u \leqslant v \leqslant \infty$, 它包含 $r = 0$ 这一点 (因而 $u \leqslant 0 \leqslant v$), 但其他方面则是任意的 (因而, 比如说, u 可为 $-\infty$, v 可为 $+\infty$, 或 u 和 v 都可能为 0). $\mathfrak{L}_r$ 对于 I 右边的 r 为 $+\infty$, 对于 I 左边的 r 为 $-\infty$.

在 I 中, $\mathfrak{L}_r$ 连续且严格单调递增. 若 r 经过 I 内部的 r 趋于 I 的某一端点, 则 $\mathfrak{L}_r$ 趋于某一 (有限的或无限的) 极限, 它等于其在该端点之值.

6.12　$\ln \mathfrak{M}_r^r$ 的凸性

本节 (正如在定理 17 中) 假定 $r > 0$.

定理 196　若 $0 < r < s < t$, 且 $\mathfrak{M}_t$ 有限, 则

$$\mathfrak{M}_s^s < (\mathfrak{M}_r^r)^{\frac{t-s}{t-r}} (\mathfrak{M}_t^t)^{\frac{s-r}{t-r}},$$

除非在 E 的一部分 $f \equiv 0$ 而在其余部分 $f \equiv C$.

证明所依据的是定理 188, 而且是定理 17 的证明的一个类推. 对于等号出现的情形, 则应是

$$qf^r \equiv Cqf^t.$$

作为推论, 我们有

定理 197　$\ln \mathfrak{M}_r^r(f) = r \ln \mathfrak{M}_r(f)$ 是 r 的一个凸函数.

与定理 87 比较. 读者会发现从定理 197 推出 $\mathfrak{M}_r$ 的连续性 (定理 194) 是有教益的.

6.13　关于积分的 Minkowski 不等式

Minkowski 型的不等式是用实质上与 2.11 节相同的方法导出的. 关于积分的 Minkowski 不等式的普通形式是

定理 198　若 $k > 1$, 则

$$\left[\int (f + g + \cdots + l)^k \mathrm{d}x\right]^{1/k} < \left(\int f^k \mathrm{d}x\right)^{1/k} + \cdots + \left(\int l^k \mathrm{d}x\right)^{1/k}, \tag{6.13.1}$$

若 $0 < k < 1$, 则

$$\left[\int (f + g + \cdots + l)^k \mathrm{d}x\right]^{1/k} > \left(\int f^k \mathrm{d}x\right)^{1/k} + \cdots + \left(\int l^k \mathrm{d}x\right)^{1/k}, \tag{6.13.2}$$

除非 $f, g, \cdots, l$ 实际上成比例.

当 $k < 0$ 时，不等式 (6.13.2) 一般仍成立，但存在第二种例外情形，即不等式两边都为 0 的情形.

从定理 189 推出这一定理，很像从定理 13 推出定理 24. 因为等号出现的情形多少有些费解，所以我们把 (6.13.2) 的证明详细写出.

若 $S = f + g + \cdots + l$，则

$$\int S^k \mathrm{d}x = \int f S^{k-1} \mathrm{d}x + \int g S^{k-1} \mathrm{d}x + \cdots + \int l S^{k-1} \mathrm{d}x. \qquad (6.13.3)$$

先设 $0 < k < 1$. 由定理 19，有

$$S^k \leqslant f^k + g^k + \cdots + l^k.$$

因此，若 $\int f^k \mathrm{d}x, \cdots$ 有限，则 $\int S^k \mathrm{d}x$ 有限. 又 $\int S^k \mathrm{d}x > 0$，除非 $S \equiv 0$ 从而 $f, g, \cdots$ 全为 0. 因此可设 $\int S^k \mathrm{d}x$ 为正且有限.

由定理 189，

$$\int f S^{k-1} \mathrm{d}x > \left(\int f^k \mathrm{d}x \right)^{1/k} \left(\int S^k \mathrm{d}x \right)^{1/k'},$$

除非 (a)f^k 和 S^k 实际上成比例或 (b)$f S^{k-1} \equiv 0$. 因 $k - 1 < 0$，且 S 几乎处处有限，故第二种情形仅当 f 为 0 时才能发生，而这样一来即化归为前一种情形. 因此，由 (6.13.3) 即得

$$\int S^k \mathrm{d}x > \left[\left(\int f^k \mathrm{d}x \right)^{1/k} + \cdots + \left(\int l^k \mathrm{d}x \right)^{1/k} \right] \left(\int S^k \mathrm{d}x \right)^{1/k'}, \qquad (6.13.4)$$

除非 $f, g, \cdots, l$ 实际上成比例. 由此即得所要的结论.

当 $k < 0$ 时，若 $\int S^k \mathrm{d}x$ 为正且有限，则可作同样的论证. 若 $\int S^k \mathrm{d}x = 0$，则 (因 $k < 0$)S 几乎处处为无穷，这是不可能的：因为每一个 f 都几乎处处为有限. 若 $\int S^k \mathrm{d}x$ 为无穷，则 (仍因 $k < 0$)$\int f^k \mathrm{d}x, \cdots$ 都为无穷，且 (6.13.2) 的两边都为 0. 此即定理所说的第二种除外情形，它 (比如说) 当

$$f = g = \cdots = l = 0$$

在某一正测度的集 E 上成立时即出现.

在定理 198 的叙述中，我们曾经把 $k = 1$ 和 $k = 0$ 的情形排除在外. 前一情形是显而易见的，而后一情形则包含在定理 186 之中. 请读者去把定理 198 叙述成一种与定理 24 相对应的形式.

对应于定理 27，我们有

定理 199　若 $k > 1$，则

$$\int (f + g + \cdots + l)^k \mathrm{d}x > \int f^k \mathrm{d}x + \cdots + \int l^k \mathrm{d}x, \qquad (6.13.5)$$

若 $0 < k < 1$, 则

$$\int (f + g + \cdots + l)^k \mathrm{d}x < \int f^k \mathrm{d}x + \cdots + \int l^k \mathrm{d}x, \tag{6.13.6}$$

除非对于几乎所有的 x 有 $f, g, \cdots, l$ 中除了一个之外都为 0. 若所有的 $f, g, \cdots, l$ 几乎处处都为正, 则 (6.13.6) 对于 $k < 0$ 也成立.

定理 198 当 $k > 1$ 时是下面的 3 个更一般性定理中的第一个的特别情形, 在这 3 个定理中, 级数可为有限或无穷, 积分区间也是任意的. 我们只限于讨论 $k > 1$ 的情形, 一般言之, 当 $k < 1$ 时不等式反号.

定理 200　若 $k > 1$, 则

$$\left\{ \int \left[\Sigma f_m(x) \right]^k \mathrm{d}x \right\}^{1/k} < \Sigma \left[\int f_m^k(x) \mathrm{d}x \right]^{1/k}, \tag{6.13.7}$$

除非

$$f_m(x) \equiv C_m \phi(x).$$

定理 201　若 $k > 1$, 则

$$\left\{ \Sigma \left[\int f_n(x) \mathrm{d}x \right]^k \right\}^{1/k} < \int \left[\Sigma f_n^k(x) \right]^{1/k} \mathrm{d}x, \tag{6.13.8}$$

除非

$$f_n(x) \equiv C_n \phi(x).$$

定理 202　若 $k > 1$, 则

$$\left\{ \int \left[\int f(x, y) \mathrm{d}y \right]^k \mathrm{d}x \right\}^{1/k} < \int \left[\int f^k(x, y) \mathrm{d}x \right]^{1/k} \mathrm{d}y, \tag{6.13.9}$$

除非

$$f(x, y) \equiv \phi(x) \psi(y).$$

在以上各个定理中, 在例外情形等号都成立.

比如现在来考虑定理 202(诸定理中最不初等的一个). 先就 "$\leqslant$" 来证明定理. 我们给出两个证明, 其中第一个我们求助于定理 191. 在各个证明中出现的一系列等式和不等式都按照下面的意义来解释: 若任何等式或不等式的右端项有限, 则左边亦然, 且两者是按照所述的相联系. 积分次序的交换是依 Fubini 定理而成立.

记

$$J = J(x) = \int f(x, y) \mathrm{d}y.$$

(i) 欲使

$$\int J^k \mathrm{d}x \leqslant M^k \tag{6.13.10}$$

成立, 由定理 191, 其充要条件是

$$\int J g \mathrm{d}x \leqslant M \tag{6.13.11}$$

对于所有使得

$$\int g^{k'} \mathrm{d}x \leqslant 1 \tag{6.13.12}$$

的 g 都成立. 但由定理 189 和 (6.13.12),

$$\int Jg\mathrm{d}x = \int g(x)\mathrm{d}x \int f(x,y)\mathrm{d}y = \int \mathrm{d}y \left(\int g(x)f(x,y)\mathrm{d}x \right)$$
$$\leqslant \int \mathrm{d}y \left(\int f^k(x,y)\mathrm{d}x \right)^{1/k}. \tag{6.13.13}$$

因此, 在 (6.13.10) 中可以取

$$M = \int \mathrm{d}y \left(\int f^k \mathrm{d}x \right)^{1/k}$$

此即证明定理 (为 "$\leqslant$").

(ii) 若 $\int J^k \mathrm{d}x = 0$, 则对于几乎所有的 x 有 $J = 0$, 因而 (对于几乎所有的 x)f 对于几乎所有的 y 为 0. 因此, 根据 6.3 节 (d), $f(x,y) \equiv 0$.

于是可以假定 $\int J^k \mathrm{d}x > 0$. 暂时先假定 $\int J^k \mathrm{d}x$ 有限. 于是

$$\int J^k \mathrm{d}x = \int J^{k-1} \mathrm{d}x \int f \mathrm{d}y$$
$$= \int \mathrm{d}y \int J^{k-1} f \mathrm{d}x$$
$$\leqslant \int \mathrm{d}y \left\{ \left(\int f^k \mathrm{d}x \right)^{1/k} \left(\int J^k \mathrm{d}x \right)^{1/k'} \right\}$$
$$= \left(\int J^k \mathrm{d}x \right)^{1/k'} \int \left(\int f^k \mathrm{d}x \right)^{1/k} \mathrm{d}y,$$

因而有

$$\left(\int J^k \mathrm{d}x \right)^{1/k} \leqslant \int \left(\int f^k \mathrm{d}x \right)^{1/k} \mathrm{d}y. \tag{6.13.14}$$

此即 (6.13.9), 不过以 "$\leqslant$" 代 "$<$".

在这个证明中, 我们假定了 $\int J^k \mathrm{d}x$ **有限**, 这是一个在证明 (i) 中没有用到的假定. 要想除去这一假定, 必须用某些使得这一假定必然成立的函数去逼近 f. 例如可设积分是在某一有限区间或具有有限测度的集上取的, $(f)_n$ 是依照 6.1 节中所定义的, 以及

$$J_n = \int (f)_n \mathrm{d}y.$$

于是, $\int J_n^k \mathrm{d}x$ 必为有限, 因而

$$\left(\int J_n^k \mathrm{d}x \right)^{1/k} \leqslant \int \left[\int (f)_n^k \mathrm{d}x \right]^{1/k} \mathrm{d}y \leqslant \int \left(\int f^k \mathrm{d}x \right)^{1/k} \mathrm{d}y.$$

令 $n \to \infty$, 由此即得 (6.13.9), 不过以 "$\leqslant$" 代 "$<$".

(i) 和 (ii) 中的证法本质上都是同一性质的, (i) 中**任意的** g 的角色在 (ii) 中由**定积分**

$$g = \frac{J^{k-1}}{\left(\int J^k \mathrm{d}x \right)^{1/k'}}$$

来表现, 若 $\int J^k \mathrm{d}x$ **有限**, 上述的定积分即满足 (6.13.12). 利用这一特别的 g, 我们避免了求助于一个相当高级的一般性定理, 却另外增加了一些复杂性. 在运用定理 191 时, 也会出现类似的情况.

留待讨论的就是 (6.13.9) 中等号何时出现的问题. 若 [①]

$$\int Jg\mathrm{d}x < M$$

对于所有满足 (6.13.12) 的 g 都成立, 则在

$$\int \mathrm{d}y \left(\int gf\mathrm{d}x \right) \leqslant \int \mathrm{d}y \left[\left(\int f^k \mathrm{d}x \right)^{1/k} \left(\int g^{k'} \mathrm{d}x \right)^{1/k'} \right]$$

中不等式成立, 除非对于几乎所有的 y, f^k 与 $g^{k'}$ 实际上成比例; 换言之, 除非 (对于几乎所有的 y)

$$\rho(y)f^k(x,y) = \sigma(y)g^{k'}(x), \tag{6.13.15}$$

其中 $\rho^2 + \sigma^2$ 对于几乎所有的 x, 都大于 0. 若对于一个使得 (6.13.15) 成立的 y, $\rho(y)$ 为 0, 则 $g(x)$ 必为 0, 这是不可能的. 因此, 在 (6.13.15) 中, $\rho(y) > 0$, 因而

$$f(x,y) = \phi(x)\psi(y),$$

其中 $\phi = g^{k'/k}$, $\psi = (\sigma/\rho)^{1/k}$. 对于几乎所有的 y, 该等式对于几乎所有的 x 都成立, 因此, 由 6.3 节 (d), 对于几乎所有的 x, y 都成立.

定理 200 和定理 201 的证明可用类似的方法得出. 例如, 在证明定理 201 时, 记

$$J_n = \int f_n \mathrm{d}x,$$

然后论证如下. 欲使 $\Sigma J_n^k < M^k$, 由定理 15 [②], 其充要条件是: 只要 $\Sigma b_n^{k'} \leqslant 1$, 则 $\Sigma b_n J_n < M$. 又

$$\Sigma b_n J_n = \Sigma b_n \int f_n \mathrm{d}x = \int \left(\Sigma b_n f_n \right) \mathrm{d}x \leqslant \int \mathrm{d}x \left(\Sigma f_n^k \right)^{1/k} \left(\Sigma b_n^{k'} \right)^{1/k'} \leqslant \int \left(\Sigma f_n^k \right)^{1/k} \mathrm{d}x,$$

等等. 积分号下求和可由 6.3 节 (b) 之 (ii) 证明其成立.

定理 26 的类似定理是

定理 203   若 $0 < r < s$, 则

$$\mathfrak{M}_s^{(y)} \mathfrak{M}_r^{(x)} f(x,y) < \mathfrak{M}_r^{(x)} \mathfrak{M}_s^{(y)} f(x,y),$$

除非 $f(x,y) \equiv \phi(x)\psi(y)$.

关于一个明显的证明, 可参见 Jessen[1].

---

① 参见 6.9 节最后的说明.
② 推广到无穷级数.

6.14 关于任意函数的平均值

存在一个涉及任意函数的积分平均值的理论，它与第 3 章中所论者类似. 本节不打算详细地叙述，因为这样做，就等于把我们已经说过的东西以稍微不同的形式再作一次大量的重复. 我们只限于证明与定理 95 类似的一个定理.[①]

定理 204 设 $\alpha \leqslant f(x) \leqslant \beta$，其中 α 和 β 可以是有限的或无限的；$f(x)$ 几乎处处异于 α 和 β；积分区间和权函数 $p(x)$ 满足 6.6 节中的条件；$\phi''(t)$ 在 $\alpha < t < \beta$ 中为正且有限. 则

$$\phi\left(\frac{\int f p \mathrm{d}x}{\int p \mathrm{d}x}\right) \leqslant \frac{\int \phi(f) p \mathrm{d}x}{\int p \mathrm{d}x} \tag{6.14.1}$$

(只要右端项存在且有限)，等号仅当 $f \equiv C$ 时成立.

可能会有 $\int f p \mathrm{d}x = \infty$ 或 $\int f p \mathrm{d}x = -\infty$，这时 (6.14.1) 仍然成立，只要按照正规的方式来理解. 不可能 (当其右端项有限时) 出现 $\int f p \mathrm{d}x$ 不存在的情况，亦即 $\int f^{+} p \mathrm{d}x = \infty$ 和 $\int f^{-} p \mathrm{d}x = -\infty$ 的情况. 因为在这种情形下，$\alpha = -\infty$，$\beta = \infty$，而 $\phi(f)$ 作为非常数的凸函数，对于 f 的正的大值或负的大值必趋于无穷，其速度至少是 $|f|$ 的一个倍数，[②]因此，$\int \phi(f) p \mathrm{d}x$ 不可能存在且有限.

现取 $p = q$，$\int q \mathrm{d}x = 1$，并先设 $\mathfrak{M} = \int f q \mathrm{d}x$ 为有限. 若 $f \not\equiv C$(常数) 则 $\alpha < \mathfrak{M} < \beta$. 又由假定，对于几乎所有的 x，f 有限且 $\alpha < f < \beta$，因此，对于几乎所有的 x，

$$\phi(f) = \phi(\mathfrak{M}) + (f - \mathfrak{M})\phi'(\mathfrak{M}) + \frac{1}{2}(f - \mathfrak{M})^2 \phi''(\mu),$$

其中 μ 位于 f 和 $\mathfrak{M}$ 之间，因而 $\alpha < \mu < \beta$. 于是，

$$\int \phi(f) q \mathrm{d}x \geqslant \phi(\mathfrak{M}),$$

此即 (6.14.1). 等号仅当 $(f - \mathfrak{M})^2 \phi''(\mu) \equiv 0$ 时成立，但 $\alpha < \mu < \beta$，因而对于几乎所有的 x，$\phi''(\mu) > 0$. 故此时有 $f \equiv \mathfrak{M}$.

其次，假定 (比如说)$\int f q \mathrm{d}x = \infty$，因而 $\beta = \infty$. 于是，根据已经证明的，有

$$\phi\left[\int (f)_n q \mathrm{d}x\right] \leqslant \int \phi[(f)_n] q \mathrm{d}x.$$

因为 $\phi(f)$ 对于大的 f 连续且单调，故右端的积分趋于 $\int \phi(f) q \mathrm{d}x$，而左端的则趋于 $\phi(\infty)$. 因此，$\phi(\infty)$ 有限，故 ϕ 单调递减，且

$$\phi(\infty) < \phi(f).$$

---

① 第 3 章中一些定理的类似定理将在本章末了的各种定理中叙述. 其中一些定理的较为完整的处理可以在 Jessen 的 [2] 与 [3] 中找到. 这两篇论文的不少内容，经过适当的修改，已写入到第 3 章中.

② 参见定理 126.

由此可知,

$$\phi(\infty) = \phi(\infty)\int q\mathrm{d}x \leqslant \int \phi(f)q\mathrm{d}x,$$

等号仅当 $\phi(f) \equiv \phi(\infty)$ 成立, 而此种可能性我们已经排除在外. $\int fq\mathrm{d}x = -\infty$ 的情形可同法讨论.

(6.14.1) 的左端项可能等于 $-\infty$. 读者若去验证一下我们曾考虑过的各种情形, 相信你会发现这是有教益的.

若取 $\phi(t) = -\ln t$, 则得

$$\exp\left(\int q\ln f\mathrm{d}x\right) \leqslant \int qf\mathrm{d}x,$$

即 $\mathfrak{G}(f) \leqslant \mathfrak{A}(f)$(定理 184). 若取 $\phi = t^r$, 我们又重新回到 Hölder 不等式, 用类似于 3.11 节的方法, 还可以构造出另外的特例. 若取 $\phi(t) = t\ln t$, 则得

定理 205
$$\frac{\int pf\mathrm{d}x}{\int p\mathrm{d}x} < \exp\left(\frac{\int pf\ln f\mathrm{d}x}{\int pf\mathrm{d}x}\right),$$

除非 $f \equiv C$.

可以将定理 204 的结果 (除了关于等号出现情形的叙述) 推广到任何连续凸函数 ϕ 上去.

定理 206   当 $\phi(t)$ 在 $\alpha < t < \beta$ 中连续且凸时, 不等式 (6.14.1) 成立.

依据 3.19 节, 我们有

$$\phi(f) \geqslant \phi(\mathfrak{M}) + \lambda(f - \mathfrak{M}),$$

其中 λ 是 $\phi(t)$ 在 $t = \mathfrak{M}$ 点的左导数和右导数之间的任何数. 于是,

$$\int \phi(f)q\mathrm{d}x \geqslant \phi(\mathfrak{M}),$$

此即 (6.14.1).

6.15   Stieltjes 积分的定义

直到现在, 我们是把级数和积分分开讨论的, 而所有的基本定理则以对偶形式出现, 例如 Hölder 不等式就是包含在定理 13 和定理 189 之中的. 一件很自然的事情就是把这些定理作一种推广, 使得它们合而为一. 利用 Stieltjes 积分即可达到这一目的.

设 $\phi(x)$ 在 $a \leqslant x \leqslant b$ 中 (广义) 单调递增, $\phi(a) = \alpha$, $\phi(b) = \beta$. 假定 α 和 β(但不必是 a 和 b) 有限 [①]. 曲线

---

① 若 (例如)$b = \infty$, 则 $\beta = \lim\limits_{x\to\infty} \phi(x)$.

$$y = y(x) = \phi(x)$$

是一上升曲线, 它可以有可列的无限多个普通不连续点, 或可列的无限多个不变区间 (即函数在其中等于常数之区间). 逆函数

$$x = x(y) = x(\phi)$$

唯一定义, 除了 (a) 在与 ϕ 的不连续点 $x = \xi$ 相对应的 y 的区间 (y_1, y_2) 内和 (b) 对于与 ϕ 的不变区间相对应的 y 值之外. 若我们约定 (y_1, y_2) 是 $x(y)$ 的一个不变区间, $x(y)$ 在其中取值 ξ, 则 $x(y)$ 除了对于值 (b) 之外都有定义, 而且对于使之有定义的 y 值, $x(y)$ 是 y 的单调递增函数. 最后, 我们来完成 $x(y)$ 的定义使之成为 y 的一个单调递增函数, 即对于 (b) 中的任一 y 值, 我们赋以 $x(y)$ 以该不变区间中的任一 x 值. 这种 y 值是可列的, 在其中任何一个之中, 如何选取 $x(y)$, 对于下述的定义并无影响.

现在定义 $f(x)$ 关于 $\phi(x)$ 的 Stieltjes 或 Lebesgue-Stieltjes 积分

$$\int_{x=a}^{x=b} f(x)\mathrm{d}\phi(x) = \int_a^b f(x)\mathrm{d}\phi$$

如下:

$$\int_a^b f(x)\mathrm{d}\phi = \int_\alpha^\beta f[x(\phi)]\mathrm{d}\phi \tag{6.15.1}$$

只要右端的积分作为某一 Lebesgue 积分存在 [1].

(6.15.1) 的定义属于 Radon[1], 它把 Stieltjes 积分的理论化为 Lebesgue 积分的理论, 因此我们不会想到有新的困难发生. 关于 Stieltjes 积分的这一定义和较老的定义的充分讨论, 可参见 Hobson[1]、Lebesgue[1]、Pollard[1]、Young[7].

可以用同法来定义

$$\int_E f(x)\mathrm{d}\phi,$$

其中 ϕ 是单调递增函数, E 是 x 的值所成的集合, 就是说, 我们把它定义为

$$\int_E f(x)\mathrm{d}\phi = \int_{\mathfrak{E}} f[x(\phi)]\mathrm{d}\phi,$$

其中 $\mathfrak{E}$ 是与 E 相对应的 ϕ 值所成的集. 必须假定 $\mathfrak{E}$ 可测. 积分

$$\int_E \mathrm{d}\phi$$

是 ϕ 在 E 上的变差.

---

[1] 若 g 是任一有界变差函数, 则 $g = \phi - \psi$, 其中 ϕ 和 ψ 是单调递增函数. 可以定义 f 关于 g 的 Stieltjes 积分为

$$\int f\mathrm{d}g = \int f\mathrm{d}\phi - \int f\mathrm{d}\psi.$$

这里并不需要这种较为一般的定义.

6.16   Stieltjes 积分的特别情形

最简单的情形如下：

(a) $\phi = x$. 此时，Stietjes 积分即化为寻常的 Lebesgue 积分.

(b) **ϕ 是某一积分.** 此时，

$$\int_a^b f(x)\mathrm{d}\phi = \int_a^b f(x)\phi'(x)\mathrm{d}x.$$

(c) ϕ 是某一有限增加的阶梯函数.

设 $a = a_1 < a_2 < \cdots < a_n = b$，在 $a_k < x < a_{k+1}$ 中，$\phi(x) = \alpha_k$，其中 $\alpha_k < \alpha_{k+1}$；又设当 $1 < k < n$ 时，$\phi(a_k)$ 取任何一个能保证 ϕ 为单调递增的值. 则 $x(y)$ 是一个阶梯函数，取值 $a_1, a_2, \cdots, a_n$，且

$$\int_a^b f\mathrm{d}\phi = \int_\alpha^\beta f[x(\phi)]\mathrm{d}\phi$$

$$= (\alpha_1 - \alpha)f(a_1) + (\alpha_2 - \alpha_1)f(a_2) + \cdots + (\alpha_{n-1} - \alpha_{n-2})f(a_{n-1})$$

$$\quad + (\beta - \alpha_{n-1})f(a_n)$$

$$= \Sigma\rho_k f(a_k), \tag{6.16.1}$$

其中 ρ_k 是 ϕ 在 $x = a_k$ 处的跳跃. 显而易见，任何有限和都可表示成某个 Stieltjes 积分，例如

$$\sum_1^n u_k = \int f(x)\mathrm{d}\phi,$$

其中 ϕ 是一个在 $a_1, a_2, \cdots, a_n$ 处具有单位跳跃的阶梯函数，$u_k = f(a_k)$.

(d) 这些想法立刻就可推广到具有无限多个不连续点的阶梯函数上去，此时 Stieltjes 积分是就所有不连续点求和的级数 $\Sigma\rho_k f(a_k)$. 任何收敛的无穷级数都可以用这一方法表示为某一 Stieltjes 积分.

6.17   前面一些定理的推广

现在很清楚，所有的基本定理都可以立刻推广到 Stieltjes 积分上去，而且这样得到的定理包含了关于 Lebesgue 积分和关于和数所得到的定理. 6.18 节将叙述其中最有代表性的定理. 我们将要用到两个初步说明.

(1) 当 Stieltjes 积分写成某一 Lebesgue 积分时，积分变量为 ϕ. 等号成立的条件总是 $f \equiv g$ 或除了一个 0 测度集之外 $f = g$ 的形式. 在我们的新定理中，除外之集则是就 ϕ 而言测度为 0 的集，而将这一概念再用 x 来表达时，它则变为"在 x 值所成的集中，ϕ 的变差为 0 的集"，即这样的一个集 E，它使得与之相应的 ϕ 值构成了零集. 关于等号成立的条件也必须按照这一意义来解释. 例如"f 与 g 实际上成比例"意即除了 ϕ 在其上的变差为 0 的那些点之外，有

$$Af = Bg,$$

其中 A 与 B 为不同时为 0 的常数. 注意, 这样的一个除外之集不可能包含 $\phi(x)$ 的所有不连续点.

同样的情况也出现于 $\max f$ 和 $\min f$ 的定义之中. 例如 $\max f$ 乃是这样的 ξ 中的最大者, 即对于任一正的 ε, $f > \xi - \varepsilon$ 在一个使得 ϕ 在其上的变差为正的集上成立.

(2) 有许多不等式 "$X < Y$" 对于 Lebesgue 积分都成立, 可是它们对于 Stieltjes 积分的类似不等式则仅以 "$\leqslant$" 成立. 例如, 设积分是在 $(0,\infty)$ 上进行的, 又设 $\int f \mathrm{d}x = 1$, 则由定理 181, 有

$$\left(\int xf\mathrm{d}x\right)^2 < \int f\mathrm{d}x\int x^2 f\mathrm{d}x = \int x^2 f\mathrm{d}x, \tag{6.17.1}$$

除非 $x^2 f \equiv Cf$ 或 $x^2 \equiv C$, 而这是不成立的, 故 (6.17.1) 在任何情况下都成立. 在相应的关于 Stieltjes 积分的定理中, 我们有 $\int \mathrm{d}\phi = 1$, 且

$$\left(\int x\mathrm{d}\phi\right)^2 \leqslant \int \mathrm{d}\phi\int x^2 \mathrm{d}\phi = \int x^2 \mathrm{d}\phi. \tag{6.17.2}$$

在 (6.17.2) 中, 若 $x^2 \equiv C$, 则等式成立, 换言之, 若 x 除了一个使得 ϕ 在其上的变差为 0 的集外为一常数, 或者 (也就是说), 若 ϕ 是一个只在某一点发生跳跃的阶梯函数, 则等式成立. 例如若 ϕ 在 $0 \leqslant x < 1$ 中为 0, 当 $x \geqslant 1$ 时为 1, 则

$$\left(\int x\mathrm{d}\phi\right)^2 = 1 = \int x^2 \mathrm{d}\phi.$$

6.18 平均 $\mathfrak{M}_r(f;\phi)$

记

$$\mathfrak{M}_r(f) = \mathfrak{M}_r(f;\phi) = \left(\frac{1}{\beta-\alpha}\int_a^b f^r \mathrm{d}x\right)^{1/r} = \left(\frac{\int f^r \mathrm{d}\phi}{\int \mathrm{d}\phi}\right)^{1/r} \quad (r \neq 0),$$

$$\mathfrak{A}(f;\phi) = \mathfrak{M}_1(f;\phi),$$

$$\mathfrak{G}(f;\phi) = \exp\left(\frac{\int \ln f \mathrm{d}\phi}{\int \mathrm{d}\phi}\right) = \mathfrak{M}_0(f;\phi).$$

在这些定义中, 先假定所出现的积分都为有限. 若 $\int f^r \mathrm{d}\phi = \infty$, 则约定 (根据 6.6 节的规定) 当 $r > 0$ 时 $\mathfrak{M}_r = \infty$, 当 $r < 0$ 时 $\mathfrak{M}_r = 0$. 在 5.2 节和 6.7 节中所讨论的问题, 由于 $\mathfrak{G}$ 的定义, 在这里自然也出现.

与定理 $183, 184, 187, 189, 192, 193, 197, 198$ 相对应的那些定理, 陈述如下: 为叙述简单起见, 假定 $r > 0$.

定理 207 $\min f < \mathfrak{M}_r(f) < \max f$, 除非 $f \equiv C$.

定理 208 $\mathfrak{G}(f) < \mathfrak{M}_r(f)$, 特别地, $\mathfrak{G}(f) < \mathfrak{A}(f)$, 除非 $f \equiv C$.

定理 209   若 $\mathfrak{M}_r(f)$ 对某些 r 有限, 则当 $r \to +0$ 时 $\mathfrak{M}_r(f) \to \mathfrak{G}(f)$.

定理 210   若 $k > 1$, 则

$$\int uv\mathrm{d}\phi < \left(\int u^k \mathrm{d}\phi\right)^{1/k} \left(\int v^{k'} \mathrm{d}\phi\right)^{1/k'},$$

除非 u^k 与 $v^{k'}$ 事实上成比例. 除了当 u^k 与 $v^{k'}$ 事实上成比例, 或左端项为 0(此时, 右端项亦为 0) 外, 当 $0 < k < 1$ 或 $k < 0$ 时, 不等式反号.

此即 Hölder 不等式, 自然也有与定理 11(或定理 10) 及定理 188 相对应的推广.

定理 211   若 $r < s$, 则 $\mathfrak{M}_r(f) < \mathfrak{M}_s(f)$, 除非 $f \equiv C$.

定理 212   若 $\mathfrak{M}_r(f)$ 对每一个正的 r 都有限, 则当 $r \to +\infty$ 时, $\mathfrak{M}_r(f) \to \max f$.

定理 213 $\ln \mathfrak{M}_r^r(f)$ 是 r 的一个凸函数.

定理 214   若 $k > 1$, 则

$$\left[\int (u+v)^k \mathrm{d}\phi\right]^{1/k} < \left(\int u^k \mathrm{d}\phi\right)^{1/k} + \left(\int v^k \mathrm{d}\phi\right)^{1/k},$$

除非 u 与 v 事实上成比例. 若 $0 < k < 1$, 或 $k < 0$, 不等式一般反号 [①].

6.19 分 布 函 数

第 3 章直接定义了平均值

$$\mathfrak{M}_\phi = \mathfrak{M}_\phi(a, q) = \phi^{-1} \left[\Sigma q \phi(a)\right],$$

然后从定义导出了它的特征性质. 在这里, 我们将把这一过程反过来, 并给出了 3.1 节中约定的"公理"处理. 使用 Stieltjes 积分的记号是较为方便的, 也正是因为如此, 我们才把这一讨论保留到现在. 但我们所用的 Stieltjes 积分实际上全是有限和.

下面将讨论一种特殊类型的、对所有实 x 都有定义的阶梯函数, 我们称之为**有限分布函数**(finite distribution function). 称 $F(x)$ 为有限分布函数, 假若

(i) 它一段段为常数, 且只有有限个不连续点;

(ii) 它从 0 增加 (就广义而言) 到 1, 因而

$$F(-\infty) = 0, \quad F(\infty) = 1;$$

(iii) 对所有的 x, $F(x) = \dfrac{1}{2}[F(x-0) + F(x+0)]$.

在点 a 具有跳跃 q 的分布函数提供了包含在 $\mathfrak{M}_\phi(a)$ 中的值 a 和权 q 的一种表示. 这种函数中最简单的是

---

① 我们把例外情形的详细描述留给读者.

$$E(x) = \frac{1}{2}(1 + \operatorname{sgn} x),$$

它在 $x = 0$ 点有唯一的跳跃 1. 若记

$$E_\xi(x) = E(x - \xi),$$

则

$$F(x) = \Sigma q E_a(x) \tag{6.19.1}$$

是一般的在 a 点具有跳跃 q 的有限分布函数, 其中

$$a = a_\nu, \quad q = q_\nu \ (\nu = 1, 2, \cdots, n), \quad \Sigma q_\nu = 1, \quad a_1 < a_2 < \cdots < a_n.$$

又有

$$\int_{-\infty}^{\infty} \phi(x) \mathrm{d}F(x) = \Sigma q \phi(a), \tag{6.19.2}$$

而平均值 (3.1.3) 则可写成

$$\mathfrak{M}_\phi[F] = \phi^{-1}\left(\int_{-\infty}^{\infty} \phi(x)\mathrm{d}F(x)\right). \tag{6.19.3}$$

任何有限分布函数都有当 $x < A$ 时为 0, 当 $x > B$ 时为 1 的形状, A 与 B 是和 F 有关的有限数. 下面将着重于讲解这种函数的一个子类, 即对于一对固定的 A 和 B, 满足

$$F(x) = 0 \ (x < A), \quad F(x) = 1 \ (x > B) \tag{6.19.4}$$

的这种有限分布函数所成的类. 在这种情况之下, 称 F 属于 $\mathfrak{D}(A, B)$.

若 $\phi(x)$ 在闭区间 $[A, B]$ 中连续且严格单调, 则由 (6.19.3), $\mathfrak{M}_\phi[F]$ 对于 $\mathfrak{D}(A, B)$ 中所有的 F 都有定义. $[A, B]$ 以外的 $\phi(x)$ 的值实际上并不包含在 (6.19.3) 之中. 因而我们可以随意加以选择, 比较自然的是选取它们使得 $\phi(x)$ 对于 $-\infty \leqslant x \leqslant \infty$ 为连续且严格单调.

6.20 平均值的特征化

我们的目的是要证明下面的定理.

定理 215 设对应于 $\mathfrak{D}(A, B)$ 中的每一个 F, 都有唯一的实数 $\mathfrak{M}[F]$, 具有下面的性质:

1) $$\mathfrak{M}[E_\xi(x)] = \xi \quad (A \leqslant \xi \leqslant B);$$

2) 若 F_1 与 F_2 属于 $\mathfrak{D}(A, B)$, 又对所有的 x, $F_1 \geqslant F_2$, 且对某些 x, $F_1 > F_2$, 则

$$\mathfrak{M}[F_1] < \mathfrak{M}[F_2];$$

3) 若 F, F^*, G 属于 $\mathfrak{D}(A, B)$, 且

$$\mathfrak{M}[F] = \mathfrak{M}[F^*],$$

则对 $0 < t < 1$, 有

$$\mathfrak{M}[tF + (1-t)G] = \mathfrak{M}[tF^* + (1-t)G].$$

若 $\mathfrak{M}[F]$ 满足上述三条性质, 则在闭区间 $[A, B]$ 上有一个连续且严格单调递增的函数 $\phi(x)$, 使得

$$\mathfrak{M}[F] = \mathfrak{M}_\phi[F] = \phi^{-1}\left(\int_{-\infty}^{\infty} \phi(x)\mathrm{d}F(x)\right). \tag{6.20.1}$$

反之, 若 $\mathfrak{M}[F]$ 就是一个针对具有所述性质的 $\phi(x)$ 而由 (6.20.1) 定义, 则它满足 1), 2), 3), 因而这些条件对于将 $\mathfrak{M}[F]$ 表示成 (6.20.1) 的形式是充分必要的.[1]

先来证明定理的逆部分. 若 $\mathfrak{M}[F]$ 由 (6.20.1) 定义, 则它显然具有性质 1). 它也具有性质 3), 几乎也是显而易见的, 因为

$$\phi(\mathfrak{M}[tF + (1-t)G]) = t\int \phi\mathrm{d}F + (1-t)\int \phi\mathrm{d}G$$

$$= t\int \phi\mathrm{d}F^* + (1-t)\int \phi\mathrm{d}G = \phi(\mathfrak{M}[tF^* + (1-t)G]).$$

尚须证明 2).

设 F_1 和 F_2 满足所述的条件, 则有一正数 μ 和一区间 $[\alpha, \beta]$, 使得在 $[\alpha, \beta]$ 中有[2]

$$F_1(x) > F_2(x) + \mu > F_2(x).$$

因此,

$$\phi(\mathfrak{M}[F_2]) - \phi(\mathfrak{M}[F_1]) = \int_{-\infty}^{\infty} \phi\mathrm{d}F_2 - \int_{-\infty}^{\infty} \phi\mathrm{d}F_1 = \int_{-\infty}^{\infty}(F_1 - F_2)\mathrm{d}\phi \quad [3]$$

$$\geqslant \int_{\alpha}^{\beta}(F_1 - F_2)\mathrm{d}\phi \geqslant \mu[\phi(\beta) - \phi(\alpha)] > 0.$$

6.21　关于特征性质的说明

还须证明, 性质 1) 至性质 3) 足以刻画平均 $\mathfrak{M}_\phi$. 我们先就这些性质的 "意义" 作一些一般性的说明.

---

[1] 参见 Nagumo[1]、Kolmogoroff[1]、de Finetti[1]. 我们依据了 de Finetti 的证明路线.

[2] 存在某个 x_0, 使得 $F_1(x_0) > F_2(x_0)$, 或

$$\frac{1}{2}[F_1(x_0 - 0) + F_1(x_0 + 0)] > \frac{1}{2}[F_2(x_0 - 0) + F_2(x_0 + 0)].$$

因而, 或 $F_1(x_0 - 0) > F_2(x_0 - 0)$, 或 $F_1(x_0 + 0) > F_2(x_0 + 0)$. 在前一情形中, 有一个满足条件的区间在 x_0 的左边; 在后一情形中, 有一个在 x_0 的右边.

[3] 回忆一下在 6.19 节末关于 $\phi(x)$ 在 $[A, B]$ 之外的定义所作的了解.

(i) 1) 表示 "若一集中所有的元素都具有同一数值, 则它们的平均也具有该值";

(ii) 2) 表示 "$\mathfrak{M}[F]$ 是 F 的一个严格单调泛函". 若只说 (在所说条件之下)$\mathfrak{M}[F_1] \leqslant \mathfrak{M}[F_2]$, 即 "$\mathfrak{M}[F]$ 是一单调泛函", 那将会是不充分的.

现来讨论一些例子.

(a) 算术平均

$$\mathfrak{A}(a, q) = \Sigma q a = \int x \, dF = \mathfrak{A}[F]$$

是 F 的一个严格单调泛函. 此时, $\phi(x) = x$.

(b) 可以定义 "$\max a$" 为 "使得 $F(x) = 1$ 的 x 的下界" (F 为任意一个有限分布函数, 其跳跃点即是诸 a). 即 $\max a = \mu[F]$ 是 F 的一个泛函, 它显然单调: 若 $F_1 \geqslant F_2$ 对所有的 x 都成立, 则 $\mu[F_1] \leqslant \mu[F_2]$. 但 $\mu[F]$ 并不是严格单调: 若 F_1 与 F_2 由下式定义:

$$F_1 = F_2 = 0 \quad (x < 0); \quad F_1 = \frac{1}{2}, \quad F_2 = 0 \quad (0 < x < 1); \quad F_1 = F_2 = 1 \quad (x > 1),$$

则

$$\mu[F_1] = \max(0, 1) = \max(1, 1) = \mu[F_2].$$

至于 $\mu[F]$ 不能表示成 (6.20.1) 的形式, 这由定理本身即可得出; 若其可能, 则即为严格单调.

(c) 几何平均 $\mathfrak{G} = \mathfrak{G}(a, q)$ 是 F 的一个泛函, 它不是严格单调的, 因为 (比如说) 集合 $(0, a_2, \cdots)$ 和 $(0, b_2, \cdots)$ 具有同样的 $\mathfrak{G}$. 它可表示成公式

$$\mathfrak{G} = \exp \left(\int_0^\infty \ln x \, dF(x) \right).$$

它具有 (6.20.1) 的形式, 其中的 $\phi(x) = \ln x \ (x > 0)$, 但 $\mathfrak{G}$ 不能以定理中所述的方式表示出来, 因为当 $x \to 0$ 时, $\ln x \to -\infty$.

(iii) 若我们用 3) 两次, 第二次是以 $F^*, G, G^*, 1-t$ 代 G, F, F^*, t, 可以看出, 只要 $\mathfrak{M}[F] = \mathfrak{M}[F^*]$, $\mathfrak{M}[G] = \mathfrak{M}[G^*]$, 则

$$\mathfrak{M}[tF + (1-t)G] = \mathfrak{M}[tF^* + (1-t)G^*]. \tag{6.21.1}$$

换言之, (a) $\mathfrak{M}[tF + (1-t)G]$ 是由 $\mathfrak{M}[F]$, $\mathfrak{M}[G]$ 与 t 唯一决定.

更一般地, 若 $\mathfrak{M}[F_\nu] = \mathfrak{M}[F_\nu^*]$ 且 $\Sigma q_\nu = 1$, 则

$$\mathfrak{M}[\Sigma q_\nu F_\nu] = \mathfrak{M}[\Sigma q_\nu F_\nu^*]. \tag{6.21.2}$$

泛函 $\mathfrak{F}[F]$ 当

$$\mathfrak{F}[tF + uG] = t\mathfrak{F}[F] + u\mathfrak{F}[G]$$

时称为**线性的**: 此时, 它必然具有性质 (a). 若 $\mathfrak{M}[F]$ 满足 (a) 或 3) ((a) 是它的一个推论), 则可称 $\mathfrak{M}[F]$ 为**拟线性的** (quasilinear). 假若我们又同意把性质 1) 用**共存** (consistency) 来描述 (这样做是较自然的), 则定理 215 可简括地叙述如下: F 的最一般的共存的、严格单调递增的、拟线性的泛函就是由 (6.20.1) 所定义的泛函.

6.22   完成定理 215 的证明

函数 $E_A(x), E_B(x), (1-t)E_A(x) + tE_B(x)$ 都属于 $\mathfrak{D}(A, B)$，[1] 其中 $0 < t < 1$. 令

$$\psi(t) = \mathfrak{M}[(1-t)E_A + tE_B],$$

因而

$$\psi(0) = \mathfrak{M}[E_A] = A, \quad \psi(1) = \mathfrak{M}[E_B] = B.$$

现暂时假定 $\psi(t)$ 严格单调递增且连续，则 $\psi(t)$ 具有逆函数

$$\phi(u) = \psi^{-1}(u).$$

它也是连续函数，而且当 u 从 A 增到 B 时，它从 0 严格增到 1. 若

$$u = \psi(t), \quad t = \phi(u),$$

则

$$\mathfrak{M}[E_u] = u = \psi(t) = \mathfrak{M}\{[1 - \phi(u)]E_A + \phi(u)E_B\}.$$

因此，利用 3) 之推广了的形式 (6.21.2)，并对任何有限分布函数 F 利用表达式 (6.19.1)，则得

$$\begin{aligned}
\mathfrak{M}[F] &= \mathfrak{M}\left[\Sigma q E_a\right] \\
&= \mathfrak{M}\left\{\Sigma q[(1 - \phi(a)]E_A + \phi(a)E_B\right\} \\
&= \mathfrak{M}\left\{[1 - \Sigma q\phi(a)]E_A + [\Sigma q\phi(a)]E_B\right\} \\
&= \psi\left[\Sigma q\phi(a)\right] \\
&= \phi^{-1}\left[\Sigma q\phi(a)\right].
\end{aligned}$$

此即定理的结果.

应当注意，在这里，$\phi(A) = 0$, $\phi(B) = 1$. 当已经找到某个 ϕ 时，(根据定理 83) 它可代之以任意的 $\alpha\phi + \beta$.

还须证明 $\psi(t)$ 严格单调递增且连续.

(1) 若

$$0 \leqslant t_1 < t_2 \leqslant 1,$$

则对所有的 x，

$$(1 - t_1)E_A + t_1 E_B \geqslant (1 - t_2)E_A + t_2 E_B,$$

---

[1] E_A 和 E_B 都是 $\mathfrak{D}(A, B)$ 函数的极端情形: 若 F 属于 $\mathfrak{D}(A, B)$, 则对所有的 x, $E_A \geqslant F \geqslant E_B$.

不等号对某些 x 成立. 于是, 由 2),

$$\psi(t_1) = \mathfrak{M}[(1-t_1)E_A + t_1 E_B] < \mathfrak{M}[(1-t_2)E_A + t_2 E_B] = \psi(t_2).$$

(2) 假定 $\psi(t)$ 在 t_0 (若有此种点存在的话) 的右边有一个不连续点, 其中 $0 \leqslant t_0 < 1$. 于是, 可求出一个 ξ, 使得对任意小的 ε 有

$$\psi(t_0) < \xi < \psi(t_0 + \varepsilon),$$

且对于所有的 x 有

$$E_{\psi(t_0)} \geqslant E_\xi \geqslant E_{\psi(t_0+\varepsilon)},$$

不等号对于某些 x 成立. 因此, 由 2), 对于 $(0,1)$ 中的任一 t 有

$$\mathfrak{M}\left[\frac{1}{2}E_{\psi(t_0)} + \frac{1}{2}E_{\psi(t)}\right] < \mathfrak{M}\left[\frac{1}{2}E_\xi + \frac{1}{2}E_{\psi(t)}\right] < \mathfrak{M}\left[\frac{1}{2}E_{\psi(t_0+\varepsilon)} + \frac{1}{2}E_{\psi(t)}\right]. \quad (6.22.1)$$

但若 s 与 t 属于 $(0,1)$, 则由 1), 有

$$\psi(s) = \mathfrak{M}[E_{\psi(s)}] = \mathfrak{M}[(1-s)E_A + sE_B],$$

对于 t 亦然. 且由 3),

$$\begin{aligned}
\mathfrak{M}\left[\frac{1}{2}E_{\psi(s)} + \frac{1}{2}E_{\psi(t)}\right] &= \mathfrak{M}\left[\frac{(1-s)E_A + sE_B}{2} + \frac{(1-t)E_A + tE_B}{2}\right] \\
&= \mathfrak{M}\left[\left(1 - \frac{s+t}{2}\right)E_A + \frac{s+t}{2}E_B\right] \\
&= \psi\left(\frac{s+t}{2}\right).
\end{aligned}$$

结合上式与 (6.22.1), 可以看出

$$\psi\left(\frac{t_0+t}{2}\right), \quad \psi\left(\frac{t_0+t+\varepsilon}{2}\right)$$

为某一数所分开, 即为 $\mathfrak{M}\left[\frac{1}{2}E_\xi + \frac{1}{2}E_{\psi(t)}\right]$ 所分开, 其与 ε 无关. 因之, 令 $\varepsilon \to 0$, 即得

$$\psi\left(\frac{t_0+t}{2}\right) < \psi\left(\frac{t_0+t}{2} + 0\right),$$

故对于某一区间内所有的 t, ψ 在 $\frac{1}{2}(t_0+t)$ 处都有一个不连续点. 而这是不可能的, 因为一单调函数的不连续点至多是可数个.

由此可知，$\psi(t)$ 无右边不连续点. 同理，它也无左边不连续点. 故它连续. 而这也就完成了我们的证明.

我们着力叙述有限分布函数，因而我们所考虑的函数 F 全是阶梯函数，而平均则是第 3 章中的平均. 存在一个相似的定理，其中的假设和结论都要强一些，即它适用于比 $\mathfrak{D}(A,B)$ 更为广泛的一类函数. 令 $\mathfrak{D}^*(A,B)$ 表示由具有 6.19 节中的性质 (ii) 和 (iii) 且满足 (6.19.4) 的函数所成的类，则我们可以证明一个定理，它与定理 215 的不同之处只是以 $\mathfrak{D}^*$ 代 $\mathfrak{D}$. 证明非常相似，只是在最后几步要稍微更细致一些. 可参见 de Finetti[1].

6.23 各种定理及特例

定理 216 "就时间平均的速度小于就距离平均的速度".

[此即 $\left(\int \dfrac{\mathrm{d}s}{\mathrm{d}t}\mathrm{d}t\right)^2 < \int \mathrm{d}t \int \dfrac{\mathrm{d}s}{\mathrm{d}t}\mathrm{d}s = \int \mathrm{d}t \int \left(\dfrac{\mathrm{d}s}{\mathrm{d}t}\right)^2 \mathrm{d}t$，乃定理 181 的一种情形.]

定理 217 若一质量为 M 的运动中的不可压缩的均匀流体的动能为 E，它的质点的平均速度为 V，则 $E > \dfrac{1}{2}MV^2$，除非所有质点都具有同样的速度.

[设 ρ 为一单元 $\mathrm{d}S = \mathrm{d}x\mathrm{d}y\mathrm{d}z$ 的密度, v 为其速度, 则

$$M = \rho\int \mathrm{d}S, \quad V\int \mathrm{d}S = \int v\mathrm{d}S, \quad E = \frac{1}{2}\rho\int v^2\mathrm{d}S,$$

所求的结果从定理 181 (对于三重积分) 即可得出.]

定理 218 一单位电流通过平面上包围某面积为 A 的闭合电路，并对在此电路内部的单位磁极 P 施以力 F，则

$$2AF^2 > (2\pi)^3,$$

除非此电路是一个以 P 为圆心的圆.

[为简单起见，可假定此电路关于 P 为"星形的" (即 P 与电路上任一点连接而得的直线段全在电路内). 利用关于 P 的极坐标 r, θ，并从 0 到 2π 积分，即得

$$2\pi = \int \mathrm{d}\theta = \int \left(\frac{1}{r}\right)^{\frac{2}{3}}(r^2)^{\frac{1}{3}}\,\mathrm{d}\theta < \left(\int \frac{\mathrm{d}\theta}{r}\right)^{\frac{2}{3}}\left(\int r^2\mathrm{d}\theta\right)^{\frac{1}{3}} = F^{\frac{2}{3}}(2A)^{\frac{1}{3}},$$

除非 r 是常数.]

定理 219 若 $f_\nu(x,y)$ 与 $g_\nu(x,y)$ 是 x 与 y 的两组函数 (有限多或无限多)，则

$$\left(\Sigma\iint fg\mathrm{d}x\mathrm{d}y\right)^2 < \Sigma\iint f^2\mathrm{d}x\mathrm{d}y\,\Sigma\iint g^2\mathrm{d}x\mathrm{d}y,$$

除非存在两个不同时为 0 的常数 a 和 b，使得对任一 ν，有

$$af_\nu(x,y) \equiv bg_\nu(x,y).$$

[由定理 7 (对于无穷级数) 和定理 181 (对于二重积分)，或直接由 2.4 节的第二种方法. 该定理阐明了下述的原理. 设诸 u, v 为三个整值变量 m, n, p 的函数，则不等式

$$(\Sigma\Sigma\Sigma uv)^2 \leqslant \Sigma\Sigma\Sigma\Sigma u^2 \Sigma\Sigma\Sigma v^2 \tag{i}$$

与普通形式的 Cauchy 不等式并无实质上的差别. 但若在 (i) 中对求和记号的各种不同选取代以积分记号，则由此即可导出实质上不同的不等式.]

定理 220 设诸 a 为正，q_r 由

$$\frac{1}{(1-a_1 x)(1-a_2 x)\cdots(1-a_n x)} = 1 + nq_1 x + \cdots + \binom{n+r-1}{r} q_r x^r + \cdots$$

定义，则

$$q_r^2 < q_{r-1} q_{r+1} \quad (r = 1, 2, \cdots),$$

除非所有的 a 都相等.

定理 221

$$q_1 < q_2^{1/2} < q_3^{1/3} < \cdots,$$

除非所有的 a 都相等.

[定理 220 和定理 221 是 I. Schur 教授告诉我们的. 正像 2.22 节中的诸 p 那样，诸 q 是诸 a 齐次乘积的平均，不过现在诸 a 在一乘积中不必相异. 特别地，$q_1 = p_1$.

定理 221 可从定理 220 得出，正如定理 52 可从定理 51 得出一样. 欲证明定理 220，注意到：

$$q_r = (n-1)! \iint \cdots \int (a_1 x_1 + a_2 x_2 + \cdots + a_n x_n)^r dx_1 \cdots dx_{n-1}, \tag{i}$$

其中 $x_n = 1 - x_1 - x_2 - \cdots - x_{n-1}$，积分区域是由 $x_1 > 0, \cdots, x_{n-1} > 0, x_n > 0$ 限定的. 运用定理 181 (对于重积分) 于 (i)，即得定理 220.

利用公式 (i)，可得到一个更完善的定理. 若诸 a 为实数 (但不必为正)，则二次型 $\Sigma q_{r+s} y_r y_s$ 严格为正. 又若诸 a 为正，则二次型 $\Sigma q_{r+s+1} y_r y_s$ 严格为正. 除非 (在上述两种情形中都一样) 当所有的 a 都相等.]

定理 222 若 $p > 1$，f 在 $(0, a)$ 中属于 L^p，且

$$F(x) = \int_0^x f(t) dt,$$

则对小的 x 有 $F(x) = o(x^{1/p'})$.

[由定理 189，

$$F^p \leqslant \int_0^x f^p dt \left(\int_0^x dt \right)^{p-1} = x^{p-1} \int_0^x f^p dt,$$

而第二因子趋于 0.]

定理 223 若 $p > 1$，f 在 $(0, \infty)$ 内属于 L^p，则对小的 x 和对大的 x 都有 $F(x) = o(x^{1/p'})$.

[对于小的 x，利用定理 222. 要证明关于大的 x 的结果，可选取 X，使得

$$\int_X^\infty f^p dx < \varepsilon^p,$$

并设 $x > X$. 于是，对于充分大的 x 有

$$[F(x) - F(X)]^p = \left(\int_X^x f\mathrm{d}t\right)^p \leqslant (x - X)^{p-1}\int_X^x f^p\mathrm{d}t < \varepsilon^p x^{p-1},$$

$$F(x) < F(X) + \varepsilon x^{1/p'} < 2\varepsilon x^{1/p'}.]$$

定理 224   若 y 在至多除 $x = 0$ 之外为一积分，xy'^2 在 $(0, a)$ 内可积，则对于小的 x 有

$$y = o\left[\left(\ln\frac{1}{x}\right)^{\frac{1}{2}}\right].$$

$$\left[\int_\varepsilon^a y'\mathrm{d}x \leqslant \left(\int_\varepsilon^a \frac{\mathrm{d}x}{x}\int_\varepsilon^a xy'^2\mathrm{d}x\right)^{1/2}.\right]$$

定理 225   若 y 在至多除 0 和 1 之外为一积分，$x(1 - x)y'^2$ 在 $(0, 1)$ 内可积，则 y 属于 L^2，且

$$0 \leqslant \int_0^1 y^2\mathrm{d}x - \left(\int_0^1 y\mathrm{d}x\right)^2 \leqslant \frac{1}{2}\int_0^1 x(1 - x)y'^2\mathrm{d}x.$$

[y 属于 L^2 这一结论可从定理 224 得出. 第一个不等式包含在定理 181 之中. 对于第二个不等式，我们有

$$\int_0^1 y^2\mathrm{d}x - \left(\int_0^1 y\mathrm{d}x\right)^2$$
$$= \frac{1}{2}\int_0^1\int_0^1\{y(u) - y(v)\}^2\mathrm{d}u\mathrm{d}v$$
$$= \int_0^1\mathrm{d}u\int_u^1\mathrm{d}v\left(\int_u^v y'(t)\mathrm{d}t\right)^2$$
$$\leqslant \int_0^1\mathrm{d}u\int_u^1(v - u)\mathrm{d}v\int_u^v(y'(t))^2\mathrm{d}t$$
$$= \int_0^1(y'(t))^2\mathrm{d}t\int_0^t\mathrm{d}u\int_t^1(v - u)\mathrm{d}v$$
$$= \frac{1}{2}\int_0^1 t(1 - t)y'^2\mathrm{d}t.$$

这两个不等式中，前者仅当 y 为常数时才能化为等式，后者仅当 y 为线性时才行.]

定理 226   若 $m > 1$, $n > -1$, f 为正且为一积分，则

$$\int_0^\infty x^n f^m\mathrm{d}x \leqslant \frac{m}{n + 1}\left\{\int_0^\infty x^{\frac{m(n+1)}{m-1}}f^m\mathrm{d}x\right\}^{\frac{m-1}{m}}\left(\int_0^\infty |f'|^m\mathrm{d}x\right)^{\frac{1}{m}} \qquad\text{(i)}$$

仅当 $f = B\exp[-Cx^{(m+n)/(m-1)}]$ 时取等号，其中 $B \geqslant 0$, $C > 0$.

特别地，

$$\int_0^\infty f^2\mathrm{d}x < 2\left(\int_0^\infty x^2 f^2\mathrm{d}x\right)^{\frac{1}{2}}\left(\int_0^\infty f'^2\mathrm{d}x\right)^{\frac{1}{2}}, \qquad\text{(ii)}$$

除非 $f = Be^{-Cx^2}$；此不等式不论 f 为正与否都成立，又对于区间 $(-\infty, \infty)$ 亦成立.

[最有趣的情形是 (ii)，它属于 Weyl[1, p.345]，在量子力学中很有用.

设 (i) 的右端项的积分有限. 因 f 连续，且 $n < \dfrac{m(n + 1)}{m - 1}$，故左端的积分亦有限. 因此，

$$\lim_{x\to\infty} x^{n+1}f^m = 0.$$

于是, 在 $(0, x_k)$ 上施行分部积分, 其中 (x_k) 是一适当的随 k 趋于无穷的序列, 则得

$$\int_0^\infty x^n f^m \mathrm{d}x = -\frac{m}{n+1} \lim_{k \to \infty} \int_0^{x_k} x^{n+1} f^{m-1} f' \mathrm{d}x.$$

但由定理 189,

$$\int_0^\infty x^{n+1} f^{m-1} |f'| \mathrm{d}x < \left[\int_0^\infty x^{\frac{m(n+1)}{m-1}} f^m \mathrm{d}x \right]^{\frac{m-1}{m}} \left(\int_0^\infty |f'|^m \mathrm{d}x \right)^{\frac{1}{m}},$$

除非 $f' \leqslant 0$ 且 f' 与 $x^{(n+1)/(m-1)} f$ 事实上成比例. 这一假设导致所说的 f 的形式.]

定理 227 若 ϕ 单调递增, 则

$$\left(\int fg \mathrm{d}\phi \right)^2 < \int f^2 \mathrm{d}\phi \int g^2 \mathrm{d}\phi,$$

除非 f 与 g 事实上成比例 (就 6.17 节的意义而言).

(该定理包含在定理 210 之中, 在定理 228 中要用到.)

定理 228 若 $a \geqslant 0, b \geqslant 0, a \neq b$, 且 ϕ 为非负且单调递减, 则

$$\left(\int_0^\infty x^{a+b} \phi \mathrm{d}x \right)^2 < \left[1 - \left(\frac{a-b}{a+b+1} \right)^2 \right] \int_0^\infty x^{2a} \phi \mathrm{d}x \int_0^\infty x^{2b} \phi \mathrm{d}x,$$

除非在 $(0, \xi)$ 中 $\phi \equiv C$, 其中 $C > 0$, 在 (ξ, ∞) 中, $\phi = 0$.

(ξ 可以为 0. 该不等式比直接运用定理 181 所得到的要强. 它可从定理 227 得出, 只消利用分部积分将上面的积分化为该处所考虑的形式. $a = 0, b = 2$ 的情形由 Gauss 在论述误差理论时提及: 参见 Gauss[1, Ⅳ, p.12] 及 Pólya and Szegö[1, Ⅱ, p.114, p.318].)

定理 229 若 $a \geqslant 0, b \geqslant 0, a \neq 1$, ϕ 为非负且单调递增, 则

$$\left(\int_0^1 x^{a+b} \phi \mathrm{d}x \right)^2 > \left[1 - \left(\frac{a-b}{a+b+1} \right)^2 \right] \int_0^1 x^{2a} \phi \mathrm{d}x \int_0^1 x^{2b} \phi \mathrm{d}x,$$

除非 $\phi \equiv C$.

(参见 Pólya and Szegö[1, Ⅰ, p.57, p.214]. 此时, 由定理 181 可得一相反的不等式, 右端项的因子改为 1.)

定理 230 若 $0 < a \leqslant f \leqslant A < \infty, 0 < b \leqslant g \leqslant B < \infty$, 则

$$\int f^2 \mathrm{d}x \int g^2 \mathrm{d}x \leqslant \left[\frac{1}{2} \left(\sqrt{\frac{AB}{ab}} + \sqrt{\frac{ab}{AB}} \right) \int fg \mathrm{d}x \right]^2.$$

(定理 71 的类似情形: 参见 Pólya and Szegö[1, Ⅰ, p.57, p.214].)

定理 231 若考虑以 $-a$ 和 $b(a \geqslant 0, b \geqslant 0)$ 为端点的闭区间或开区间 (一般有 4 个), 并设 a 和 b 各为 0, 为正且有限, 或无限, 则总共可得 34 种类型的区间 I. 试对每一个区间 I 赋予一个函数 $f(x)$, 它在 $0 < x < 1$ 中有定义, 且使得 $\mathfrak{M}_r(f)$ 恰好对于 I 中的值 r 为有限, 其中 $\mathfrak{M}_r(f)$ 是对区间 $(0, 1)$ 和就 $q = 1$ 所构成的.

[例:

I 为 $-a < r \leqslant b$:　　　$f(x) = x^{1/a}(1-x)^{-1/b}\left(\ln\dfrac{2}{1-x}\right)^{-2/b}$;

I 为 $-\infty \leqslant r \leqslant \infty$:　　　$f(x) = 1 + x^2$;

I 为单点 0:　　　$f(x) = \exp\left[-x^{-\frac{1}{2}} + (1-x)^{-\frac{1}{2}}\right]$;

I 为空集:　　　$f(x) = \exp\left[-x^{-1} + (1-x)^{-1}\right]$.

这包含了在靠近 6.11 节末所提到的命题的一部分证明.]

定理 232　**Minkowski 不等式的几何解释**. 设泛函空间中的一点是定义为 L^2 中的函数, 两个函数当且仅当它们之差为 0 时 (即只在 0 测度之集上不同) 才定义同一个点; 又设两点 f 与 g 之间的距离是由

$$\delta(f,g) = \sqrt{\int (f-g)^2 \mathrm{d}x}$$

所定义. 则 (i) 两个不同的点之间的距离为正; (ii)

$$\delta(f,h) \leqslant \delta(f,g) + \delta(g,h).$$

[若用

$$\delta(f,g) = \left(\int |f-g|^r \mathrm{d}x\right)^{1/r} \quad (r \geqslant 1)$$

来定义距离, 则在 "泛函空间 L^r" 中可得同样的结果.]

定理 233　欧氏空间中两点间的最短距离是直线.

[空间中的曲线是由

$$x = x(t), \quad y = y(t), \quad z = z(t)$$

定义的. 可以假定对于所讨论的弧段来说 t 从 0 增到 1. 若假定 x, y, z 是 L^2 中函数的积分, 则由定理 198, 弧长 l 由

$$l^2 = \left[\int (x'^2 + y'^2 + z'^2)^{\frac{1}{2}}\mathrm{d}t\right]^2 = \mathfrak{M}_{\frac{1}{2}}(x'^2 + y'^2 + z'^2) \geqslant \mathfrak{M}_{\frac{1}{2}}(x'^2) + \mathfrak{M}_{\frac{1}{2}}(y'^2) + \mathfrak{M}_{\frac{1}{2}}(z'^2)$$

给定, 而这不小于

$$\left(\int x'\mathrm{d}t\right)^2 + \left(\int y'\mathrm{d}t\right)^2 + \left(\int z'\mathrm{d}t\right)^2 = (x_1 - x_0)^2 + (y_1 - y_0)^2 + (z_1 - z_0)^2.$$

若等号成立, 则 $Ax' \equiv By' \equiv Cz'$, 因而曲线为一直线.]

定理 234　若 $0 < p < 1$, 且对于所有的 g, 有

$$\int fg\mathrm{d}x \geqslant A\left(\int g^{p'}\mathrm{d}x\right)^{1/p'},$$

则 $\int f^p \mathrm{d}x \geqslant A^p$.

[比较定理 70. 若对于所有的 x, $f > 0$, 则由 $fg = f^p$ 定义 g. 若在 E 中 $f > 0$, 在 CE 中 $f = 0$, 且 CE 的测度为有限, 则在 E 中由 $fg = f^p$ 定义 g, 在 CE 中由 $g = G$ 定义 g, 并按照定理 70 的证明来进行. 若 CE 的测度为无限, 则在 CE 中取 (例如)

$$g = Ge^{x^2},$$

于是

$$\int f^p \mathrm{d}x = \int fg \mathrm{d}x \geqslant A \left(\int_E f^p \mathrm{d}x + G^{p'} \int_{CE} \mathrm{e}^{p'x^2} \mathrm{d}x \right)^{1/p'}.$$

令 $G \to \infty$，仍得出所要的结果.]

定理 235 设 f 与 p 为正, f 具有周期 2π,

$$F(x) = \int_0^{2\pi} f(x+t)p(t)\mathrm{d}t / \int_0^{2\pi} p(t)\mathrm{d}t;$$

又设平均 $\mathfrak{M}_r$ 涉及区间 $(0, 2\pi)$ 和一常数权函数, 则

$$\mathfrak{M}_r(F) \geqslant \mathfrak{M}_r(f) \quad (0 \leqslant r \leqslant 1), \quad \mathfrak{M}_r(F) \leqslant \mathfrak{M}_r(f) \quad (r \geqslant 1).$$

[该定理可从定理 204 导出, 或可直接证明 (比如说假定 $r \geqslant 1$) 如下:

$$\mathfrak{M}_r^r(F) = \frac{1}{2\pi} \int \mathrm{d}x \left[\frac{\int f(x+t)p(t)\mathrm{d}t}{\int p(t)\mathrm{d}t} \right]^r \leqslant \frac{1}{2\pi} \int \mathrm{d}x \frac{\int f^r(x+t)p(t)\mathrm{d}t \left(\int p(t)\mathrm{d}t \right)^{r-1}}{\left(\int p(t)\mathrm{d}t \right)^r}$$

$$= \frac{1}{2\pi} \frac{\int p(t)\mathrm{d}t \int f^r(x+t)\mathrm{d}x}{\int p(t)\mathrm{d}t} = \frac{1}{2\pi} \int f^r(u)\mathrm{d}u = \mathfrak{M}_r^r(f).$$

对于 $r = 0$ 的情形, 可参见 Pólya and Szegö[1, I, p.56, p.212].]

定理 236 若

$$[f(x_1, y_1, \cdots) - f(x_2, y_2, \cdots)][g(x_1, y_1, \cdots) - g(x_2, y_2, \cdots)] \geqslant 0,$$

则称 $f(x, y, \cdots)$ 与 $g(x, y, \cdots)$ 为**相似排列**; 若 f 与 $-g$ 为相似排列, 则称 f 与 g 为**相反排列**. 试证明, 若 f 与 g 为相似排列, 则

$$\iint \cdots f \mathrm{d}x\mathrm{d}y \cdots \iint \cdots g \mathrm{d}x\mathrm{d}y \cdots \leqslant \iint \cdots \mathrm{d}x\mathrm{d}y \cdots \iint \cdots fg \mathrm{d}x\mathrm{d}y \cdots;$$

若 f 与 g 为相反排列, 则不等式反号. 该积分扩展到了 f 与 g 的定义域的任何公共部分.

[此乃定理 43 (取 $r = 1$) 的类似情形, 本质上属于 Tchebychef (他只考虑了单变量的单调函数).]

定理 237 若 ϕ 与 ψ 满足定理 156 的条件, 且

$$\Phi(x) = \int_0^x \phi(t)\mathrm{d}t, \quad \Psi(x) = \int_0^x \psi(t)\mathrm{d}t,$$

则

$$\int fg \mathrm{d}x \leqslant \int \Phi(f)\mathrm{d}x + \int \Psi(g)\mathrm{d}x.$$

定理 238 若 f 与 g 为正, k 为一正常数, 且 $f \ln^+ f$ 与 e^{kg} 可积, 则 fg 可积. (由定理 63, $kfg \leqslant f \ln^+ f + \mathrm{e}^{kg-1}$.)

定理 239 若 f 为正, 则

$$\int_0^a f \ln \frac{1}{x} \mathrm{d}x \leqslant 2 \int_0^a f \ln^+ f \mathrm{d}x + \frac{4\sqrt{a}}{\mathrm{e}}.$$

(在用来证明定理 238 的不等式中取 $g = \frac{1}{2} \ln \frac{1}{x}$, $k = 1$.)

定理 240   若 f 在 $(0, a)$ 中为正且属于 L, 又

$$F(x) = \int_0^x f \mathrm{d}t,$$

则

$$\int_0^a f(x) \ln \frac{1}{x} \mathrm{d}x = \int_0^a \frac{F(x)}{x} \mathrm{d}x + F(a) \ln \frac{1}{a},$$

只要有一个积分有限.

定理 241   设 a 为正且有限, $B = B(a)$ 一般表示一个只与 a 有关的数, $f(x) \geqslant 0$, 又设

$$F(x) = \int_0^x f(t) \mathrm{d}t,$$

$$J = \int_0^a f \ln^+ f \mathrm{d}x, \quad K = \int_0^a \frac{F}{x} \mathrm{d}x.$$

则 (i) 若 J 有限, 则 K 亦有限, 且

$$K < BJ + B;$$

(ii) 当 f 为单调递减函数时, 逆命题亦成立: 若 K 有限, 则 J 有限, 且

$$J < BK \ln^+ K + B.$$

(对于上面的两个定理, 可参见 Hardy and Littlewood[8].)

定理 242   若 f 在 $(0, a)$ 中为正且属于 L, 又

$$g = \int_x^a \frac{f(t)}{t} \mathrm{d}t,$$

则 g 属于 L, 且 $\int_0^a g(x) \mathrm{d}x = \int_0^a f(x) \mathrm{d}x$.

(分部积分, 或将 g 代入并交换积分次序.)

定理 243   设 ϕ 是一个连续且严格单调递增的函数, 定义 $\mathfrak{M}_\phi(f)$ 为

$$\mathfrak{M}_\phi(f) = \phi^{-1} \left[\int \phi(f) q \mathrm{d}x \right].$$

则欲使

$$\mathfrak{M}_\phi(f) \leqslant \mathfrak{M}_\psi(f)$$

对于所有的 f 成立, 其充分必要条件是 ψ 关于 ϕ 为凸的.

定理 244   欲使

$$\mathfrak{M}_{\phi_n}^{x_n} \cdots \mathfrak{M}_{\phi_1}^{x_1}(f) \leqslant \mathfrak{M}_{\psi_n}^{x_n} \cdots \mathfrak{M}_{\psi_1}^{x_1}(f)$$

对所有的 $f = f(x_1, \cdots, x_n)$ 成立, 其充分必要条件是每一个 ψ_v 关于相应的 ϕ_ν 为凸的.

定理 245   欲使

$$\mathfrak{M}_{p_n}^{x_n} \cdots \mathfrak{M}_{p_1}^{x_1}(f) \leqslant \mathfrak{M}_{q_{\nu n}}^{x_{\nu n}} \cdots \mathfrak{M}_{q_{\nu 1}}^{x_{\nu 1}}(f)$$

对所有的 f 成立, 其充分必要条件是: (i) $q_\nu \geqslant p_\nu$; (ii) 当 $\mu > \nu$ 且将 $1, 2, \cdots, n$ 变到 $\nu_1, \nu_2, \cdots, \nu_n$ 的置换包含 μ 和 ν 的一个反序时, 有 $q_\mu \geqslant p_\nu$.

(对于上述的三个定理, 它们分别对应于定理 92, 93, 137, 可参见 Jesson[2, 3].)

定理 246 Hölder 不等式可在

$$\mathfrak{M}_1^y \mathfrak{M}_0^x(f) \leqslant \mathfrak{M}_0^x \mathfrak{M}_1^y(f)$$

(定理 203) 中通过取

$$f(x,y) = f_1^p(y) \left(0 \leqslant x < \frac{1}{p}\right), \quad f(x,y) = f_2^{p'}(y) \left(\frac{1}{p} \leqslant x \leqslant 1\right)$$

而得出.

(参见 Jesson[3].)

定理 247 若 (i) $\phi(x,t)$ 关于 x 为正且连续, 并且是凸的 ($x_1 \leqslant x \leqslant x_2$, $t > 0$); (ii) $p(t) \geqslant 0$; (iii) 积分

$$I(x) = \int_0^\infty \phi(x,t)p(t)\mathrm{d}t$$

对于 $x = x_1$ 及 $x = x_2$ 为有限, 则 $I(x)$ 对于 $x_1 < x < x_2$ 连续且为凸的.

[$I(x)$ 有界且凸的这一结论由 ϕ 的凸性立刻可以得出; 它的连续性可从定理 111 得出.]

定理 248 若对于正的 x, $f(x)$ 与 $\phi(x)$ 为正, $\phi(x)$ 为凸的, 且

$$I(x) = x \int_0^\infty \phi \left[\frac{f(t)}{x}\right] \mathrm{d}t$$

对于 $x = x_1$ 及 $x = x_2$ 为有限, 则 $I(x)$ 对于 $x_1 < x < x_2$ 连续且为凸的.

[由定理 119, $x\phi(1/x)$ 与

$$f(t) \cdot \frac{x}{f(t)} \phi \left[\frac{f(t)}{x}\right]$$

为凸的, 故可运用定理 247. 更一般的结果可以从定理 120 得出.]

定理 249 欲使

$$\int_a^b \phi[g(x)]\mathrm{d}x \leqslant \int_a^b \phi[f(x)]\mathrm{d}x$$

对任何连续凸函数 ϕ 都成立, 其充分必要条件是

$$\int_a^b g(x)\mathrm{d}x = \int_a^b f(x)\mathrm{d}x$$

及对于所有的 y 有

$$\int_a^b [g(x) - y]^+ \mathrm{d}x \leqslant \int_a^b [f(x) - y]^+ \mathrm{d}x.$$

[这里, 亦如在 6.1 节中, a^+ 表示 $\max(0, a)$.]

定理 250 若 f 与 g 为单调递增函数, 则一个等价的条件是

$$\int_\xi^b g(x)\mathrm{d}x \leqslant \int_\xi^b f(x)\mathrm{d}x$$

对 $a \leqslant \xi \leqslant b$ 都成立.

(对于上述两个定理, 它们包含定理 108 的分部积分的类比, 可参见 Hardy, Littlewood and Pólya[2].)

定理 251　若 $f_1(t), f_2(t), \cdots, f_l(t)$ 在 $(0,1)$ 中为实的且可积，则下面两个结论必有一个成立：(i) 存在一个函数 $x(t)$，使得

$$\int_0^1 f_1(t)x(t)\mathrm{d}t > 0, \cdots, \int_0^1 f_l(t)x(t)\mathrm{d}t > 0;$$

(ii) 存在不全为 0 的非负数 $y_1, y_2, \cdots, y_l$，使得

$$y_1 f_1(t) + y_2 f_2(t) + \cdots + y_l f_l(t) \equiv 0$$

定理 252　若 $f_1(t), f_2(t), \cdots, f_m(t)$ 在 $(0,1)$ 中为实且连续，则下面两个结论必有一个成立：(i) 存在实数 $x_1, x_2, \cdots, x_m$，使得

$$x_1 f_1(t) + x_2 f_2(t) + \cdots + x_m f_m(t)$$

对于 $(0,1)$ 中所有的 t 为非负，对其中一些为正；(ii) 存在一个正的连续函数 $y(t)$，使得

$$\int_0^1 f_1(t)y(t)\mathrm{d}t = 0, \cdots, \int_0^1 f_m(t)y(t)\mathrm{d}t = 0.$$

（定理 251 和定理 252 是 Stiemke[1] 关于线性不等式组的某一重要定理的积分类似情形，设

$$a_{\lambda\mu} \quad (\lambda = 1, 2, \cdots, l; \mu = 1, 2, \cdots, m)$$

为 l 行 m 列的矩形阵列，又设

$$L_\lambda(x) = a_{\lambda 1}x_1 + a_{\lambda 2}x_2 + \cdots + a_{\lambda m}x_m,$$

$$M_\mu(x) = a_{1\mu}y_1 + a_{2\mu}y_2 + \cdots + a_{l\mu}y_l.$$

考虑两个问题：

(i) 寻求一实数集 (x)，使得

$$L_1(x) > 0, \quad L_2(x) > 0, \quad \cdots, \quad L_l(x) > 0;$$

(ii) 寻求一非负且非零的集 (y)，使得

$$M_1(y) = 0, \quad M_2(y) = 0, \quad \cdots, \quad M_m(y) = 0.$$

因

$$\Sigma yL(x) = \Sigma xM(y),$$

故这两个问题不可能同时对于同一集 (a) 可解，而 Stiemke 定理则称，不管什么样的集 (a)，总有一个可解.

定理 251 与定理 252 道出了 Stiemke 定理的类似情形，不过是用 m 列或 l 行代替连续无限的列或行. 这些定理以及其他与线性不等式组的理论有关的定理，我们之所以把它们排除在计划之外，只是由于要为它们在代数和几何方面做一些准备. 这些知识可在 Haar[1] 和 Dines[1] 中找到.）

第 7 章　变分法的一些应用

7.1　一些一般性的说明

"变分法中最简单的问题"乃是对于所有满足

(1) $y_0 = y(x_0)$, $y_1 = y(x_1)$ 已经给定,

(2) y' 为连续

这两个条件的 $y = y(x)$, 去确定

$$J(y) = \int_{x_0}^{x_1} F(x, y, y') \mathrm{d}x$$

的一个极大值或极小值. 设将满足上述条件的函数组成的类记作 $\mathfrak{K}$. 于是我们的目的即是寻求 $\mathfrak{K}$ 中的一个函数 $y = Y(x)$, 使得对于 $\mathfrak{K}$ 中所有异于 Y 的 y, 要么

$$J(y) < \int_{x_0}^{x_1} F(x, Y, Y') \mathrm{d}x = J(Y)$$

成立, 要么 $J(y) > J(Y)$ 成立. 一般的理论告诉我们, 若存在这样的一个函数 Y, 则它必满足 "Euler 方程"

$$\frac{\partial F}{\partial y} = \frac{\mathrm{d}}{\mathrm{d}x}\left(\frac{\partial F}{\partial y'}\right). \tag{E}$$

考虑一些简单的例子.

(i) 设
$$J(y) = \int_0^1 y'^2 \mathrm{d}x,$$

$y_0 = 0$, $y_1 = 1$, 则 (E) 是 $y'' = 0$, 而满足此条件的唯一解答是 $y = x$. 容易证明, $Y = x$ 实际上给出 $J(y)$ 的一个极小. 因为 $J(Y) = 1$, 且由定理 181,

$$1 = \left(\int_0^1 y' \mathrm{d}x\right)^2 < \int_0^1 \mathrm{d}x \int_0^1 y'^2 \mathrm{d}x = J(y),$$

除非 $y' \equiv 1$, $y = x$, 故对所有异于 Y 的 y, $J > 1$.

事实上, 我们所证明的比问题所要求的要多, 因为**只要 y 是一个积分**则我们的证明就有效, 但最后这一假设 (即 y 是一积分) 是必不可少的, 因为存在函数 y, 使得

$$y(0) = 0, \quad y(1) = 1, \quad y' \equiv 0, \quad J(y) = 0. \tag{7.1.1}$$

欲使 y 为一积分, 就是说, 要使得存在一个可积函数 $f(x)$, 满足关系

$$y(x) = \int_a^x f(u) \mathrm{d}u,$$

其充分必要条件是 $y(x)$ 为 "绝对连续". $f(x)$ 必须是有界变差 (但并不充分). 特别地, $y(x)$ 为单调是不够的, 存在**单调递增**函数 y 满足 (7.1.1).

若 y 是 f 的积分, 则 $y' \equiv f$, 积分是它导数的积分. 所有这些在实变量函数论的图书中都有详细说明 [1]. 本章中所需要的主要定理乃是在 6.3 节 (a) 中所说明的分部积分定理.

这些说明引导出下面的约定. 本章都假定, **只要 y 和 y' 同在某一段阐述或某一个证明中出现, y 就是一个积分** (因而是 y' 的积分). 关于 y' 和 y'' (若 y'' 在问题中出现) 也作同样的假设. 这项假设当然也适用于异于 y 的字母. 没有这一假设, 本章中的所有问题都会失其意义.

(ii) [2] 设

$$J(y) = \int_0^1 (y'^2 + y'^3) \mathrm{d}x,$$

$y_0 = y_1 = 0$. 满足这些条件的 (E) 的唯一解是 $y = 0$. 若 $Y = 0$, 则 $J(Y) = 0$, 但 Y 并没有给出 $J(y)$ 的一个极大或极小. 事实上, 容易构造 $\aleph$ 中的某一 y, 使得 $J(y)$ 随我们的需要为正或为负, 而且要多大就多大. 例如, 若 $f(x)$ 是任何使得 $f(0) = f(1) = 0$ 且

$$\int_0^1 f'^3 \mathrm{d}x > 0$$

的函数, $y = Cf(x)$, 则当 C 很大时 $J(y)$ 也很大, 且与 C 同号.

(iii) 设

$$J(y) = \int_0^1 xy'^2 \mathrm{d}x,$$

$y_0 = 0$, $y_1 = 1$. 这里的 $J(y)$ 对 $\aleph$ 中所有的 y 都为正. 但由 $y = x^m$ 即得 $J = \frac{1}{2}m$, 因此在 $\aleph$ 中存在 y 使得 $J(y)$ 要多小就多小. 对于 $\aleph$ 中的 y, $J(y)$ 具有一个达不到的下界 0. 对于比 $\aleph$ 更广的一些 y 的类 (比如说由积分所成的类), 同样的事实也成立. 另一方面, $J(y)$ 对于上面 (i) 中所述的函数达到它的界 0, 对于当 $x = 0$ 时为 0, $x > 0$ 时为 1 这一不连续函数也达到它的界 0.

7.2　本章的目的

人们可能希望变分法能够在积分不等式的证明方面大显身手, 但是很难找到它运用于在一般分析中具有重要意义的不等式的例子. 这可以从两个方面来解释. 第一, 人们普遍认为变分法与**可达到的**极大或极小有关, 而许多最重要的积分不等式阐明的都是不可达到的上确界或下确界. 第二, 古典理论的 "连续性" 假设是非

---

① 可参见 (例如) de la Vallée Poussin[2]、Hobson[1] 和 Titchmarsh[1].
② 这个以及下一个例子属于 Weierstrass, 它们有深远的历史意义.

常限制人的. 要把一个利用变分法对某一特殊函数类所证明的不等式, 推广到需要该不等式的最一般的函数类上, 常常相当麻烦, 倒不如去构造该完整结果的直接证明. 由于这些原因, 变分法在分析的这一章中几乎已被忽略掉.

然而变分法的思想常常是非常有用的, 这里就把它们运用于一些特殊的不等式. 正如在上述例 (i) 或下面的定理 254 和定理 256 中那样, 当由不等式所论断的界可达到, 而且是由一个极值 (这是一个函数) 达到时, 也就是说, 由 Euler 方程的一个解达到时, 这些思想显然是切合用处的, 所得的结果可能是一个利用别的方法很难得到的结果. 然而我们将发现, 即使界不能达到, 而且最终的结果不可能用变分法来获得时, 这些思想有时仍然有效.

我们的论证不需要这一理论的任何详细知识, 除了在 7.8 节外, 我们只需要知道它的一些最简单的形式上的思想 [①].

7.3 对应于不可达到的极值的不等式的例子

作为运用变分法的第一个例子, 我们选择某一定理的一种特殊情形, 该定理先是以一种完全不同的方式来证明的, 然后会在 9.8 节中返回来讨论.

定理 253 若 y' 属于 $L^2(0,\infty)$, $y_0 = 0$, y 不常为 0, 则

$$J(y) = \int_0^\infty \left(4y'^2 - \frac{y^2}{x^2}\right) \mathrm{d}x > 0.$$

对于现在的目的来说, 我们必须考虑更一般的积分

$$J(y) = \int_0^\infty \left(\mu y'^2 - \frac{y^2}{x^2}\right) \mathrm{d}x \quad (\mu \geqslant 4). \tag{7.3.1}$$

Euler 方程是

$$x^2 y'' + \lambda y = 0 \quad \left(\lambda = \frac{1}{\mu} \leqslant \frac{1}{4}\right).$$

当 $\mu > 4$ 时, 它的解是

$$y = Ax^m + Bx^n,$$

其中

$$m = \frac{1}{2} + \sqrt{\frac{1}{4} - \lambda}, \quad n = \frac{1}{2} - \sqrt{\frac{1}{4} - \lambda}$$

若 $\mu = 4$, 则为 $y = x^{\frac{1}{2}}(A + B\ln x)$. 不管是在哪种情形下, 都不存在一个 (异于 $y = 0$ 的) 解, 使得 y' 属于 L^2.

---

① Euler 方程和 Hilbert 不变积分. 我们的一切假定都不难在 Bliss[1] 或 Bolza[1] 中找到.

因此, 在试图利用变分思想之前, 需要将问题加以修改. 我们来考虑

$$J(y) = \int_0^1 \left(\mu y'^2 - \frac{y^2}{x^2} \right) \mathrm{d}x,$$

它具有 $y_0 = 0$, $y_1 = 1$, $\mu > 4$. 此时有一个 [1] 满足所有条件的极值, 即

$$y = Y = x^m = x^{\frac{1}{2}+a}, \tag{7.3.2}$$

其中

$$a = \sqrt{\frac{1}{4} - \frac{1}{\mu}}, \quad \mu = \frac{1}{\frac{1}{4} - a^2}. \tag{7.3.3}$$

经简单计算, 即得

$$J(Y) = \frac{2}{1 - 2a}, \tag{7.3.4}$$

这就启发我们想到下列的定理.

定理 254[2]   若 $\mu > 4$, $y(0) = 0$, $y(1) = 1$, y' 属于 L^2, 则

$$J(y) = \int_0^1 \left(\mu y'^2 - \frac{y^2}{x^2} \right) \mathrm{d}x \geqslant \frac{2}{1 - 2a}, \tag{7.3.5}$$

其中 a 由 (7.3.3) 定义, 使得等号成立的唯一情形就是由 (7.3.2) 所定义的情形.

7.4   定理 254 的第一个证明

我们给出定理 254 的两个证明. 第一个证明不需要懂得变分法, 虽然所使用的变换是根据我们对于极值 Y 的形式的了解而想到的.

若

$$y = x^{\frac{1}{2}+a} + \eta = Y + \eta, \tag{7.4.1}$$

则

$$J(y) = J(Y) + J(\eta) + K(Y, \eta), \tag{7.4.2}$$

其中

$$K(Y, \eta) = 2 \int_0^1 \left(\mu Y' \eta' - \frac{Y\eta}{x^2} \right) \mathrm{d}x.$$

---

① 极值 $y = \lambda x^{\frac{1}{2}+a} + (1-\lambda)x^{\frac{1}{2}-a}$ 对于任何 λ 都有 $y_0 = 0$, $y_1 = 1$, 但 y' 不属于 L^2, 且 $J(y)$ 发散, 除非 $\lambda = 1$.

② 关于该定理以及本章中后面的一些定理, 可参见 Hardy and Littlewood[10].

因 Y' 属于 L^2, η' 也属于 L^2, 故对于小的 x, $\eta = o(x^{\frac{1}{2}})$; [1]于是有

$$K = 2 \lim_{\delta \to 0} \left(-\int_\delta^1 \frac{Y\eta}{x^2}\mathrm{d}x + [\mu Y'\eta]_\delta^1 - \int_\delta^1 \mu Y''\eta\mathrm{d}x \right)$$
$$= -2 \lim_{\delta \to 0} \int_\delta^1 \eta \left(\mu Y'' + \frac{Y}{x^2} \right) \mathrm{d}x = 0.$$

因此, 由 (7.4.2) 即得

$$J(y) = \frac{2}{1 - 2a} + J(\eta); \tag{7.4.3}$$

故只须证明

$$J(\eta) > 0$$

即可. 在这里, η' 属于 L^2, η 不为 0, 但在区间的端点为 0.

令

$$\eta = Y\zeta,$$

则得

$$J_\delta(\eta) = \int_\delta^1 \left(\mu\eta'^2 - \frac{\eta^2}{x^2} \right)\mathrm{d}x = \mu\int_\delta^1 (Y\zeta' + Y'\zeta)^2\mathrm{d}x - \int_\delta^1 \frac{Y^2\zeta^2}{x^2}\mathrm{d}x$$
$$= \mu\int_\delta^1 Y^2\zeta'^2\mathrm{d}x + \int_\delta^1 \left(\mu Y'^2 - \frac{Y^2}{x^2} \right)\zeta^2\mathrm{d}x + 2\mu\int_\delta^1 YY'\zeta\zeta'\mathrm{d}x. \tag{7.4.4}$$

但

$$2\mu\int_\delta^1 YY'\zeta\zeta'\mathrm{d}x = -\mu(YY'\zeta^2)_\delta - \mu\int_\delta^1 (Y'^2 + YY'')\zeta^2\mathrm{d}x. \tag{7.4.5}$$

结合 (7.4.4) 和 (7.4.5), 并注意 Y 是

$$\mu Y'' + \frac{Y}{x^2} = 0$$

的一个解, 则得

$$J_\delta(\eta) = -\mu(YY'\zeta^2)_\delta + \mu\int_\delta^1 (Y\zeta')^2\mathrm{d}x. \tag{7.4.6}$$

但当 $x \to 0$ 时,

$$YY'\zeta^2 = \left(\frac{1}{2} + a \right) \frac{(Y\zeta)^2}{x} = \left(\frac{1}{2} + a \right) \frac{\eta^2}{x} \to 0.$$

因此, 当我们在 (7.4.6) 中令 $\delta \to 0$ 时, 即得

$$J(\eta) = \mu\int_0^1 (Y\zeta')^2\mathrm{d}x. \tag{7.4.7}$$

———————————

[1] 定理 222.

除了当被积函数为 0, 亦即当 $\zeta = 0$ 时, 它常为正.

这就证明了该定理. 条件 $\mu > 4$ 用于使得 Y' 属于 L^2. 我们已把定理化归为依赖于恒等式 (7.4.7). 因

$$Y\zeta' = \eta' - \frac{\frac{1}{2}+a}{x}\eta = y' - \frac{\frac{1}{2}+a}{x}y,$$

故由 (7.4.7) 和 (7.4.3), 即得

$$J(y) = \int_0^1\left(\mu y'^2 - \frac{y^2}{x^2}\right)\mathrm{d}x = \frac{2}{1-2a} + \mu\int_0^1\left(y' - \frac{\frac{1}{2}+a}{x}y\right)^2\mathrm{d}x; \qquad (7.4.8)$$

这里 Y 已经消失. 因 (7.4.8) 的两边关于 μ 为连续, 故现在可将 $\mu = 4$, $a = 0$ 这一情形包括进去. 该恒等式当它的形状已经看出之后, 可以直接用分部积分来证明 (尽管在下限的收敛问题方面还多少要加以注意).

现在已经可以来证明定理 253. 若记

$$x = X/\xi, \quad cy(x) = Y(X),$$

然后重新再以 x, y 代 X, Y, 则得

$$\int_0^\xi\left(\mu y'^2 - \frac{y^2}{x^2}\right)\mathrm{d}x = \frac{2}{1-2a}\frac{c^2}{\xi} + \mu\int_0^\xi\left(y' - \frac{\frac{1}{2}+a}{x}y\right)^2\mathrm{d}x, \qquad (7.4.9)$$

其中 $y(0) = 0$, $y(\xi) = c$. 若 y' 属于 $L^2(0, \infty)$, 则对于大的 ξ, $c = o(\xi^{\frac{1}{2}})$ [1]. 因而当 $\xi \to \infty$ 时, 右边第一项趋于 0. 令 $\xi \to \infty$, 并设 $\mu = 4$, 则得

$$\int_0^\infty\left(4y'^2 - \frac{y^2}{x^2}\right)\mathrm{d}x = 4\int_0^\infty\left(y' - \frac{y}{2x}\right)^2\mathrm{d}x.$$

这一使得定理 253 成为直观可见的公式, 当 y' 属于 L^2 时都有效, 而且当然可以直接来证明 [2].

7.5　定理 254 的第二个证明

在第二个证明中, 我们要把作为第一个证明基础的变分理论明确表述出来.

---

① 定理 223.
② Grandjot[1] 关于级数给出了一些多少有点类似的恒等式.

设 $y = Y(x)$ 或 E 是过端点 P_0 和 P_1 的极值，又设

$$y = y(x, \alpha) \tag{7.5.1}$$

或 $E(\alpha)$ 是一族包含 E 且与参数 α 有关的极值. 其次，更假设，或有

(i) $E(\alpha)$ 盖住了一个包含 E 的区域，使得过域内每一点恰有一极值通过，且 α 是 x 与 y 的单值函数；或有

(ii) $E(\alpha)$ 中的每一条曲线都通过 P_0，使得 $y(x_0, \alpha)$ 与 α 无关，但条件 (i) 在所有其他方面则都满足. 当这些条件成立时 [①]，则称 (7.5.1) 定义了一个包含 E 的**极值场**.

过场内一点 P 的极值的斜率

$$y'(x, \alpha)$$

可以表成 x 与 y 的单值函数

$$p = p(x, y).$$

Hilbert 的"不变积分"是

$$J^*(C) = \int_C [(F - pF_p)\mathrm{d}x + F_p \mathrm{d}y].$$

此处，F 和 F_p 是 $F(x, y, y')$ 和 $F_{y'}(x, y, y')$ 当 y' 代以 p 时所取的值，而此积分则是沿任何一条被此场所盖住的区域内的曲线 C 而取的.

Hilbert 积分的基本性质如下.

(i) $J^*(C)$ 只与 C 的端点 Q, R 有关，换言之，

$$(F - pF_p)\mathrm{d}x + F_p \mathrm{d}y = \mathrm{d}W$$

为全微分，且

$$J^*(C) = W_R - W_Q.$$

(ii) 若 C 就是极值 E，则

$$J^*(E) = \int_E F\mathrm{d}x = J(E) \quad (\text{设}).$$

由此可知，若 C 从 P_0 跑到 P_1，则

$$J(C) - J(E) = J(C) - J^*(E) = J(C) - J^*(C)$$
$$= \int_C F(x, y, y')\mathrm{d}x - \int_C [(F(x, y, p) - pF_p(x, y, p))\mathrm{d}x + F_p(x, y, p)\mathrm{d}y]$$

---

① 还须加上一些有关 $\alpha(x, y)$ 的可微分性的条件，它在这里没有重复必要. 参见 Bolza[1, pp.95-105].

$$= \int_C \mathcal{E}(x, y, p, y') \mathrm{d}x,$$

其中

$$\mathcal{E}(x, y, p, y') = F(x, y, y') - F(x, y, p) - (y' - p) F_p(x, y, p).$$

在这里，y' 是 C 在任意一点的斜率，p 是极值过该点的斜率，$\mathcal{E}$ 则是 Weierstrass 的"过量函数"。若当 $y' \neq p$ 时总有 $\mathcal{E} > 0$，则

$$J(E) < J(C),$$

因而 E 即给出 J 的一个真正的极小。

在当前情形下，取

$$y = \alpha x^{\frac{1}{2} + a}$$

作为 $E(\alpha)$，则得

$$p = \alpha \left(\frac{1}{2} + a \right) x^{-\frac{1}{2} + a} = \left(\frac{1}{2} + a \right) \frac{y}{x},$$

$$F = \mu p^2 - \frac{y^2}{x^2}, \quad F_p = \frac{2y}{\left(\dfrac{1}{2} - a \right) x}, \quad F - p F_p = -\frac{y^2}{\left(\dfrac{1}{2} - a \right) x^2},$$

$$J^* = \frac{1}{\dfrac{1}{2} - a} \int \left(-\frac{y^2}{x^2} \mathrm{d}x + \frac{2y}{x} \mathrm{d}y \right) = \int \mathrm{d}W,$$

其中

$$W = \frac{y^2}{\left(\dfrac{1}{2} - a \right) x}.$$

在这里，

$$\mathcal{E} = \mu y'^2 - \mu p^2 - (y' - p) 2 \mu p = \mu (y' - p)^2 > 0,$$

除非 $y' = p$。恒等式

$$J(C) - J(E) = \int_C \mathcal{E} \mathrm{d}x$$

即化为

$$\int_0^1 \left(\mu y'^2 - \frac{y^2}{x^2} \right) \mathrm{d}x - \frac{2}{1 - 2a} = \mu \int_0^1 \left[y' - \left(\frac{1}{2} + a \right) \frac{y}{x} \right]^2 \mathrm{d}x,$$

此即 (7.4.8)。

这一论证说明了 (7.4.8) 的由来，但并没有证明它，这有两个原因。其一，F 在 $x = 0$ 有一奇点，因而场论不适用。其二，该理论预先假设了 y' 连续。

为了克服前一个困难, 可以将 P_0 和 P_1 分别取成 $(\delta, \delta^{\frac{1}{2}+a})$ 和 $(1,1)$. 由我们的理论即得恒等式

$$\int_\delta^1 \left(\mu y'^2 - \frac{y^2}{x^2}\right) \mathrm{d}x = \frac{2(1-\delta^{2a})}{1-2a} + \mu\int_\delta^1 \left[y' - \left(\frac{1}{2}+a\right)\frac{y}{x}\right]^2 \mathrm{d}x;$$

于是, 对于连续的 y', 可令 δ 趋于 0 而得 (7.4.8).

当 (7.4.8) 既经对于连续的 y' 证明之后, 由标准的逼近手法, 即可将它推广到 L^2 中一般的 y' 上去. 7.6 节将在另一个问题里处理这一点, 在那里, 我们还没有别的初等的证明.

由类似的讨论, 可得恒等式

$$\int_0^1 \left(\mu y'^k - \frac{y^k}{x^k}\right) \mathrm{d}x = \frac{1}{(k-1)(1-\lambda)}$$
$$+ \mu\int_0^1 \left[y'^k - \left(\frac{\lambda y}{x}\right)^k - k\left(y' - \frac{\lambda y}{x}\right)\left(\frac{\lambda y}{x}\right)^{k-1}\right] \mathrm{d}x^{①}. \qquad (7.5.2)$$

这里,

$$y(0) = 0, \quad y(1) = 1, \quad y' \geqslant 0, \quad k > 1, \quad \mu > \left(\frac{k}{k-1}\right)^k = K,$$

而 λ 则是

$$\mu(k-1)\lambda^{k-1}(\lambda-1) + 1 = 0 \qquad (7.5.3)$$

的 (唯一的) 根, 它位于 $\dfrac{1}{k'}$ 与 1 之间. 当 (7.5.2) 的形式既经确定之后, 可令

$$\mu = K,$$

其中 $\lambda = \dfrac{1}{k'}$, $\mu\lambda^k = 1$. 于是, 我们有

$$\int_0^1 \left(K y'^k - \frac{y^k}{x^k}\right) \mathrm{d}x = \frac{k}{k-1} + K\int_0^1 \left[y'^k - \left(\frac{\lambda y}{x}\right)^k - k\left(y' - \frac{\lambda y}{x}\right)\left(\frac{\lambda y}{x}\right)^{k-1}\right] \mathrm{d}x.$$

用分部积分可以直接证明, 上式当 y' 属于 L^k 时成立; 此外, 可按照 7.4 节中证明: 此恒等式当上限 1 代之以 ∞, 同时将 $k/(k-1)$ 这一项省去之后仍然成立. 因为由定理 41 可知, 对所有正的 a, b,

$$a^k - b^k > k(a-b)b^{k-1}$$

---

① 由场论可得出此恒等式的形式, 这些恒等式又可独立地验证. 在一个变分的证明中对曲线要求 $y' \geqslant 0$ 的限制将带来另外的一点复杂性.

都成立. 于是, 我们就得到了一个定理 (定理 327) 的证明. 该定理将在 9.8 节中明白地陈述出来, 而且是以一种完全不同的方法证明的.

顺便我们还得到了

定理 255　若 $k > 1$, $\mu > \left(\dfrac{k}{k-1} \right)^k = K$, $y(0) = 0$, $y(1) = 1$, y' 属于 L^k, 则

$$J = \int_0^1 \left(\mu y'^k - \frac{y^k}{x^k} \right) \mathrm{d}x \geqslant \frac{1}{(k-1)(1-\lambda)},$$

其中 λ 是 (7.5.3) 在 $1/k'$ 与 1 之间的根.

7.6　用来阐明变分法的其他例子

很难确切地把 "初等的" 和 "变分的" 证明区分开来, 因为存在着许多中间类型的证明. 我们现在选取几个这样的证明, 并在本节和以下各节中或详或略地把它们写出来.

(I) 定理 256　若 $y(0) = 0$, $2k$ 为某一正偶数, 则

$$\int_0^1 y^{2k} \mathrm{d}x \leqslant C \int_0^1 y'^{2k} \mathrm{d}x, \tag{7.6.1}$$

其中

$$C = \frac{1}{2k-1} \left(\frac{2k}{\pi} \sin \frac{\pi}{2k} \right)^{2k}. \tag{7.6.2}$$

等号只对某些超椭圆曲线成立.

(i) 先假定 $y(1) \neq 0$. 此时, 可取 $y(1) = 1$, 并来考虑

$$J(y) = \int_0^1 (C y'^{2k} - y^{2k}) \mathrm{d}x.$$

Euler 方程是

$$(2k-1) C y'^{2k-2} y'' + y^{2k-1} = 0,$$

由此即得

$$(2k-1) C y'^{2k} = C' - y^{2k},$$

其中 C' 是一积分常数.

存在一个极值, 它过 $(0,0)$ 和 $(1,1)$ 并与 $x = 1$ 交成直角. 事实上, 若取 $C' = 1$, 则 y' 当 $y = 1$ 时为 0. 又

$$x = [(2k-1)C]^{1/2k} \int \frac{\mathrm{d}y}{(1 - y^{2k})^{1/2k}},$$

又因

$$\int_0^1 \frac{\mathrm{d}y}{(1-y^{2k})^{1/2k}} = \frac{1}{2k}\int_0^1 (1-u)^{-1/2k}u^{1/2k-1}\mathrm{d}u = \frac{\pi}{2k}\csc\frac{\pi}{2k},$$

故有此种类型的一个极值, 它过 $(0,0)$ 和 $(1,1)$. 若将此极值记作 Y, 则

$$J(Y) = [CYY'^{2k-1}]_0^1 - \int_0^1 Y[(2k-1)CY'^{2k-2}Y'' + Y^{2k-1}]\mathrm{d}x = 0,$$

因为 $Y'(1) = 0$.

要证明该定理, 我们必须指出 $y = Y$ 给出了一个强的极小, 从一般的理论容易得出这一点. 极值是一条拱的曲线, 其一般形式有如曲线 $y = \sin\frac{1}{2}\pi x$, 当 $k = 1$ 时也就化为此曲线. 曲线 $y = \alpha Y$ 也是一极值, 族 $y = \alpha Y$ 定义了一个依 7.5 节的意义而言的场, 过量函数

$$\mathcal{E} = y'^{2k} - p^{2k} - 2k(y'-p)p^{2k-1}$$

为正. 因此, 关于一极小的标准条件已经满足. 这一证明真正是 "变分的", 而且 (鉴于要明白地算出斜率函数 p 所带来的麻烦) 要寻求一个更初等的证明也许很困难.

但在证明中有一点需要加以说明. "一般理论" 假定 y' 是连续的, 而如何推广它的结论 (特别是关于解的唯一性方面) 到这里所考虑的更一般的 y, 则可能是不明显的.

现用 I^{2p} 表示 L^{2p} 中的函数的积分 y 所成的类, I^* 表示连续函数的积分 y^* 所成的类. 一般理论指出, 对于一异于 Y 的 y^*,

$$J(y^*) > J(Y), \tag{7.6.3}$$

而我们则要求对于 I^{2p} 中的任何 y 都有同样的结果. 可以用一系列函数 y^* 逼近 I^{2p} 中一异于 Y 的 y, 使得

$$J(y) = \lim J(y^*),$$

但这时从 (7.6.3) 所能得出的不过是

$$J(y) \geqslant J(Y),$$

在取极限的过程中, 严格的不等式失效.

若另外考察这一问题, 这项困难即告消失. 一般理论不仅证明了不等式 (7.6.3), 而且也证明了**恒等式**

$$J(y^*) - J(Y) = \int\mathcal{E}(y^*)\mathrm{d}x,$$

其中 $\mathcal{E}(y^*)$ 是与 y^* 和场 $y = \alpha Y$ 相对应的过量函数. 用一列适当的 y^* 逼近 y, 我们即将此恒等式代之以

$$J(y) - J(Y) = \int \mathcal{E}(y) \mathrm{d}x,$$

而此积分为正, 除非 $y = Y$.

(ii) $y(1) = 0$ 的情形也可类似地讨论, 因此时 $y = 0$ 是一满足条件的极值, 而且包含在 (i) 中所用的场 $y = \alpha Y$ 中.

若我们关于 $y(1)$ 的值不作假定, 这一证明可以另外安排. 该问题于是就是一个具有 "变动端点" 的问题, 任务是要对于过原点与直线 $x = 1$ 相交的直线确定极小的 $J(y)$. 诸极值 "横截过" (在这一情形中则是直交于) 此直线, 且所有的曲线 $y = \alpha Y$ 都满足此条件. 一般的理论指出所有这些极值都给出同一的 $J(y)$ 值, 而这一值必为 0, 因当 $\alpha = 0$ 时它为 0. [①]

7.7 进一步的例子: Wirtinger 不等式

(II) 我们更详细地考虑 (I) 中 $k = 1$ 的情形. 若 $y(0) = 0$, 且 y 不是 $\sin x$ 的某一倍数, 则将上下限改变, 结果即为

$$\int_0^{\frac{1}{2}\pi} y^2 \mathrm{d}x < \int_0^{\frac{1}{2}\pi} y'^2 \mathrm{d}x. \tag{7.7.1}$$

一般理论启发我们, 存在形如

$$\int_0^{\frac{1}{2}\pi} (y'^2 - y^2) \mathrm{d}x = \int_0^{\frac{1}{2}\pi} [y' - y\psi(x)]^2 \mathrm{d}x$$

或

$$\int_0^{\frac{1}{2}\pi} [y^2(1 + \psi^2) - 2yy'\psi] \mathrm{d}x = 0$$

的恒等式. 若

$$y^2(1 + \psi^2)\mathrm{d}x - 2y\psi\mathrm{d}y$$

是一完全微分 $\mathrm{d}z$, 且 z 在上下限为 0, 则上述结论显然成立. 而要这样, 则要求

$$-\psi' = 1 + \psi^2, \quad \psi = -\tan(x + k),$$

此时, $z = -\psi y^2$. 若取 $k = \frac{1}{2}\pi$, $\psi = \cot x$, 则 z 当 $x = \frac{1}{2}\pi$ 时为 0. 又因 y' 属于 L^2, 因而 [②] $y = o(x^{\frac{1}{2}})$, z 当 $x = 0$ 时亦为 0. 于是即得

$$\int_0^{\frac{1}{2}\pi} (y'^2 - y^2) \mathrm{d}x = \int_0^{\frac{1}{2}\pi} (y' - y\cot x)^2 \mathrm{d}x, \tag{7.7.2}$$

---

① 这些论述应归功于 Bliss 教授.
② 定理 222.

这使 (7.7.1) 变得显而易见.

将 (7.7.2) 稍加修改, 则得

定理 257 若 $y(0) = y(\pi) = 0$, 且 y' 属于 L^2, 则

$$\int_0^\pi y^2 \mathrm{d}x < \int_0^\pi y'^2 \mathrm{d}x,$$

除非

$$y = C \sin x.$$

因为对于小的 x, $y = o(x^{\frac{1}{2}})$; 对于靠近 π 的 x, $y = o[(\pi - x)^{\frac{1}{2}}]$[①], 故 $y^2 \cot x$ 在上下限都为 0. 因此,

$$\int_0^\pi (y'^2 - y^2)\mathrm{d}x = \int_0^\pi (y' - y \cot x)^2 \mathrm{d}x. \tag{7.7.3}$$

将 (7.7.2) 作另外的修改, 则可得出一个更有趣的属于 Wirtinger 的定理 [②].

定理 258 若 y 具有周期 2π, y' 属于 L^2, 且

$$\int_0^{2\pi} y\mathrm{d}x = 0, \tag{7.7.4}$$

则

$$\int_0^{2\pi} y^2 \mathrm{d}x < \int_0^{2\pi} y'^2 \mathrm{d}x,$$

除非

$$y = A \cos x + B \sin x.$$

还不能立刻写下一个与 (7.7.2) 或 (7.7.3) 相似但以 $0, 2\pi$ 为上下限的恒等式, 因为 $y \cot x$ 通常在积分范围内总有无限值. 但可以如下来论证 [③].

函数

$$z(x) = y(x + \pi) - y(x)$$

对于变量 x 和 $x + \pi$ 具有相反的符号, 因而在 $(0, \pi)$ 中至少有一次为 0. 假设 $z(\alpha) = 0$, 其中 $0 \leqslant \alpha < \pi$, 并记 $y(\alpha) = a$. 因 y' 属于 L^2, $(y - a)^2 \cot(x - \alpha)$ 当 $x = \alpha$ 和 $x = \alpha + \pi$ 时为 0,[④] 且

$$\int_0^{2\pi} \{y'^2 - (y - a)^2 - [y' - (y - a) \cot(x - \alpha)]^2\}\mathrm{d}x$$

---

① 定理 222.

② 参见 Blaschke[1, p.105]. 最直接的证明是把 Parseval 定理运用于 Fourier 展开式

$$y \sim \frac{1}{2}a_0 + \Sigma(a_n \cos nx + b_n \sin nx), \quad y' \sim \Sigma(nb_n \cos nx - na_n \sin nx) \quad (a_0 = 0).$$

③ 下述的证明是 Hans Lewy 博士告知我们的.

④ 正如在 7.4 节中以及上面一样, 运用定理 222.

$$= [(y-a)^2 \cot(x-\alpha)]_0^{2\pi} = 0.$$

因此, 利用 (7.7.4), 则得

$$\int_0^{2\pi} (y'^2 - y^2) \mathrm{d}x = 2\pi a^2 + \int_0^{2\pi} [y' - (y-a)\cot(x-\alpha)]^2 \mathrm{d}x,$$

上式为正, 除非 $a = 0$ 且

$$y' \equiv y \cot(x-\alpha), \quad y = C \sin(x-\alpha).$$

　　定理 258 之所以特别值得注意, 是因为圆的古典的等周性质的证明可以以之为根据. 现来考虑一条简单闭曲线 C, 其面积为 A, 周长为 L, 并取

$$\phi = \frac{2\pi s}{L}$$

作为参数, 其中 s 是曲线的弧长, 因而

$$x = x(\phi), \quad y = y(\phi) \quad (0 \leqslant \phi \leqslant 2\pi).$$

　　为简单起见, 可设 x' 和 y' 连续. 对于更一般的 x 和 y, 证明仍然有效. 不失一般性, 也可以假定曲线周边的重心在 x 轴上, 因而

$$\int_0^{2\pi} y \mathrm{d}\phi = 0.$$

于是, 我们有

$$\left(\frac{\mathrm{d}x}{\mathrm{d}\phi}\right)^2 + \left(\frac{\mathrm{d}y}{\mathrm{d}\phi}\right)^2 = \left[\left(\frac{\mathrm{d}x}{\mathrm{d}s}\right)^2 + \left(\frac{\mathrm{d}y}{\mathrm{d}s}\right)^2\right] \frac{L^2}{4\pi^2} = \frac{L^2}{4\pi^2},$$

$$\frac{L^2}{2\pi} - 2A = \int_0^{2\pi} \left[\left(\frac{\mathrm{d}x}{\mathrm{d}\phi}\right)^2 + \left(\frac{\mathrm{d}y}{\mathrm{d}\phi}\right)^2\right] \mathrm{d}\phi + 2\int_0^{2\pi} y \frac{\mathrm{d}x}{\mathrm{d}\phi} \mathrm{d}\phi^{[①]}$$

$$= \int_0^{2\pi} \left(\frac{\mathrm{d}x}{\mathrm{d}\phi} + y\right)^2 \mathrm{d}\phi + \int_0^{2\pi} \left[\left(\frac{\mathrm{d}y}{\mathrm{d}\phi}\right)^2 - y^2\right] \mathrm{d}\phi$$

$$\geqslant \int_0^{2\pi} \left[\left(\frac{\mathrm{d}y}{\mathrm{d}\phi}\right)^2 - y^2\right] \mathrm{d}\phi \geqslant 0.$$

最后一个不等式用到了定理 258. 等号仅当

$$y = A\cos\phi + B\sin\phi,$$

———————————

① 或 $-2\int_0^{2\pi} y \dfrac{\mathrm{d}x}{\mathrm{d}\phi} \mathrm{d}\phi$, 这要按照当我们沿给定的方向经过曲线时, s 的变化的方向而定.

因而

$$x = -\int y \mathrm{d}\phi = -A\sin\phi + B\cos\phi + C$$

时成立, 此时曲线为一圆[①].

7.8 包含二阶导数的一个例子

(III) 众所周知[②], 若 f 对 $x \geqslant 0$ 具有二阶导数, μ_0, μ_1, μ_2 是 $|f|, |f'|, |f''|$ 的上界, 则

$$\mu_1^2 \leqslant 4\mu_0\mu_2.$$

这启发我们, 在积分

$$J_0 = \int_0^\infty |f|^p \mathrm{d}x, \quad J_1 = \int_0^\infty |f'|^p \mathrm{d}x, \quad J_2 = \int_0^\infty |f''|^p \mathrm{d}x$$

之间可能有某种对应关系, 其中 $p \geqslant 1$. 下面的定理对 $p = 2$ 这一情形解决了这一问题.

定理 259 若 y 和 y'' 属于 $L^2(0, \infty)$[③], 则

$$\left(\int_0^\infty y'^2 \mathrm{d}x\right)^2 < 4\int_0^\infty y^2 \mathrm{d}x \int_0^\infty y''^2 \mathrm{d}x,$$

除非 $y = AY(Bx)$, 其中

$$Y = \mathrm{e}^{-\frac{1}{2}x}\sin(x\sin\gamma - \gamma) \quad \left(\gamma = \frac{1}{3}\pi\right),$$

此时等号成立.

若考虑由 "设 $J_0 = \int_0^\infty y^2 \mathrm{d}x$ 和 $J_2 = \int_0^\infty y''^2 \mathrm{d}x$ 为已知, 求 $J_1 = \int_0^\infty y'^2 \mathrm{d}x$ 的极大" 所定义的变分法中的 "等周" 问题, 我们就要对

$$\int_0^\infty (y'^2 - \lambda y^2 - \mu y''^2)\mathrm{d}x$$

构造 Euler 方程. 它是形如

$$ay'''' + by'' + cy = 0$$

的一个线性方程, 其解为实指数或复指数的线性结合. 当试图以最有利的方法去选取参数时, 我们就需要考虑函数 Y.

---

① 该证明在原则上即 Hurwitz[2] 的证明, 但区别在于我们没有使用 Fourier 级数论, 并且我们非对称地对待 x 与 y.

② Landau[2, 3].

③ 依照 7.1 节之约定, y' 是 y'' 的积分, y 是 y' 的积分.

利用一般理论顺着这些路线去完成证明, 看起来似乎有困难. 我们将从下述的较为简单的理论导出定理 259.

定理 260　在定理 259 的假定之下,

$$J(y) = \int_0^\infty (y^2 - y'^2 + y''^2)\mathrm{d}x > 0,$$

除非 $y = AY$, 此时等号成立.

我们对该定理给出几个证明, 用来阐明各种方法之间的差异. 前两个本身是初等的; 第三个我们只给出一个大纲, 它把其他两者背后的变分理论变得明朗.

先作一点必要的说明, 即 J_1 是有限的.

要证明这一点, 我们有

$$\int_0^X y'^2\mathrm{d}x = [yy']_0^X - \int_0^X yy''\mathrm{d}x. \tag{7.8.1}$$

因 J_0 和 J_2 有限, 后一积分当 $X \to \infty$ 时趋于一有限极限[1]. 若 J_1 无限, 则 yy', 以及

$$y^2 = 2\int yy'\mathrm{d}x,$$

必趋于无穷. 但由于 J_0 收敛, 这是不可能的. 因此, J_1 为有限, 且 (7.8.1) 中所有的三项趋于极限. 特别地, yy' 趋于一极限, 此极限只能为 0 (仍是由于 J_0 的收敛性).

(1) 我们的第一个证明多少是按照 7.4 节中的路线来进行. 容易证明

$$Y + Y' + Y'' = 0, \quad Y(0) + Y'(0) = 0, \quad Y''(0) = 0$$

和

$$J(Y) = 0^{[2]}.$$

现记

$$y = z + cY,$$

并选取 c 使得 $z(0) = 0$, 于是 z, z', z'' 都属于 L^2. 对于大的 x、z 和 z' 都为 $o(x^{\frac{1}{2}})^{[3]}$, 且 $zz' \to 0$.

但

$$J(y) = J(z) + 2cK(Y, z) + c^2 J(Y),$$

其中

$$K = \int_0^\infty (Yz - Y'z' + Y''z'')\mathrm{d}x$$

---

[1] 由定理 181.
[2] 这需要一点计算.
[3] 由定理 223.

$$= -\int_0^\infty (Y' + Y'')z\mathrm{d}x - \int_0^\infty (Y + Y')z''\mathrm{d}x - \int_0^\infty Y'z'\mathrm{d}x$$

$$= \int_0^\infty (Y + Y' + Y'')z'\mathrm{d}x = 0.$$

因此, $J(y) = J(z)$, 故只须证明 $J(z) > 0$, 除非 $z = 0$. 但因 $z(0) = 0$, 且当 $x \to \infty$ 时, $zz' \to 0$, 故

$$\int_0^\infty z'^2\mathrm{d}x = -\int_0^\infty zz''\mathrm{d}x,$$

因而

$$J(z) = \int_0^\infty (z^2 + zz'' + z''^2)\mathrm{d}x > 0,$$

除非 $z = 0$. 此即证明了定理 260.

(2) 可以设法 (依据 7.5 节和 7.7 节中的路线) 把定理 260 化为依赖于一个恒等式. 为此, 我们将使

$$[y^2 - y'^2 + y''^2 - (y'' + \phi y + \psi y')^2]\mathrm{d}x \tag{7.8.2}$$

成为某一完全微分; ϕ 与 ψ 的最简单的取法是 $\phi = \psi = 1$, 此时 (7.8.2) 化为

$$-\mathrm{d}(y + y')^2.$$

于是,

$$\int_0^X [y^2 - y'^2 + y''^2 - (y + y' + y'')^2]\mathrm{d}x = -[(y + y')^2]_0^X.$$

因 J_0, J_1, J_2 都为有限, 故左端项当 $X \to \infty$ 时有一极限[①]. 又 $yy' \to 0$, 因而 $y^2 + y'^2$ 趋于某一极限, 它只能为 0. 由此即得

$$\int_0^\infty (y^2 - y'^2 + y''^2)\mathrm{d}x = [y(0) + y'(0)]^2 + \int_0^\infty (y + y' + y'')^2\mathrm{d}x, \tag{7.8.3}$$

它为正, 除非

$$y'' + y' + y = 0$$

且

$$y'(0) + y(0) = 0.$$

由这两个条件即得 $y = AY$.

(3) 作为上述证明基础的变分理论比 7.5 节中所述的要稍微复杂一些. 若令

$$y' = z, \tag{7.8.4}$$

---

① 由定理 181, 积分

$$\int_0^\infty yy'\mathrm{d}x, \quad \int_0^\infty y'y''\mathrm{d}x, \quad \int_0^\infty yy''\mathrm{d}x$$

都收敛.

$$J(y) = J(y, z) = \int_0^\infty (y^2 - y'^2 + z'^2)\mathrm{d}x, \tag{7.8.5}$$

并设

$$y(0) = 1, \quad z(0) = \zeta, \quad y(\infty) = 0, \quad z(\infty) = 0, \tag{7.8.6}$$

则该问题即为某一 "Lagrange 问题", 即在条件 (7.8.4) 和 (7.8.6) 下求 $J(y, z)$ 的极小值的问题.

在空间 (x, y, z) 中场的极值是由

$$\frac{\partial \Phi}{\partial y} - \frac{\mathrm{d}}{\mathrm{d}x}\left(\frac{\partial \Phi}{\partial y'}\right) = 0, \quad \frac{\partial \Phi}{\partial z} - \frac{\mathrm{d}}{\mathrm{d}x}\left(\frac{\partial \Phi}{\partial z'}\right) = 0 \tag{7.8.7}$$

给出[①], 其中

$$\Phi = F - \lambda(y' - z) = y^2 - y'^2 + z'^2 - \lambda(y' - z),$$

λ 是 x 的函数, 由诸方程本身所定义. 在当前情形, (7.8.7) 式化为

$$2y + \frac{\mathrm{d}}{\mathrm{d}x}(2y' + \lambda) = 0, \quad \lambda = \frac{\mathrm{d}}{\mathrm{d}x}(2z'), \tag{7.8.8}$$

由此及 (7.8.4), 即得

$$y'''' + y'' + y = 0. \tag{7.8.9}$$

(7.8.9) 的最一般的解中, 使 y 和 z 在无穷处为 0 的, 是

$$y = a\mathrm{e}^{-\rho x} + \bar{a}\mathrm{e}^{-\bar{\rho}x}, \tag{7.8.10}$$

其中 $\rho = \mathrm{e}^{\frac{1}{3}\pi i}$, 一横表示共轭数.

式 (7.8.10) 和

$$z = -a\rho\mathrm{e}^{-\rho x} - \bar{a}\bar{\rho}\mathrm{e}^{-\bar{\rho}x}, \tag{7.8.11}$$

$$\lambda = 2a\mathrm{e}^{-\rho x} + 2\bar{a}\mathrm{e}^{-\bar{\rho}x}, \tag{7.8.12}$$

定义了一个通过 $(\infty, 0, 0)$ 的双参数极值 "场". 域的 "斜率函数" p, q 和 "乘数" λ 乃是通过将极值的斜率和由 (7.8.8) 所定义的 λ 用 x, y, z 表示出所得到的函数

$$p(x, y, z), \quad q(x, y, z), \quad \lambda(x, y, z).$$

经直接计算, 可得

$$p = z, \quad q = -y - z, \tag{7.8.13}$$

$$\lambda = 2y.[②] \tag{7.8.14}$$

---

① 关于一般理论的论述, 可参见 Bliss[2].

② p, q, λ 先是 x 和极值的参数 $a, \bar{a}$ 的函数. 特别地, 在这里有 $y' = -a\rho\mathrm{e}^{-\rho x} - \bar{a}\bar{\rho}\mathrm{e}^{-\bar{\rho}x} = z$, $z' = a\rho^2\mathrm{e}^{-\rho x} + \bar{a}\bar{\rho}^2\mathrm{e}^{-\bar{\rho}x} = -y - z$, $\lambda = 2z'' = -2a\rho^3\mathrm{e}^{-\rho x} - 2\bar{a}\bar{\rho}^3\mathrm{e}^{-\bar{\rho}x} = 2y$.

推广的 Hilbert 积分是

$$J^* = \int (\Phi - p\Phi_p - q\Phi_q)\mathrm{d}x + \Phi_p\mathrm{d}y + \Phi_q\mathrm{d}z.$$

这一积分具有与 7.5 节中的积分相对应的性质. 它与端点之间的路径无关, 它沿一极值 (曲线) 的值与

$$J = \int F\mathrm{d}x$$

的值相同. 又若 E 为极值, C 是连接 E 的端点的任何别的曲线, 则有

$$J_C - J_E = J_C - J_E^* = J_C - J_C^* = \int_C \mathcal{E}\mathrm{d}x, \tag{7.8.15}$$

其中 $\mathcal{E}$ 是过量函数, 在这里是由下式定义:

$$\mathcal{E} = \Phi(x,y,z,y',z',\lambda) - \Phi(x,y,z,p,q,\lambda)$$
$$- (y'-p)\Phi_p - (z'-q)\Phi_q.$$

此时, 我们有

$$\mathcal{E} = (y+z+z')^2 - (y'-z)^2, \tag{7.8.16}$$
$$J_E = (1+\zeta)^2.$$

因 $\mathcal{E}$ 当 $y' = z$ 时化为 $(y+y'+z)^2$, 我们有

$$\int_0^\infty (y^2 - y'^2 + z'^2)\mathrm{d}x = (1+\zeta)^2 + \int_0^\infty (y+y'+z')^2\mathrm{d}x,$$

此即 (7.8.3). 于是, 我们即以三种不同的方法证明了定理 260.

我们已经假定 $y(0) \neq 0$, 因此可取 $y(0) = 1$. $y(0) = 0$ 的情形可以同法讨论 [①].

我们的目的只是要阐明一种方法, 而不是去讨论一个很难的一般理论, 因此我们就很简略地表达我们的论证. 下面的论述 [②] 可能有助于了解这种方法.

(a) 从极值的双参数组构造出来的积分 J^* 不必是不变的. 在这里, 我们可以直接证明 J^* 的不变性, 事实上,

$$J^* = -\int \mathrm{d}(y+z)^2.$$

这一不变性保证了我们的极值做成一 "场". "理由" 基于下面的事实: 它们都经过一个定点, 而且 y, z, λ 当 $x = \infty$ 时都为 0.

(b) 在这种情形下, Φ 为二次,

$$\mathcal{E} = \frac{1}{2}[(y'-p)^2\Phi_{pp} + 2(z'-p)(z'-q)\Phi_{pq} + (z'-q)^2\Phi_{qq}],$$

由此立可得出公式 (7.8.16).

(c) 设 E 和 C 定义如上, E_0 是 x 的正轴, L 是连接 $(0, 1, \zeta)$ 与原点的任一曲线, 则

$$J_C = J_C - J_{E_0} = J_C - J_{E_0}^* = J_L^* + J_C - J_{L+E_0}^* = J_L^* + J_C - J_C^*$$
$$= J_L^* + \int_0^\infty \mathcal{E} \mathrm{d}x = (1+\zeta)^2 + \int_0^\infty (y + y' + y'')^2 \mathrm{d}x.$$

此即 (7.8.3). 这一证法避开了直接去计算 J_E. 若不这样, 我们可作如下论证:

$$J_C - J_E = \int_0^\infty \mathcal{E} \mathrm{d}x,$$
$$J_E = J_E^* = J_L^* + J_{E_0}^* = (1+\zeta)^2.$$

要想从定理 260 导出定理 259, 可以将上面的定理运用于 $y\left(\dfrac{x}{\rho}\right)$ 以代 $y(x)$, 于是即得

$$\rho^4 J_0 - \rho^2 J_1 + J_2 = \int_0^\infty (\rho^4 y^2 - \rho^2 y'^2 + y''^2) \mathrm{d}x > 0.$$

因上式对所有正的 ρ 都成立, 特别当 $\rho^2 = J_1/2J_0$ 时成立, 故知 $J_1^2 < 4J_0 J_2$, 除非 $y(x/B) = AY(x)$.

7.9　一个较简单的定理

值得注意的是, 对于区间 $(-\infty, \infty)$, 相应的定理更为初等而且全然不同.

定理 261　若 y 和 y'' 属于 $L^2(-\infty, \infty)$, 则

$$\left(\int_{-\infty}^\infty y'^2 \mathrm{d}x\right)^2 < \int_{-\infty}^\infty y^2 \mathrm{d}x \int_{-\infty}^\infty y''^2 \mathrm{d}x,$$

除非 $y = 0$. (单位) 常数为最佳的.

事实上 (正如在定理 260 的证明中那样), $yy' \to 0$, 而且

$$J_1^2 = \left(\int_{-\infty}^\infty y'^2 \mathrm{d}x\right)^2 = \left(-\int_{-\infty}^\infty yy'' \mathrm{d}x\right)^2 < \int_{-\infty}^\infty y^2 \mathrm{d}x \int_{-\infty}^\infty y''^2 \mathrm{d}x = J_0 J_2.$$

要证明常数是最佳的, 当 $|x| \leqslant n\pi$ 时我们取 $y = \sin x$, 当 $|x| > n\pi$ 时取 $y = 0$, 并把在 $x = \pm n\pi$ 处之角弄圆, 以使 y'' 为连续. 在把角弄圆时, 我们显然可以做得使三个积分所发生的改变当 $n \to \infty$ 时为有界, 于是每个积分与 $n\pi$ 的差有界, 因而当 n 充分大时, 有

$$J_1^2 > (1-\varepsilon)J_0 J_2.$$

7.10　各种定理及特例

定理 262　若 $y(0) = y(1) = 0$, 且 y' 属于 L^2, 则

$$\int_0^1 \frac{y^2}{x(1-x)} \mathrm{d}x < \frac{1}{2} \int_0^1 y'^2 \mathrm{d}x,$$

除非 $y = cx(1-x)$.

[若

$$J(y) = \int_0^1 \left(\frac{1}{2} y'^2 - \frac{y^2}{x(1-x)} \right) \mathrm{d}x,$$

则 (E) 为

$$x(1-x)y'' + 2y = 0.$$

不管 α 为何, $y = \alpha x(1-x)$ 都是一满足条件的极值. 变动 α, 我们可以定义一个环绕任何给定的极值的场[①]. 可以看出, 在这种情形下, $J(Y) = 0$,

$$p = \frac{1-2x}{x(1-x)} y, \quad W = \frac{1-2x}{2x(1-x)} y^2, \quad \mathcal{E} = \frac{1}{2} \left[y' - \frac{1-2x}{x(1-x)} y \right]^2.$$

基础的恒等式是

$$\int_0^1 \left(\frac{1}{2} y'^2 - \frac{y^2}{x(1-x)} \right) \mathrm{d}x = \frac{1}{2} \int_0^1 \left(y' - \frac{1-2x}{x(1-x)} y \right)^2 \mathrm{d}x.$$

该定理应与定理 225 相比较. 关于利用 Legendre 函数作出的这两个定理的证明, 以及更完备的细节, 可参见 Hardy and Littlewood[10].]

定理 263 若 $J = \int_0^\infty y^2 \mathrm{d}x$, $K = \int_0^\infty y'^2 \mathrm{d}x$, 则

$$4JK > \{y(0)\}^4,$$

除非 $y = a\mathrm{e}^{-bx}$.

定理 264 若

$$y(-1) = -1, \quad y(1) = 1, \quad y'(-1) = y'(1) = 0, \tag{a}$$

k 为正整数, 则

$$\int_{-1}^1 (y'')^{2k} \mathrm{d}x \geqslant 2 \left(\frac{4k-1}{2k-1} \right)^{2k-1},$$

除非

$$y = \frac{4k-1}{2k} x - \frac{2k-1}{2k} x^{(4k-1)/(2k-1)},$$

否则不等号成立.

[这是 7.8 节中的理论的一个例子, 比正文中的要简单, 在现在的情形,

$$\mathcal{E} = z'^{2k} - q^{2k} - 2k(z' - q)q^{2k-1}.]$$

定理 265 若 y 满足 (a), 且对 $(-1, 1)$ 中的每一个 x, 具有二阶导数 y'', 则对某些 x, $|y''(x)| > 2$.

[这一容易直接证明的定理, 相当于定理 264 的极限情形 $k = \infty$. 定理 264 的极值曲线化为

$$y = 2x - x^2 \mathrm{sgn}\, x.$$

[①] 这个场在性质上与 7.5 节中所述的稍有不同, 因各极值都过 $(0,0)$ 和 $(1,0)$.

对于这一曲线, 有 $y' = 2(1 - |x|)$, 且除 $x = 0$ 之外, $y'' = -2\,\mathrm{sgn}\,x$. 在原点无二阶导数.]

定理 266　若 y 属于 L^2, $z' = y$, 且

$$y(0) = y(2\pi) = z(0) = z(2\pi) = 0,$$

则

$$\int_0^{2\pi}(y'^2 - y^2)\mathrm{d}x = \int_0^{2\pi}\left[y' + \frac{(x\cos x - \sin x)y + (1 - \cos x)z}{2 - 2\cos x - x\sin x}\right]^2\mathrm{d}x.$$

[这个恒等式, 它给出了定理 258 的另一个 (虽然不太简单的) 证明, 乃是依照 7.8 节的线索, 把 Wirtinger 不等式作为 Lagrange 问题的一种情形来处理的结果.]

定理 267

$$\int_0^\infty (y^2 + 2y'^2 + y''^2)\mathrm{d}x > \frac{3}{2}[y(0)]^2,$$

除非

$$y = Ce^{-x}(x + 2).$$

定理 268　若 $k \geqslant 1$, y 与 y'' 在 $(-\infty, \infty)$ 或 $(0, \infty)$ 中属于 L^k, 则

$$\left(\int|y'|^k\mathrm{d}x\right)^2 \leqslant K(k)\int|y|^k\mathrm{d}x\int|y''|^k\mathrm{d}x,$$

积分是在所考虑的区间上取的. [1]

定理 269　若 $k > 1$, y 与 y'' 分别属于 L^k 和 $L^{k'}$, 则

$$\int_{-\infty}^\infty y'^2\mathrm{d}x < \left(\int_{-\infty}^\infty |y|^k\mathrm{d}x\right)^{1/k}\left(\int_{-\infty}^\infty |y''|^{k'}\mathrm{d}x\right)^{1/k'},$$

除非 y 为 0.

定理 270　若 y' 属于 L^2, 则

$$\int_0^\infty \frac{y^4}{x^3}\mathrm{d}x < \frac{3}{2}\left(\int_0^\infty y'^2\mathrm{d}x\right)^2, \tag{i}$$

除非

$$y = \frac{x}{ax + b}, \tag{ii}$$

其中 a 与 b 为正, 此时等号成立. 更一般地, 若

$$l > k > 1, \quad r = \frac{l}{k} - 1, \tag{iii}$$

y' 为正且属于 L^k, 则

$$\int_0^\infty \frac{y^l}{x^{l-r}}\mathrm{d}x < K\left(\int_0^\infty y'^k\mathrm{d}x\right)^{l/k}, \tag{iv}$$

其中

$$K = \frac{1}{l - r - 1}\left[\frac{r\Gamma(l/r)}{\Gamma(1/r)\Gamma[(l-1)/r]}\right], \tag{v}$$

---

① Hardy, Littlewood and Landau[1].

除非

$$y = \frac{x}{(ax^r + b)^{1/r}}.\tag{vi}$$

[容易证明一个形如 (i) 但常数差一些的不等式. 例如若将 (i) 中的积分分别记作 K 和 J, 则有

$$y^2 = \left(\int_0^x y' \mathrm{d}t\right)^2 \leqslant Jx,$$

因而由定理 253,

$$K = \int_0^\infty \frac{y^4}{x^3} \mathrm{d}x \leqslant J \int_0^\infty \frac{y^2}{x^2} \mathrm{d}x < 4J^2.$$

我们不知道这个完整结果的任何初等证明. 关于变分证明的细节, 它比定理 260 的证明要困难得多, 可参见 Bliss[3].

定理 271 若 $\alpha > 1$, $\mathfrak{G}(f)$ 是 f 在 $(0, x)$ 上的几何平均, 则

$$\int_0^\infty x^{\alpha-1} \mathfrak{G}^\alpha(f) \mathrm{d}x < \frac{1}{\alpha-1} \left[\Gamma\left(\frac{\alpha}{\alpha-1}\right) \right]^{1-\alpha} \left(\int_0^\infty f \mathrm{d}x\right)^\alpha,$$

除非

$$f \equiv C \exp(-Bx^{\alpha-1}).$$

(参见 Hardy and Littlewood[7]. 极限情形 $\alpha = 1$ 相当于定理 335.)

定理 272 在问题

"设 $\int_{-\infty}^\infty x^2 y^2 \mathrm{d}x$ 和 $\int_{-\infty}^\infty y'^2 \mathrm{d}x$ 为已知, 求 $\int_{-\infty}^\infty y^2 \mathrm{d}x$ 的极大" 中, Euler 方程为

$$y'' + (a + bx^2)y = 0.$$

它可借助抛物圆柱函数来解出. 若 $b = -a^2 = -(2c)^2$, 则它有一解 $y = \mathrm{e}^{-cx^2}$.

[这给出了 Weyl 不等式的变分基础 (参见定理 226).]

第8章 关于双线性形式和多线性形式的一些定理

8.1 导 引

本章将要证明关于双线性和多线性形式的极大值的若干一般性定理，在本章的前面部分 (8.2 节至 8.6 节) 中，我们将讨论 n 组变量的形式，但假定变量和系数都为正. 之后 (8.7 节至 8.12 节)，我们取消这一限制，但假定 $n = 2$. 本章后面的部分 (8.13 节至 8.17 节) 大半是用来证明 M. Riesz 的一个关于带有复变量和复系数的双线性形式的重要定理.

8.2 带有正变量和正系数的多线性形式的不等式

假定

$$x_i, y_j, \cdots, z_k$$

为 n 组变量，$i, j, \cdots, k$ 从 $-\infty$ 跑到 ∞; 又设

$$\Sigma, \sum_i, {\sum_i}'$$

分别表示关于所有的附标求和，只关于 i 求和，关于 $j, \cdots, k$ (除 i 以外所有的附标) 求和. 和数

$$S = \Sigma a_{ij\ldots k} x_i y_j \cdots z_k$$

称为变量 $x, y, \cdots, z$ 的一种多线性形式. 当 n 是 1, 2, 3 时，这个形式称为线性的、双线性的、三线性的.

若此级数绝对收敛，则

$$S = \sum_i x_i {\sum_i}' a_{ij\ldots k} y_j \cdots z_k = \sum_j y_j {\sum_j}' a_{ij\ldots k} x_i \cdots z_k = \cdots.$$

定理 273 设

$$0 < \alpha \leqslant 1, \quad 0 < \beta \leqslant 1, \quad \cdots, \quad 0 < \gamma \leqslant 1 \tag{8.2.1}$$

且

$$0 \leqslant \frac{\alpha + \beta + \cdots + \gamma - 1}{n - 1} \leqslant \min(\alpha, \beta, \cdots, \gamma); \tag{8.2.2}$$

又设 $\bar{\alpha},\ \bar{\beta},\ \cdots,\ \bar{\gamma}$ 由

$$\alpha - \bar{\alpha} = \beta - \bar{\beta} = \cdots = \gamma - \bar{\gamma} = \frac{\alpha + \beta + \cdots + \gamma - 1}{n - 1} \tag{8.2.3}$$

所定义 (因而 $0 \leqslant \bar{\alpha} \leqslant \alpha, \cdots, 0 \leqslant \bar{\gamma} \leqslant \gamma$), $\rho, \sigma, \cdots, \tau$ 都为正, 且

$$\bar{\alpha}\rho + \bar{\beta}\sigma + \cdots + \bar{\gamma}\tau = 1. \tag{8.2.4}$$

此外, 更设

$$x_i \geqslant 0, \quad y_j \geqslant 0, \quad \cdots, \quad z_k \geqslant 0, \quad a_{ij\cdots k} \geqslant 0,$$

$$\sum_i x_i^{1/\alpha} \leqslant X, \quad \sum_j y_i^{1/\beta} \leqslant Y, \quad \cdots, \quad \sum_k z_k^{1/\gamma} \leqslant Z, \tag{8.2.5}$$

$$\sum_i{}' a_{ij\cdots k}^{\rho} = A_i \leqslant A, \quad \sum_j{}' a_{ij\cdots k}^{\sigma} = B_j \leqslant B,$$

$$\cdots, \quad \sum_k{}' a_{ij\cdots k}^{\tau} = C_k \leqslant C, \tag{8.2.6}$$

则

$$S = \Sigma a_{ij\cdots k} x_i y_j \cdots z_k \leqslant A^{\bar{\alpha}} B^{\bar{\beta}} \cdots C^{\bar{\gamma}} X^{\alpha} Y^{\beta} \cdots Z^{\gamma}.$$

事实上, 我们有

$$1 - \bar{\alpha} - \bar{\beta} - \cdots - \bar{\gamma} = \frac{\alpha + \beta + \cdots + \gamma - 1}{n - 1} = \alpha - \bar{\alpha} = \beta - \bar{\beta} = \cdots,$$

因而由定理 11[①], 有

$$S = \Sigma (a^{\rho} x^{1/\alpha})^{\bar{\alpha}} (a^{\sigma} y^{1/\beta})^{\bar{\beta}} \cdots (a^{\tau} z^{1/\gamma})^{\bar{\gamma}} (x^{1/\alpha} y^{1/\beta} \cdots z^{1/\gamma})^{1-\bar{\alpha}-\bar{\beta}-\cdots-\bar{\gamma}}$$

$$\leqslant (\Sigma a^{\rho} x^{1/\alpha})^{\bar{\alpha}} (\Sigma a^{\sigma} y^{1/\beta})^{\bar{\beta}} \cdots (\Sigma a^{\tau} z^{1/\gamma})^{\bar{\gamma}} (\Sigma x^{1/\alpha} y^{1/\beta} \cdots z^{1/\gamma})^{1-\bar{\alpha}-\bar{\beta}-\cdots-\bar{\gamma}}$$

$$= \left(\sum_i x^{1/\alpha} \sum_i{}' a^{\rho}\right)^{\bar{\alpha}} \cdots \left(\sum_k z^{1/\gamma} \sum_k{}' a^{\tau}\right)^{\bar{\gamma}} \left(\sum_i x^{1/\alpha} \cdots \sum_k z^{1/\gamma}\right)^{1-\bar{\alpha}-\cdots-\bar{\gamma}}$$

$$\leqslant (AX)^{\bar{\alpha}} \cdots (CZ)^{\bar{\gamma}} (XY \cdots Z)^{1-\bar{\alpha}-\cdots-\bar{\gamma}}$$

$$= A^{\bar{\alpha}} B^{\bar{\beta}} \cdots C^{\bar{\gamma}} X^{\alpha} Y^{\beta} \cdots Z^{\gamma}.$$

我们来注意一些特殊情形.

(1) 若

$$\alpha + \beta + \cdots + \gamma = 1,$$

则

$$\bar{\alpha} = \alpha, \quad \bar{\beta} = \beta, \quad \cdots, \quad \bar{\gamma} = \gamma,$$

---

① 推广到无穷级数: 我们将不常常重复这一说明.

因而该定理的叙述即变得比较简单.

(2) 当 $n = 2$ 时, 条件 (8.2.2) 的第二项自然成立. 若记 [①]

$$\alpha = \frac{1}{p}, \quad \beta = \frac{1}{q},$$

则

$$\bar{\alpha} = \frac{1}{q'}, \quad \bar{\beta} = \frac{1}{p'}.$$

交换 ρ 与 σ, A 与 B, 则得

定理 274 若

$$p \geqslant 1, \quad q \geqslant 1, \quad \frac{1}{p} + \frac{1}{q} \geqslant 1, \quad \rho > 0, \quad \sigma > 0, \quad \frac{\rho}{p'} + \frac{\sigma}{q'} = 1,$$

$$\sum_i a_{ij}^\rho \leqslant A, \quad \sum_j a_{ij}^\sigma \leqslant B, \quad \sum_i x_i^p \leqslant X, \quad \sum_j y_j^q \leqslant Y,$$

则

$$S = \Sigma a_{ij} x_i y_j \leqslant A^{1/p'} B^{1/q'} X^{1/p} Y^{1/q}.$$

(3) 一个值得注意但仍然是较为特殊的情形是当 $\rho = \sigma = 1$, $q = p'$ 的情形.

定理 275 若

$$p > 1, \quad q > 1, \quad \frac{1}{p} + \frac{1}{q} = 1,$$

$$\sum_i a_{ij} \leqslant A, \quad \sum_j a_{ij} \leqslant B, \quad \sum_i x_i^p \leqslant X, \quad \sum_j y_j^q \leqslant Y,$$

则

$$S = \Sigma\Sigma a_{ij} x_i y_j \leqslant (BX)^{1/p} (AY)^{1/q}.$$

关于 $p = q = 2$ 的情形, 可参见 Frobenius[1] 和 Schur[1].

8.3　W. H. Young 的一个定理

将定理 274 作另外的特殊化, 可得出 W. H. Young 的一个不等式, 它在 Fourier 级数论中特别重要.

设 $\sigma = \rho > 1$, 因而

$$\frac{1}{p'} + \frac{1}{q'} = \frac{1}{\rho} < 1, \quad \frac{1}{p} + \frac{1}{q} > 1.$$

---

① 在前几章中, 字母 p 和 q 被保留下来作为平均值的权. 本章已不再要求它们用于这一目的, 我们用它们作为指标.

又取 $a_{ij} = a_{i+j}$. 则对每一个 j 和每一个 i, 有

$$\sum_i a_{ij}^\rho = \sum_j a_{ij}^\rho = \Sigma a_n^\rho = A \quad (\text{设}).$$

因此, 若记

$$z_n = \sum_{i+j=n} x_i y_j, \tag{8.3.1}$$

则由定理 274, 可得

$$\Sigma a_n z_n = \Sigma a_{i+j} x_i y_j \leqslant A^{1/\rho} X^{1/p} Y^{1/q}. \tag{8.3.2}$$

因 (8.3.2) 对于所有使得 $\Sigma a_n^\rho = A$ 的 a_n 都成立, 故由定理 15, 即得

$$\Sigma z_n^{\rho'} \leqslant X^{\rho'/p} Y^{\rho'/q}.$$

当 $\rho = 1$ 时, 上式必须代之以 $z_n \leqslant X^{1/p} Y^{1/q}$.

　　于是, 我们已经证明了 (除了说明等号成立的情形之外) 下面的 Young 定理. [①]

　　定理 276　若

$$p > 1, \quad q > 1, \quad \frac{1}{p} + \frac{1}{q} > 1,$$

z_n 由 (8.3.1) 定义, 则

$$\Sigma z_n^{\frac{pq}{p+q-pq}} \leqslant \left(\Sigma x_i^p \right)^{\frac{q}{p+q-pq}} \left(\Sigma y_j^q \right)^{\frac{p}{p+q-pq}}. \tag{8.3.3}$$

等号仅当所有的 x, 或所有的 y, 或所有的 x 除掉一个之外和所有的 y 除掉一个之外, 都为 0 时才能成立.

　　现加上一个较为直接的证明, 它使得我们可以解决等号出现的问题. 若记 $1/p = 1 - \lambda, 1/q = 1 - \mu$, 则 $\lambda > 0, \mu > 0, \lambda + \mu < 1$, 于是我们可将该定理表示成下面的形式.

　　定理 277　若

$$\lambda > 0, \quad \mu > 0, \quad \lambda + \mu < 1,$$

z 由 (8.3.1) 定义, $\mathfrak{S}_r(x)$ 与 2.10 节中的定义相同, 则

$$\mathfrak{S}_{1/(1-\lambda-\mu)}(z) \leqslant \mathfrak{S}_{1/(1-\lambda)}(x) \mathfrak{S}_{1/(1-\mu)}(y), \tag{8.3.4}$$

等号仅在定理 276 中所述的情形下成立.

　　令 $\nu = 1 - \lambda - \mu$, 由定理 11, 有

$$(\Sigma uv)^{\frac{1}{\nu}} = \left(\Sigma u^{\frac{\lambda}{\lambda+\nu}} v^{\frac{\mu}{\mu+\nu}} u^{\frac{\nu}{\lambda+\nu}} v^{\frac{\nu}{\mu+\nu}} \right)^{\frac{1}{\nu}} \leqslant \left(\Sigma u^{\frac{1}{\lambda+\nu}} \right)^{\frac{\lambda}{\nu}} \left(\Sigma v^{\frac{1}{\mu+\nu}} \right)^{\frac{\mu}{\nu}} \Sigma u^{\frac{1}{\lambda+\nu}} v^{\frac{1}{\mu+\nu}}.$$

---

① Young[3, 4, 6]. Young 没有考虑等号成立的问题.

取

$$u = y_{n-i} = y_j, \quad v = x_i,$$

而将此不等式运用于 (8.3.1), 即得

$$z_n^{\frac{1}{\nu}} \leqslant \left(\sum_i x_i^{\frac{1}{\mu+\nu}} \right)^{\frac{\mu}{\nu}} \left(\sum_j y_j^{\frac{1}{\lambda+\nu}} \right)^{\frac{\lambda}{\nu}} \sum_{i+j=n} x_i^{\frac{1}{\mu+\nu}} y_j^{\frac{1}{\lambda+\nu}}, \tag{8.3.5}$$

$$z_n^{\frac{1}{\nu}} \leqslant \mathfrak{S}_{\frac{1}{\mu+\nu}}^{\frac{\mu}{\nu(\mu+\nu)}}(x) \mathfrak{S}_{\frac{1}{\lambda+\nu}}^{\frac{\lambda}{\nu(\lambda+\nu)}}(y) \sum_{i+j=n} x_i^{\frac{1}{\mu+\nu}} y_j^{\frac{1}{\lambda+\nu}}. \tag{8.3.6}$$

因此,

$$\sum_n z_n^{\frac{1}{\nu}} \leqslant \mathfrak{S}_{\frac{1}{\mu+\nu}}^{\frac{\mu}{\nu(\mu+\nu)}}(x) \mathfrak{S}_{\frac{1}{\lambda+\nu}}^{\frac{\lambda}{\nu(\lambda+\nu)}}(y) \sum_n \sum_{i+j=n} x_i^{\frac{1}{\mu+\nu}} y_j^{\frac{1}{\lambda+\nu}}.$$

因为这里的二重和等于

$$\sum_i \sum_j x_i^{\frac{1}{\mu+\nu}} y_j^{\frac{1}{\lambda+\nu}} = \mathfrak{S}_{\frac{1}{\mu+\nu}}^{\frac{1}{\mu+\nu}}(x) \mathfrak{S}_{\frac{1}{\lambda+\nu}}^{\frac{1}{\lambda+\nu}}(y),$$

故得

$$\sum_n z_n^{\frac{1}{\nu}} \leqslant \mathfrak{S}_{\frac{1}{\mu+\nu}}^{\frac{1}{\nu}}(x) \mathfrak{S}_{\frac{1}{\lambda+\nu}}^{\frac{1}{\nu}}(y),$$

此即 (8.3.4).

可以把等号何时出现的问题作如下处理.

若不是所有的 x, 也不是所有的 y, 都为 0, 则存在 n, 使得对于某些满足关系 $i+j=n$ 的 i,j, 有 $x_i y_j > 0$. 把与一对如此的 i,j 相对应的格点叫作点 P_n. 对于这样一个 n, 若于 (8.3.5) 中, 我们在右边的前两个和数内限于只取与诸点 P_n 相对应的 i 和 j, 则该式仍成立. 若在 (8.3.5) 中等号成立, 则对于此种 i,j, 比值

$$x_i^{\frac{1}{\mu+\nu}} : y_j^{\frac{1}{\lambda+\nu}} : x_i^{\frac{1}{\mu+\nu}} y_j^{\frac{1}{\lambda+\nu}}$$

与 i 和 j 无关, 因而相应的 x_i 以及相应的 y_j 全都相等. 由此可知, 对于任一个 n, 只能有有限个点 P_n.

设对某个 n, 所有这些条件都满足, 则在不等式 (8.3.6) 中等号仍不会成立, 除非与诸 P_n 相应的 i 和 j 包含了使得 $x_i > 0$ 和 $y_j > 0$ 的**所有的** i 和 j. 由此可知, 正的 x_i 和 y_j 的总数是有限的. 因而存在唯一的点, 使得 $x_i y_j > 0$ 且 $n = i + j$ 为极小. 对于这个 n, 有一个**唯一的** P_n, 而且假若 (8.3.6) 中对于这个 n 等号成立, 则除相应的这对 i,j 之外, $x_i = 0$, $y_j = 0$.

8.4   推广和类似情形

定理 276 和定理 277 有着许多值得注意的特殊情形、类似情形和推广. 现在不加证明地列举其中的一些.

定理 278   若 $\lambda > 0, \mu > 0, \cdots, \nu > 0, \lambda + \mu + \cdots + \nu < 1$, 且

$$w_n = \sum_{i+j+\cdots+k=n} x_i y_j \cdots z_k,$$

则

$$\mathfrak{S}_{\frac{1}{1-\lambda-\mu-\cdots-\nu}}(w) \leqslant \mathfrak{S}_{\frac{1}{1-\lambda}}(x) \mathfrak{S}_{\frac{1}{1-\mu}}(y) \cdots \mathfrak{S}_{\frac{1}{1-\nu}}(z),$$

除非某个集中所有的数都为 0, 或每一个集中除一个之外都为 0.

定理 279   若

$$c_n = \sum_{i_1+i_2+\cdots+i_k=n} a_{i_1} a_{i_2} \cdots a_{i_k},$$

则

$$\Sigma c_n^2 \leqslant \left(\Sigma a_n^{\frac{2k}{2k-1}} \right)^{2k-1},$$

除非所有的 a 除一个之外都为 0.

定理 277 至定理 279 按照 1.4 节的意义来说"关于 Σ 为齐次的", 它们都有积分的类似情形.

定理 280   若 $\lambda > 0$, $\mu > 0$, $\lambda + \mu < 1$,

$$\mathfrak{I}_r(f) = \left(\int_{-\infty}^{\infty} f^r \mathrm{d}x \right)^{1/r},$$

且

$$h(x) = \int_{-\infty}^{\infty} f(t) g(x-t) \mathrm{d}t,$$

则

$$\mathfrak{I}_{\frac{1}{1-\lambda-\mu}}(h) < \mathfrak{I}_{\frac{1}{1-\lambda}}(f) \mathfrak{I}_{\frac{1}{1-\mu}}(g),$$

除非 f 或 g 为 0.

定理 281   若 $\lambda > 0$, $\mu > 0$, $\lambda + \mu < 1$,

$$\mathfrak{I}_r(f) = \int_0^{\infty} f^r \mathrm{d}x,$$

且

$$h(x) = \int_0^x f(t) g(x-t) \mathrm{d}t,$$

则

$$\mathfrak{I}_{\frac{1}{1-\lambda-\mu}}(h) < \mathfrak{I}_{\frac{1}{1-\lambda}}(f)\mathfrak{I}_{\frac{1}{1-\mu}}(g),$$

除非 f 或 g 为 0.

定理 282 若 k 为整数, 且

$$\phi(x) = \int_{-\infty}^{\infty} \cdots \int_{-\infty}^{\infty} f(x_1)f(x_2)\cdots f(x_{k-1})f(x-x_1-\cdots-x_{k-1})\mathrm{d}x_1\mathrm{d}x_2\cdots\mathrm{d}x_{k-1},$$

则

$$\int_{-\infty}^{\infty}\phi^2(x)\mathrm{d}x \leqslant \left(\int_{-\infty}^{\infty} f^{\frac{2k}{2k-1}}(x)\mathrm{d}x\right)^{2k-1}.$$

定理 283 若

$$\phi(x) = \int f(x_1)\cdots f(x_{k-1})f(x-x_1-\cdots-x_{k-1})\mathrm{d}x_1\cdots\mathrm{d}x_{k-1},$$

积分范围由

$$x_i \geqslant 0, \quad \Sigma x_i \leqslant x$$

定义, 则

$$\int_0^{\infty}\phi^2(x)\mathrm{d}x \leqslant \left(\int_0^{\infty} f^{\frac{2k}{2k-1}}(x)\mathrm{d}x\right)^{2k-1}.$$

定理 284 若 $f(x)$ 具有周期 2π, 且

$$\phi(x) = \frac{1}{(2\pi)^{k-1}}\int_{-\pi}^{\pi}\cdots\int_{-\pi}^{\pi}f(x_1)f(x_2)\cdots f(x_{k-1})f(x-x_1-\cdots-x_{k-1})\mathrm{d}x_1\mathrm{d}x_2\cdots\mathrm{d}x_{k-1},$$

则

$$\frac{1}{2\pi}\int_{-\pi}^{\pi}[\phi(x)]^2\mathrm{d}x \leqslant \left(\frac{1}{2\pi}\int_{-\pi}^{\pi}f^{\frac{2k}{2k-1}}(x)\mathrm{d}x\right)^{2k-1}.$$

8.5 在 Fourier 级数中的应用

定理 279 和定理 284 在 Fourier 级数论中有着重要的应用. 虽然我们在这里所涉及的函数和系数不是正的, 但已经证明了的定理已足够应用.

先设 $f(x)$ 和 $g(x)$ 是 L^2 中的复函数, 又设

$$\sum_{-\infty}^{\infty} a_n\mathrm{e}^{nix}, \quad \sum_{-\infty}^{\infty} b_n\mathrm{e}^{nix}$$

是它们的复 Fourier 级数. 众所周知, 有

$$\Sigma a_n \bar{b}_n = \frac{1}{2\pi} \int_{-\pi}^{\pi} f(x)\overline{g(x)}\mathrm{d}x \tag{8.5.1}$$

(一横表示共轭). 特别地, 若 $f(x)$ 属于 L^2, 则

$$\Sigma |a_n|^2 = \frac{1}{2\pi} \int_{-\pi}^{\pi} |f|^2 \mathrm{d}x. \tag{8.5.2}$$

反之, 若 $\Sigma |a_n|^2$ 收敛, 则存在 L^2 中的一个 $f(x)$, 它以 a_n 为其 Fourier 常数, 且满足 (8.5.2).

这些定理 ("Parseval 定理" 和 "Riesz-Fischer 定理") 已由 Young 和 Hausdorff 加以推广. 记

$$\mathfrak{S}_p(a) = (\Sigma |a_n|^p)^{1/p}, \quad \mathfrak{I}_p(f) = \left(\frac{1}{2\pi} \int_{-\pi}^{\pi} |f(x)|^p \mathrm{d}x\right)^{1/p}, \tag{8.5.3}$$

因而 $\mathfrak{S}_p(a)$ 即为 2.10 节中定义的 $\mathfrak{S}_p(|a|)$, 于是 (8.5.2) 即可写成

$$\mathfrak{S}_2(a) = \mathfrak{I}_2(f). \tag{8.5.4}$$

Young 和 Hausdorff 证明了: 若

$$1 < p \leqslant 2, \tag{8.5.5}$$

则有

$$\mathfrak{I}_{p'}(f) \leqslant \mathfrak{S}_p(a), \tag{8.5.6}$$

$$\mathfrak{S}_{p'}(a) \leqslant \mathfrak{I}_p(f). \tag{8.5.7}$$

在 p 上所作的限制是必不可少的. 这些定理先是由 Young[3, 4, 6] 对一列特殊的 p 和 p', 即

$$p = \frac{2k}{2k-1}, \quad p' = 2k \quad (k = 1, 2, 3, \cdots) \tag{8.5.8}$$

给以证明, 然后由 Hausdorff[2] 对一般的 p 和 p' 加以证明.

在这里, 我们只限于讨论 Young 所考虑的情形 (8.5.8). 在这种情形下, (8.5.6) 和 (8.5.7) 分别是定理 279 和定理 284 的推论. 例如, 定理 279[1]中的 c_n 乃是 $\psi = f^k$ 的 Fourier 常数, 因而

$$\mathfrak{I}_{2k}^{2k}(f) = \frac{1}{2\pi} \int_{-\pi}^{\pi} |f|^{2k} \mathrm{d}x = \frac{1}{2\pi} \int_{-\pi}^{\pi} |\psi|^2 \mathrm{d}x$$
$$= \Sigma |c_n|^2 \leqslant \mathfrak{S}_{2k/(2k-1)}^{2k}(a),$$

此即 (8.5.6). 同理, a_n^k 乃是定理 284 中的 $\phi(x)$ 的 Fourier 常数, 因而 (8.5.7) 可从定理 284 导出.

对于一般的 p, (8.5.6) 和 (8.5.7) 的证明肯定要困难得多. 可参见 8.17 节.

值得注意的是 (作为 Hölder 不等式的另一种应用), (8.5.7) 是如何能够从 (8.5.6)推导出来的. 记

$$b_n = |a_n|^{p'-1}\mathrm{sgn}a_n = |a_n|^{p'/\bar{a}_n},$$

---

① 现在当然是由复数 a 构成的.

若 $a_n \neq 0$ 且 $|n| \leqslant N$, 否则即令 $b_n = 0$. 又令

$$g(x) = \Sigma b_n \mathrm{e}^{nix}.$$

因为 $\bar{g}$ 是一三角多项式, 故有

$$\sum_{-N}^{N} |a_n|^{p'} = \sum_{-N}^{N} a_n \bar{b}_n = \frac{1}{2\pi} \int_{-\pi}^{\pi} f(x) \overline{g(x)} \mathrm{d}x.$$

因此, 利用 Hölder 不等式及 (8.5.6), 即得

$$\sum_{-N}^{N} |a_n|^{p'} \leqslant \mathfrak{I}_p(f) \mathfrak{I}_{p'}(g) \leqslant \mathfrak{I}_p(f) \mathfrak{S}_p(b)$$

$$= \mathfrak{I}_p(f) \left(\sum_{-N}^{N} |a_n|^{(p'-1)p} \right)^{1/p} = \mathfrak{I}_p(f) \left(\sum_{-N}^{N} |a_n|^{p'} \right)^{1/p}.$$

将最后一个因子除左边, 并让 N 趋于无穷, 即得 (8.5.7).

8.6　关于正的多线性形式的凸性定理

本节将要证明带有正变量和正系数的多线性形式的一条简单而又重要的性质. 我们所证明的定理只不过是 Hölder 不等式的一个推论, 但它很有用, 而且将用于导引出 8.13 节中的一个较为深刻的定理.

定理 285[1]　设 $a \geqslant 0, x \geqslant 0, \cdots, z \geqslant 0$, 又设

$$M_{\alpha, \beta, \cdots, \gamma}$$

是

$$S = \Sigma a_{ij\cdots k} x_i y_j \cdots z_k$$

对于所有使得

$$\Sigma x^{1/\alpha} \leqslant 1, \quad \Sigma y^{1/\beta} \leqslant 1, \quad \cdots, \quad \Sigma z^{1/\gamma} \leqslant 1$$

成立的 $x, y, \cdots, z$ 的上界, 则 $\ln M_{\alpha, \beta, \cdots, \gamma}$ 在区域 $\alpha > 0, \beta > 0, \cdots, \gamma > 0$ 中是 $\alpha, \beta, \cdots, \gamma$ 的一个凸函数.

所谓 n 个变量 $\alpha, \beta, \cdots, \gamma$ 的凸函数, 我们是指 (3.12 节) 在 $\alpha, \beta, \cdots, \gamma$ 的空间中沿着任一直线都为凸的函数.

我们要证明, 若

$$t_1 \geqslant 0, \quad t_2 \geqslant 0, \quad t_1 + t_2 = 1,$$

$$\alpha = t_1 \alpha_1 + t_2 \alpha_2, \quad \beta = t_1 \beta_1 + t_2 \beta_2, \quad \cdots, \quad \gamma = t_1 \gamma_1 + t_2 \gamma_2,$$

---

[1] M. Riesz[1]: Riesz 取 $n=2$.

则

$$M_{\alpha,\beta,\cdots,\gamma} \leqslant M_{\alpha_1,\beta_1,\cdots,\gamma_1}^{t_1} M_{\alpha_2,\beta_2,\cdots,\gamma_2}^{t_2}. \tag{8.6.1}$$

现在

$$S = \Sigma a x y \cdots z = \Sigma (a x^{\alpha_1/\alpha} y^{\beta_1/\beta} \cdots z^{\gamma_1/\gamma})^{t_1} (a x^{\alpha_2/\alpha} y^{\beta_2/\beta} \cdots z^{\gamma_2/\gamma})^{t_2}$$

$$\leqslant \left(\Sigma a x^{\alpha_1/\alpha} y^{\beta_1/\beta} \cdots z^{\gamma_1/\gamma}\right)^{t_1} \left(\Sigma a x^{\alpha_2/\alpha} y^{\beta_2/\beta} \cdots z^{\gamma_2/\gamma}\right)^{t_2}.$$

因

$$\Sigma(x^{\alpha_1/\alpha})^{1/\alpha_1} = \Sigma x^{1/\alpha} \leqslant 1, \cdots,$$

故右边第一个和数不超过 $M_{\alpha_1,\beta_1,\cdots,\gamma_1}$; 同理, 第二个和数不超过 $M_{\alpha_2,\beta_2,\cdots,\gamma_2}$. 此即证明了 (8.6.1).

若当 $\alpha,\beta,\cdots$ 为 0 时, 我们将条件 $\Sigma x^{1/\alpha} \leqslant 1, \Sigma y^{1/\beta} \leqslant 1, \cdots$ 代之以 $x \leqslant 1, y \leqslant 1, \cdots$, 则此定理可推广到闭区域 $\alpha \geqslant 0, \beta \geqslant 0, \cdots$ 上.

例如设 $n = 2$, 且

$$\sum_i a_{ij} \leqslant A, \quad \sum_j a_{ij} \leqslant B,$$

则 $M_{0,1} \leqslant A, M_{1,0} \leqslant B$, 因而当 $0 < \alpha < 1$ 时, $M_{\alpha,1-\alpha} \leqslant B^\alpha A^{1-\alpha}$. 若 $p > 1, q = p'$, 则可以取 $\alpha = 1/p, 1 - \alpha = 1/q$, 于是即得

$$M_{1/p,1/q} \leqslant M_{1,0}^{1/p} M_{0,1}^{1/q} \leqslant B^{1/p} A^{1/q},$$

这等价于定理 275 中的结果.

8.7 一般的双线性形式

直到现在, 我们全是在讨论 "正的" 多线性形式, 即其变量和系数都为非负的形式. 最重要的多线性形式是双线性形式, 因而本章中余下的部分以及第 9 章中的大部分都是从这种或那种观点来讨论双线性形式的, 它们通常不是正的.

我们把系数为 a_{ij} 的形式记作 A, 对于其他的字母同样类推. 我们把 8.1 节中关于附标的变化范围所作的约定加以改变: 直到 8.12 节末, $i, j, \cdots$ 都是从 1 跑到 ∞. 记

$$\mathfrak{S}_r(x) = \mathfrak{S}_r(|x|) = \left(\sum_1^\infty |x_i|^r\right)^{1/r}.$$

又记

$$\sum_i a_{ij} x_i = X_j, \quad \sum_j a_{ij} y_j = Y_i. \tag{8.7.1}$$

当该形式为正, 则

$$A = \sum_i \sum_j a_{ij} x_i y_j = \sum_i x_i Y_i = \sum_j y_j X_j, \tag{8.7.2}$$

而这三个级数中任何一个收敛必涉及其余两者收敛, 且三者相等. 当该形式为有限时, (8.7.2) 式对复的 a, x, y 亦成立.

我们将会反复用到下面几个一般性定理[①].

定理 286　设

$$p > 1, \quad q > 1, \quad \frac{1}{p} + \frac{1}{p'} = 1, \quad \frac{1}{q} + \frac{1}{q'} = 1$$

(因而 $p' > 1$, $q' > 1$), 又设 a, x, y 为实且非负, 则下面的三个命题等价:

$$|A(x, y)| \leqslant K \mathfrak{S}_p(x) \mathfrak{S}_q(y) \tag{8.7.3}$$

对所有的 x, y 成立[②];

$$\mathfrak{S}_{q'}(X) \leqslant K \mathfrak{S}_p(x) \tag{8.7.4}$$

对所有的 x 成立;

$$\mathfrak{S}_{p'}(Y) \leqslant K \mathfrak{S}_q(y) \tag{8.7.5}$$

对所有的 y 成立.

定理 287　下面的三个命题等价:

(i) (8.7.3) 中的不等式成立, 除非 (x_i) 或 (y_j) 为 0;

(ii) (8.7.4) 中的不等式成立, 除非 (x_i) 为 0;

(iii) (8.7.5) 中的不等式成立, 除非 (y_i) 为 0.

定理 288　当形式有限时, 定理 286 和定理 287 对于复变量和复系数的形式亦成立.

定理 286 乃是定理 13 和定理 15 的一个简单的推论. 由 (8.7.2) 和定理 13 可知,

$$A = \sum_j y_j X_j \leqslant \mathfrak{S}_q(y) \mathfrak{S}_{q'}(X), \tag{8.7.6}$$

因而 (8.7.4) 是 (8.7.3) 成立的充分条件; 同时, 定理 15 指出, 它也是必要条件. 因此, (8.7.3) 和 (8.7.4) 等价, 同理, (8.7.3) 和 (8.7.5) 等价.

在 (8.7.3) 中不等号成立, 除非 (y_j) 为 0 或在 (8.7.4) 中等号成立. 因此, 定理 287 的第二命题隐含第一命题. 若诸 x_i, 因而诸 X_j 已经给定, 则由定理 13, 我

---

① 对于 $p = q = 2$ 的情形, 可参见 Hellinger and Toeplitz[1]; 对于 $q = p'$, 可参见 F. Riesz[1]. 这几个一般性定理的实质是在 M. Riesz[1] 中发现的. 重要的情形当然是 K 取其最小可能值, 亦即是 A 的界的情形 (8.8 节).

② 在这里 $A \geqslant 0$, 但鉴于定理 288, 我们还是记为 $|A|$ 而不是 A.

们可以选取一组非 0 的 (y_j) 使得 (8.7.6) 中的等号成立. 因此, 若 (8.7.4) 对于某一非 0 的组 (x_i) 等号成立, 则 (8.7.3) 对于某一非 0 的组 (x_i) 和 (y_j) 等号成立. 故这两个命题等价, 同理, 第一命题与第三命题等价. 此即证明了定理 287.

最后, 当形式为有限时①, 全部论证同样也适用于复的 a, x, y. 只需用定理 14 代替定理 13 即可.

最重要的是 $q = p'$, $q' = p$ 的情形, 此时 (8.7.3), (8.7.4) 和 (8.7.5) 即变为

$$|A| \leqslant K\mathfrak{S}_p(x)\mathfrak{S}_{p'}(y), \quad \mathfrak{S}_p(X) \leqslant K\mathfrak{S}_p(x), \quad \mathfrak{S}_{p'}(Y) \leqslant K\mathfrak{S}_{p'}(y).$$

8.8　有界双线性形式的定义

本章后续部分, 除了另有明确申明之外, 都假定所讨论的形式中的变量和系数是任意的实数或复数.

我们把所有使得

$$\mathfrak{S}_p(x) = \mathfrak{S}_p(|x|) = (\Sigma|x_i|^p)^{1/p} \leqslant 1 \tag{8.8.1}$$

成立的数组 (x) 或 $x_1, x_2, \cdots$ (不管是实的或复的) 所成的集称为**空间** $[p]$. 这里的 p 是任一正数, 但通常都是 $p > 1$. 同理, 我们把所有使得

$$\mathfrak{S}_p(x) \leqslant 1, \quad \mathfrak{S}_q(y) \leqslant 1 \tag{8.8.2}$$

的数组 (x, y) 所成的集称为**空间** $[p, q]$. 最重要的是 $p = q = 2$ 的情形. 这一空间的重要性首先是由 Hilbert 认识到的, 因而可以简称之为 Hilbert**空间**.

在一般的定义中, 若将 $\mathfrak{S}_\infty(x)$ 解释为 $\max |x|$, 则 p 或 q 可以为 ∞. 于是, 空间 $[\infty, \infty]$ 即为所有使得 $|x| \leqslant 1$, $|y| \leqslant 1$ 的数组 (x, y) 所成的集.

设

$$A = A(x, y) = \Sigma\Sigma a_{ij}x_i y_j \tag{8.8.3}$$

为一双线性形式. 若对于 $[p, q]$ 中所有的点, 都有

$$|A_n(x, y)| = \left|\sum_{i=1}^{n}\sum_{j=1}^{n} a_{ij}x_i y_j\right| \leqslant M, \tag{8.8.4}$$

其中 M 与 x、y 和 n 无关, 则称 A 在 $[p, q]$ 中**有界**. 称 A_n 为 A 的**截段**(section): 一个形式当其各截段有界时为有界.

显而易见, 若 (8.8.4) 对于所有使得

---

① 否则在关于 A 的求和次序方面就存在困难.

$$\mathfrak{S}_p(x) = 1, \quad \mathfrak{S}_q(y) = 1 \tag{8.8.5}$$

的 (x, y) 成立, 则它对于 $[p, q]$ 中所有的点也成立. 在这种情形下, (8.8.4) 可以写作

$$|A_n(x, y)| \leqslant M\mathfrak{S}_p(x)\mathfrak{S}_q(y), \tag{8.8.6}$$

而这里两边对 x 和 y 都为一次齐次式, 因而 (8.8.5) 中的条件就无关重要. 因此, 可以取 (8.8.6) 来作有界形式的定义, 此时 (8.8.6) 中的 x, y 不加以限制.

直到现在为止, M 一直是使得 (8.8.4) 或 (8.8.6) 成立的任意数. 若是如此, 则称 A 为 M 所界, 或 M 是 A 的**界**. 很自然地要把 M 取作这种界中的最小者, 此时称该 M 为 A 的界[①].

一种重要的特殊情形是 $p = q$ 且

$$a_{ij} = a_{ji}$$

的情形, 这时 A 称为**对称的**. 此时, A **为有界的充要条件是二次型**

$$A(x, x) = \Sigma\Sigma a_{ij}x_i x_j$$

有界. 当我们说 $A(x, x)$ 有界时, 当然是指 $A(x, y)$ 当 x 与 y 相同时有界, 亦即对于所有使得 $\mathfrak{S}_p(x) = 1$ 的 x, 有

$$|A_n(x, x)| \leqslant M.$$

首先, 条件显然是必要的, 而且 $A(x, x)$ 的界显然不超过 $A(x, y)$ 的界. 条件的充分性可从恒等式

$$A_n(x, y) = \frac{1}{4}A_n(x + y, x + y) - \frac{1}{4}A_n(x - y, x - y) \tag{8.8.7}$$

得出. 当 $p = 2$ 时, 我们还可稍进一步: $A(x, x)$ 的界和 $A(x, y)$ 的界相同. 事实上, 若 M 是 $A(x, x)$ 的界, 则由 (8.8.7) 即得

$$|A_n(x, y)| \leqslant \frac{1}{4}M\Sigma(|x + y|^2 + |x - y|^2) = \frac{1}{2}M\Sigma(|x|^2 + |y|^2) \leqslant M.$$

显而易见, 当系数 a 为正时, 若 A 对非负的 x 与 y 有界, 则它有界, 而且它的界可以只关于这种 x 与 y 来定义. 若

$$A^* = \Sigma\Sigma|a_{ij}|x_i y_j$$

有界, 则称 A 为**绝对有界**.

---

① 若 M_n 是在条件

$$\sum_1^n |x_i|^p \leqslant 1, \quad \sum_1^n |y_j|^q \leqslant 1$$

下 A_n 的极大值, 则显然有 $M_n \leqslant M_{n+1}$, 且 M_n 关于 n 为有界. 因此, $M = \lim\limits_{n \to \infty} M_n$ 存在, 且为 A 的最小的界.

8.9 $[p,q]$ 中有界形式的一些性质

有界形式的理论非常重要, 但这里不可能系统地加以讨论. 我们只证明一些结果, 仅供用来处理后面将涉及的一些特殊形式.

取 $p > 1$, $q > 1$, 并一如以往, 令

$$p' = \frac{p}{p-1}, \quad q' = \frac{q}{q-1}.$$

定理 289 若 A 在 $[p,q]$ 中的界为 M, 则对于每一个 j 和每一个 i 分别有

$$\sum_i |a_{ij}|^{p'} \leqslant M^{p'}, \quad \sum_j |a_{ij}|^{q'} \leqslant M^{q'}. \tag{8.9.1}$$

取 $x_1 = 1$, 其余所有的 x 为 0, 又除 $y_1, y_2, \cdots, y_J$ 之外, 其余所有的 y 为 0. 由 (8.8.6),

$$\left| \sum_1^J a_{Ij} y_j \right| \leqslant M \left(\sum_1^J |y_j|^q \right)^{1/q}.$$

因上式对于所有的 y_j 和所有的 J 成立, 由定理 15, 可得

$$\sum_j |a_{Ij}|^{q'} \leqslant M^{q'}.$$

此即 (8.9.1) 中的第二式, 第一式可同法证明.

于是, 在 $[2,2]$ 中有界的**必要条件**是: 对于所有的 j 和 i, 有

$$\sum_i |a_{ij}|^2 < \infty, \quad \sum_j |a_{ij}|^2 < \infty.$$

条件

$$\Sigma\Sigma |a_{ij}|^2 < \infty$$

是**充分的**, 因为此时有

$$|A|^2 \leqslant \sum_{i,j} |a_{ij}|^2 \sum_{i,j} |x_i^2 y_j^2| = \sum_{i,j} |a_{ij}|^2 \sum_i |x_i|^2 \sum_j |y_j|^2,$$

但该条件绝不是必要的, 即使当诸系数都为正时也是这样. 例如在 8.12 节中我们将看到

$$\Sigma\Sigma \frac{x_i y_j}{i+j}$$

有界.

定理 290 某一有界形式的任一行或任一列必绝对收敛.

理由如下. 由定理 289, 有

$$\sum_i |a_{ij} x_i y_j| \leqslant |y_j| \left(\sum_i |x_i|^p \right)^{1/p} \left(\sum_i |a_{ij}|^{p'} \right)^{1/p'} \leqslant M |y_j| \mathfrak{S}_p(x).$$

显而易见, 当 $a_{ij} \geqslant 0$ 时, A 有界的必要条件是: 对于 $[p, q]$ 中所有正的 x 和 y,

$$\Sigma\Sigma a_{ij} x_i y_j \tag{8.9.2}$$

收敛. 自然会问: 这对于带有任意实或复系数的有界形式是否也成立, 换言之, 当 A 有界时, 级数 (8.9.2) 是否一定就某一公认的意义收敛 (对 $[p, q]$ 中的 x 和 y). 答案是肯定的: 若 A 有界, 级数 (8.9.2) 就三个标准的意义为收敛 (必然是一致的), 即作为某一二重级数就 Pringsheim 的意义或作为某一迭和数按行或列为收敛. 但二重级数收敛的观念与我们现在的目的无关 (而且在一般理论中也不很重要), 因此我们不会证明这些定理. 对于情形 $[2, 2]$, 参见 Hellinger and Toeplitz[1].

8.10　$[p, p']$ 中两种形式的卷积

现设 $q = p'$. 若 A 与 B 在 $[p, p']$ 中有界, 其界分别为 M 和 N, 则由定理 289, 有

$$\sum_k |a_{ik}|^p \leqslant M^p, \quad \sum_k |b_{kj}|^{p'} \leqslant N^{p'},$$

因而由定理 13, 级数

$$f_{ij} = \sum_k a_{ik} b_{kj} \tag{8.10.1}$$

绝对收敛. 称

$$F = F(A, B) = \Sigma\Sigma f_{ij} x_i y_j$$

为 A 与 B 的**卷积**(faltung). A 和 B 的次序是有关系的, $F(A, B)$ 和 $F(B, A)$ 通常是两个不同的形式.

定理 291　若 A 与 B 在 $[p, p']$ 中分别具有界 M 和 N, 则 F 在 $[p, p']$ 中有界, 其界不超过 MN.

设 $m \geqslant n$, 又设当 $i > n$ 时 $x_i = 0$. 于是, 因 A 在 $[p, p']$ 中为 M 所界, 对于所有使得 $\mathfrak{S}_p(x) \leqslant 1$ 和 $\mathfrak{S}_{p'}(y) \leqslant 1$ 的 x 和 y, 我们有

$$|A_m| = \left| \sum_{k=1}^m y_k \sum_{i=1}^n a_{ik} x_i \right| \leqslant M.$$

因此, 由定理 15, 对于 $m \geqslant n$ 有

$$\sum_{k=1}^m \left| \sum_{i=1}^n a_{ik} x_i \right|^p \leqslant M^p;$$

于是有

$$\sum_k \left| \sum_{i=1}^n a_{ik} x_i \right|^p \leqslant M^p. \tag{8.10.2}$$

同理, 有

$$\sum_k \left| \sum_{j=1}^n b_{kj} y_j \right|^{p'} \leqslant N^{p'}. \tag{8.10.3}$$

但

$$\sum_{i=1}^n \sum_{j=1}^n f_{ij} x_i y_j = \sum_{i=1}^n \sum_{j=1}^n x_i y_j \sum_k a_{ik} b_{kj} = \sum_k \left(\sum_{i=1}^n a_{ik} x_i \right) \left(\sum_{j=1}^n b_{kj} y_j \right). \tag{8.10.4}$$

由 (8.10.2)(8.10.3)(8.10.4) 及定理 13, 即得

$$\left| \sum_{i=1}^n \sum_{j=1}^n f_{ij} x_i y_j \right| \leqslant MN,$$

此即证明了定理.

显而易见, 不管 A 与 B 是否有界, 只要级数

$$\sum_k |a_{ik}|^p, \quad \sum_k |b_{kj}|^{p'}$$

收敛, 我们都可定义 A 与 B 的卷积.

8.11　关于 [2, 2] 中诸形式的一些特有定理[①]

本节仅限于讨论古典情形 $p = q = 2$, 并设变量和系数都为实的 (虽然通常不是正的). 于是, 我们假定 A 为某一实形式, 并用

$$A' = \Sigma\Sigma a_{ji} x_i y_j \tag{8.11.1}$$

记从 A 经交换 a_{ij} 中的附标而得的形式.

若对所有的 i,

$$\sum_k a_{ik}^2 < \infty, \tag{8.11.2}$$

则级数

$$c_{ij} = \sum_k a_{ik} a_{jk} \tag{8.11.3}$$

绝对收敛, 且由 (8.10.1),

$$C(x, y) = \Sigma\Sigma c_{ij} x_i y_j \tag{8.11.4}$$

是 A 和 A' 的卷积 $F(A, A')$. 特别地, $C(x, x)$ 是某一二次形式, 根据 (8.10.4), 它的截段 C_n 由

$$C_n(x, x) = \sum_k \left(\sum_{i=1}^n a_{ik} x_i \right)^2 \tag{8.11.5}$$

---

① Hellinger and Toeplitz[1]、Schur[1].

给出. 记

$$C(x,x) = N(A),$$

而称之为 A 的**范数**(norm). 当 A 满足 (8.11.2) 时, 则称 A **的范数存在**. 根据定理 289, $N(A)$ 的存在乃是 A 有界的**必要条件**.

若 A 有界, 其界为 M, 则由定理 291, $N(A)$ 有界, 其界 P 不超过 M^2. 另一方面, 只要 $N(A)$ 存在, 则

$$\left| A_n(x,y) \right| = \left| \sum_{j=1}^n y_j \sum_{i=1}^n a_{ij} x_i \right| \leqslant \left(\sum_{j=1}^n y_j^2 \right)^{\frac{1}{2}} \left[\sum_{j=1}^n \left(\sum_{i=1}^n a_{ij} x_i \right)^2 \right]^{\frac{1}{2}}$$

$$\leqslant \left(\sum_{j=1}^n y_j^2 \right)^{\frac{1}{2}} \{ C_n(x,x) \}^{\frac{1}{2}}.$$

因此, 若 $N(A)$ 为 P 所界, 则 A 为 $P^{\frac{1}{2}}$ 所界.

总结以上的结果, 即得

定理 292　实形式 A 在 $[2,2]$ 中有界的充要条件是 A 的范数 $N(A)$ 存在且有界. 若 M 为 A 的界, P 为 $N(A)$ 的界, 则

$$P = M^2.$$

一个有用的推论是

定理 293　若 $A, B, \cdots$ 是有限多个形式, 它们的范数都存在, 且

$$H(x,x) = N(A) + N(B) + \cdots$$

有界, 其界为 P, 则 $A, B, \cdots$ 有界, 其界不超过 $P^{\frac{1}{2}}$.

事实上, 若 $N_n(A), \cdots$ 是 $N(A), \cdots$ 的截段, 则由 (8.11.5), $N_n(A), \cdots$ 为非负 [①], 且

$$H_n(x,x) = N_n(A) + N_n(B) + \cdots.$$

因此, $N_n(A), \cdots$ 为 $P^{\frac{1}{2}}$ 所界.

8.12　在 Hilbert 形式中的应用

现在运用定理 293 于两种非常重要的由 Hilbert 最先研究的特殊形式.

---

① 就是说, 对于实的 x 只取非负的值. "正形式" 一词在本章会以另一种意义来使用, 即具有非负系数和变量的形式.

定理 294 形式

$$A = \Sigma\Sigma \frac{x_i y_j}{i+j-1}, \quad B = \Sigma\Sigma' \frac{x_i y_j}{i-j},$$

其中 $i, j = 1, 2, \cdots$，一撇表示将 $i = j$ 的项略去，在实空间 $[2, 2]$ 中有界，其界不超过 π.

显而易见，各形式满足条件 (8.11.2). 记

$$N(A) = \Sigma\Sigma c_{ij} x_i x_j, \quad N(B) = \Sigma\Sigma d_{ij} x_i y_j,$$

现来计算 $c_{ij} + d_{ij}$.

若 $i = j$，则有

$$c_{ii} + d_{ii} = \overset{\infty}{\underset{k=1}{\Sigma}} \frac{1}{(i+k-1)^2} + \overset{\infty}{\underset{k=1}{\Sigma}}' \frac{1}{(i-k)^2} = \overset{\infty}{\underset{-\infty}{\Sigma}}' \frac{1}{(i-k)^2} = \frac{1}{3}\pi^2. \tag{8.12.1}$$

若 $i \neq j$，则

$$\begin{aligned}
c_{ij} + d_{ij} &= \overset{\infty}{\underset{k=1}{\Sigma}} \frac{1}{(i+k-1)(j+k-1)} + \overset{\infty}{\underset{k=1}{\Sigma}}' \frac{1}{(i-k)(j-k)} \\
&= \overset{\infty}{\underset{k=-\infty}{\Sigma}}' \frac{1}{(i-k)(j-k)} = \frac{1}{i-j} \overset{\infty}{\underset{k=-\infty}{\Sigma}}' \left(\frac{1}{j-k} - \frac{1}{i-k} \right),
\end{aligned}$$

这里的撇表示除去值 $k = i$ 和 $k = j$. 若 K 同时大于 $|i|$ 和 $|j|$，则

$$\overset{K}{\underset{k=-K}{\Sigma}}' \left(\frac{1}{j-k} - \frac{1}{i-k} \right) = \frac{2}{i-j} + \left(\frac{1}{j-K} + \cdots + \frac{1}{j+K} - \frac{1}{i-K} - \cdots - \frac{1}{i+K} \right),$$

最后的括号中乃是两个连续不断的级数，不过要略去分母为 0 的项，此括号当 $K \to \infty$ 时趋于 0[①]. 因此，

$$c_{ij} + d_{ij} = \frac{2}{(i-j)^2} \quad (i \neq j). \tag{8.12.2}$$

由 (8.12.1) 和 (8.12.2)，可得

$$N(A) + N(B) = \frac{\pi^2}{3} \Sigma x_i^2 + 2\Sigma\Sigma' \frac{x_i x_j}{(i-j)^2}. \tag{8.12.3}$$

这里的第一项具有界 $\frac{1}{3}\pi^2$；又因

$$\underset{i}{\Sigma}' \frac{1}{(i-j)^2} = \underset{j}{\Sigma}' \frac{1}{(i-j)^2} < \frac{1}{3}\pi^2,$$

[①] 除去一个与 K 无关的数之外，其余全都消去.

故第二项满足定理 275 中的条件, 且具有界 $\frac{2}{3}\pi^2$. 因此, $N(A) + N(B)$ 具有界 π^2, 因而定理 294 由定理 293 即可得出[①].

A 之为有界可以比较简单地证出: 第 9 章将给出一些证明.

A 为绝对有界 (8.8 节), 因其系数为正. 重要的是要注意, 这一点对 B 并不成立. 欲证明这一点, 只须证明: 对于使得 Σx_i^2 和 Σy_j^2 收敛的正的集 (x, y), 有

$$\Sigma\Sigma' \frac{x_i y_j}{|i - j|} = \infty$$

即可. 取

$$x_i = i^{-\frac{1}{2}}(\ln i)^{-1} \quad (i > 1),$$
$$y_j = j^{-\frac{1}{2}}(\ln j)^{-1} \quad (j > 1),$$

又 $x_1 = x_2$, $y_1 = y_2$, 则

$$\Sigma\Sigma' \frac{x_i y_j}{|i - j|} \geqslant \sum_{j=1}^{\infty}\sum_{k=1}^{\infty} k^{-1} x_{j+k} y_j \geqslant \sum_{k=1}^{\infty} k^{-1} \sum_{l=k+1}^{\infty} x_l y_l = \sum_{k=1}^{\infty} \frac{1}{k} \sum_{l=k+1}^{\infty} \frac{1}{l(\ln l)^2}$$
$$\geqslant \sum_{k=1}^{\infty} \frac{1}{k} \int_{k+1}^{\infty} \frac{\mathrm{d}u}{u(\ln u)^2} = \sum_{k=1}^{\infty} \frac{1}{k \ln(k+1)},$$

而此级数发散.

在第 9 章中我们将看到, A 在 $[p, p']$ 中有界. B 在 $[p, p']$ 中亦有界, 但证明要困难得多. 参见 M. Riesz[1, 2]、Titchmarsh[2, 3].

8.13　关于带有复变量和系数的双线性形式的凸性定理

其次, 我们来证明一个属于 M. Riesz[②]的非常重要的定理. 这一定理, 正如定理 285 一样, 肯定了 $\ln M_{\alpha,\beta}$ 的凸性, 其中 $M_{\alpha,\beta}$ 乃是 A 型的一形式的上界; 但在 Riesz 定理中, 该形式是双线性的, a, x, y 则是一般的复数, 凸性只是在 α 和 β 的一个受到限制的区域中得到证明.

在 Riesz 的论证中紧要的一点是, $M_{\alpha,\beta}$ 必须是一个可以达到的极大值, 而不只是一个上界, 因此我们就来考虑一种有限双线性形式

$$A = \sum_{i=1}^{m}\sum_{j=1}^{n} a_{ij} x_i y_j. \tag{8.13.1}$$

定理 295　设 $M_{\alpha,\beta}$ 是当

$$\sum_{1}^{m} |x_i|^{1/\alpha} \leqslant 1, \quad \sum_{1}^{n} |y_j|^{1/\beta} \leqslant 1 \tag{8.13.2}$$

---

① 该证明是 Schur[1] 的.

② M. Riesz[1]. 我们的证明实质上是 Riesz 的那个证明. Paley[2, 4] 已给出另一个 (不十分完善的) 证明.

时 A 的极大值, 在这里我们规定, 若 $\alpha = 0$ 或 $\beta = 0$, 这些不等式即由 $|x_i| \leqslant 1$ 或 $|y_j| \leqslant 1$ 代替. 于是 $\ln M_{\alpha,\beta}$ 在三角形

$$0 \leqslant \alpha \leqslant 1, \quad 0 \leqslant \beta \leqslant 1, \quad \alpha + \beta \geqslant 1 \tag{8.13.3}$$

中为凸的.

我们要来证明, 若 (α_1, β_1) 和 (α_2, β_2) 是三角形 (8.13.3) 中的两点, $0 < t < 1$, 且

$$\alpha = \alpha_1 t + \alpha_2 (1-t), \quad \beta = \beta_1 t + \beta_2 (1-t), \tag{8.13.4}$$

则

$$M_{\alpha,\beta} \leqslant M_{\alpha_1,\beta_1}^t M_{\alpha_2,\beta_2}^{1-t}. \tag{8.13.5}$$

我们需要用到这样的事实, 即当 $\alpha \to 0$ 时, $M_{\alpha,\beta} \to M_{0,\beta}$. 设 $(\bar{x}, \bar{y})$ 和 $(\bar{x}_0, \bar{y}_0)$ 分别为关于 (α, β) 和 $(0, \beta)$ 的一个最大组, 则 $(\bar{x}, \bar{y})$ 是关于 $(0, \beta)$ 的一个 "容许组", $(m^{-\alpha} \bar{x}_0, \bar{y}_0)$ 是关于 (α, β) 的一个容许组. 因此, $m^{-\alpha} M_{0,\beta} \leqslant M_{\alpha,\beta} \leqslant M_{0,\beta}$, 因而 $M_{\alpha,\beta} \to M_{0,\beta}$. 同理, 当 $\beta \to 0$ 时, $M_{\alpha,\beta} \to M_{\alpha,0}$. 于是, 在三角形 (8.13.3) 的角点 $(0, 1)$ 和 $(1, 0)$, 存在着 $M_{\alpha,\beta}$ 的某种连续性, 而在此三角形其他的点, $M_{\alpha,\beta}$ 显为连续. 因此, 根据定理 88, 只须证明, 当 $\alpha_1, \beta_1, \alpha_2, \beta_2$ 已经给定之后, (8.13.5) 对 $0 < t < 1$ 中的**某一** t 成立即可. 而且只须考虑 $\alpha > 0$, $\beta > 0$ 时的 $M_{\alpha,\beta}$, 在此种情形下, 可以定义 p, q, p', q' 如

$$\alpha = \frac{1}{p}, \quad \beta = \frac{1}{q}, \quad \frac{1}{p} + \frac{1}{p'} = 1, \quad \frac{1}{q} + \frac{1}{q'} = 1. \tag{8.13.6}$$

于是, 可以将 (8.13.2) 记为

$$\mathfrak{S}_p(x) \leqslant 1, \quad \mathfrak{S}_q(y) \leqslant 1, \tag{8.13.7}$$

而 (8.13.3) 中的诸不等式即等价于

$$q' \geqslant p \geqslant 1 \tag{8.13.8}$$

和

$$p' \geqslant q \geqslant 1 \tag{8.13.9}$$

中之一. 如同 8.7 节中一样, 我们也令

$$X_j = X_j(x) = \sum_i a_{ij} x_i, \quad Y_i = Y_i(y) = \sum_j a_{ij} y_j, \tag{8.13.10}$$

因而有

$$A = \sum_j X_j y_j = \sum_i x_i Y_i \tag{8.13.11}$$

或简记为

$$A = \Sigma Xy = \Sigma xY. \tag{8.13.12}$$

根据定理 286，我们可以对 $M_{\alpha,\beta}$ 给出另外一个定义，它更适合于我们现在的目的. 显而易见，A 对一组使得

$$\mathfrak{S}_p(x) = 1, \quad \mathfrak{S}_q(y) = 1 \tag{8.13.13}$$

的 (x, y) 取其极大值，而 $M_{\alpha,\beta}$ 则是对于所有此种 (x, y) 满足

$$|A| \leqslant K \mathfrak{S}_p(x) \mathfrak{S}_q(y) \tag{8.13.14}$$

的最小的 K. 因上式两边就 x 和 y 都是一次齐次式，故 (8.13.13) 这一限制就无关重要，因而 $M_{\alpha,\beta}$ 可定义为对于所有 (x, y) 满足 (8.13.14) 的最小的 K[①].

根据定理 286，这也就是对于所有的 x，满足

$$\mathfrak{S}_{q'}(X) \leqslant K \mathfrak{S}_p(x) \tag{8.13.15}$$

的最小的 K，或对于所有的 y，满足

$$\mathfrak{S}_{p'}(Y) \leqslant K \mathfrak{S}_q(y) \tag{8.13.16}$$

的最小的 K. 因此可以定义 $M_{\alpha,\beta}$ 为

$$M_{\alpha,\beta} = \max \frac{\mathfrak{S}_{q'}(X)}{\mathfrak{S}_p(x)} = \max \frac{\mathfrak{S}_{p'}(Y)}{\mathfrak{S}_q(y)},$$

在这里，极大值是就所有非零组 x 或 y 而取的.

8.14　最大组 (x, y) 的进一步的性质

设 (x^*, y^*) 是 (x, y) 的一组，它满足 (8.13.7)，且使 $|A|$ 取其极大；又设 X^* 和 Y^* 是相应的 X 和 Y 的值. 显而易见 (如同我们会经常看到的那样)，

$$\mathfrak{S}_p(x^*) = 1, \quad \mathfrak{S}_q(y^*) = 1. \tag{8.14.1}$$

又，如在 (8.7.6) 中那样，有

$$|A| \leqslant \mathfrak{S}_{q'}(X) \mathfrak{S}_q(y), \quad |A| \leqslant \mathfrak{S}_{p'}(Y) \mathfrak{S}_p(x). \tag{8.14.2}$$

---

① 这只不过是把 8.8 节中用过的一个论证重复一次.

(8.14.2) 中的各式当 x, y 取值 x^*, y^* 时等号必成立, 否则可以令 x, X 不动而变更 y, 或令 y, Y 不动而变更 x, 使得 $|A|$ 增大. 因之, 有

$$M_{\alpha,\beta} = |A(x^*, y^*)| = \mathfrak{S}_{q'}(X^*)\mathfrak{S}_q(y^*) = \mathfrak{S}_{p'}(Y^*)\mathfrak{S}_p(x^*).$$

此外. 由定理 14, 有

$$|X_j^*|^{q'} = \omega^{q'}|y_j^*|^q$$

或

$$|X_j^*| = \omega|y_j^*|^{q-1}, \tag{8.14.3}$$

其中 ω 为正且与 j 无关, 且

$$\arg X_j^* y_j^*$$

与 j 无关. 因此,

$$M_{\alpha,\beta} = |A(x^*, y^*)| = |\Sigma X^* y^*| = \Sigma|X^* y^*| = \omega\Sigma|y^*|^q = \omega.$$

代入 (8.14.3), 并添上关于 Y_i^* 的相应的结果, 则得

$$|X_j^*| = M_{\alpha,\beta}|y_j^*|^{q-1}, \quad |Y_i^*| = M_{\alpha,\beta}|x_i^*|^{p-1}. \tag{8.14.4}$$

8.15 定理 295 的证明

下面假定 (x, y) 为 (关于指标 α, β 的) 一最大组, 而将星号省去. 记 $p_1 = 1/\alpha_1$, 等等, 又以 M, M_1, M_2 代 $M_{\alpha,\beta}, M_{\alpha_1,\beta_1}, M_{\alpha_2,\beta_2}$. 我们使用 $p, p_1, \cdots$ 时是把三角形的顶点 $(0, 1)$ 和 $(1, 0)$ 排除在外, 但正如 8.13 节中所指出的, 这并不有损于我们的证明.

由 (8.14.4), 有

$$M\mathfrak{S}_{(p-1)p_1'}^{p-1}(x) = \left(M^{p_1'}\Sigma|x_i|^{(p-1)p_1'}\right)^{1/p_1'} = \left(\Sigma|Y_i|^{p_1'}\right)^{1/p_1'} = \mathfrak{S}_{p_1'}(Y).$$

将此式与 (8.13.17) 比较, 即得

$$M\mathfrak{S}_{(p-1)p_1'}^{p-1}(x) \leqslant M_1\mathfrak{S}_{q_1}(y). \tag{8.15.1}$$

同理, 有

$$M\mathfrak{S}_{(q-1)q_2'}^{q-1}(y) \leqslant M_2\mathfrak{S}_{p_2}(x). \tag{8.15.2}$$

因此, 若 $0 < t < 1$, 则得

$$M\mathfrak{S}_{(p-1)p_1'}^{(p-1)t}(x)\mathfrak{S}_{(q-1)q_2'}^{(q-1)(1-t)}(y) \leqslant M_1^t M_2^{1-t}\mathfrak{S}_{q_1}^t(y)\mathfrak{S}_{p_2}^{(1-t)}(x). \tag{8.15.3}$$

我们暂时假定，在 0 与 1 之间存在某个 t，满足关系

$$\frac{1}{p} = \frac{t}{p_1} + \frac{1-t}{p_2}, \quad \frac{1}{q} = \frac{t}{q_1} + \frac{1-t}{q_2}, \tag{8.15.4}$$

亦即满足 (8.13.4) 式，并假定

$$\mathfrak{S}_{p_2}^{1-t}(x) \leqslant \mathfrak{S}_{(p-1)p_1'}^{(p-1)t}(x), \quad \mathfrak{S}_{q_1}^{t}(y) \leqslant \mathfrak{S}_{(q-1)q_2'}^{(q-1)(1-t)}(y). \tag{8.15.5}$$

于是，由 (8.15.3) 及 (8.15.5)，对**某个** t，有

$$M \leqslant M_1^t M_2^{1-t},$$

然后由定理 88 即得我们的定理.

还需要证明 (8.15.4) 和 (8.15.5) 表述的假定是正确的. 进一步假定：存在数 μ 和 ν，使得

$$0 < \mu \leqslant 1, \quad 0 < \nu \leqslant 1, \tag{8.15.6}$$

$$p_2 = (p-1)p_1'\mu + p(1-\mu), \quad q_1 = (q-1)q_2'\nu + q(1-\nu). \tag{8.15.7}$$

由定理 18[①]，$r \ln \mathfrak{S}_r(x) = \ln \mathfrak{S}_r^r(x)$ 是 r 的一个凸函数；而 x，作为一最大组，则满足 (8.13.13). 因此，

$$\mathfrak{S}_{p_2}^{p_2}(x) \leqslant \mathfrak{S}_{(p-1)p_1'}^{(p-1)p_1'\mu}(x)\mathfrak{S}_p^{p(1-\mu)}(x) = \mathfrak{S}_{(p-1)p_1'}^{(p-1)p_1'\mu}(x); \tag{8.15.8}$$

同理，有

$$\mathfrak{S}_{q_1}^{q_1}(y) \leqslant \mathfrak{S}_{(q-1)q_2'}^{(q-1)q_2'\nu}(y)\mathfrak{S}_q^{q(1-\nu)}(y) = \mathfrak{S}_{(q-1)q_2'}^{(q-1)q_2'\nu}(y). \tag{8.15.9}$$

最后，若

$$\frac{p_1'\mu}{p_2} = \frac{t}{1-t}, \quad \frac{q_2'\nu}{q_1} = \frac{1-t}{t}, \tag{8.15.10}$$

则 (8.15.8) 和 (8.15.9) 即等价于 (8.15.5).

欲使证明完整，就必须证明 (8.15.4)(8.15.6)(8.15.7)(8.15.10) 是可以并立的. 这些条件一共包含了六个式子，为 4 个数 p, q, μ, ν 所满足，还有两个不等式. 由 (8.15.10) 的第一式即得

$$(p_1' - 1)\mu + 1 = \frac{(p_1' - 1)p_2}{p_1'}\frac{t}{1-t} + 1 = \frac{p_2}{p_1}\frac{t}{1-t} + 1$$

和

$$p_2 + p_1'\mu = p_2\left(1 + \frac{t}{1-t}\right) = \frac{p_2}{1-t};$$

---

① 严格言之，是从一个由定理 18 改写出来的定理，犹如定理 17 改写成定理 87 那样.

由 (8.15.7) 的第一式即得

$$\frac{1}{p} = \frac{(p_1'-1)\mu+1}{p_2+p_1'\mu} = \frac{p_2 t + p_1(1-t)}{p_1 p_2} = \frac{t}{p_1} + \frac{1-t}{p_2},$$

它与 (8.15.4) 一致.

同样的论证也适用于包含 q 的方程, 因而 (8.15.4) 是 (8.15.7) 和 (8.15.10) 的一个推论. 给定 p_1, q_1, p_2, q_2, t, 即可由 (8.15.10) 求出 μ, ν, 由 (8.15.7) 求出 p, q, 而且这些数都满足该六个式子.

还需要考查不等式 (8.15.6). 若 μ 和 ν 满足 (8.15.10), 且 $0 < t < 1$, 则此诸不等式即等价于

$$\frac{q_1}{q_2'} \leqslant \frac{t}{1-t} \leqslant \frac{p_1'}{p_2}. \tag{8.15.11}$$

因为 (α_1, β_1) 和 (α_2, β_2) 在三角形 (8.13.3) 内, 故由 (8.13.8) 和 (8.13.9) 有

$$q_1 \leqslant p_1', \quad q_2' \geqslant p_2.$$

于是更有

$$\frac{q_1}{q_2'} \leqslant \frac{p_1'}{p_2}.$$

因此, 可以选取 t, 使之满足 (8.15.11). 于是, 所有我们的条件都已满足.

可以看出, 只是在证明的最后一段中才用到主要的不等式 $\alpha + \beta \geqslant 1$. 当形式为正时, 该不等式是无关紧要的, 此时由定理 285, $\ln M_{\alpha,\beta}$ 在 (α, β) 的整个正象限内为凸的.

8.16   M. Riesz 定理的应用

(i) 定理 295 很容易转化为另外一个外表大不相同的定理.

定理 296   设

$$X_j(x) = \sum_{i=1}^{m} a_{ij} x_i \quad (j = 1, 2, \cdots, n), \tag{8.16.1}$$

又设 $M_{\alpha,\gamma}^*$ 是

$$\left(\sum_1^n |X_j|^{1/\gamma} \right)^{\gamma}$$

当

$$\sum_1^m |x_i|^{1/\alpha} \leqslant 1$$

时的极大值, 则 $\ln M_{\alpha,\gamma}^*$ 在三角形

$$0 \leqslant \gamma \leqslant \alpha \leqslant 1 \tag{8.16.2}$$

中为凸的.

事实上, 由 (8.13.17), 我们有

$$M_{\alpha,\beta} = \max \frac{\mathfrak{S}_{q'}(X)}{\mathfrak{S}_p(x)},$$

而

$$M_{\alpha,\gamma}^* = \max \frac{\mathfrak{S}_{1/\gamma}(X)}{\mathfrak{S}_{1/\alpha}(x)} = \max \frac{\mathfrak{S}_{1/\gamma}(X)}{\mathfrak{S}_p(x)}.$$

因此, 若 $\gamma = 1/q' = 1 - \beta$, 则

$$M_{\alpha,\beta} = M_{\alpha,\gamma}^*,$$

此时条件 (8.16.2) 即等价于 (8.13.8) 或 (8.13.3). 于是, $M_{\alpha,\gamma}^*$ 即为 $(\alpha, 1-\gamma)$ 的一个凸函数, 或者, 换言之, 是 (α, γ) 的一个凸函数.

(ii)**定理 297**　设 X_j 由 (8.16.1) 定义, 而且对于所有的 x,

$$\sum_1^n |X_j|^2 \leqslant \sum_1^m |x_i|^2; \tag{8.16.3}$$

又设

$$1 \leqslant p \leqslant 2, \tag{8.16.4}$$

则

$$\mathfrak{S}_{p'}(X) \leqslant \mathfrak{m}^{(2-p)/p} \mathfrak{S}_p(x), \tag{8.16.5}$$

其中

$$\mathfrak{m} = \max |a_{ij}|. \tag{8.16.6}$$

欲从定理 296 导出定理 297, 可如前一样令 $\alpha = 1/p$, 并考虑 (α, γ) 平面上由 $\left(\frac{1}{2}, \frac{1}{2}\right)$ 到 $(1, 0)$ 的直线段. 该线段全在三角形 (8.16.2) 之中, 因而由定理 296, 对于 $\frac{1}{2} < \alpha < 1$ 有

$$M_{\alpha,1-\alpha}^* \leqslant (M_{\frac{1}{2},\frac{1}{2}}^*)^{2(1-\alpha)} (M_{1,0}^*)^{2\alpha-1}.$$

由 (8.16.3), 显然有 $M_{\frac{1}{2},\frac{1}{2}}^* \leqslant 1$; 又

$$M_{1,0}^* = \frac{\max |X|}{\Sigma |x|} \leqslant \mathfrak{m},$$

因此

$$M_{\alpha,1-\alpha}^* \leqslant \mathfrak{m}^{2\alpha-1} = \mathfrak{m}^{(2-p)/p},$$

它与 (8.16.5) 等价.

若 (8.16.1) 是某个"单式"(酉, unitary) 置换, 即某个使 $\Sigma|x|^2$ 不变的置换, 则条件 (8.16.3) 必然 (以等号) 成立[1]. 该定理的这种情形是由 F. Riesz[4] 发现的, 而此一般性定理则属于 M. Riesz[1].

8.17 在 Fourier 级数上的应用

从 Riesz 定理的许多其他的重要应用中, 我们选取定理 297 在 Hausdorff 定理的证明中的应用[2].

(i) 设 m 为奇整数, 且

$$f_m(\theta) = \sum_{-\frac{1}{2}m}^{\frac{1}{2}m} e^{\mu\theta i} x_\mu, ^{[3]} \quad X_\nu = \sum_{-\frac{1}{2}m}^{\frac{1}{2}m} a_{\mu\nu} x_\mu = \frac{1}{\sqrt{m}} f_m\left(\frac{2\pi\nu}{m}\right), \quad a_{\mu\nu} = m^{-\frac{1}{2}} e^{2\mu\nu\pi i/m}.$$

该置换是单式的, 因而

$$\Sigma|X_\nu|^2 = \Sigma|x_\mu|^2.$$

又 $\mathfrak{m} = m^{-\frac{1}{2}}$, 因此, 由定理 297, 有

$$\left(\frac{1}{m}\Sigma\left|f_m\left(\frac{2\pi\nu}{m}\right)\right|^{p'}\right)^{1/p'} \leqslant (\Sigma|x_\mu|^p)^{1/p}. \tag{8.17.1}$$

左边是 $\mathfrak{J}_{p'}(f)$ 的一个逼近, 故可由取极限导出 Hausdorff 定理 (8.5.6)[4].

(ii) 若 m 仍为奇整数,

$$x_\mu = f_m\left(\frac{2\pi\mu}{m}\right) = \sum_{r=-\frac{1}{2}m}^{\frac{1}{2}m} a_r e^{2r\mu\pi i/m}, \quad X_\nu = \frac{1}{\sqrt{m}} \sum_{-\frac{1}{2}m}^{\frac{1}{2}m} e^{-2\mu\nu\pi i/m} x_\mu,$$

则经简单计算, 如前可得

$$X_\nu = m^{\frac{1}{2}} a_\nu, \quad \Sigma|X_\nu|^2 = \Sigma|x_\mu|^2.$$

---

[1] 此时, $n = m$. 实单式置换是正交的.

[2] 参见 8.5 节. Riesz 以另外不同的方式导出了这些定理, 并给出一些别的应用.

[3] 现记为 μ, ν 而不是 i, j, 并将求和范围扩展到

$$-\frac{1}{2}m < \mu < \frac{1}{2}m.$$

[4] 若 $f(\theta)$ 是多项式

$$\sum_{-\frac{1}{2}M}^{\frac{1}{2}M} x_\mu e^{\mu\theta i},$$

则当 $m \geqslant M$ 时, $f_m(\theta) = f(\theta)$, 而关于 $f(\theta)$ 的定理由 (8.17.1) 得出. 欲推广到任意的 $f(\theta)$, 则须依赖于"强收敛"定理.

此时, 由定理 297 即得

$$(\Sigma|a_\nu|^{p'})^{1/p'} \leqslant \left(\frac{1}{m}\Sigma\left|f_m\left(\frac{2\pi\mu}{m}\right)\right|^p\right)^{1/p};$$

因而 Hausdorff 定理 (8.5.7) 经适当的取极限手续即可得出.

正如 8.5 节中所指出的, 也可以从前一定理导出第二定理.

8.18 各种定理及特例

定理 298 若 $p > 1$, $a(x,y)$ 为正且可测, 则下面三个命题等价:

(i) 对于所有非负的 f, g,

$$\int_0^\infty\int_0^\infty a(x,y)f(x)g(y)\mathrm{d}x\mathrm{d}y \leqslant K\left(\int_0^\infty f^p\mathrm{d}x\right)^{1/p}\left(\int_0^\infty g^{p'}\mathrm{d}y\right)^{1/p'};$$

(ii) 对于所有非负的 f,

$$\int_0^\infty\mathrm{d}y\left(\int_0^\infty a(x,y)f(x)\mathrm{d}x\right)^p \leqslant K^p\int_0^\infty f^p\mathrm{d}x;$$

(iii) 对于所有非负的 g,

$$\int_0^\infty\mathrm{d}x\left(\int_0^\infty a(x,y)g(y)\mathrm{d}y\right)^{p'} \leqslant K^{p'}\int_0^\infty g^{p'}\mathrm{d}y.$$

"在 (i) 中不等号成立, 除非 f 或 g 为 0", "在 (ii) 中不等号成立, 除非 f 为 0", "在 (iii) 中不等号成立, 除非 g 为 0", 这 3 个命题是等价的.

(此乃定理 286 和定理 287 的类似定理, 其中 $q = p'$. 存在更一般形式的定理, 其中 p 和 q 都为任意.)

定理 299 设 $\lambda > 0$, 则形式

$$A = \Sigma\Sigma\frac{x_iy_j}{i+j-1+\lambda}, \quad B = \Sigma\Sigma'\frac{x_iy_j}{i-j+\lambda}$$

在 [2, 2] 中有界, 且若 λ 为整数, 其界为 π; λ 为非整数时, 其界为 $\pi|\csc\lambda\pi|$, 一撇只当 λ 为整数时才需要.

(Schur[1]、Pólya and Szegö[1, I, p.117, p.290].)

定理 300 若 $p > 1$, 且 $A = \Sigma\Sigma a_{ij}x_iy_j$ 在 $[p, p']$ 中具有界 M, 又

$$h_{ij} = \int f_i(t)g_j(t)\mathrm{d}t,$$

其中

$$\int|f_i|^p\mathrm{d}t \leqslant \mu^p, \quad \int|g_j|^{p'}\mathrm{d}t \leqslant \nu^{p'},$$

则

$$A^* = \Sigma\Sigma a_{ij}h_{ij}x_iy_j$$

具有界 $M_{\mu\nu}$.

(理由如下:

$$|A^*| = \left|\int \left[\Sigma\Sigma a_{ij}x_i f_i(t)y_j g_j(t)\right]\mathrm{d}t\right| \leqslant M\int[\Sigma|x_i f_i(t)|^p]^{1/p}[\Sigma|y_j g_j(t)|^{p'}]^{1/p'}\mathrm{d}t$$

$$\leqslant M\left[\int\Sigma|x_i|^p|f_i(t)|^p\mathrm{d}t\right]^{1/p}\left[\int\Sigma|y_j|^{p'}|g_j(t)|^{p'}\mathrm{d}t\right]^{1/p'}$$

$$\leqslant M_{\mu\nu}\left(\Sigma|x_i|^p\right)^{1/p}\left(\Sigma|y_j|^{p'}\right)^{1/p'}.$$

对于 $p = p' = 2$ 的情形, 可参见 Schur[1].)

定理 301　$\Sigma\Sigma'\dfrac{(ij)^{\frac{1}{2}(\mu-1)}}{i^\mu - j^\mu}x_i y_j$ 在 $[2, 2]$ 中有界.

定理 302　对任何实数的 θ, $\Sigma\Sigma'\dfrac{\sin(i-j)\theta}{i-j}x_i y_j$ 在 $[2, 2]$ 中有界. 若 $0 \leqslant \theta \leqslant \pi$, 则界不超过 $\max(\theta, \pi - \theta)$.

(关于上面的两个定理, 可参见 Schur[1].)

定理 303　若 a_n 是某个奇有界函数的 Fourier 正弦系数, 或为某个偶有界函数的 Fourier 余弦系数, 则形式

$$\Sigma\Sigma a_{i+j}x_i y_j, \quad \Sigma\Sigma a_{i-j}x_i y_j$$

在 $[2, 2]$ 中有界.

[Toeplitz[1]. 设 i 和 j 从 1 跑到 n; x 与 y 为实的, 且

$$\Sigma x_i^2 = \Sigma y_j^2 = 1;$$

又设 $X = \Sigma x_i \cos i\theta$, $X' = \Sigma x_i \sin i\theta$, $Y = \Sigma y_j \cos j\theta$, $Y' = \Sigma y_j \sin j\theta$, 且 (例如)

$$a_n = \frac{2}{\pi}\int_0^\pi f(\theta)\sin n\theta\mathrm{d}\theta,$$

其中 $|f| \leqslant M$. 经简单计算, 即得

$$\sum_1^n\sum_1^n a_{i-j}x_i y_j = \frac{2}{\pi}\int_0^\pi \left(X'Y - XY'\right)f(\theta)\mathrm{d}\theta.$$

因为

$$\left|\int_0^\pi XY'f(\theta)\mathrm{d}\theta\right| \leqslant \frac{1}{2}M\int_0^\pi(X^2 + Y'^2)\mathrm{d}\theta = \frac{1}{4}M\pi\left(\Sigma x^2 + \Sigma y^2\right) = \frac{1}{2}M\pi,$$

故可求出 A 的上界 $2M$. 对其余情形可同法处理.

若 (例如说)$f(\theta)$ 为奇的, 且当 $0 < \theta < \pi$ 时等于 $\frac{1}{2}(\pi - \theta)$, 则 $M = \frac{1}{2}\pi$, $a_n = n^{-1}$. 于是即得定理 294 中关于 B 的结果.]

定理 304　若 (i)$\Sigma\Sigma a_{ij}x_i y_j$ 在 $[p, q]$ 中有界, (ii) $k > 1$, $l > 1$, (iii)(u_i), (v_j) 是两组使得 $\mathfrak{S}_{pk'}(u) < \infty$, $\mathfrak{S}_{ql'}(v) < \infty$ 的给定的数, 则

$$A = \Sigma\Sigma a_{ij}u_i v_j x_i y_j$$

在 $[pk, ql]$ 中有界.

[理由如下:

$$|A| \leqslant M(\Sigma|ux|^p)^{1/p}(\Sigma|vy|^q)^{1/q}$$
$$\leqslant M\left(\Sigma|u^{pk'}|\right)^{1/pk'}\left(\Sigma|v^{ql'}|\right)^{1/ql'}\left(\Sigma|x|^{pk}\right)^{1/pk}(\Sigma|y|^{ql})^{1/ql}.]$$

定理 305　设 u_i 和 v_j 是两组给定的满足关系

$$\Sigma|u_i|^2 \leqslant 1, \quad \Sigma|v_j|^2 \leqslant 1$$

的数, 则形式

$$\Sigma\Sigma'\frac{u_iv_j}{i-j}x_iy_j$$

在 $[\infty,\infty]$ 中有界, 但不一定绝对有界.

(在定理 304 中取 $p=q=2$, $k=l=\infty$.

若此形式常为绝对有界, 则 8.12 节中的 Hilbert 形式 B 亦必为绝对有界, 而这是不正确的.)

定理 306　若

$$\mathfrak{M}_2(a) \geqslant A_2H, \quad \mathfrak{M}_4(a) \leqslant A_4H,$$

则

$$\frac{A_2^3}{A_4^2}H \leqslant \mathfrak{M}_1(a) \leqslant A_4H.$$

(利用定理 16 和定理 17. 在下面的定理的证明中需要用到这一结果.)

定理 307　若从 m 维空间中的 "单位立方体" 的顶点 $(\pm1,\pm1,\cdots,\pm1)$ 向经过此立方体中心的任一超平面 $[m-1]$($m-1$ 维线性组合) 引垂线, 则这些垂线的平均必在两个常数 A 和 B 之间, A 和 B 与 m 和此 $[m-1]$ 的位置无关.

定理 308　若

$$b_j = \left(\sum_i|a_{ij}|^2\right)^{\frac{1}{2}}, \quad c_i = \left(\sum_j|a_{ij}|^2\right)^{\frac{1}{2}},$$

则

$$P = (\Sigma\Sigma|a_{ij}|^{\frac{4}{3}})^{\frac{3}{4}} \leqslant K(\Sigma b_j + \Sigma c_i) = K(B+C),$$

其中 K 为绝对常数.

定理 309　带有实或复系数的形式 $A = \Sigma\Sigma a_{ij}x_iy_j$ 在 $[\infty,\infty]$ 中有界, 且以 M 为界的必要条件是: 采用上一定理中的记号, B,C,P 必小于 KM.

(关于上述的 5 个定理, 可参见 Littlewood[2].)

定理 310　若

$$p \geqslant 2, \quad q \geqslant 2, \quad \frac{1}{p}+\frac{1}{q} \leqslant \frac{1}{2},$$

$$\lambda = \frac{pq}{pq-p-q}, \quad \mu = \frac{4pq}{3pq-2p-2q},$$

且 A 在 $[p, q]$ 中有界, 其界为 M, 则

$$(\Sigma b_j^\lambda)^{1/\lambda} \leqslant KM, \quad (\Sigma c_i^\lambda)^{1/\lambda} \leqslant KM, \quad (\Sigma\Sigma|a_{ij}|^\mu)^{1/\mu} \leqslant KM,$$

其中 b_j 和 c_i 按照定理 308 中的定义, K 只与 p 和 q 有关.

定理 311 若

$$\frac{1}{2} \leqslant \frac{1}{p} + \frac{1}{q} < 1,$$

且定理 310 中的条件在其他方面都满足, 则

$$(\Sigma b_j^\lambda)^{1/\lambda} \leqslant KM, \quad (\Sigma c_i^\lambda)^{1/\lambda} \leqslant KM, \quad (\Sigma\Sigma|a_{ij}|^\lambda)^{1/\lambda} \leqslant KM.$$

定理 312 若

$$p < 2 < q, \quad \frac{1}{p} + \frac{1}{q} < 1,$$

且定理 310 中的条件在其他方面都满足, 则

$$(\Sigma\Sigma|a_{ij}|^\lambda)^{1/\lambda} \leqslant KM.$$

定理 313 若

$$p > 1, \quad q > 1, \quad \frac{1}{p} + \frac{1}{q} < 1, \quad a_{ij} \geqslant 0,$$

A 在 $[p, q]$ 中有界, 其界为 M; 又

$$\beta_i = \left(\sum_i a_{ij}^{p'}\right)^{1/p'}, \quad \gamma_i = \left(\sum_j a_{ij}^{q'}\right)^{1/q'}$$

则

$$(\Sigma\beta_j^\lambda)^{1/\lambda} \leqslant M, \quad (\Sigma\gamma_i^\lambda)^{1/\lambda} \leqslant M, \quad (\Sigma\Sigma a_{ij}^\lambda)^{1/\lambda} \leqslant M.$$

(关于上面的 4 个定理, 可参见 Hardy and Littlewood[13].)

定理 314 $[p, p']$ **中的** Hilbert **形式**. 第 9 章将证明, 定理 294 中的形式 A 在 $[p, p']$ 中有界. 相应的关于 B 的定理要深得多, 我们要证

$$\left|\sum_1^n \sum_1^n {}' \frac{x_i y_j}{i - j}\right| \leqslant K\mathfrak{S}_p(x)\mathfrak{S}_{p'}(y), \tag{i}$$

其中 $K = K(p)$ 只与 p 有关; 或者, 根据定理 286, 也即要证

$$\sum_i \left|\sum_j {}' \frac{y_j}{i - j}\right|^{p'} \leqslant K^{p'} \Sigma|y_j|^{p'}. \tag{ii}$$

根据定理 295, 只须对**偶数**的 p' (或对某一列这种值) 来证明 (i) 或 (ii) 即可. 这要求一些特殊的技巧, 从现在的观点来看, 最自然的就是 Titchmarsh[2] 所用的技巧.

第 9 章　Hilbert 不等式及其类似情形和推广

9.1　Hilbert 二重级数定理

本章所讲述的研究起源于一个重要的双线性形式, 它是由 Hilbert 首先研究的. 该形式我们已经在 8.12 节中遇到过, 即

$$\Sigma\Sigma\frac{a_m b_n}{m+n},$$

其中 m 和 n 从 1 跑到 ∞. 我们的第一个定理是下面的定理 315, 我们还连带叙述了它的积分类似情形, 又添上了它的一个补充. 这种类型的补充在本章中将要常常出现.

定理 315　若

$$p > 1, \quad p' = p/(p-1),$$

$$\Sigma a_m^p \leqslant A, \quad \Sigma b_n^{p'} \leqslant B,$$

求和是从 1 到 ∞ 来取的, 则

$$\Sigma\Sigma\frac{a_m b_n}{m+n} < \frac{\pi}{\sin(\pi/p)} A^{1/p} B^{1/p'}, \tag{9.1.1}$$

除非 (a) 或 (b) 为 0.

定理 316　若

$$p > 1, \quad p' = p/(p-1),$$

$$\int_0^\infty f^p(x)\mathrm{d}x \leqslant F, \quad \int_0^\infty g^{p'}(y)\mathrm{d}y \leqslant G,$$

则

$$\int_0^\infty\int_0^\infty\frac{f(x)g(y)}{x+y}\mathrm{d}x\mathrm{d}y < \frac{\pi}{\sin(\pi/p)} F^{1/p} G^{1/p'}, \tag{9.1.2}$$

除非 $f \equiv 0$ 或 $g \equiv 0$.

定理 317　在定理 315 和定理 316 中, 常数 $\pi\csc(\pi/p)$ 都是最佳常数.

定理 315 中当 $p = p' = 2$ 的情形就是 "Hilbert 二重级数定理", 是由 Hilbert 在他的积分方程讲义中首先证明的 (除了确切地决定常数之外). Hilbert 的证明是由 Weyl[2] 发表的. 常数的决定以及积分类似情形归之于 Schur[1], 而推广到一般的 p 则归之于 Hardy 和 M. Riesz. 参见 Hardy[3]. 该定理的全部或其中一部分的其他证明, 以及在各个方向上的推广, 已由下

述诸人给出: Fejér and F. Riesz[1]、Francis and Littlewood[1]、Hardy[2]、Hardy, Littlewood and Pólya[1]、Mulholland[1, 3]、Owen[1]、Pólya and Szegö[1, I, p.117, p.290]、Schur[1]、F. Wiener[1]. 其中有一些推广在后面将要给以证明或引用.

不等式 (9.1.1) 与 8.2 节中所讨论的一般不等式属同一类型, 但定理 315 并不包含在定理 275 中, 这是因为

$$\sum_m \frac{1}{m+n}$$

发散. 要注意, $\pi \csc \alpha\pi$ (按照定理 295) 在 $0 < \alpha < 1$ 中为凸的, 其中 $\alpha = 1/p$.

9.2 一类广泛的双线性形式

我们将从下面一个较为一般的定理①导出定理 315.

定理 318 设 $p > 1$, $p' = p/(p-1)$, 又设 $K(x,y)$ 具有下面的性质:

(i) K 为非负, 且为 -1 次齐次式;

(ii) $\int_0^\infty K(x,1)x^{-1/p}\mathrm{d}x = \int_0^\infty K(1,y)y^{-1/p'}\mathrm{d}y = k$;

或者(iii)$K(x,1)x^{-1/p}$ 是 x 的一个严格单调递减函数, $K(1,y)y^{-1/p'}$ 为 y 的一个严格单调递减函数; **或者**, 更一般些, (iii′)$K(x,1)x^{-1/p}$ 从 $x=1$ 起单调递减, 而区间 $(0,1)$ 可以分成两部分: $(0,\xi)$ 和 $(\xi,1)$, 其中有一个可以为 0. 在前一部分中, 函数为单调递减, 在后一部分中为单调递增, 而且 $K(1,y)y^{-1/p'}$ 也有类似的性质. 最后, 我们假定, 只当较弱的条件 (iii′) 成立时,

(iv)

$$K(x,x) = 0.$$

则

(a) $\Sigma\Sigma K(m,n)a_m b_n < k\left(\Sigma a_m^p\right)^{1/p}\left(\Sigma b_n^{p'}\right)^{1/p'}$,

除非 (a) 或 (b) 为 0;

(b) $\sum_n\left(\sum_m K(m,n)a_m\right)^p < k^p\Sigma a_m^p$,

除非 (a) 为 0;

(c) $\sum_m\left(\sum_n K(m,n)b_n\right)^{p'} < k^{p'}\Sigma b_n^{p'}$,

除非 (b) 为 0.

在每一种情形下, 求和都是从 1 到 ∞. 由定理 286 和定理 287 可知, 这 3 个结论 (a), (b), (c) 是等价的.

可以将上面的假设阐明如下.

---

① Hardy, Littlewood and Pólya[1]. 该定理当 $p=2$ 的情形本质上属于 Schur[1] : Schur 假定 $K(x,y)$ 是两个变量的单调递减函数.

(1) 由于 K 的齐次性, 条件 (ii) 中的两个积分收敛和相等这一结论乃是因为其中任意一个收敛的结果.

(2) "单调递减"······ 等名词在整个定理中乃是按照严格意义来解释的.

(3) ξ 可为 0 或 1, 此时区间 $(0, \xi)$ 和 $(\xi, 1)$ 中有一个消失.

(4) 在最为重要的应用中, 即对于

$$K(x, y) = \frac{1}{x + y}$$

的情形, 条件 (iii) 是满足的. 要用到条件 (iii′) 的一种有趣的情形:

$$K(x, y) = \frac{1}{(x + y)^{1-\alpha} |x - y|^\alpha} \quad (0 < \alpha < 1).^{①}$$

此时, $K(x, 1)$ 在 $x = 1$ 处为无穷. 在此类情形下, 为了要把相等的对 (m, m) 从求和中除去, 我们要用到条件 (iv).

容易看出, 若 m 与 n 为正整数, 且求和是就 $r = 1, 2, \cdots$ 来取的, 则

$$\Sigma K\left(\frac{r}{n}, 1\right) \left(\frac{r}{n}\right)^{-1/p} \frac{1}{n} < \int_0^\infty K(x, 1) x^{-1/p} \mathrm{d}x = k, \tag{9.2.1}$$

$$\Sigma K\left(1, \frac{r}{m}\right) \left(\frac{r}{m}\right)^{-1/p'} \frac{1}{m} < \int_0^\infty K(1, y) y^{-1/p'} \mathrm{d}y = k. \tag{9.2.2}$$

理由如下, 若 (iii) 成立, 则

$$K\left(\frac{r}{n}, 1\right) \left(\frac{r}{n}\right)^{-1/p} \frac{1}{n} < \int_{(r-1)/n}^{r/n} K(x, 1) x^{-1/p} \mathrm{d}x, \tag{9.2.3}$$

对 n 求和即得 (9.2.1). 若仅 (iii′) 成立, 则对 $r > n$ 和 $r \leqslant \xi n$ 时用 (9.2.3), 对 $\xi n < r < n$ 时用

$$K\left(\frac{r}{n}, 1\right) \left(\frac{r}{n}\right)^{-1/p} \frac{1}{n} < \int_{r/n}^{(r+1)/n} K(x, 1) x^{-1/p} \mathrm{d}x.$$

注意 $K(1, 1) = 0$, 则对 n 求和仍得所要的结果. (9.2.2) 的证明与此相同.

因此, 有

$$\Sigma\Sigma K(m, n) a_m b_n = \Sigma\Sigma a_m K^{1/p}\left(\frac{m}{n}\right)^{1/pp'} b_n K^{1/p'}\left(\frac{n}{m}\right)^{1/pp'} \leqslant P^{1/p} Q^{1/p'}.$$

其中, 由 (9.2.2),

$$P = \sum_m a_m^p \sum_n K(m, n) \left(\frac{m}{n}\right)^{1/p'}$$

---

① 参见 Hardy, Littlewood and Pólya[1].

$$= \sum_m a_m^p \sum_n K\left(1, \frac{n}{m}\right)\left(\frac{n}{m}\right)^{-1/p'}\frac{1}{m} < k\Sigma a_m^p,$$

除非 (a) 为 0; 同理,

$$Q < k\Sigma b_n^{p'},$$

除非 (b) 为 0, 此即证明了定理.

若取

$$K(x,y) = \frac{1}{x+y},$$

我们即得定理 315. 可以证明, 定理 318 中的 k 为最佳常数, 但在这一方面, 我们将只限于证明定理 317, 而不及其他.[①]

9.3 关于积分的相应定理

关于积分的与定理 318 相应的定理是

定理 319 设 $p > 1$, $K(x,y)$ 为非负, 且为 -1 次齐次式, 又设

$$\int_0^\infty K(x,1)x^{-1/p}\mathrm{d}x = \int_0^\infty K(1,y)y^{-1/p'}\mathrm{d}y = k,$$

则

(a) $\int_0^\infty\int_0^\infty K(x,y)f(x)g(y)\mathrm{d}x\mathrm{d}y \leqslant k\left(\int_0^\infty f^p\mathrm{d}x\right)^{1/p}\left(\int_0^\infty g^{p'}\mathrm{d}y\right)^{1/p'}$,

(b) $\int_0^\infty\mathrm{d}y\left(\int_0^\infty K(x,y)f(x)\mathrm{d}x\right)^p \leqslant k^p\int_0^\infty f^p\mathrm{d}x$,

(c) $\int_0^\infty\mathrm{d}x\left(\int_0^\infty K(x,y)g(y)\mathrm{d}y\right)^{p'} \leqslant k^{p'}\int_0^\infty g^{p'}\mathrm{d}y$.

若 $K(x,y)$ 为正, 则在 (b) 中不等式成立, 除非 $f \equiv 0$; 在 (c) 中不等式成立, 除非 $g \equiv 0$; 在 (a) 中不等式成立, 除非 $f \equiv 0$ 或 $g \equiv 0$.

可以用 9.2 节中的方法证明该定理. 当然, 在这种情形下, 证明要容易一些, 我们有

$$\iint K(x,y)f(x)g(y)\mathrm{d}x\mathrm{d}y$$
$$= \iint f(x)K^{1/p}\left(\frac{x}{y}\right)^{1/pp'}g(y)K^{1/p'}\left(\frac{y}{x}\right)^{1/pp'}\mathrm{d}x\mathrm{d}y$$
$$\leqslant P^{1/p}Q^{1/p'},$$

其中

$$P = \int f^p(x)\mathrm{d}x\int K(x,y)\left(\frac{x}{y}\right)^{1/p'}\mathrm{d}y = k\int f^p\mathrm{d}x, \quad Q = k\int g^{p'}\mathrm{d}y.$$

---

① 参见 9.5 节. 常数 k 关于 $\alpha = 1/p$ 为凸的 (仍用定理 295).

若 $K > 0$, 又设等号成立, 则对几乎所有的 y[1],

$$Af^p(x)\left(\frac{x}{y}\right)^{1/p'} \equiv Bg^{p'}(y)\left(\frac{y}{x}\right)^{1/p}. \tag{9.3.1}$$

若给定一个 y, 使得 $g(y)$ 为正且有限, 而且使得上面的等价关系成立, 则可看出, $f^p(x)$ 等价于一个函数 Cx^{-1}, 而这与 $\int f^p \mathrm{d}x$ 收敛相矛盾. 因此, 或 f 或 g 为 0. 还可以证明, 该常数是最佳的.

另外一种有趣的证法[2] 属于 Schur. 我们有

$$\int_0^\infty f(x)\mathrm{d}x\int_0^\infty K(x,y)g(y)\mathrm{d}y = \int_0^\infty f(x)\mathrm{d}x\int_0^\infty xK(x,xw)g(xw)\mathrm{d}w$$

$$= \int_0^\infty f(x)\mathrm{d}x\int_0^\infty K(1,w)g(xw)\mathrm{d}w$$

$$= \int_0^\infty K(1,w)\mathrm{d}w\int_0^\infty f(x)g(xw)\mathrm{d}x$$

(假若其中有某一个积分收敛的话). 应用定理 189 于内部的积分, 并注意

$$\int g^{p'}(xw)\mathrm{d}x = \frac{1}{w}\int g^{p'}(y)\mathrm{d}y,$$

则得 (a); 由定理 191, (b) 和 (c) 都是推论.

令 $K(x,y) = 1/(x+y)$ 即得定理 316. 以后 (9.9 节) 还要讨论别的应用.

9.4　定理 318 和定理 319 的推广

(1) 下面的定理比起定理 318 来说, 在某些方面要广一些, 但在某些方面又要差一些.

定理 320　设 $K(x,y)$ 是 x 和 y 的严格单调递减函数, 且满足定理 318 中的条件 (i) 和 (ii); 又设 $\lambda_m > 0$, $\mu_n > 0$,

$$\Lambda_m = \lambda_1 + \lambda_2 + \cdots + \lambda_m, \quad M_n = \mu_1 + \mu_2 + \cdots + \mu_n;$$

再设 $p > 1$. 则

$$\Sigma\Sigma K(\Lambda_m, M_n)\lambda_m^{1/p'}\mu_n^{1/p}a_mb_n < k\left(\Sigma a_m^p\right)^{1/p}\left(\Sigma b_n^{p'}\right)^{1/p'},$$

除非 (a) 或 (b) 为 0 [3].

---

[1] 即是说, 对于几乎所有的 y, (9.3.1) 的两边对于几乎所有的 x 相等. 参见 6.3 节 (d).

[2] Schur[1]. Schur 假定 $p = 2$.

[3] 关于 $p = 2$ 的情形, 可参见 Schur[1].

特殊情形 $\Lambda_m = m$, $M_n = n$ 也是定理 318 的一种特殊情形.

我们使用一种具有许多用途的方法从定理 319 导出定理 320 [①]. 我们将 Λ_0 和 M_0 解释为 0, 并在定理 319 中取

$$f(x) = \lambda_m^{-1/p} a_m \quad (\Lambda_{m-1} \leqslant x < \Lambda_m),$$

$$g(y) = \mu_n^{-1/p'} b_n \quad (M_{n-1} \leqslant y < M_n).$$

注意, 若非 $a_m = 0$ 或 $b_n = 0$, 则

$$\int_{\Lambda_{m-1}}^{\Lambda_m} \int_{M_{n-1}}^{M_n} K(x,y) f(x) g(y) \mathrm{d}x \mathrm{d}y > \lambda_m^{1/p'} \mu_n^{1/p} a_m b_n K(\Lambda_m, M_n),$$

由此即得定理 320.

若 $K(x,y) = 1/(x+y)$, 则得 [②]

定理 321 $\sum\sum \dfrac{\lambda_m^{1/p'} \mu_n^{1/p}}{\Lambda_m + M_n} a_m b_n < \dfrac{\pi}{\sin(\pi/p)} \left(\sum a_m^p\right)^{1/p} \left(\sum b_n^{p'}\right)^{1/p'}$,

除非 (a) 或 (b) 为 0.

(2) 定理 318 和定理 319 可以推广到任意多重的级数或积分.

定理 322 [③] 设 n 个数 $p, q, \cdots, r$ 满足关系

$$p > 1, \quad q > 1, \quad \cdots, \quad r > 1, \quad \frac{1}{p} + \frac{1}{q} + \cdots + \frac{1}{r} = 1;$$

$K(x, y, \cdots, z)$ 是 n 个变量 $x, y, \cdots, z$ 的一个正函数, 且为 $-n+1$ 次齐次式; 又设

$$\int_0^\infty \cdots \int_0^\infty K(1, y, \cdots, z) y^{-\frac{1}{q}} \cdots z^{-\frac{1}{r}} \mathrm{d}y \cdots \mathrm{d}z = k, \tag{9.4.1}$$

则

$$\int_0^\infty \int_0^\infty \cdots \int_0^\infty K(x, y, \cdots, z) f(x) g(y) \cdots h(z) \mathrm{d}x \mathrm{d}y \cdots \mathrm{d}z$$
$$\leqslant k \left(\int_0^\infty f^p \mathrm{d}x\right)^{1/p} \left(\int_0^\infty g^q \mathrm{d}y\right)^{1/q} \cdots \left(\int_0^\infty h^r \mathrm{d}z\right)^{1/r}.$$

又若

$$y^{-1/q} \cdots z^{-1/r} K(1, y, \cdots, z), \quad x^{-1/p} \cdots z^{-1/r} K(x, 1, \cdots, z), \quad \cdots$$

各为其所涉及的变量的单调递减函数, 则

$$\sum\sum \cdots \sum K(m, n, \cdots, s) a_m b_n \cdots c_s \leqslant k \left(\sum a_m^p\right)^{1/p} \left(\sum b_n^q\right)^{1/q} \cdots \left(\sum c_s^r\right)^{1/r}.$$

---

① 比较 6.4 节, 并参见 (例如) 9.11 节.
② Owen[1] 给出了一个更一般但不甚精密的结果.
③ 关于 $p = q = \cdots = r$ 的情形, 可参见 Schur[1].

由 K 的齐次性, (9.4.1) 的收敛即隐含了所有属于同一类型的 n 个积分的收敛且相等.

定理 322 可以从定理 318 和定理 319 的证明直接加以推广来证明.

9.5　最佳常数: 定理 317 的证明

还须证明定理 317. 该定理说明: 定理 315 和定理 316 中的常数 $\pi \csc(\pi/p)$ 是 "最佳的" (best possible), 就是说, 当 $\pi \csc(\pi/p)$ 代之以任何较小的数时, 这两个定理所断言的不等式必然对某些 a_m, b_n 或 $f(x), g(y)$ 不成立. 我们所用的方法阐明了一条重要的普遍原则, 而且可运用于许多这种 "负" 性质的定理的证明之中.

取

$$a_m = m^{-(1+\varepsilon)/p}, \quad b_n = n^{-(1+\varepsilon)/p'},$$

其中 ε 是一小的正数, 可假定 $\varepsilon < p'/2p$. 我们又用 $O(1)$ 表示一个数, 它可能与 p 和 ε 有关, 但当 p 固定而 $\varepsilon \to 0$ 时有界; 又用 $o(1)$ 表示一个数, 它满足这些条件, 并且随 ε 趋于 0. 于是,

$$\frac{1}{\varepsilon} = \int_1^\infty x^{-1-\varepsilon} \mathrm{d}x < \sum_1^\infty m^{-1-\varepsilon} < 1 + \int_1^\infty x^{-1-\varepsilon}\mathrm{d}x = 1 + \frac{1}{\varepsilon},$$

因而有

$$\Sigma a_m^p = \Sigma m^{-1-\varepsilon} = \frac{1}{\varepsilon} + O(1), \quad \Sigma b_n^{p'} = \frac{1}{\varepsilon} + O(1). \tag{9.5.1}$$

又有

$$\Sigma\Sigma \frac{a_m b_n}{m+n} > \int_1^\infty \int_1^\infty x^{-(1+\varepsilon)/p} y^{-(1+\varepsilon)/p'} \frac{\mathrm{d}x\mathrm{d}y}{x+y}$$

$$= \int_1^\infty x^{-1-\varepsilon}\mathrm{d}x \int_{1/x}^\infty u^{-(1+\varepsilon)/p'} \frac{\mathrm{d}u}{1+u}.$$

若将内部积分中的下限代之以 0, 则因此而引起的误差小于 x^{-a}/α, 其中 α 为正且与 ε 无关;[①]而

$$\frac{1}{\alpha} \int_1^\infty x^{-1-\alpha-\varepsilon}\mathrm{d}x < \frac{1}{\alpha^2}.$$

---

① 它小于

$$\int_0^{1/x} u^{-(1+\varepsilon)/p'}\mathrm{d}u = \frac{x^{-\beta}}{\beta},$$

其中

$$\beta = 1 - \frac{1+\varepsilon}{p'} = \frac{1}{p} - \frac{\varepsilon}{p'};$$

若 $\varepsilon < p'/2p$, 则可取 $\alpha = 1/2p$.

因此

$$\Sigma\Sigma\frac{a_m b_n}{m+n} > \int_1^\infty x^{-1-\varepsilon}\mathrm{d}x\int_0^\infty u^{-(1+\varepsilon)/p'}\frac{\mathrm{d}u}{1+u} + O(1)$$

$$= \frac{1}{\varepsilon}\left[\frac{\pi}{\sin(\pi/p)} + o(1)\right] + O(1)$$

$$= \frac{1}{\varepsilon}\left[\frac{\pi}{\sin(\pi/p)} + o(1)\right]. \tag{9.5.2}$$

由 (9.5.1) 和 (9.5.2) 显然可以看出, 若 k 是小于 $\pi\csc(\pi/p)$ 的任一数, 则当 ε 充分小时, 有

$$\Sigma\Sigma\frac{a_m b_n}{m+n} > k\left(\Sigma a_m^p\right)^{1/p}\left(\Sigma b_n^{p'}\right)^{1/p'}.$$

这就证明了 (9.1.1) 中的常数是最佳的. 因 (9.1.1) 可以用 9.4 节中的方法从 (9.1.2) 推出, 故知 (9.1.2) 中的常数也是最佳的. 当然, 我们也可以直接证明这一结果.

另外一种方法是当 $m \leqslant \mu$, $n \leqslant \mu$ 时取

$$a_m = m^{-1/p}, \quad b_n = n^{-1/p'},$$

在其他情形下则取 $a_m = 0$, $b_n = 0$, 然后令 μ 趋于无穷. 在各种情形下, 原则都相同; 我们取 a_m 和 b_n 依赖于某一参数 (ε 或 μ), 使得所涉及的级数当该参数趋于一极限时趋于无穷, 然后对于靠近这一极限的参数的不同的值来比较这些级数的值. 这一方法在许许多多与定理 317 属于同一类型的定理的证明中都有效. 不等式 (9.1.1) 和 (9.1.2) 肯定了一些达不到的上界, 除非两边都为 0, 等号不能成立. 因此之故, 在余定理的证明中就必须引入一个参数 (ε 或 μ).

9.6 关于 Hilbert 定理的进一步论述[①]

已经用若干不同的方法对定理 315 和定理 316 进行了证明, 它们有着各种各样的应用. 在本节和 9.7 节, 我们收集了一些论述, 它们既涉及证明, 也涉及应用, 而且我们还有意去阐明在这些定理和函数论中若干部分之间存在的联系.

(1) 定理 315 可以利用推导定理 321 时所用的方法从定理 316 得出. 定义 $f(x)$ 和 $g(y)$ 如下:

$$f(x) = a_m \quad (m-1 \leqslant x < m), \quad g(y) = b_n \quad (n-1 \leqslant x < n).$$

---

① 我们把定理 315(加上较深刻的定理 323) 以及定理 316 说成是"Hilbert 定理". 严格说来, Hilbert 的定理是定理 315, 其中 $p = 2$.

可以看出，此时有

$$\int_{m-1}^{m}\int_{n-1}^{n}\frac{f(x)g(y)}{x+y}\mathrm{d}x\mathrm{d}y \geqslant \frac{a_m b_n}{m+n}$$

但在这里我们还可以稍进一步，这是因为对于 $0 < \alpha < 1$，有

$$\frac{1}{m+n-1-\alpha} + \frac{1}{m+n-1+\alpha} > \frac{2}{m+n-1}$$

因而有 [1]

$$\int_{m-1}^{m}\int_{n-1}^{n}\frac{\mathrm{d}x\mathrm{d}y}{x+y} > \frac{1}{m+n-1}$$

若现将 m 和 n 分别代以 $m+1$ 和 $n+1$，则可得定理 315 的一种稍微精密的形式，即

定理 323　若定理 315 的条件满足，则

$$\sum_{0}^{\infty}\sum_{0}^{\infty}\frac{a_m b_n}{m+n+1} < \frac{\pi}{\sin(\pi/p)}\left(\sum_{0}^{\infty}a_m^p\right)^{1/p}\left(\sum_{0}^{\infty}b_n^{p'}\right)^{1/p'}.$$

Hilbert 定理的几个另外的证明，例如 Mulholland[1] 的证明，8.12 节中所给出的 Schur 的证明，下面所给出的 Fejer 和 F. Riesz 的证明，以及 Pólya and Szegö[1, I, p.290] 的证明，也都是以这一形式给出了结果. 后面 3 个证明只限于 $p = 2$ 的情形.

(2) Fejér 和 F. Riesz 的证明是以解析函数论作基础，其法如下. 设 $f(z) = \Sigma a_n z^n$ 是一个不恒为 0 的非负系数的 N 次多项式. 于是，由 Cauchy 定理，

$$\int_{-1}^{1}f^2(x)\mathrm{d}x = -\mathrm{i}\int_{0}^{\pi}f^2(\mathrm{e}^{\mathrm{i}\theta})\mathrm{e}^{\mathrm{i}\theta}\mathrm{d}\theta,$$

因而有

$$\int_{0}^{1}f^2(x)\mathrm{d}x < \int_{-1}^{1}f^2(x)\mathrm{d}x \leqslant \frac{1}{2}\int_{-\pi}^{\pi}|f(\mathrm{e}^{\mathrm{i}\theta})|^2\mathrm{d}\theta, \tag{9.6.1}$$

或

$$\sum_{0}^{N}\sum_{0}^{N}\frac{a_m a_n}{m+n+1} < \pi\sum_{0}^{N}a_n^2.$$

若令 $N \to \infty$，则得 Hilbert 定理，但其中 $a_m = b_m$，且以 "$\leqslant$" 代 "$<$". 前一个限制并不重要，因为由 8.8 节，[2, 2] 中的对称双线性形式具有一界，它等于相应的二次型的界. 要将 "$\leqslant$" 代之以 "$<$"，这要求将论证精密化，我们在这里将不加以讨论.

---

① 积分的相伴 (associate) 元素关于取积分的正方形的中心是对称分布的.

(9.6.1) 中的第二不等式可以写成

$$\int_{-1}^{1}|f(x)|^2\mathrm{d}x \leqslant \frac{1}{2}\int_{-\pi}^{\pi}|f(\mathrm{e}^{\mathrm{i}\theta})|^2\mathrm{d}\theta,$$

而就这种形式, 不管 a_n 是实的或复的, 它总是成立的, 并有着一些重要的函数论应用[①].

(3) Hilbert 原来的证明是基于恒等式

$$\int_{-\pi}^{\pi}t\left[\sum_{1}^{n}(-1)^r(a_r\cos rt - b_r\sin rt)\right]^2\mathrm{d}t = 2\pi(S-T),\tag{9.6.2}$$

其中

$$S = \sum_{1}^{n}\sum_{1}^{n}\frac{a_rb_s}{r+s}, \quad T = \sum_{1}^{n}\sum_{1}^{n}{}'\frac{a_rb_s}{r-s}$$

(一撇表示: $r=s$ 除外的那种 r,s 对). 由此即得

$$2\pi|S-T| \leqslant \pi\int_{-\pi}^{\pi}\left[\sum_{1}^{n}(-1)^r(a_r\cos rt - b_r\sin rt)\right]^2\mathrm{d}t$$

$$= \pi^2\sum_{1}^{n}(a_r^2 + b_r^2).\tag{9.6.3}$$

若 $a_r = b_r$, T 即消失, 此时即得

$$\sum_{1}^{n}\sum_{1}^{n}\frac{a_ra_s}{r+s} \leqslant \pi\sum_{1}^{n}a_r^2;\tag{9.6.4}$$

由 (9.6.4) 和本节 (2) 中提到的 8.8 节的论述, 即得

$$\sum_{1}^{n}\sum_{1}^{n}\frac{a_rb_s}{r+s} \leqslant \pi\left(\sum_{1}^{n}a_r^2\right)^{\frac{1}{2}}\left(\sum_{1}^{n}b_r^2\right)^{\frac{1}{2}} \leqslant \frac{1}{2}\pi\left(\sum_{1}^{n}a_r^2 + \sum_{1}^{n}b_r^2\right).\tag{9.6.5}$$

由 (9.6.3) 和 (9.6.5) 即得

$$|T| = \left|\sum_{1}^{n}\sum_{1}^{n}{}'\frac{a_rb_s}{r-s}\right| \leqslant \pi\left(\sum_{1}^{n}a_r^2 + \sum_{1}^{n}b_r^2\right),$$

因此, 根据齐次性, 即得

$$\left|\sum_{1}^{n}\sum_{1}^{n}{}'\frac{a_rb_s}{r-s}\right| \leqslant 2\pi\left(\sum_{1}^{n}a_r^2\right)^{\frac{1}{2}}\left(\sum_{1}^{n}b_r^2\right)^{\frac{1}{2}}.$$

由此即得定理 294 的第二结果, 除了常数 2π 不是最佳常数这一点之外.

[①] 参见 Fejér and F. Riesz[1]. 该不等式对于任何使得 $\Sigma|a_n|^2$ 收敛的 $f(z)$ 实际上都是成立的 (而且是以 "<" 这一严格形式), 除非 $f(z) = 0$. 而这就是 Hilbert 定理的一个推论, 假若该定理已经用某种另外的方法证明了的话.

9.7　Hilbert 定理的应用

(1) 作为 Hilbert 定理在解析函数论上的一个应用, 我们现选取下面的结果. 设 $f(z)$ 在 $|z| < 1$ 中正则, 且属于 "复 Lebesgue 类 L", 就是说,

$$\frac{1}{2\pi}\int_{-\pi}^{\pi}|f(re^{i\theta})|\mathrm{d}\theta$$

当 $r < 1$ 时有界. 若 $f(z)$ 是 "wurzelfrei"[①], 就是说, 在 $|z| < 1$ 中无根, 则

$$f(z) = \Sigma c_n z^n = g^2(z) = (\Sigma a_n z^n)^2,$$

其中, $g(z)$ 也在 $|z| < 1$ 中正则. 因为 $\int|g(re^{i\theta})|^2\mathrm{d}\theta$ 有界, 故 $\Sigma|a_n|^2$ 收敛, 因而由定理 323,

$$\Sigma\frac{|a_m||a_n|}{m+n+1}$$

收敛. 于是更有

$$\sum_\nu\frac{|c_\nu|}{\nu+1} = \sum_\nu\frac{1}{\nu+1}\left|\sum_{m+n=\nu}a_m a_n\right|$$

收敛.

利用解析函数论的这一部分当中的一种比较熟知的方法, 可以相当容易地把这一结论推广到一般的 f(不必 "wurzelfrei") 上去[②]. 于是即得定理: **若 $f(z)$ 在 $|z| < 1$ 中属于 L, 则它积分出来所得的幂级数当 $|z| = 1$ 时绝对收敛.**[③]

(2) 作为 Hilbert 级数定理在单实变函数论中的一个应用, 我们现来证明

定理 324[④]　若 $f(x)$ 在 $(0,1)$ 中为实的, 属于 L^2, 且不为 0, 又若

$$a_n = \int_0^1 x^n f(x)\mathrm{d}x \quad (n = 0, 1, 2\cdots),$$

则

$$\Sigma a_n^2 < \pi\int_0^1 f^2(x)\mathrm{d}x.$$

该常数是最佳的.

---

① 德语 "无根" 之意.——译者注

② 参见 F. Riesz[3]、Hardy and Littlewood[2]. 可以将 f 表示成 L 中两个 "wurzelfrei" 函数的和.

③ Hardy and Littlewood[2]. 该定理也可表达成 "若幂级数 $g(z) = \Sigma b_n z^n$ 在 $|z| < 1$ 中为有界变差, 则 $\Sigma|b_n|$ 收敛". 关于此定理的这一形式, 以及更为精密的结果, 可参见 Fejér[1].

④ 一个更为广泛得多的不等式, 但却缺少常数的最佳值, 是由 Hardy and Littlewood[1] 证明的. 也参见 Hardy[10].

显然可以假定 $f(x) \geqslant 0$. 于是, 由 Hilbert 定理, 若 (b_n) 是任一非负且不为 0 的序列, 则

$$\Sigma a_n b_n = \Sigma b_n \int_0^1 x^n f(x) \mathrm{d}x = \int_0^1 (\Sigma b_n x^n) f(x) \mathrm{d}x,$$

$$(\Sigma a_n b_n)^2 \leqslant \int_0^1 (\Sigma b_n x^n)^2 \mathrm{d}x \int_0^1 f^2(x) \mathrm{d}x$$

$$= \Sigma\Sigma \frac{b_m b_n}{m+n+1} \cdot \int_0^1 f^2(x) \mathrm{d}x < \pi \Sigma b_n^2 \cdot \int_0^1 f^2(x) \mathrm{d}x.$$

由定理 15 即得所要的结果.

欲证明常数 π 是最佳者, 可以考虑

$$f(x) = (1-x)^{\varepsilon - \frac{1}{2}},$$

然后令 ε 趋于 0.

积分 a_n 称为 $f(x)$ 在 $(0,1)$ 中的**矩**(moment), 它们在许多种理论中甚为重要.

在这里, 我们已从定理 323(取 $p=2$) 和定理 15 (Hölder 不等式的逆定理) 导出定理 324. 假若愿意, 则可将论理反过来, 即从定理 324 和定理 191 (定理 15 的积分类似情形) 导出定理 323$(p=2)$. 设 $g(x) = \Sigma b_n x^n$, 其中 b_n 为非负, 且不常为 0; 又设 $f(x)$ 是任一非负且非 0 的函数, 则由定理 324,

$$\int_0^1 fg\mathrm{d}x = \int_0^1 (\Sigma b_n x^n) f \mathrm{d}x = \Sigma b_n \int_0^1 x^n f \mathrm{d}x = \Sigma a_n b_n,$$

$$\left(\int_0^1 fg\mathrm{d}x\right)^2 = (\Sigma a_n b_n)^2 \leqslant \Sigma a_n^2 \Sigma b_n^2 < \pi \Sigma b_n^2 \int_0^1 f^2 \mathrm{d}x.$$

因上式对所有的 f 都成立, 故由定理 191 即得

$$\int_0^1 g^2 \mathrm{d}x < \pi \Sigma b_n^2;$$

而这等价于定理 323.

显而易见, 若两个各涉及一常数因子的不等式在此意义下为 "互逆的", 即每一个可由另一个利用 Hölder 不等式的逆定理这种方法导出, 则若其中一个常数为最佳的, 其他一个亦必如此. 后面 [9.10 节 (1)] 还将遇到这一原则的另一应用.

(3) 作为定理 316(取 $p=2$) 的一个推论, 我们现证

定理 325[①]   设 $a_n \geqslant 0$, 又设求和是从 0 到 ∞, 而且

$$A(x) = \Sigma a_n x^n, \quad A^*(x) = \Sigma \frac{a_n x^n}{n!} \tag{9.7.1}$$

---

① Widder[1]、Hardy[9].

则

$$\Sigma\Sigma \frac{a_m a_n}{m+n+1} \leqslant \pi\Sigma\Sigma \frac{(m+n)!}{m!n!} \cdot \frac{a_m a_n}{2^{m+n+1}}, \tag{9.7.2}$$

$$\int_0^1 A^2(x)\mathrm{d}x \leqslant \pi\int_0^\infty [\mathrm{e}^{-x}A^*(x)]^2\mathrm{d}x. \tag{9.7.3}$$

利用展开并逐项积分, 我们立可证明 (9.7.2) 和 (9.7.3) 是等价的.

欲证明 (9.7.3), 注意到

$$A(x) = \int_0^\infty \mathrm{e}^{-t} A^*(xt)\mathrm{d}t = \frac{1}{x}\int_0^\infty \mathrm{e}^{-u/x} A^*(u)\mathrm{d}u,$$

因而有

$$\int_0^1 A^2(x)\mathrm{d}x = \int_0^1 \frac{\mathrm{d}x}{x^2}\left(\int_0^\infty \mathrm{e}^{-u/x} A^*(u)\mathrm{d}u\right)^2 = \int_1^\infty \mathrm{d}y\left(\int_0^\infty \mathrm{e}^{-uy} A^*(u)\mathrm{d}u\right)^2$$

$$= \int_0^\infty \mathrm{d}w\left(\int_0^\infty \mathrm{e}^{-uw}\alpha(u)\mathrm{d}u\right)^2,$$

其中

$$\alpha(u) = \mathrm{e}^{-u} A^*(u).$$

由定理 316, 此即

$$\int_0^\infty \mathrm{d}w\int_0^\infty \mathrm{e}^{-uw}\alpha(u)\mathrm{d}u\int_0^\infty \mathrm{e}^{-vw}\alpha(v)\mathrm{d}v$$

$$= \int_0^\infty\int_0^\infty \frac{\alpha(u)\alpha(v)}{u+v}\mathrm{d}u\mathrm{d}v \leqslant \pi\int_0^\infty \alpha^2(u)\mathrm{d}u$$

$$= \pi\int_0^\infty [\mathrm{e}^{-u} A^*(u)]^2\mathrm{d}u.$$

容易看出, 常数 π 为最佳者. 函数 (9.7.1) 间的关系在发散级数论中是重要的, 特别是与解析函数的奇点有关时是如此.

9.8　Hardy 不等式

下面所讨论的两个定理乃是在试图简化当时所知道的 Hilbert 定理的证明时顺带发现的.[①]

假若所要的只是定理 315 的一种不完全的形式: 若 Σa_n^p 和 $\Sigma b_n^{p'}$ 收敛, 则二重级数 $\Sigma\Sigma \frac{a_m b_n}{m+n}$ 收敛, 则我们便可自然地如下进行. 按对角线 $m = n$ 对此二重级数分成两个部分 S_1, S_2, 而来考虑部分 S_1, 其中 $m \leqslant n$. 于是

$$S_1 = \Sigma\Sigma_{m\leqslant n} \frac{a_m b_n}{m+n} \leqslant \Sigma\Sigma_{m\leqslant n} \frac{a_m b_n}{n} = \Sigma \frac{A_n}{n} b_n,$$

———————————————

① 经过了很长一段时间, 才出现了 Hilbert 二重级数定理的真正简单的证明.

其中

$$A_n = a_1 + a_2 + \cdots + a_n.$$

因 $\Sigma b_n^{p'}$ 收敛, 故最后的级数当 $\Sigma n^{-p} A_n^p$ 收敛时收敛, 因此, 欲证明 S_1 收敛, 只须证明最后一个级数的收敛性可以从 Σa_n^p 的收敛性推导出来即可. S_2 的收敛性亦可同法证明.

上述证明的线索逐渐引出下面的定理, 并为下面的定理所完善.

定理 326   若 $p > 1$, $a_n \geqslant 0$, $A_n = a_1 + a_2 + \cdots + a_n$, 则

$$\Sigma \left(\frac{A_n}{n} \right)^p < \left(\frac{p}{p-1} \right)^p \Sigma a_n^p, \tag{9.8.1}$$

除非所有的 a 都为 0. 此常数是最佳的.

关于积分的相应的定理是

定理 327[1]   若 $p > 1$, $f(x) \geqslant 0$, $F(x) = \int_0^x f(t)\mathrm{d}t$, 则

$$\int_0^\infty \left(\frac{F}{x} \right)^p \mathrm{d}x < \left(\frac{p}{p-1} \right)^p \int_0^\infty f^p \mathrm{d}x, \tag{9.8.2}$$

除非 $f \equiv 0$. 该常数是最佳的.

这两个定理由 Hardy[2] 首先证明, 只是 Hardy 没有能够确定定理 326 中的常数. Landau[4] 补救了这一缺陷. 该定理的大量的其他证明已由许多作者给出, 例如 Broadbent[1]、Elliott[1]、Grandjot[1]、Hardy[4]、Kaluza and Szegö[1]、Knopp[1]. 我们先给出定理 326 的 Elliott 的证明, 然后给出定理 327 的 Hardy 的证明.[2]

(i) 在证明定理 326 时, 可设 $a_1 > 0$. 理由如下. 若假定 $a_1 = 0$, 并以 b_n 代 a_{n+1}, 则 (9.8.1) 即变为

$$\left(\frac{b_1}{2} \right)^p + \left(\frac{b_1 + b_2}{3} \right)^p + \cdots < \left(\frac{p}{p-1} \right)^p (b_1^p + b_2^p + \cdots),$$

这是一个比 (9.8.1) 本身更弱的不等式.

现将 A_n/n 记作 α_n, 并约定, 任何以 0 为附标的数都为 0. 则得

$$\alpha_n^p - \frac{p}{p-1}\alpha_n^{p-1} a_n = \alpha_n^p - \frac{p}{p-1}[n\alpha_n - (n-1)\alpha_{n-1}]\alpha_n^{p-1}$$

$$= \alpha_n^p \left(1 - \frac{np}{p-1} \right) + \frac{(n-1)p}{p-1}\alpha_n^{p-1}\alpha_{n-1}$$

---

① 我们已经在第 7 章中遇到这一定理, 不过那里所给出的证明 (仅当 $p = 2$ 时才详细给出) 主要是用来阐明变分方法, 并没有特别追求它的简单性.

② 我们推广了这些证明, 以便处理等号何时出现的问题.

$$\leqslant \alpha_n^p \left(1 - \frac{np}{p-1}\right) + \frac{n-1}{p-1}[(p-1)\alpha_n^p + \alpha_{n-1}^p]^{①}$$

$$= \frac{1}{p-1}[(n-1)\alpha_{n-1}^p - n\alpha_n^p].$$

因此,

$$\sum_1^N \alpha_n^p - \frac{p}{p-1} \sum_1^N \alpha_n^{p-1} a_n \leqslant -\frac{N\alpha_N^p}{p-1} \leqslant 0;$$

于是, 由定理 13,

$$\sum_1^N \alpha_n^p \leqslant \frac{p}{p-1} \sum_1^N \alpha_n^{p-1} a_n \leqslant \frac{p}{p-1} \left(\sum_1^N a_n^p\right)^{1/p} \left(\sum_1^N \alpha_n^p\right)^{1/p'}. \tag{9.8.3}$$

用右边最后一个因子 (它必然为正) 来除两边, 并将所得的结果自乘 p 次, 则得

$$\sum_1^N \alpha_n^p \leqslant \left(\frac{p}{p-1}\right)^p \sum_1^N a_n^p. \tag{9.8.4}$$

若令 N 趋于无穷, 则得 (9.8.1), 只是以 "$\leqslant$" 代替了 "$<$". 特别地, 可以看出 $\Sigma \alpha_n^p$ 为有限.

回到 (9.8.3), 并以 ∞ 代 N, 则得

$$\Sigma \alpha_n^p \leqslant \frac{p}{p-1} \Sigma \alpha_n^{p-1} a_n \leqslant \frac{p}{p-1} (\Sigma a_n^p)^{1/p} (\Sigma \alpha_n^p)^{1/p'}. \tag{9.8.5}$$

在第二不等式中不等号成立, 除非 (a_n^p) 与 (α_n^p) 成比例, 就是说, 除非 $a_n = C\alpha_n$, 其中 C 与 n 无关. 若是如此, 则 (因为 $a_1 = \alpha_1 > 0$) 必有 C 等于 1, 因而对于所有的 n, $A_n = na_n$. 这仅当所有的 a 都相等时才有可能, 而这与 Σa_n^p 的收敛性相矛盾. 因此,

$$\Sigma \alpha_n^p < \frac{p}{p-1} (\Sigma a_n^p)^{1/p} (\Sigma \alpha_n^p)^{1/p'}; \tag{9.8.6}$$

于是, 正如从 (9.8.3) 得出 (9.8.4) 那样, 从 (9.8.6) 即可得 (9.8.1).

欲证明该常数因子是最佳者, 可取

$$a_n = n^{-1/p} \quad (n \leqslant N), \quad a_n = 0 \quad (n > N).$$

则得

$$\Sigma a_n^p = \sum_1^N \frac{1}{n},$$

---

① 由定理 9.

$$A_n = \sum_1^n v^{-1/p} > \int_1^n x^{-1/p}\mathrm{d}x = \frac{p}{p-1}[n^{(p-1)/p} - 1] \quad (n \leqslant N),$$

$$\left(\frac{A_n}{n}\right)^p > \left(\frac{p}{p-1}\right)^p \frac{1 - \varepsilon_n}{n} \quad (n \leqslant N),$$

其中, 当 $n \to \infty$ 时 $\varepsilon_n \to 0$. 由此即得

$$\Sigma\left(\frac{A_n}{n}\right)^p > \sum_1^N\left(\frac{A_n}{n}\right)^p > \left(\frac{p}{p-1}\right)^p (1 - \eta_N)\Sigma a_n^p,$$

其中, 当 $N \to \infty$ 时, $\eta_N \to 0$. 因此, 若 a_n 如上选取, N 为充分大, 则任何形如

$$\Sigma\left(\frac{A_n}{n}\right)^p < \left(\frac{p}{p-1}\right)^p (1 - \varepsilon)\Sigma a_n^p$$

的不等式都是不正确的.

另外一种做法就是对于任何 n 取 $a_n = n^{-(1/p)-\varepsilon}$, 然后使 ε 很小. 比较 9.5 节可以看出, 该处我们所依循的就是这种做法.

(ii) 可以假定 f 不是零函数. 设 $n > 0$, $f_n = \min(f, n)$, $F_n = \int_0^x f_n\mathrm{d}x$, 并设 X_0 甚大, 使得 f, 因而当 $X > X_0$ 时 f_n, F_n 在 $(0, X)$ 中不是零函数. 我们有

$$\int_0^X\left(\frac{F_n}{x}\right)^p\mathrm{d}x = -\frac{1}{p-1}\int_0^X F_n^p \frac{\mathrm{d}}{\mathrm{d}x}(x^{1-p})\mathrm{d}x$$

$$= \left[-\frac{x^{1-p}F_n^p(x)}{p-1}\right]_0^X + \frac{p}{p-1}\int_0^X\left(\frac{F_n}{x}\right)^{p-1}f_n\mathrm{d}x$$

$$\leqslant \frac{p}{p-1}\int_0^X\left(\frac{F_n}{x}\right)^{p-1}f_n\mathrm{d}x,$$

因为由 $F_n = o(x)$, 可得已积分出来的项在 $x = 0$ 处为 0. 于是有

$$\int_0^X\left(\frac{F_n}{x}\right)^p\mathrm{d}x \leqslant \left(\frac{p}{p-1}\right)\left(\int_0^X\left(\frac{F_n}{x}\right)^p\mathrm{d}x\right)^{1/p'}\left(\int_0^X f_n^p\mathrm{d}x\right)^{1/p}. \tag{9.8.7}$$

因左边为正 (且有限), 故由此即得

$$\int_0^X\left(\frac{F_n}{x}\right)^p\mathrm{d}x \leqslant \left(\frac{p}{p-1}\right)^p \int_0^X f_n^p\mathrm{d}x.$$

在上式中令 $n \to \infty$, 其结果无异把两个附标 n 省略掉, 于是, 令 $X \to \infty$, 则得

$$\int_0^\infty \left(\frac{F}{x}\right)^p \mathrm{d}x \leqslant \left(\frac{p}{p-1}\right)^p \int_0^\infty f^p \mathrm{d}x,$$

这就是所要的结果, 不过以 "$\leqslant$" 代 "$<$". 在 (9.8.7) 中先令 $n \to \infty$, 然后再令 $X \to \infty$, 则得

$$\int_0^\infty \left(\frac{F}{x}\right)^p \mathrm{d}x \leqslant \frac{p}{p-1} \left(\int_0^\infty \left(\frac{F}{x}\right)^p\right)^{1/p'} \left(\int_0^\infty f^p \mathrm{d}x\right)^{1/p}. \tag{9.8.8}$$

因其中所出现的积分现已知都为正且有限, 故由 (9.8.8), 即得

$$\int_0^\infty \left(\frac{F}{x}\right)^p \mathrm{d}x < \left(\frac{p}{p-1}\right)^p \int_0^\infty f^p \mathrm{d}x,$$

除非 $x^{-p} F^p$ 与 f^p 事实上成比例. 但这是不可能的, 因为这会使得 f 成为 x 的一个方次, 因而 $\int f^p \mathrm{d}x$ 发散.

常数为最佳者的证明可依前面的同一线索得出: 当 $x < 1$ 时取 $f(x) = 0$, 当 $x \geqslant 1$ 时取 $f(x) = x^{-(1/p)-\varepsilon}$.

定理 326 的 Elliott 的证明经浅显的修改即可运用于定理 327. 在 (ii) 中所给出的定理 327 的证明可以用于级数, 但却不能得出常数的最佳值.

(iii) 定理 327 的下述证明 (属于 Ingham) 也是很有趣的, 我们只想证明以 "$\leqslant$" 出现的形式. 运用定理 203, 而在其中假定积分的区间各为 $(0,1)$, 权函数都为 1, 又设 $r = 1$, $s = p > 1$, $f(x,y) = f(xy)$. 于是, 对于 $x \leqslant 1$, 有

$$\mathfrak{M}_1^{(x)} f(xy) = \int_0^1 f(xy)\mathrm{d}x = \frac{F(y)}{y},$$

$$\mathfrak{M}_p^{(y)} f(xy) = \left[\int_0^1 f^p(xy)\mathrm{d}y\right]^{1/p} = \left[\frac{1}{x}\int_0^x f^p(t)\mathrm{d}t\right]^{1/p} \leqslant \left[\frac{1}{x}\int_0^1 f^p(t)\mathrm{d}t\right]^{1/p}.$$

于是, 由定理 203, 即得

$$\left[\int_0^1 \left(\frac{F}{y}\right)^p \mathrm{d}y\right]^{1/p} \leqslant \left(\int_0^1 f^p \mathrm{d}t\right)^{1/p} \int_0^1 x^{-1/p}\mathrm{d}x = \frac{p}{p-1}\left(\int_0^1 f^p \mathrm{d}x\right)^{1/p}.$$

令 $x = X/c$, $f(X/c) = g(X)$, 并以 x, f 代 X, g, 然后令 $c \to \infty$, 即得所要的结果.

9.9　进一步的积分不等式

定理 326 和定理 327 有着许多类似情形和推广, 它们是由一些不同的作者以不同的方法证明的. 在这里, 我们给出其中的一部分. 先考虑积分不等式, 因为其

中大部分可以从定理 319 用一种简单而且一致的方法导出, 而关于级数的相应定理有时还多少牵涉一些额外的小麻烦.

(1) 在定理 319 中取

$$K(x,y) = \begin{cases} 1/y & (x \leqslant y), \\ 0 & (x > y). \end{cases}$$

于是, 若 $p > 1$, 则

$$k = \int_0^\infty K(x,1)x^{-1/p}\mathrm{d}x = \int_0^1 x^{-1/p}\mathrm{d}x = \frac{p}{p-1},$$

且 K 满足所有的条件. 因此, 由定理 319 中的 (b) 和 (c), 即得

$$\int_0^\infty \mathrm{d}y \left(\frac{1}{y}\int_0^y f(x)\mathrm{d}x\right)^p \leqslant \left(\frac{p}{p-1}\right)^p \int_0^\infty f^p\mathrm{d}x, \tag{9.9.1}$$

$$\int_0^\infty \mathrm{d}x \left(\int_x^\infty \frac{g(y)}{y}\mathrm{d}y\right)^{p'} \leqslant \left(\frac{p}{p-1}\right)^{p'} \int_0^\infty g^{p'}\mathrm{d}y. \tag{9.9.2}$$

这些不等式中, (9.9.1) 就是定理 327, 不过是以 "$\leqslant$" 代 "$<$". 我们不能从该一般性定理中引用 "$<$", 因为 K 并不总是为正. 若对于某个非 0 的 f, 在 (9.9.1) 中等号成立, 则对于非 0 的 f 和 g, 有

$$\iint K(x,y)f(x)g(y)\mathrm{d}x\mathrm{d}y = \frac{p}{p-1}\left(\int f^p\mathrm{d}x\right)^{1/p}\left(\int g^{p'}\mathrm{d}x\right)^{1/p'}.$$

于是, 由 9.3 节的论证可知, 对于 $x < y$ (9.3.1) 成立, 且当 x 甚小时 $f \equiv Cx^{-1/p}$, 而这与 $\int f^p\mathrm{d}x$ 的收敛性相矛盾.

同法可证 (9.9.2) 中的不等号成立, 除非 g 为 0. 经过简单的变换即得

定理 328 若 $p > 1$,

$$F(x) = \int_x^\infty f(t)\mathrm{d}t,$$

则

$$\int_0^\infty F^p\mathrm{d}x < p^p \int_0^\infty (xf)^p\mathrm{d}x, \tag{9.9.3}$$

除非 $f \equiv 0$. 该常数为最佳者.

(2) 更一般地, 命 $r > 0$, 取

$$K(x,y) = \begin{cases} \dfrac{1}{\Gamma(r)}\dfrac{(y-x)^{r-1}}{y^r} & (x < y) \\ 0 & (x \geqslant y) \end{cases}.$$

当 $r = 1$ 时，即为 (1). 现在有

$$k = \frac{1}{\Gamma(r)}\int_0^1 x^{-1/p}(1-x)^{r-1}\mathrm{d}x = \frac{\Gamma\left(1 - \dfrac{1}{p}\right)}{\Gamma\left(r + 1 - \dfrac{1}{p}\right)}.$$

于是即得

定理 329　若 $p > 1$, $r > 0$, 且

$$f_r(x) = \frac{1}{\Gamma(r)}\int_0^x (x-t)^{r-1}f(t)\mathrm{d}t, \tag{9.9.4}$$

则

$$\int_0^\infty \left(\frac{f_r}{x^r}\right)^p \mathrm{d}x < \left[\frac{\Gamma\left(1 - \dfrac{1}{p}\right)}{\Gamma\left(r + 1 - \dfrac{1}{p}\right)}\right]^p \int_0^\infty f^p\mathrm{d}x, \tag{9.9.5}$$

除非 $f \equiv 0$. 若

$$f_r(x) = \frac{1}{\Gamma(r)}\int_x^\infty (t-x)^{r-1}f(t)\mathrm{d}x, \tag{9.9.6}$$

则

$$\int_0^\infty f_r^p\mathrm{d}x < \left[\frac{\Gamma\left(\dfrac{1}{p}\right)}{\Gamma\left(r + \dfrac{1}{p}\right)}\right]^p \int_0^\infty (x^r f)^p\mathrm{d}x, \tag{9.9.7}$$

除非 $f \equiv 0$. 在这两种情形下, 常数都为最佳者.

(9.9.4) 中的函数 $f_r(x)$ 就是具有 "原点" 0 的 $f(x)$ 的 r 阶 "Riemann-Liouville 积分".[①] 函数 (9.9.6) 是 r 阶的 "Weyl 积分", 它在某些方面要方便一些, 特别是在 Fourier 级数论中是如此.

(3) 命 $\alpha < 1/p'$, 取

$$K(x,y) = \begin{cases} \dfrac{y^{\alpha-1}}{x^\alpha} & (x \leqslant y) \\ 0 & (x > y) \end{cases},$$

则

$$k = \int_0^1 x^{-\alpha - \frac{1}{p}}\mathrm{d}x = \frac{p}{p - p\alpha - 1}.$$

由定理 319 之 (b) 和 (c) 即得

$$\int_0^\infty y^{p(\alpha-1)}\left(\int_0^y x^{-\alpha}f(x)\mathrm{d}x\right)^p \mathrm{d}y < \left(\frac{p}{p - \alpha p - 1}\right)^p \int_0^\infty f^p\mathrm{d}x, \tag{9.9.8}$$

---

① 参见 10.17 节. 定理 329 的一部分是 Knopp[3] 证明的.

$$\int_0^\infty x^{-\alpha p'} \left(\int_x^\infty y^{\alpha-1} g(y) \mathrm{d}y\right)^{p'} \mathrm{d}x < \left(\frac{p'}{1-\alpha p'}\right)^{p'} \int_0^\infty g^{p'} \mathrm{d}y. \tag{9.9.9}$$

变换记号，即得

定理 330 若 $p > 1$, $r \neq 1$, $F(x)$ 定义为

$$F(x) = \begin{cases} \int_0^x f(t)\mathrm{d}t & (r > 1) \\[2mm] \int_x^\infty f(t)\mathrm{d}t & (r < 1) \end{cases},$$

则

$$\int_0^\infty x^{-r} F^p \mathrm{d}x < \left(\frac{p}{|r-1|}\right)^p \int_0^\infty x^{-r} (xf)^p \mathrm{d}x, \tag{9.9.10}$$

除非 $f \equiv 0$[①].

该常数是最佳的. 容易证明, 当 $p = 1$ 时, (9.9.10) 的两边相等.

9.10 关于级数的进一步定理

在定理 326 的类似情形和推广中, 我们现选取下面的结果.

(1) 下面的定理与定理 326 之间的关系, 正如定理 328 之于定理 327.

定理 331[②] 若 $p > 1$, 则

$$\Sigma(a_n + a_{n+1} + \cdots)^p < p^p \Sigma(na_n)^p,$$

除非 (a_n) 为 0. 该常数为最佳者.

该定理就 9.7 节 (2) 的意义而言是定理 326 的逆定理, 就是说, 它可从后一定理利用 Hölder 不等式的逆定理导出. 详细地写出这证明是有教益的, 虽然我们所说的总起来不过是把前面所作的更一般的解说就一特殊情形重复一次[③].

若 $K(x,y)$ 如 9.9 节 (1) 中所定义, 则由定理 13 和定理 326, 有

$$\begin{aligned} \Sigma\Sigma K(m,n)a_m b_n &= \underset{m \leqslant n}{\Sigma\Sigma} \frac{a_m b_n}{n} \\ &= \Sigma \frac{a_1 + a_2 + \cdots + a_n}{n} b_n \\ &= \Sigma \frac{A_n}{n} b_n \\ &\leqslant \left[\Sigma\left(\frac{A_n}{n}\right)^p\right]^{1/p} \left(\Sigma b_n^{p'}\right)^{1/p'} \\ &< \frac{p}{p-1}(\Sigma a_m^p)^{1/p} (\Sigma b_n^{p'})^{1/p'}, \end{aligned} \tag{9.10.1}$$

---

① 关于直接的证明, 可参见 Hardy[5].
② Copson[1], 也参见 Hardy[6].
③ 参见 8.7 节.

除非 (a) 或 (b) 为 0.

另一方面,

$$\Sigma\Sigma K(m,n)a_mb_n = \Sigma a_m\left(\frac{b_m}{m} + \frac{b_{m+1}}{m+1} + \cdots\right),$$

而对于使得 $\Sigma a_m^p = 1$ 的所有 (a), 由定理 15, 上式的极大值是

$$\left[\Sigma\left(\frac{b_m}{m} + \frac{b_{m+1}}{m+1} + \cdots\right)^{p'}\right]^{1/p'}.$$

因此, 由 (9.10.1),

$$\left[\Sigma\left(\frac{b_m}{m} + \frac{b_{m+1}}{m+1} + \cdots\right)^{p'}\right]^{1/p'} < \frac{p}{p-1}(\Sigma b_n^{p'})^{1/p'} = p'(\Sigma b_n^{p'})^{1/p'}.$$

将 b_m 改作 ma_m, p' 改作 p, 即得定理 331.

常数 p^p 为最佳者这一结论可从 9.7 节 (2) 的最后论述得出.

(2) **定理 332**　若 $p > 1$, $a_n \geqslant 0$, $\lambda_n > 0$,

$$\Lambda_n = \lambda_1 + \lambda_2 + \cdots + \lambda_n, \quad A_n = \lambda_1 a_1 + \lambda_2 a_2 + \cdots + \lambda_n a_n,$$

则

$$\Sigma\lambda_n\left(\frac{A_n}{\Lambda_n}\right)^p < \left(\frac{p}{p-1}\right)^p\Sigma\lambda_n a_n^p,$$

除非 (a_n) 为 0.

该定理与定理 326 之间的关系正如同定理 321 之于定理 315 一样, 它可以用许多方法来证明. 首先, 它可从定理 320 经过特别选取 K 而得出 (如同在 9.9 节中定理 327 之从定理 319 推出一样), 但等号何时出现的问题此时需要稍加留意. 最简单的证明也许就是直接采用 9.8 节中 Elliott 的方法. 若 $\alpha_n = A_n/\Lambda_n$, 则可得

$$\lambda_n\alpha_n^p - \frac{p}{p-1}\lambda_n\alpha_n^{p-1}a_n \leqslant \frac{1}{p-1}(\Lambda_{n-1}\alpha_{n-1}^p - \Lambda_n\alpha_n^p);$$

所要的证明可仿照 9.8 节来完成.[1]

该定理也可由定理 327 通过选取 f 为一适当的阶梯函数而得出 (此即 9.4 节中由定理 319 推出定理 320 所用的方法). 我们将不把它详细写出[2], 但这一论述引起的一些问题, 9.11 节中多少将会谈到一些.

---

[1] 关于详细情形, 可参见 Copson[1].

[2] 关于细节 (它们是相当烦琐的), 可参见 Hardy[4].

9.11　从关于积分的定理推出关于级数的定理[①]

刚才所提到的而且在 9.4 节中实际上已用过的推导方法是非常自然而且常常也是有效的. 但它却容易引出一些细节上的困难, 因而通常宁可采用直接的方法. 欲要阐明这一方法, 我们现由定理 327 推出定理 326, 这顺便还使我们给出了一个本身相当有意义的论述.

首先注意到, **只需在 a_n 为 n 的单调递减序列这一假设下来证明定理 326 即可**. 这可从一个定理得出, 该定理值得单独来叙述.

定理 333　若 a_n 除次序之外已经给定, 又设 $\phi(u)$ 是 u 的一个正的单调递增函数, 则

$$\Sigma \phi\left(\frac{A_n}{n}\right)$$

当 a_n 依降序排列时为最大.

欲证明定理 333, 我们只需注意, 若 $\nu > \mu$ 且 $a_\nu > a_\mu$, 则因交换 a_μ 与 a_ν 的效果是 A_n 当 $n < \mu$ 或 $n \geqslant \nu$ 时不变, 而当 $\mu \leqslant n < \nu$ 时为增大. 该定理是第 10 章将会大为详细讨论的那一类型的其中之一.

现设 a_n 单调递减, 又设定理 327 已经证明. 定义 $f(x)$ 如

$$f(x) = a_n \quad (n-1 \leqslant x < n)$$

则

$$\Sigma a_n^p = \int_0^\infty f^p \mathrm{d}x. \tag{9.11.1}$$

若 $n < x < n+1$, 则

$$\frac{F(x)}{x} = \frac{a_1 + a_2 + \cdots + a_n + (x-n)a_{n+1}}{x} = \frac{A_n - na_{n+1} + xa_{n+1}}{x},$$

且

$$A_n - na_{n+1} \geqslant 0,$$

因而当 x 从 n 增到 $n+1$ 时, F/x 从 A_n/n 下降到 $A_{n+1}/(n+1)$.
于是有

$$\frac{F}{x} \geqslant \frac{A_{n+1}}{n+1} \quad (n < x < n+1),$$

因而有

$$\int_0^\infty \left(\frac{F}{x}\right)^p \mathrm{d}x \geqslant \sum_1^\infty \left(\frac{A_n}{n}\right)^p. \tag{9.11.2}$$

[①] 比较 6.4 节和 9.4 节 (1).

由 (9.11.1) (9.11.2) 和定理 333 即得定理 326.

假若读者要想用同法从定理 328 推出定理 331，他将会发现一些困难. 从积分过渡到级数造成了一些损失，而且也绝不是经常 (就像这里) 可以不损伤最终的结果而能过渡到的.

9.12　Carleman 不等式

若在定理 326 中记 a_n 代替 a_n^p，则得

$$\Sigma\left(\frac{a_1^{1/p} + a_2^{1/p} + \cdots + a_n^{1/p}}{n}\right)^p < \left(\frac{p}{p-1}\right)^p \Sigma a_n. \qquad (9.12.1)$$

若令 $p \to \infty$，并利用定理 3，则得

$$\Sigma(a_1 a_2 \cdots a_n)^{1/n} \leqslant e\Sigma a_n;$$

该结果启发我们想到下面一个较为完善的定理.

定理 334[1]　$\Sigma(a_1 a_2 \cdots a_n)^{1/n} < e\Sigma a_n$，
除非 (a_n) 为 0. 该常数是最佳的.

我们自然会想到利用定理 9 来证明这一完善的定理，但将定理 9 直接用于 (9.12.1) 的左边是不够的[2]. 要补救这一点，我们将定理 9 不用于 $a_1, a_2, \cdots, a_n$，而用于 $c_1 a_1, c_2 a_2, \cdots, c_n a_n$. 选取诸 c，使得当 Σa_n 接近于收敛的边界时，这些数"大致相等". 这就要求 c_n 大致是 n 的阶.

这种想法提示了下面的证明. 我们有

$$\Sigma(a_1 a_2 \cdots a_n)^{1/n} = \Sigma\left(\frac{c_1 a_1 \cdot c_2 a_2 \cdots c_n a_n}{c_1 c_2 \cdots c_n}\right)^{1/n}$$

$$\leqslant \sum_n (c_1 c_2 \cdots c_n)^{-1/n} \frac{1}{n} \sum_{m \leqslant n} c_m a_m$$

$$= \sum_m a_m c_m \sum_{n \geqslant m} \frac{1}{n} (c_1 c_2 \cdots c_n)^{-1/n}.$$

欲使内部的求和容易处理，选取

$$(c_1 c_2 \cdots c_n)^{1/n} = n + 1,$$

---

① Carleman[1]. 这里所作的证明属于 Pólya[2]. 一个欠精密的收敛定理 (缺常数 e) 已由一些别的作者独立地得出，该定理还有若干个这种或那种形式的证明. 参见 Collingwood(见 Valiron[1, p.186]，那里有一个属于 Littlewood 的证明), Kaluza and Szegö[1]、Knopp[1]、Ostrowski[2, pp.201-204].

② $\sum_n (a_1 a_2 \cdots a_n)^{1/n} \leqslant \sum_n \frac{1}{n} \sum_{m \leqslant n} a_m = \sum_m a_m \sum_{n \geqslant m} \frac{1}{n}$，但右边一般是发散的. 该证明失败了，因为在 $a_1 a_2 \cdots a_n$ 中的这些 a "太不相等了"，因而以 $\mathfrak{A}(a)$ 代 $\mathfrak{G}(a)$ 时就严重失效.

此时

$$c_m = \frac{(m+1)^m}{m^{m-1}}, \quad \sum_{n \geqslant m} \frac{1}{n}(c_1 c_2 \cdots c_n)^{-1/n} = \sum_{n \geqslant m} \frac{1}{n(n+1)} = \frac{1}{m}.$$

于是, 由定理 140,

$$\Sigma(a_1 a_2 \cdots a_n)^{1/n} \leqslant \Sigma \frac{a_m c_m}{m} = \Sigma a_m \left(1 + \frac{1}{m}\right)^m < \mathrm{e}\Sigma a_m,$$

除非 a_m 为 0.

可以依照 9.5 节的方法证明此常数为最佳的. 例如可以取 a_n: 当 $n \leqslant \mu$ 时, $a_n = \frac{1}{n}$; 当 $n > \mu$ 时, $a_n = 0$, 然后令 μ 趋于无穷.

相应的积分定理是

定理 335[①] 若 f 是一个非 0 函数, 则

$$\int_0^\infty \exp\left[\frac{1}{x}\left(\int_0^x \ln f(t)\mathrm{d}t\right)\right]\mathrm{d}x < \mathrm{e}\int_0^\infty f(x)\mathrm{d}x.$$

9.13 当 $0 < p < 1$ 时的定理

直到现在我们一直假定定理中所涉及的参数 p 都大于 1. 但其中有许多定理对于 p 小于 1 也有类似的结果, 本节将对它们作一次选择. 这两种情形之间特有的差别就在于 (正如我们在经验过 Hölder 不等式和 Minkowski 不等式之后所预料到的) 不等号反号.

(1) **定理 336** 若 $K(x,y)$ 为非负, 且为 -1 次齐次式, $0 < p < 1$, 又设

$$\int_0^\infty K(x,1)x^{-1/p}\mathrm{d}x = \int_0^\infty K(1,y)y^{-1/p'}\mathrm{d}y = k < \infty,$$

则

(a) $\int_0^\infty \int_0^\infty K(x,y)f(x)g(y)\mathrm{d}x\mathrm{d}y \geqslant k \left(\int_0^\infty f^p \mathrm{d}x\right)^{1/p} \left(\int_0^\infty g^{p'}\mathrm{d}y\right)^{1/p'}$,

(b) $\int_0^\infty \mathrm{d}y \left(\int_0^\infty K(x,y)f(x)\mathrm{d}x\right)^p \geqslant k^p \int_0^\infty f^p(x)\mathrm{d}x$.

在这里, 依照 5.1 节和 6.5 节的规定, (a) 表示 "若该二重积分和右边的第二积分为有限, 则右边的第一积分亦为有限, 且 ……"; (b) 则表示 "若左边的积分为有限, 则右边的积分亦为有限, 且 ……".

若采用 9.3 节中的方法, 则 (a) 之证明与定理 319 中 (a) 之证明相同. 因我们是就 $p < 1$ 运用 Hölder 不等式的, 故不等式反号. 要从 (a) 导出 (b), 可求助于定理 234. 请读者自己去拟出当 $p < 0$ 时的相应定理, 并考虑等号何时出现的问题.

---

① Knopp[1].

我们不能取 $K = 1/(x + y)$，因为这样一来，$k = \infty$. 因此就不存在与 Hilbert 定理完全类似的定理.

(2) **定理 337**   若 $0 < p < 1$, $f(x) \geqslant 0$,

$$\int_0^\infty f^p \mathrm{d}x < \infty,$$

又设

$$F(x) = \int_x^\infty f(t)\mathrm{d}t,$$

则

$$\int_0^\infty \left(\frac{F}{x}\right)^p \mathrm{d}x > \left(\frac{p}{1-p}\right)^p \int_0^\infty f^p \mathrm{d}x,$$

除非 $f \equiv 0$. 该常数是最佳的.

取

$$K(x, y) = 0 \, (x < y), \quad K(x, y) = \frac{1}{y} \, (x \geqslant y),$$

从而可以从定理 336 以一种不完全的形式得出定理 337, 此时

$$k = \int_1^\infty x^{-1/p} \mathrm{d}x = \frac{p}{1-p}.$$

用这种方法去证明整个定理, 必须要讨论定理 336 中 (因而定理 234 中) 的不等式方向. 因此, 我们就采用一个类似于 9.8 节中所用的直接方法.

可以设

$$\int_0^\infty f(t)\mathrm{d}t, \quad \int_0^\infty \left(\frac{F}{x}\right)^p \mathrm{d}x$$

为有限, 因为如若不然, 则定理无须证明.

我们有

$$\int_\xi^X \left(\frac{F}{x}\right)^p \mathrm{d}x = \frac{1}{1-p}[x^{1-p}F^p(x)]_\xi^X + \frac{p}{1-p}\int_\xi^X \left(\frac{F}{x}\right)^{p-1} f \mathrm{d}x. \tag{9.13.1}$$

因为 F 随 x 的增大而下降, 故当 $x \to 0$ 和 $x \to \infty$ 时,

$$x^{1-p}F^p(x) = 2\left(\frac{F(x)}{x}\right)^p \frac{1}{2}x \leqslant 2\int_{\frac{1}{2}x}^x \left(\frac{F}{t}\right)^p \mathrm{d}t$$

趋于 0. 于是, 由 (9.13.1) 取极限即得

$$\int_0^\infty \left(\frac{F}{x}\right)^p \mathrm{d}x = \frac{p}{1-p}\int_0^\infty \left(\frac{F}{x}\right)^{p-1} f \mathrm{d}x.$$

请读者自己去完成定理的证明.

关于与定理 330 相对应的更为完善的结果, 可参见定理 347.

(3) 最后, 我们来证明一个定理, 它与定理 326 之间的关系大致与定理 337 之于定理 327 相似. 这种对应不是十分确切的. 这一定理阐明了在一个涉及级数的定理中固有的一些小麻烦.

定理 338[①]　若 $0 < p < 1$, $\Sigma a_n^p < \infty$, 则

$$\Sigma' \left(\frac{a_n + a_{n+1} + \cdots}{n} \right)^p > \left(\frac{p}{1-p} \right)^p \Sigma a_n^p,$$

除非 (a_n) 为 0. 左边和号上的一撇表示 $n = 1$ 的那一项要乘上

$$1 + \frac{1}{1-p}.$$

该常数是最佳的.

在定理 337 中取

$$f(x) = 0 \quad (0 < x < 1), \quad f(x) = a_n \quad (0 < n \leqslant x < n+1).$$

于是, 若 $0 < n \leqslant x < n+1$, 则

$$\frac{F}{x} = \frac{(n+1-x)a_n + a_{n+1} + \cdots}{x} \leqslant \frac{a_n + a_{n+1} + \cdots}{n}.$$

因此, 有

$$\int_1^\infty \left(\frac{F}{x} \right)^p \mathrm{d}x \leqslant \sum_1^\infty \left(\frac{a_n + a_{n+1} + \cdots}{n} \right)^p,$$

但

$$\int_0^1 \left(\frac{F}{x} \right)^p \mathrm{d}x = (a_1 + a_2 + \cdots)^p \int_0^1 x^{-p} \mathrm{d}x = \frac{(a_1 + a_2 + \cdots)^p}{1-p},$$

由定理 337 即得我们所要的结果.

像定理的最后一段话所包含的那样一类按语是必需的. 若将那一撇省去, 结果就不一定成立[②].

9.14　带有两个参数 p 和 q 的一个定理

我们现用一个定理来结束本章, 该定理虽然仍旧是 Hilbert 定理的一个推广, 但却具有一些在本章前面的任何定理中所没有出现过的特点. 它涉及两个相互无关的指标 p 和 q 和一个未定的常数 $K(p, q)$.

---

① 这个定理的要领是 Elliott 在 1927 年告诉我们的.

② 取 $a_1 = 1$, $a_2 = a_3 = \cdots = 0$. 则当 $p > \dfrac{1}{2}$ 时结果就不对. 关于该结果的另一种形式, 可参见定理 345.

定理 339　若

$$p > 1, \quad q > 1, \quad \frac{1}{p} + \frac{1}{q} \geqslant 1,$$

因而

$$0 < \lambda = 2 - \frac{1}{p} - \frac{1}{q} = \frac{1}{p'} + \frac{1}{q'} \leqslant 1,$$

则

$$\sum_1^\infty \sum_1^\infty \frac{a_m b_n}{(m+n)^\lambda} \leqslant K \left(\sum_1^\infty a_m^p \right)^{1/p} \left(\sum_1^\infty b_n^q \right)^{1/q},$$

其中 $K = K(p, q)$ 只与 p 和 q 有关.

当 $q = p'$, $\lambda = 1$ 时, 该定理即化为定理 315, 此时, 我们知道了 K 的最佳值. 在一般情形下, 最好的值还没有求出, 而且很难确定它. 后面 (10.17 节) 将证明一个较深的定理, 其中 $\lambda < 1$, $m + n$ 则代之以 $|m - n|$ (相等的值则从求和中舍掉).

只需证明, 若 $\Sigma a_m^p = A$, $\Sigma b_n^q = B$, 则

$$\sum_m a_m \sum_{n \leqslant m} \frac{b_n}{(m+n)^\lambda} \leqslant K A^{1/p} B^{1/q}, \tag{9.14.1}$$

要证明这一点, 由定理 13, 只需证明

$$\sum_m \beta_m^{p'} \leqslant K B^{p'/q}, \tag{9.14.2}$$

其中

$$\beta_m = \sum_{n \leqslant m} \frac{b_n}{(m+n)^\lambda}.$$

今

$$\beta_m \leqslant m^{-\lambda} \sum_{n \leqslant m} b_n = m^{-\lambda} B_m,$$

且 $p' \geqslant q$. 因此,

$$\Sigma \beta_m^{p'} \leqslant \Sigma m^{-p'\lambda} B_m^{p'} = \Sigma \left(\frac{B_m}{m} \right)^q B_m^{p'-q} m^{q-p'\lambda}.$$

但

$$B_m = \sum_1^m b_n \leqslant m^{1/q'} \left(\sum_1^m b_n^q \right)^{1/q} \leqslant B^{1/q} m^{1/q'},$$

且

$$\frac{p' - q}{q'} + q - p'\lambda = 0,$$

故由定理 326，有

$$\Sigma\beta_m^{p'} \leqslant B^{(p'-q)/q}\Sigma\left(\frac{B_m}{m}\right)^q \leqslant \left(\frac{q}{q-1}\right)^q B^{(p'-q)/q+1} = KB^{p'/q}.$$

此即证明了 (9.14.2).

同理可证

定理 340 在定理 339 的同样假定之下，有

$$\int_0^\infty\int_0^\infty\frac{f(x)g(y)}{(x+y)^\lambda}\mathrm{d}x\mathrm{d}y \leqslant K\left(\int_0^\infty f^p\mathrm{d}x\right)^{1/p}\left(\int_0^\infty g^q\mathrm{d}y\right)^{1/q}.$$

9.15　各种定理及特例

定理 341 若 (i) $a_m, b_n, f(x), g(y)$ 都为非负；(ii) 求和是从 1 到 ∞，积分是从 0 到 ∞；(iii) $(\Sigma a_m^p)^{1/p} = A$, $(\Sigma b_n^{p'})^{1/p'} = B$, $(\int f^p\mathrm{d}x)^{1/p} = F$, $\left(\int g^{p'}\mathrm{d}y\right)^{1/p'} = G$; (iv) $p > 1$，则

$$\Sigma\Sigma\frac{a_m b_n}{\max(m,n)} < pp'AB, \tag{1}$$

$$\iint\frac{f(x)g(y)}{\max(x,y)}\mathrm{d}x\mathrm{d}y < pp'FG, \tag{2}$$

除非 $(a_m), (b_n), f(x), g(y)$ 中有一个为 0. 该常数是最佳的.

[这是定理 318 与定理 319(a) 中的某些情形. 为了缩短下述定理的叙述，我们规定：条件 (i), (ii), (iii) 对于所有这些定理都已预先假定，又规定，只要结论是由一个带有**确定**的常数 K 的不等式

$$X < KY \quad (\text{或} X > KY)$$

表出，则 K 具有最佳值 (除非已经明确表示出另外的情形)，而且等号是不成立的，除非定理中所涉及的一个序列或函数为 0.

另一方面，当结论是用

$$X \leqslant KY$$

以**一个没有详细说明**的常数 K 表出时，则 K 是该定理中诸参数的一个函数.]

定理 342 若 $p > 1$，则

$$\Sigma\Sigma\frac{\ln(m/n)}{m-n}a_m b_n < \pi^2\csc^2\frac{\pi}{p} \cdot AB, \tag{1}$$

$$\iint\frac{\ln(x/y)}{x-y}f(x)g(y)\mathrm{d}x\mathrm{d}y < \pi^2\csc^2\frac{\pi}{p} \cdot FG. \tag{2}$$

(这也是定理 318 和定理 319(a) 的某种情形, 在这里,

$$k = \int_0^\infty \frac{\ln x}{x-1} x^{-1/p} \mathrm{d}x = \pi^2 \csc^2 \frac{\pi}{p}.)$$

定理 343　若 $p > 1$, 则

$$\sum_2^\infty \sum_2^\infty \frac{a_m b_n}{mn \ln mn} < \frac{\pi}{\sin(\pi/p)} \left(\sum_2^\infty \frac{a_m^p}{m} \right)^{1/p} \sum_2^\infty \left(\frac{b_n^{p'}}{n} \right)^{1/p'}.$$

(Mulholland[2]. 因为

$$\ln \frac{m+1}{m} < \frac{1}{m},$$

故此结果比之在定理 321 中由取 $\Lambda_m = \ln m$, $M_n = \ln n$ 所得的要稍强一些.)

定理 344　若 $0 < p < 1$, 则

$$\Sigma(a_n + a_{n+1} + \cdots)^p > p^p \Sigma(na_n)^p.$$

(Copson[2]. 该定理与定理 326, 331, 338 一起构成了一个系统的定理组.)

定理 345　若 $0 < p < 1$, 则

$$\Sigma \left(\frac{a_n + a_{n+1} + \cdots}{n} \right)^p > p^p \Sigma a_n^p.$$

(这是定理 344 的推论. 比较定理 338, 这里没有按语, 但常数不够理想, 大概不是最佳的.)

定理 346　若 (a) $c > 1$, $s_n = a_1 + a_2 + \cdots + a_n$, 或 (b) $c < 1$, $s_n = a_n + a_{n+1} + \cdots$, 则

$$\Sigma n^{-c} s_n^p \leqslant K \Sigma n^{-c} (na_n)^p \quad (p > 1), \tag{α}$$

$$\Sigma n^{-c} s_n^p \geqslant K \Sigma n^{-c} (na_n)^p \quad (0 < p < 1). \tag{β}$$

(在这 4 种情形中无论哪一种, $K = K(p, c)$, 有如在定理 341 的后面所规定者. 参见 Hardy and Littlewood[1].

我们现就 $c > 1$ 来证明 (α). 若

$$\phi_n = n^{-c} + (n+1)^{-c} + \cdots,$$

则 $\phi_n < K n^{1-c}$. 于是, 若约定 $s_0 = 0$, 则有

$$\sum_1^m n^{-c} s_n^p = \sum_1^m (\phi_n - \phi_{n+1}) s_n^p \leqslant \sum_1^m \phi_n (s_n^p - s_{n-1}^p)$$

$$\leqslant K \sum_1^m n^{1-c} s_n^{p-1} a_n \leqslant K \left(\sum_1^m n^{-c} (na_n)^p \right)^{1/p} \left(\sum_1^m n^{-c} s_n^p \right)^{1/p'},$$

由此即得 (α). Hardy and Littlewood[2] 给出了 (α) 和 (β) 在函数论方面的应用. 重要的是 $c = 2$ 的情形.)

定理 347 若 r 和 F 满足定理 330 的条件, 但 $0 < p < 1$, 则

$$\int x^{-r} F^p \mathrm{d}x > \left(\frac{p}{|r-1|}\right)^p \int x^{-r} (xf)^p \mathrm{d}x.$$

(Hardy[5].)

定理 348 若

$$\sigma(y) = \Sigma a_m \mathrm{e}^{-m/y},$$

且 $p > 1$, 则

$$2^{-p} \Sigma \left[\frac{\sigma(n)}{n}\right]^p < \int_0^\infty \left[\frac{\sigma(y)}{y}\right]^p \mathrm{d}y < \left[\Gamma\left(\frac{1}{p'}\right)\right]^p A^p.$$

(取 $K(x, y) = y^{-1} \mathrm{e}^{-x/y}$ 并运用定理 319(b). Hardy and Littlewood[1, 2] 给出了一些较广泛但欠精密的结果, 他们还给出了一些在函数论方面的应用.)

定理 349 若 λ_n 和 Λ_n 满足定理 332 中的条件, 则

$$\Sigma \lambda_n (a_1^{\lambda_1} a_2^{\lambda_2} \cdots a_n^{\lambda_n})^{1/\Lambda_n} < \mathrm{e} \Sigma \lambda_n a_n.$$

(参见 Hardy[4].)

定理 350 若 $p > 1$, $K(x) > 0$, 且

$$\int K(x) x^{s-1} \mathrm{d}x = \phi(s),$$

则

$$\iint K(xy) f(x) g(y) \mathrm{d}x \mathrm{d}y < \phi\left(\frac{1}{p}\right) \left(\int x^{p-2} f^p \mathrm{d}x\right)^{1/p} \left(\int g^{p'} \mathrm{d}y\right)^{1/p'},$$

$$\int \mathrm{d}x \left(\int K(xy) f(y) \mathrm{d}y\right)^p < \phi^p\left(\frac{1}{p}\right) \int x^{p-2} f^p \mathrm{d}x,$$

$$\int x^{p-2} \mathrm{d}x \left(\int K(xy) f(y) \mathrm{d}y\right)^p < \phi^p\left(\frac{1}{p'}\right) \int f^p \mathrm{d}x.$$

特别地, 当 $K(x) = \mathrm{e}^{-x}$, $F(x) = \int K(xy) f(y) \mathrm{d}y$ 是 $f(x)$ 的 "Laplace 变换" 时,

$$\int F^p \mathrm{d}x < \Gamma^p\left(\frac{1}{p}\right) \int x^{p-2} f^p \mathrm{d}x, \quad \int x^{p-2} F^p \mathrm{d}x < \Gamma^p\left(\frac{1}{p'}\right) \int f^p \mathrm{d}x.$$

定理 351 若 $K(x)$ 也是 x 的单调递减函数, 且

$$A(x) = \Sigma a_n K(nx), \quad A_n = \int a(x) K(nx) \mathrm{d}x,$$

则

$$\int A^p(x)\mathrm{d}x < \phi^p\left(\frac{1}{p}\right)\Sigma n^{p-2}a_n^p,$$

$$\Sigma A_n^p < \phi^p\left(\frac{1}{p}\right)\int x^{p-2}a^p(x)\mathrm{d}x,$$

$$\int x^{p-2}A^p(x)\mathrm{d}x < \phi^p\left(\frac{1}{p'}\right)\Sigma a_n^p,$$

$$\Sigma n^{p-2}A_n^p < \phi^p\left(\frac{1}{p'}\right)\int a^p(x)\mathrm{d}x.$$

定理 352　若 $F(x)$ 是 $f(x)$ 的 Laplace 变换，且 $1 < p \leqslant 2$，则

$$\int F^{p'}\mathrm{d}x \leqslant \frac{2\pi}{p'}\left(\int f^p\mathrm{d}x\right)^{p'/p}.$$

(关于上面的 3 个定理，可参见 Hardy[10]. 定理 350 可以从定理 319 经变换而得出. 我们没有断定定理 352 中的常数是最佳的.)

定理 353　若

$$K_0(x) \geqslant 0,$$

$$K_1(x,y) = \int K_0(xt)K_0(yt)\mathrm{d}t,$$

$$K_2(x,y) = \int K_1(x,t)K_1(y,t)\mathrm{d}t,$$

$$\int \frac{K_1(x,1)}{\sqrt{x}}\mathrm{d}x = k,$$

则

$$\Sigma\Sigma K_2(m,n)a_ma_n \leqslant k\Sigma\Sigma K_1(m,n)a_ma_n.$$

(参见 Hardy[9]. 该定理是一个关于二次型而不是关于线性型的定理.)

定理 354

$$\Sigma\Sigma\frac{\ln(m/n)}{m-n}a_ma_n \leqslant \pi\Sigma\Sigma\frac{a_ma_n}{m+n}.$$

定理 355

$$\Sigma\Sigma\frac{|\ln(m/n)|}{\max(m,n)}a_ma_n \leqslant 2\Sigma\Sigma\frac{a_ma_n}{\max(m,n)}.$$

[这两个结果是定理 353 的推论. 注意到，当与定理 315 结合使用时，定理 354 即给出

$$\Sigma\Sigma\frac{\ln(m/n)}{m-n}a_ma_n \leqslant \pi^2\Sigma a_m^2.$$

这与定理 342 是一致的.]

定理 356 若

$$c(x) = \int_0^x a(t)b(x-t)\mathrm{d}t,$$

$$A^p = \int x^{-1}[x^a a(x)]^p \mathrm{d}x,$$

$$B^q = \int x^{-1}[x^\beta b(x)]^q \mathrm{d}x,$$

$$C^r = \int x^{-1}[x^\gamma c(x)]^r \mathrm{d}x,$$

$$p > 1, \quad q > 1, \quad \frac{1}{r} \leqslant \frac{1}{p} + \frac{1}{q},$$

$$\alpha < 1, \quad \beta < 1, \quad \gamma = \alpha + \beta - 1,$$

则

$$C < KAB,$$

其中

$$K = \frac{\Gamma(1-\alpha)\Gamma(1-\beta)}{\Gamma(1-\gamma)}.$$

定理 357 若

$$a_0 = b_0 = 0, \quad c_n = a_0 b_n + a_1 b_{n-1} + \cdots + a_n b_0,$$

$$A^p = \Sigma n^{-1}(n^\alpha a_n)^p, \quad B^q = \Sigma n^{-1}(n^\beta b_n)^q, \quad C^r = \Sigma n^{-1}(n^\gamma c_n)^r,$$

p, q, r, γ 满足定理 356 中的条件, 且 $0 \leqslant \alpha < 1$, $0 \leqslant \beta < 1$, 则 $C < KAB$, 其中 K 与定理 356 的 K 相同. 若 $\alpha < 0$, $\beta < 0$, 则此不等式对**某些** K 成立.

定理 358 若

$$a_0 = b_0 = \cdots = c_0 = 0,$$

$$u_n = \Sigma a_{r_1} b_{r_2} \cdots c_{r_k} \quad (r_j \geqslant 0, \Sigma r_j = n),$$

则

$$\Sigma u_n^2 < \frac{1}{\pi}\left[\Gamma\left(\frac{1}{2k}\right)\right]^{2k}(\Sigma n^{2k-2}a_n^{2k})^{1/k}\cdots(\Sigma n^{2k-2}c_n^{2k})^{1/k}.$$

定理 359 若 $p > 1$, $l > 0$, $m > 0$, $c(x)$ 如定理 356 中所定义, 则

$$\int x^{(1-l-m)(p-1)}c^p(x)\mathrm{d}x \leqslant K \int x^{(1-l)(p-1)}a^p(x)\mathrm{d}x \int x^{(1-m)(p-1)}b^p(x)\mathrm{d}x,$$

其中

$$K = \left[\frac{\Gamma(l)\Gamma(m)}{\Gamma(l+m)}\right]^{p-1}.$$

等号成立的充要条件是

$$a(x) \equiv Ax^{l-1}\mathrm{e}^{-Cx}, \quad b(x) \equiv Bx^{m-1}\mathrm{e}^{-Cx},$$

其中 A, B, C 是非负常数, C 为正.

（关于定理 356 至定理 359, 可参见 Hardy and Littlewood[3, 5, 12].）

定理 360　若 $L(x)$ 是 $f(x)$ 的 Laplace 变换, $q \geqslant p > 1$, 则

$$\int x^{-(p+q-pq)/p}L^q(x)\mathrm{d}x \leqslant KF^q.$$

定理 361　若 $p > 1, q > 1$,

$$\mu = \frac{1}{p} + \frac{1}{q} - 1 \geqslant 0,$$

L, M 是 f, g 的 Laplace 变换, 则

$$\int x^{-\mu}LM\mathrm{d}x \leqslant KFG.$$

定理 362　若 $p > 1, 0 \leqslant \mu < \dfrac{1}{p}$, 又

$$\alpha_n = \sum_m \frac{a_m}{(m+n)^{1-\mu}},$$

则

$$\sum \alpha_n^{p/(1-\mu p)} \leqslant KA^{p/(1-\mu p)}.$$

（该定理可从定理 339 利用 Hölder 不等式的逆定理得出. Hardy and Littlewood[1] 给出了许多另外的与定理 360 至定理 362 具有同样一般性质的定理.）

定理 363　若 λ_n 为正, 且

$$p > 1, \quad A_n = a_1 + a_2 + \cdots + a_n, \quad \lambda_1 + \lambda_2 + \cdots + \lambda_n \leqslant cn,$$

则

$$\sum \left(\frac{A_n}{n}\right)^p \lambda_n \leqslant KA^p.$$

定理 364　若 λ_n 为正, 且

$$p > 1, \quad r > 1, \quad \lambda_1^r + \lambda_2^r + \cdots + \lambda_n^r \leqslant cn,$$

则

$$\sum\sum \frac{a_m b_n}{m+n}\lambda_{m+n} \leqslant KAB.$$

当 $r = 1$ 时该结果不一定成立（但当 $\lambda_n = 1$ 时成立）.

（这两个定理是定理 326 和定理 315 的相应推广, 参见 Hardy and Littlewood[11].）

定理 365 定理 326 和定理 334 中的不等式乃是

$$\Sigma\phi^{-1}\left(\frac{\phi(a_1)+\cdots+\phi(a_n)}{n}\right) < K(\phi)\Sigma a_n \tag{i}$$

当 $\phi = x^t (0 < t < 1)$ 和 $\phi = \ln x$ 时的特殊情形.

(Knopp[2]. 这一论述曾使 Knopp 对使得 (i) 成立的 ϕ 的形式作系统的研究. 也参见 Mulholland[4].)

定理 366 设 ϕ 和 ψ 当 $x > 0$ 时连续且严格单调递增, 且当 $x \to 0$ 时具有极限 0 或 $-\infty$; 又设 ϕ 关于 ψ 为凸的 (3.9 节). 则 (i) 若对 ϕ 成立, 则对 ψ 亦成立, 且有 $K(\psi) \leqslant K(\phi)$.

(Knopp[2].)

定理 367

$$\Sigma\left(\ln\frac{e^{1/a_1} + e^{1/a_2} + \cdots + e^{1/a_n}}{n}\right)^{-1} < 2\Sigma a_n.$$

(Knopp[2].)

第 10 章　重 新 排 列

10.1　有限变量集的重新排列

下面讨论由非负数组成的有限集, 例如

$$a_1, a_2, \cdots, a_j, \cdots, a_n; \quad b_1, b_2, \cdots, b_j, \cdots, b_n;$$

$$a_{-n}, \cdots, a_0, \cdots, a_j, \cdots, a_n:$$

我们把诸如此类的集记作 $(a), (b), \cdots$.

现在以第一个集为例, 其中 j 取值 $1, 2, \cdots, n$. 我们定义**排列函数** $\phi(j)$, 使得当 j 遍历 $1, 2, \cdots, n$ 时, 取 $1, 2, \cdots, n$ 中的每一数恰好一次. 若

$$a_{\phi(j)} = a_j' \quad (j = 1, 2, \cdots, n),$$

则称 (a') 是 (a) 的一个**重新排列**. 同样的定义也适用于 j 具有不同变程的其他情形.

集 (a) 的重新排列中有一些特殊的重新排列在这里特别重要. 这些重新排列, 我们以

$$(\bar{a}), (a^+), (^+a), (a^*)$$

记之, 其定义如下.

集 $(\bar{a})$ 乃是集 (a) 按升序重新排列所得的集, 因此, 当 j 的值为 $1, 2, \cdots, n$ 时,

$$\bar{a}_1 \leqslant \bar{a}_2 \leqslant \cdots \leqslant \bar{a}_n.$$

虽然诸 a 中会有某些相等的情况, 此时集 $(\bar{a})$ 是由集 (a) 明确定义的, 但在定义从 (a) 过渡到 $(\bar{a})$ 的排列函数时却存在着含糊不清之处.

在定义集 $(a^+), (^+a), (a^*)$ 时, 我们假定 j 从 $-n$ 变到 n, 集 (a^+) 定义为

$$a_0^+ \geqslant a_1^+ \geqslant a_{-1}^+ \geqslant a_2^+ \geqslant a_{-2}^+ \geqslant \cdots,$$

集 (^+a) 则定义为

$$^+a_0 \geqslant {}^+a_{-1} \geqslant {}^+a_1 \geqslant {}^+a_{-2} \geqslant {}^+a_2 \geqslant \cdots.$$

有一种特别重要的情形, 其中每一个 a 的值, 除最大者之外, 都出现偶数次, 而最大的值则出现奇数次. 在这种情形下, 我们就说集 (a) 是**对称的**. 此时集 (a^+) 和 (^+a) 完全相同, 于是可记

$$a^+ = {}^+a = a^*,$$

因而 a^* 定义为

$$a_0^* \geqslant a_1^* = a_{-1}^* \geqslant a_2^* = a_{-2}^* \geqslant \cdots.$$

集 (a^*) 可以说成是**对称下降**. 集 (a^+) 和 (^+a) 则是安排得尽可能接近于对称下降的集, 但有一边不可避免地要占优势, 而我们则有系统地安排得分别有利于右边或左边. 所有这些集都是由 (a) 明确定义的, 虽然在相应的排列函数的定义之中可能会有含糊不清之处.

注意

$$a_j^+ = {}^+a_{-j}. \tag{10.1.1}$$

10.2　有关两个集的重新排列的一个定理

先来证明一个有关集 $(\bar{a})$ 的非常简单却很重要的定理.

定理 368[①]　若 (a) 与 (b) 除排列之外都已给定, 则

$$\Sigma ab$$

当 (a) 和 (b) 依同一方向单调时 (即同为单调递增或同为单减时) 为最大, 依相反方向单调时为最小, 就是说, 我们有

$$\sum_{j=1}^{n} \bar{a}_j \bar{b}_{n+1-j} \leqslant \sum_{1}^{n} a_j b_j \leqslant \sum_{1}^{n} \bar{a}_j \bar{b}_j. \tag{10.2.1}$$

由此可知, 因和数 Σab 可按任意次序相加, 故可假定有**一个集**, 例如 (a), 从开始就按照我们所意愿的任何次序 (特别是按照上升次序) 排列.

也可以把该定理同样完善地表述为: 极大值对应于就 2.17 节中意义而言的 (a) 和 (b) 的 "排法相似", 极小值则对应于 "排法相反"[②]. 若将 a 解释为从一条棍的一端到它上面的各个挂钩的距离, 把 b 解释成悬在各个挂钩上的重量, 则此定理即变为 "直观可见" 了. 要想获得关于棍的一端的最大静力矩, 我们就把最重的物体挂在离该端点最远的挂钩上.

---

① 该定理以及定理 369 对于所有实的但不一定是正的 a 和 b 都成立.
② 就现在的记号, 定理 43(其中 $r = 1$, $p = 1$) 可以表示成 $n\Sigma \bar{a}_j \bar{b}_{n+1-j} \leqslant \Sigma a_j \Sigma b_j \leqslant n\Sigma \bar{a}_j \bar{b}_j$.

要证明该定理, 我们假定 (a) 是按升序排列, 但 (b) 则不然. 于是, 存在某个 j 和某个 k, 使得 $a_j \leqslant a_k$, $b_j > b_k$. 因

$$a_j b_k + a_k b_j - (a_j b_j + a_k b_k) = (a_k - a_j)(b_j - b_k) \geqslant 0,$$

故将 b_j 与 b_k 相交换时, 不会使 Σab 减少. 通过有限次这种交换, 即可把诸 b 按上升的次序排列, 故

$$\Sigma ab \leqslant \Sigma \bar{a}\bar{b}.$$

定理的另一半可用同法证明.

由这一证法顺便还可得出定理 368 的一个变形, 它有时颇为有用.

定理 369　　若对于 (b) 的任何重新排列 (b') 都有

$$\Sigma ab' \leqslant \Sigma ab, \tag{10.2.2}$$

则 (a) 与 (b) 排法相同.

理由是, 若对某一对 j, k, 有 $(a_j - a_k)(b_j - b_k) < 0$, 则将 b_j 与 b_k 交换, 即可使 (10.2.2) 不成立.

10.3　定理 368 的第二个证明

我们要来考虑定理 368 关于两组以上变量的类似情形. 这些情形要深奥得多, 不可能用这种简单方法来证明. 因此, 我们就给出定理 368 的第二个证明, 该证明虽然对于它的直接目的来讲存在毫无必要的麻烦, 但适宜于介绍我们后面所要用到的方法. 我们只限于 (10.2.1) 中的第二不等式, 并把证明分作三步.

(1) 先设我们所考虑的集全由 0 和 1 组成, 我们用德文字母 $\mathfrak{a}, \mathfrak{b}, \cdots$ 表示这种特殊的集 (的元素). 于是, 对于所有的 j,

$$\mathfrak{a}^2 = \mathfrak{a}, \quad \mathfrak{b}^2 = \mathfrak{b}. \tag{10.3.1}$$

此时,

$$\Sigma \mathfrak{a}\mathfrak{b} \leqslant \Sigma \mathfrak{a}, \quad \Sigma \mathfrak{a}\mathfrak{b} \leqslant \Sigma \mathfrak{b},$$

因而有

$$\Sigma \mathfrak{a}\mathfrak{b} \leqslant \min(\Sigma \mathfrak{a}, \Sigma \mathfrak{b}) = \Sigma \bar{\mathfrak{a}}\bar{\mathfrak{b}}.$$

(2) 任何集 (a) 都可分解成 (1) 中所讨论的那种特殊类型的集

$$(\mathfrak{a}^1), (\mathfrak{a}^2), \cdots, (\mathfrak{a}^l)^{①}$$

---

① $\mathfrak{a}^i$ 即是 $\mathfrak{a}^{(i)}$, α^i 即是 $\alpha^{(i)}$: 在 (10.3.1) 中, $\mathfrak{a}^2$ 表示乘幂, 但这里不再采用这一用法.

的线性组合, 使得

$$a_j = \alpha^1 \mathfrak{a}_j^1 + \alpha^2 \mathfrak{a}_j^2 + \cdots + \alpha^l \mathfrak{a}_j^l \quad (j = 1, 2, \cdots, n), \qquad (10.3.2)$$

和

$$\bar{a}_j = \alpha^1 \bar{\mathfrak{a}}_j^1 + \alpha^2 \bar{\mathfrak{a}}_j^2 + \cdots + \alpha^l \bar{\mathfrak{a}}_j^l \quad (j = 1, 2, \cdots, n), \qquad (10.3.3)$$

其中系数 α 为非负.

分解的方法可通过一种特殊情形而看得很清楚. 设 (a)(依某种次序) 一共包含三个数 A, B, C, 其中 $0 \leqslant A \leqslant B \leqslant C$, 因而

$$\bar{a}_1 = A, \quad \bar{a}_2 = B, \quad \bar{a}_3 = C.$$

于是

$$\bar{a}_1 = A \cdot 1 + (B - A)0 + (C - B)0,$$
$$\bar{a}_2 = A \cdot 1 + (B - A)1 + (C - B)0,$$
$$\bar{a}_3 = A \cdot 1 + (B - A)1 + (C - B)1;$$

从而可记

$$\bar{a}_j = \alpha^1 \bar{\mathfrak{a}}_j^1 + \alpha^2 \bar{\mathfrak{a}}_j^2 + \alpha^3 \bar{\mathfrak{a}}_j^3,$$

其中

$$\alpha^1 = A, \quad \alpha^2 = B - A, \quad \alpha^3 = C - B,$$

而 $(\bar{\mathfrak{a}}^1), (\bar{\mathfrak{a}}^2), (\bar{\mathfrak{a}}^3)$ 是三个集:

$$(1, 1, 1), (0, 1, 1), (0, 0, 1).$$

若此时施行将 $(\bar{a})$ 变为 (a) 且同时将 $(\bar{\mathfrak{a}}^1), \cdots$ 变为 $(\mathfrak{a}^1), \cdots$ 的排列,[①] 则得

$$a_j = \alpha^1 \mathfrak{a}_j^1 + \alpha^2 \mathfrak{a}_j^2 + \alpha^3 \mathfrak{a}_j^3.$$

在一般情形下, 我们也依样进行, 即记

$$\bar{a}_1 = \bar{a}_1 \cdot 1 + (\bar{a}_2 - \bar{a}_1) \cdot 0 + (\bar{a}_3 - \bar{a}_2) \cdot 0 + \cdots,$$
$$\bar{a}_2 = \bar{a}_1 \cdot 1 + (\bar{a}_2 - \bar{a}_1) \cdot 1 + (\bar{a}_3 - \bar{a}_2) \cdot 0 + \cdots,$$
$$\cdots$$

这保证了 (10.3.3), 而 (10.3.2) 则如同在上面的特殊情形中一样经重新排列后即可得出.

(3) 由 (1) 及 (2) 可推出一般性定理. 因为将 (b) 依 (2) 中方法分解, 则得

$$a_j = \sum_\rho \alpha^\rho \mathfrak{a}_j^\rho, \quad \bar{a}_j = \sum_\rho \alpha^\rho \bar{\mathfrak{a}}_j^\rho, \quad b_j = \sum_\sigma \beta^\sigma \mathfrak{b}_j^\sigma, \quad \bar{b}_j = \sum_\sigma \beta^\sigma \bar{\mathfrak{b}}_j^\sigma,$$

$$\sum_j a_j b_j = \sum_\rho \sum_\sigma \alpha^\rho \beta^\sigma \sum_j \mathfrak{a}_j^\rho \mathfrak{b}_j^\sigma \leqslant \sum_\rho \sum_\sigma \alpha^\rho \beta^\sigma \sum_j \bar{\mathfrak{a}}_j^\rho \bar{\mathfrak{b}}_j^\sigma = \sum_j \bar{a}_j \bar{b}_j.$$

---

① $\mathfrak{a}^1$ 即由此排列定义.

10.4　定理 368 的改述

将定理 368 以另外的语言重新表达出来, 对以后颇为有用. 我们现假定, 在集 $(a), (b)$ 中, j 从 $-n$ 遍历 n. 记

$$f(x) = \Sigma a_j x^j, \quad g(x) = \Sigma b_j x^j,$$

并称

$$a_0 = \mathfrak{C}(f(x))$$

为 f 的**中心系数**, 显而易见,

$$\mathfrak{C}(f(x^{-1})) = \mathfrak{C}(f(x)).$$

又

$$\underset{r+s=0}{\Sigma} a_r b_s = \Sigma a_j b_{-j} = \mathfrak{C}(fg).$$

集 (a_j^+) 和 $(^+b_{-j})$ 的排法相同, 且若令

$$f^+(x) = \Sigma a_j^+ x^j, \quad {}^+f(x) = \Sigma^+ a_j x^j,$$

因而由 (10.1.1), 有

$$f^+(x^{-1}) = {}^+f(x),$$

于是由定理 368 即得

$$\mathfrak{C}(fg) = \underset{r+s=0}{\Sigma} a_r b_s = \Sigma a_j b_{-j} \leqslant \Sigma a_j^{++} b_{-j} = \underset{r+s=0}{\Sigma} a_r^{++} b_s = \mathfrak{C}(f^{++}g).$$

由此即得:

定理 370　对于 (a) 和 (b) 的重新排列,

$$\sum_{-n}^{n} a_j x^j \sum_{-n}^{n} b_j x^j$$

的中心系数当 (a_j) 和 (b_{-j}) 排法相同时为最大, 特别是当 (a) 即 (a^+) 和 (b) 即 (^+b) 时, 或当 (a) 即 (^+a) 和 (b) 即 (b^+) 时为最大.

10.5　有关三个集的重新排列定理

现来讨论几个涉及三个变量集的定理.

定理 371[①]   设诸 c, x, y 都为非负，且诸 c 为对称单调递减，因而

$$c_0 \geqslant c_1 = c_{-1} \geqslant c_2 = c_{-2} \geqslant \cdots \geqslant c_{2k} = c_{-2k},$$

而诸 x 与 y 除排法之外已经给定. 则双线性形式

$$S = \sum_{r=-k}^{k} \sum_{s=-k}^{k} c_{r-s} x_r y_s$$

当 (x) 为 (x^+) 和 (y) 为 (y^+) 时取其极大值.

显而易见，若此结果成立，则此极大值也必然在 (x) 为 (^+x) 和 (y) 为 (^+y) 时取到.

定理 372[②]   设 $(a), (b), (c)$ 是满足关系

$$a_0 \geqslant a_r = a_{-r}, \quad b_0 \geqslant b_s = b_{-s}, \quad c_0 \geqslant c_t = c_{-t} \tag{10.5.1}$$

的三个集，则对于使得 a_0, b_0, c_0 不动的重新排列，

$$\sum_{r+s+t=0} a_r b_s c_t = \mathfrak{C} \left(\Sigma a_r x^r \Sigma b_s x^s \Sigma c_t x^t \right)$$

当 $(a), (b), (c)$ 为 $(a^*), (b^*), (c^*)$ 时取其极大值.

定理 373[③]   若 $(a), (b), (c)$ 是三个集，其中 (c) 依 10.1 节的意义为对称，则

$$\sum_{r+s+t=0} a_r b_s c_t \leqslant \sum_{r+s+t=0} a_r^{++} b_s c_t^* = \sum_{r+s+t=0} {}^+ a_r b_s^+ c_t^*.$$

只需证明定理 373 即可，因为它包含了其他两个定理. 首先，定理 373 乃是免除了限制 (10.5.1) 的定理 372，对于 (a) 和 (b) 来说是完全免除了，对于 (c) 则是部分免除了. 要从定理 373 导出定理 371，我们令 $2k = n$，$x_r = a_{-r}$，$y_s = b_s$，并假定在区间 $(-k, k)$ 之外的 a 和 b 都为 0. 最后，我们可以看出，定理 370 乃是在定理 373 中取 $c_0 = 1$，取其余的 c 为 0 这一简单情形.

10.6   将定理 373 化为一种特殊情形

正像 10.3 节中那样，我们把定理 373 的证明分为三步. 证明的全部困难是在 (1) 这一步，此时 $(a), (b), (c)$ 乃是 $(\mathfrak{a}), (\mathfrak{b}), (\mathfrak{c})$ 型之集. 因此我们暂时先把这一步视为当然成立，而来处理较容易的 (2) 和 (3) 这两步.

---

① Hardy, Littlewood and Pólya[1].

② Hardy and Littlewood[4]、Gabriel[1].

③ Gabriel[3].

首先, 可以将 $(a), (b), (c)$ 分解成集 $(\mathfrak{a}^\rho), (\mathfrak{b}^\sigma), (\mathfrak{c}^\tau)$ 之和, 使得

$$a_j = \sum_\rho \alpha^\rho \mathfrak{a}_j^p, \quad b_j = \sum_\sigma \beta^\sigma \mathfrak{b}_j^\sigma, \quad c_j = \sum_\tau \gamma^\tau \mathfrak{c}_j^\tau,$$

$$a_j{}^+ = \sum_\rho \alpha^\rho \mathfrak{a}_j^{\rho+}, \quad {}^+b_j = \sum_\sigma \beta^{\sigma+} \mathfrak{b}_j^\sigma, \quad c_j^* = \sum_\tau \gamma^\tau \mathfrak{c}_j^{\tau*},$$

这里的 $\mathfrak{a}, \mathfrak{b}, \mathfrak{c}$ 全都是 0 或 1, 诸 α, β, γ 都为非负, 而且 (这是 10.3 节没有出现的一点) 集 $(\mathfrak{c}^\tau)$ 是对称的. 所有这些都可用 10.3 节 (2) 中的方法来证明[①]. 当把这些都完成了, 并且已经对 $(\mathfrak{a}), (\mathfrak{b}), (\mathfrak{c})$ 型的集证明了定理, 我们就有

$$\sum_{r+s+t=0} a_r b_s c_t = \sum_{\rho,\sigma,\tau} \alpha^\rho \beta^\sigma \gamma^\tau \sum_{r+s+t=0} \mathfrak{a}_r^\rho \mathfrak{b}_s^\sigma \mathfrak{c}_t^\tau$$

$$\leqslant \sum_{\rho,\sigma,\tau} \alpha^\rho \beta^\sigma \gamma^\tau \sum_{r+s+t=0} \mathfrak{a}_r^{\rho++} \mathfrak{b}_s^\sigma \mathfrak{c}_t^{\tau*}$$

$$= \sum_{r+s+t=0} a_r^{++} b_s c_t^*.$$

于是证明即告完成.

还需要对所有的 a, b, c 都为 0 或 1 这一特殊情形来证明定理[②]. 集 c 既为对称, 就包含偶数个 0 和奇数个 1. 记

$$f(x) = \Sigma a_r x^r, \quad g(x) = \Sigma b_s x^s, \quad h(x) = \Sigma c_t x^t.$$

因为我们可以把任意多个 0 加到这些集中去, 故可假定所有的求和都是从 $-n$ 到 n.

又, 我们有

$$f^+(x) = \Sigma a_r^+ x^r = x^{-R} + \cdots + 1 + \cdots + x^{R'},$$
$${}^+g(x) = \Sigma^+ b_s x^s = x^{-S'} + \cdots + 1 + \cdots + x^S,$$
$$h^*(x) = \Sigma c_t^* x^t = x^{-T} + \cdots + 1 + \cdots + x^T,$$

其中 R, R', S, S', T 都是非负整数, 而且

$$R \leqslant R' \leqslant R+1, \quad S \leqslant S' \leqslant S+1. \tag{10.6.1}$$

我们要来证明

$$\mathfrak{C}(fgh) \leqslant \mathfrak{C}(f^{++}gh^*). \tag{10.6.2}$$

不等式 (10.6.2) 可以借助一个几何表示变得很 "直观". 设 x, y 是平面上的直角坐标, 并将 f, g, h 的各个非零系数用一直线表出, 对于 $a_r = 1$ 用 $x = r$, 对于

---

① 欲使利用 10.3(2) 节中的方法所得到的集 $(\mathfrak{c}^\tau)$ 依 10.1 节的意义为对称, 我们可将与等于 0 的 γ^τ 相对应的那种 $\mathfrak{c}^\tau$ 略去.

② 因此, 严格说来, 我们应当将 a, b, c 写作 $\mathfrak{a}, \mathfrak{b}, \mathfrak{c}$, 但此记法没有太多的必要.

$b_s = 1$ 用 $y = s$, 对于 $c_t = 1$ 用 $x + y = -t$. 若 $a_r b_s c_t$ 对 $\mathfrak{C}(fgh)$ 提供一个单位, 则此三条直线相交. 函数 f, g, h 中的每一个都是用一族平行线表出, 而 $\mathfrak{C}(fgh)$ 则是这些直线三线共点的交点的总数. 将 $f^+, {}^+g, h^*$ 也同法表出, f^+ 还被 $R+1+R'$ 条竖直直线表出, 然而现在移动这些直线使其尽可能靠近在一起. 图 1 和图 2 所示的就是典型的图形: 这里的 $(a), (b), (c)$ 分别是集

$$1, 0, 1, 0, 0, 1, 0, 0, 1;$$
$$1, 1, 0, 0, 1, 1, 1, 0, 0, 1;$$
$$1, 0, 1, 0, 0, 0, 1, 0, 1, 0, 0, 1, 0;$$

而

$$R = 1, \quad R' = 2, \quad S = 2, \quad S' = 3, \quad T = 2.$$

从直观上可以看到, 交点的数目, 有如图 2 中所示, 当图像是尽可能密集时为最大.

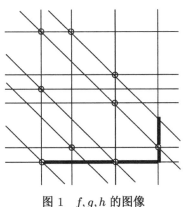

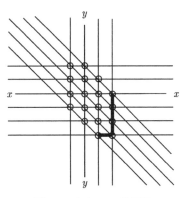

图 1 f, g, h 的图像   图 2 $f^+, {}^+g, h^*$ 的图像

(10.6.2) 的证明可以用几何形式表出[1], 并依据图形来做. 可以从各个图形中取去一条横线和一条直线, 如在图中用粗线所示的那样, 而把现在所考虑的情形化为一种较为简单的情形. 但我们宁可将该证明用纯分析的形式表出.

10.7   证明的完成

有三种附属的情形, 其证明是较为容易的.

(1) 若 $R' = 0$, 则 f^+ 化为 1, 所要的结果已包含在定理 370 之中;

(2) 若 $S' = 0$, 则 ${}^+g$ 化为 1, 所要的结果仍包含在定理 370 之中;

---

[1] 参见 Gabriel[3].

(3) 设

$$R + S' \leqslant T, \quad R' + S \leqslant T. \tag{10.7.1}$$

不管哪种情形, 我们都有

$$\mathfrak{C}(fgh) = \sum_{r+s+t=0} a_r b_s c_t \leqslant \Sigma a_r \Sigma b_s = (R + 1 + R')(S + 1 + S'), \tag{10.7.2}$$

但当不等式 (10.7.1) 成立时,

$$\mathfrak{C}(f^{++}gh^*) = \mathfrak{C}[(x^{-(R+S')} + \cdots + x^{R'+S})(x^{-T} + \cdots + 1 + \cdots + x^T)]$$

乃是 $f^{++}g$ 的所有系数之和, 因而有

$$\mathfrak{C}(f^{++}gh^*) = \sum_{r,s} a_r b_s = \sum_r a_r \sum_s b_s = (R + 1 + R')(S + 1 + S'). \tag{10.7.3}$$

所要的结果从 (10.7.2) 和 (10.7.3) 即可得出.

现来考虑一般情形, 其中

$$R' > 0, \quad S' > 0, \quad \max(R + S', R' + S) = n > T.$$

假定所要的结果已对

$$\max(R + S', R' + S) < n$$

得到了证明, 而来运用归纳法.

设 x^ρ 是 f 的最高方次, x^σ 是 g 的最低方次, 并记

$$f - x^\rho = \phi, \quad g - x^\sigma = \psi, \quad f^+ - x^{R'} = \bar{\phi}, \quad {}^+g - x^{-S'} = \bar{\psi}.$$

因 $R' > 0$, $S' > 0$, 故这些函数中没有一个恒为 0. 于是

$$fgh = (\phi + x^\rho)(x^\sigma + \psi)h = \phi\psi h + \chi h,$$

其中

$$\chi = x^\sigma \phi + x^{\rho+\sigma} + x^\rho \psi.$$

因 $x^\sigma \phi$ 中的最高方次低于 $x^{\rho+\sigma}$, $x^\rho \psi$ 中的最低方次高于 $x^{\rho+\sigma}$, 故无互相遮盖的情形发生, 因而 χ 中所有的系数都为 0 或 1. 因 h 的系数之和为 $2T + 1$, 故得

$$\mathfrak{C}(\chi h) \leqslant 2T + 1,$$

$$\mathfrak{C}(fgh) \leqslant \mathfrak{C}(\phi\psi h) + 2T + 1. \tag{10.7.4}$$

另一方面, 我们有

$$f^{++}gh^* = (\bar{\phi} + x^{R'})(x^{-S'} + \bar{\psi})h^* = \bar{\phi}\bar{\psi}h^* + \bar{\chi}h^*, \tag{10.7.5}$$

其中

$$\bar{\chi} = x^{-S'}\bar{\phi} + x^{R'-S'} + x^{R'}\bar{\psi} = x^{-R-S'} + \cdots + x^{R'-S'-1} + x^{R'-S'} + x^{R'-S'+1} + \cdots + x^{R'+S}.$$

$\bar{\chi}$ 中的指数所成的序列是一个从 $-R-S'$ 延伸到 $R'+S$ 的连续不断的序列. 我们知道, $R+S'$ 与 $R'+S$ 中总有一个大于 T. 若 $R+S' > T$, 则由 (10.6.1), 有

$$R'+S \geqslant R+S'-1 \geqslant T,$$

因而从 $-T$ 到 T 的这一不间断序列的长为 $2T+1$, 它是 $\bar{\chi}$ 的指数序列的一部分. 当 $R'+S > T$ 时同样的结论也成立. 因为 h^* 包含了以常数项为中心的长为 $2T+1$ 的指数的不间断序列, 故得

$$\mathfrak{C}(\bar{\chi}h^*) = 2T+1,$$

于是, 由 (10.7.5), 有

$$\mathfrak{C}(f^{++}gh^*) = \mathfrak{C}(\bar{\phi}\bar{\psi}h^*) + 2T+1. \tag{10.7.6}$$

但

$$\phi^+(x) = x^{-(R'-1)} + \cdots + x^R = \bar{\phi}(x^{-1})^{①}$$

$$^+\psi(x) = x^{-S} + \cdots + x^{S'-1} = \bar{\psi}(x^{-1}).$$

又

$$\max(R'-1+S, R+S'-1) = \max(R'+S, R+S') - 1 = n-1,$$

于是, 根据假设,

$$\mathfrak{C}(\phi\psi h) \leqslant \mathfrak{C}(\phi^{++}\psi h^*) = \mathfrak{C}[\bar{\phi}(x^{-1})\bar{\psi}(x^{-1})h^*(x)]$$
$$= \mathfrak{C}[\bar{\phi}(x)\bar{\psi}(x)h^*(x^{-1})] = \mathfrak{C}(\bar{\phi}\,\bar{\psi}h^*). \tag{10.7.7}$$

最后, 比较 (10.7.4) (10.7.6) (10.7.7), 则可看出

$$\mathfrak{C}(fgh) \leqslant \mathfrak{C}(f^{++}gh^*),$$

于是我们的证明即告完成.

---

① 不一定常有

$$\phi^+(x) = \bar{\phi}(x) = x^{-R} + \cdots + x^{R'-1},$$

因为若 $R' = R$, 则此多项式就属偏错. 当 $R' = R+1$ 时, 无论哪个公式都成立.

10.8　定理 371 的另一种证明

定理 371 还有另外一种证明. 该证明虽然不可能推广用来证明更为一般的定理 373, 但它本身却是值得注意的.

我们要证明, 在使 S 取极大值的诸 x 与诸 y 的重新排列中, 存在一个重新排列, 使得当

$$|r'| > |r|, \quad |s'| > |s|$$

或当

$$r' = -r < 0, \quad s' = -s < 0$$

时, 有

$$x_r - x'_r \geqslant 0, \quad y_s - y_{s'} \geqslant 0. \tag{10.8.1}$$

根据连续性, 可假定: 诸 x, y, c 全为正, 诸 x 与诸 y 全不相同, 诸 c 除非是在对称条件, 即 $c_{-n} = c_n$ 所限制的范围之内, 亦假定互不相同.

诸 x 与 y 的一个排列通常用 A 来表示. 若 A 满足 (10.8.1), 我们就说它是 "正确的". 恰有一个正确的排列 C. 若 A 除了当 $r' = -r$ 或 $s' = -s$ 时可能有问题之外, 满足 (10.8.1), 则称 A 为 "殆正确的". 连 C 在内一共有 2^{2k} 个殆正确的排列, 我们把此种排列所成的类记作 C'. 最后, 我们用 K 表示使得 S 取极大值的那种 A 所成的类. 我们来证明 C 属于 K.

给定 p, 就可以把诸 x 和 y 配成对

$$(x_{p-i}, x_{p+i}), \quad (y_{p-j}, y_{p+j}) \quad (i, j = 1, 2, 3, \cdots), \tag{10.8.2}$$

或配成对

$$(x_{p-i}, x_{p+i+1}), \quad (y_{p-j}, y_{p+j+1}) \quad (i, j = 0, 1, 2, \cdots). \tag{10.8.3}$$

若有一附标处于区间 $(-k, k)$ 之外, 则相应的 x 或 y 就用 0 来代替. 在前一种情形下, 元素 x_p 和 y_p 留下来没有配对, 同时, 通过适当地选取 p, i, j, 可以使得任何两个其附标之差为正偶数的元素都配成了对. 在第二种情形下, 留下来没有配对的元素是不存在的, 而且可以使得任何两个其附标之差为奇数的元素都配成了对. 两种配对方法我们都采用, 不管采用的是哪一个, 我们的论证基本上都差不多.

现来考虑 (比如说)(10.8.2) 的配对, 为了确定我们的想法, 我们假定 $p \geqslant 0$, 因而有

$$|p - i| \leqslant |p + i|, \quad |p - j| \leqslant |p + j|.$$

用 I, J 来记使得

$$x_{p-I} < x_{p+I}, \quad y_{p-J} < y_{p+J}$$

的 i 和 j，因而与 I 和 J 相对应的对不满足 (10.8.1)。这种对称为"错误的"，其余为"不错的"对。若 $p+i$ 在 $(-k,k)$ 之外，而 $p-i$ 在 $(-k,k)$ 之内，则将 x_{p+i} 代之以 0，于是相应于 x 的对必为不错的对。因此，除了当 $p=0$ 时也许有问题之外，必存在不是 I 的 i 和不是 J 的 j。

假若对于某一给定的 p 和某一给定的配对方法[①]，不存在错误的对，我们就说 A"关于 p 是不错的"，否则即称之为"关于 p 是错误的。"显而易见，C 关于任何 p 都是不错的，而且任一 C'，除了对 $p=0$ 或许有问题之外，对于所有的 p 和配对方法 (10.8.2) 都是不错的。此外，任一异于 C 的 A 必关于某一 p 的配对方法是错误的，任一不属于 C' 的 A 或关于某一异于 0 的 p，或关于 $p=0$ 和配对方法 (10.8.3) 是错误的。

现来 (仍旧考察第一种配对方法，并假定 $p \geqslant 0$) 讨论置换

$$\Omega_p(x_{p-I}, x_{p+I}; y_{p-J}, y_{p+J})$$

在 S 上的影响，该置换将每一对 x_{p-I}, x_{p+I} 和每一对 y_{p-J}, y_{p+J} 各自互相交换。

将 S 分成如下定义的九个部分和：

$S_1 : r = p;$ $s = p;$

$S_2 : r = p;$ $s = p-j, p+j \, (j \neq J);$

$S_3 : r = p-i, p+i \, (i \neq I);$ $s = p;$

$S_4 : r = p;$ $s = p-J, p+J;$

$S_5 : r = p-I, p+I;$ $s = p;$

$S_6 : r = p-i, p+i \, (i \neq I);$ $s = p-j, p+j \, (j \neq J);$

$S_7 : r = p-i, p+i \, (i \neq I);$ $s = p-J, p+J;$

$S_8 : r = p-I, p+I;$ $s = p-j, p+j \, (j \neq J);$

$S_9 : r = p-I, p+I;$ $s = p-J, p+J.$

首先，显然可以看出，S_1, S_2, S_3, S_6 不因 Ω_p 而受影响。其次，因 $c_{-J} = c_J$，故

$$S_4 = x_p \sum_J (c_J y_{p-J} + c_{-J} y_{p+J})$$

不受影响。同理，S_5 和

$$S_9 = \sum_{I,J} (c_{-I+J} x_{p-I} y_{p-J} + c_{-I-J} x_{p-I} y_{p+J} + c_{I+J} x_{p+I} y_{p-J} + c_{I-J} x_{p+I} y_{p+J})$$

也不受影响，只留待考虑 S_7 和 S_8。

---

① 指 (10.8.2) 或 (10.8.3)。下面所说的"关于 p 是不错的 (或错误的)"总是指"关于 p 和所讨论的配对方法是不错的 (或错误的)"。

数对 x_{p-i} 和 x_{p+i} 对 S_7 所做的贡献是

$$x_{p-i} \sum_J (c_{-i+J} y_{p-J} + c_{-i-J} y_{p+J}) + x_{p+i} \sum_J (c_{i+J} y_{p-J} + c_{i-J} y_{p+J}),$$

由 Ω_p 产生的增量是

$$-(x_{p-i} - x_{p+i}) \sum_J (c_{i-J} - c_{i+J})(y_{p-J} - y_{p+J}).$$

S_7 中总的改变是这种增量就 $i \neq I$ 所取的和，若存在 J 和 $i \neq I$，它即为正，因我们所写下的三个差数分别为正、正、负. 因此，若存在 J 和 $i \neq I$，S_7 即增大；同理，若存在 I 和 $i \neq J$，S_8 即增大. 最后，若这些条件中有一个成立，则 S 即增大.

若 $p \neq 0$，则存在 $i \neq I$ 和 $j \neq J$. 于是，除非 A 关于 p 是不错的，否则 S 总是增大. 无论哪种情形，也不管什么样的 p，S 总不减少.

今设 A 不属于 C'. 则 A 或关于某一 $p \neq 0$ 或关于 $p = 0$ 和配对方法 (10.8.3) 是错误的. 于是，由上述的论证，或由基于配对方法 (10.8.3) 而作出的类似的论证可知，S 经 Ω_p (或基于另一配对方法而作的相应置换) 而增大，而且 A 不属于 K. 因此，K 包含在 C' 之中. 但若有某一 C' 不是 C，则置换 Ω_0 即将它变为 C 而不减小 S. 因此，C 属于 K.[①]

若基于直接定义的置换使用其他的同样简单的证明方法，似乎是难以证明定理 373 的.

10.9　任意多个集的重新排列

对于三个以上的集 $(a), \cdots$，定理 373 有一个类似的定理，它可从定理 373 本身推出.

定理 374[②]　若 $(a), (b), (c), (d), \cdots$ 是由非负数构成的有限集，$(c), (d), \cdots$ 是对称的，则

$$\sum_{r+s+t+u+\cdots=0} a_r b_s c_t d_u \cdots \leqslant \sum_{r+s+t+u+\cdots=0} a_r^{++} b_s c_t^* d_u^* \cdots . \tag{10.9.1}$$

假定该定理当所涉及的共有 $k-1$ 个对称集 $(c), (d), \cdots$ 时已成立，而来证明当有 k 个时也成立. 我们将利用下面的定理，它本身也是多少值得注意的.

---

① 这一证法原则上与 Hardy, Littlewood and Pólya[1] 所用的相同，并由 Hardy and Littlewood[6] 基本上重新给出过. 但我们曾把它作了相当大的推广，R. Rado 博士曾向我们指出，这一证明的原有形式并不是无可争论的. 该证明的另一种形式将在本章之末定理 389 中提到.

② Gabriel[3]. 该定理当其中所有的集都为对称时的情形是由 Hardy and Littlewood[4] 证明的.

定理 375　　若 $(c^*), (d^*), \cdots$ 都是对称单调递减集，则由

$$Q_n = \sum_{t+u+\cdots=n} c_t^* d_u^* \cdots \tag{10.9.2}$$

所定义的集 (Q) 也是对称单调递减的.

只需就两个集 $(c^*), (d^*)$ 来证明此定理即可. 因这样一来，就可反复运用此项论证推知它一般也成立. 现约定，若无相反的申明，涉及多个附标的和数都是就相加起来等于 0 的那种附标之值来取的.

显然有 $Q_{-n} = Q_n$. 此外，对任一集 (x)，由定理 373，我们有

$$\sum_m x_m Q_m = \sum x_m Q_n = \sum x_m c_t^* d_u^* \leqslant \sum x_m^+ c_t^* d_u^* = \sum_m x_m^+ Q_m.$$

由定理 369 可知，Q_m 与 x_m^+ 的排法相同. 于是，因 Q_m 是 m 的一个偶函数，可知此集为对称单调递减.

这是极好的证明，但有一个较为简单一些，它不依赖于定理 373.

为方便起见，我们把星号去掉，并假定 $n \geqslant 0$. 于是，有

$$Q_n = \Sigma c_{n+r} d_{-r} + \Sigma c_{n+1-r} d_{r-1},$$

求和是就 $r \geqslant 1$ 而取的. 同理，有

$$Q_{n+1} = \Sigma c_{n+r} d_{1-r} + \Sigma c_{n+1-r} d_r.$$

相减，并利用等式 $d_{-r} = d_r$ 和 $d_{1-r} = d_{r-1}$，则得

$$Q_n - Q_{n+1} = \Sigma[c_{n+r}(d_{-r} - d_{1-r}) + c_{n+1-r}(d_{r-1} - d_r)] = \Sigma(c_{n+1-r} - c_{n+r})(d_{r-1} - d_r).$$

因当 $n \geqslant 0$，$r \geqslant 1$ 时，$|n+1-r| < n+r$，故这里的各项都为非负.

回到定理 374 的证明，现定义 Q_n 如 (10.9.2)，定义 P_m 如

$$P_m = \sum_{r+s=m} a_r b_s.$$

则由定理的 $k-1$ 时的情形，有

$$\Sigma a_r b_s c_t d_u \cdots = \Sigma P_m c_t d_u \cdots \leqslant \Sigma P_m^+ c_t^* d_u^* \cdots {}^{①}.$$

换言之，我们有

$$\Sigma a_r b_s c_t d_u \cdots \leqslant \sum_m P_m^+ Q_m = \sum_m P_m Q_{\phi(m)},$$

---

① 以 $P, c, d, \cdots$ 代 $a, b, c \cdots$. 因为 (c) 对称，故 ${}^+c_t = c_t^*$.

其中 $\phi(m)$ 是使得 $P_m = P^+_{\phi(m)}$ 的一个排列函数，就是说，我们有

$$\Sigma a_r b_s c_t d_u e_v \cdots \leqslant \Sigma a_r b_s Q_{\phi(m)} \leqslant \Sigma a^{++}_r b_s Q^*_m = \Sigma a^{++}_r b_s Q_m = \Sigma a^{++}_r b_s c^*_t d^*_u e^*_v \cdots,$$

此即 (10.9.1).

由定理 374，可以推出[①]

定理 376　任给有限多个集 $(a), (b), \cdots$，我们有

$$\Sigma a_{r_1} a_{-r_2} b_{s_1} b_{-s_2} c_{t_1} c_{-t_2} \cdots \leqslant \Sigma a^{++}_{r_1} a_{r_2} b^{++}_{s_1} b_{s_2} c^{++}_{t_1} c_{t_2} \cdots = \Sigma a^+_{r_1} a^+_{-r_2} b^+_{s_1} b^+_{-s_2} c^+_{t_1} c^+_{-t_2} \cdots.$$

10.10　关于任意多个集的重新排列的另一个定理

在定理 373 和定理 374 中有两个集，即 (a) 和 (b)，是随意的，而其余的集则服从"对称"这一条件. 这一限制是不可缺少的. 若 $(a), (b), (c)$ 皆不受限制，则一般说来，不可能借助符号 $a^{+}, {}^{+}a, \cdots$ 来刻画出最大的重新排列[②].

但存在一个不够精密的定理，它在应用时常常同样有效.

定理 377　对于任意的 k 个集 $(a), (b), (c), \cdots$，有

$$\sum_{r+s+t+\cdots=0} a_r b_s c_t \cdots \leqslant K(k) \sum_{r+s+t+\cdots=0} a^+_r b^+_s c^+_t \cdots,$$

其中 $K = K(k)$ 是一个只与 k 有关的数.

假定 $k = 3$. 在一般情形下，证法基本相同.

定义集 $(\beta^*), (\gamma^*)$ 为

$$\beta^*_m = b^+_m, \quad \gamma^*_m = c^+_m \quad (m \geqslant 0), \tag{10.10.1}$$

$$\beta^*_{-m} = \beta^*_m, \quad \gamma^*_{-m} = \gamma^*_m \quad (m \geqslant 0); \tag{10.10.2}$$

而 (β) 和 (γ) 则分别定义为：利用将 (b^+) 和 (c^+) 分别变为 (b) 和 (c) 的置换变换 (β^*) 和 (γ^*) 所得的集. 于是，(β) 和 (γ) 是对称集. 此外，因为当 $m \geqslant 0$ 时，$b^+_{-m} \leqslant b^+_m \leqslant c^+_{-m} \leqslant c^+_m$，故对于所有的 n，我们有

$$b^+_n \leqslant \beta^*_n, \quad c^+_n \leqslant \gamma^*_n,$$

因而对于所有的 n，有

$$b_n \leqslant \beta_n, \quad c_n \leqslant \gamma_n. \tag{10.10.3}$$

---

① Gabriel[3].
② 参见本章末的定理 388.

我们还需要一个当 $m < 0$ 时关于 β_m^* 和 γ_m^* 的不等式. 当 $n \geqslant 1$ 时, 我们有 $b_n^+ \leqslant b_{-n+1}^+$ 和 $c_n^+ \leqslant c_{-n+1}^+$, 故由 (10.10.1) 和 (10.10.2), 有

$$\beta_m^* \leqslant b_{m+1}^+, \quad \gamma_m^* \leqslant c_{m+1}^+ \quad (m < 0). \tag{10.10.4}$$

利用 (10.10.3) 和 (β) 与 (γ) 的对称性, 由定理 373 可得

$$S = \sum_{r+s+t=0} a_r b_s c_t \leqslant \sum_{r+s+t=0} a_r \beta_s \gamma_t \leqslant \sum_{r+s+t=0} a_r^+ \beta_s^* \gamma_t^*,$$

最后一个和数是

$$\left(\sum_{s \geqslant 0, t \geqslant 0} + \sum_{s < 0, t \geqslant 0} + \sum_{s \geqslant 0, t < 0} + \sum_{s < 0, t < 0} \right) a_r^+ \beta_s^* \gamma_t^*.$$

于是, 由 (10.10.1) 和 (10.10.4), 有

$$S \leqslant \sum_{s \geqslant 0, t \geqslant 0} a_r^+ b_s^+ c_t^+ + \sum_{s < 0, t \geqslant 0} a_r^+ b_{s+1}^+ c_t^+ + \sum_{s \geqslant 0, t < 0} a_r^+ b_s^+ c_{t+1}^+$$

$$+ \sum_{s < 0, t < 0} a_r^+ b_{s+1}^+ c_{t+1}^+ = S_1 + S_2 + S_3 + S_4. \tag{10.10.5}$$

在 S_2 中, $s < 0$, $r + s + t = 0$, 故或 $r > 0$, 或 $t > 0$. 在前一种情形下, $a_r^+ \leqslant a_{r-1}^+$, 在后一种情形下, $c_t^+ \leqslant c_{t-1}^+$. 因此, 无论哪一种情形, 在 S_2 中总有

$$a_r^+ b_{s+1}^+ c_t^+ \leqslant a_{r-1}^+ b_{s+1}^+ c_t^+ + a_r^+ b_{s+1}^+ c_{t-1}^+. \tag{10.10.6}$$

同理, 在 S_3 中有

$$a_r^+ b_s^+ c_{t+1}^+ \leqslant a_{r-1}^+ b_s^+ c_{t+1}^+ + a_r^+ b_{s-1}^+ c_{t+1}^+. \tag{10.10.7}$$

最后, 在 S_4 中, $s < 0$, $t < 0$ 且 $r + s + t = 0$, 故 $r \geqslant 2$, $a_r^+ \leqslant a_{r-2}^+$, 且有

$$a_r^+ b_{s+1}^+ c_{t+1}^+ \leqslant a_{r-2}^+ b_{s+1}^+ c_{t+1}^+. \tag{10.10.8}$$

假若现在将 (10.10.6) (10.10.7) (10.10.8) 中所给出的各典型项的上界代入 (10.10.5) 中, 并注意在这些上界中附标之和常为 0, 则得

$$S \leqslant (1 + 2 + 2 + 1) \sum_{r+s+t=0} a_r^+ b_s^+ c_t^+ = 6 \sum_{r+s+t=0} a_r^+ b_s^+ c_t^+;$$

此即证明了定理.

10.11　应　　用

这些定理在 Fourier 级数论中有着重要的应用. 由定理 376 容易推知 [1]，若

$$f(\theta) = \sum_{-R}^{R} a_r \mathrm{e}^{r\theta\mathrm{i}}, \quad f^+(\theta) = \sum_{-R}^{R} \alpha_r \mathrm{e}^{r\theta\mathrm{i}},$$

其中 $\alpha_r = |a_r|^+$，又若 k 为一正整数，则

$$\int_{-\pi}^{\pi} |f(\theta)|^{2k} \mathrm{d}\theta \leqslant \int_{-\pi}^{\pi} |f^+(\theta)|^{2k} \mathrm{d}\theta,$$

而且三角多项式之间的这一不等式可以推广到由一般 Fourier 级数所表示的函数上去. 形如

$$\Sigma \alpha_r \mathrm{e}^{r\theta\mathrm{i}}$$

的级数具有特别简单的性质. 这些级数除了在原点和叠合点之外为一致收敛，而在这些点，它们所表示的函数一般具有一无限峰值 (peak) 而且比值

$$\int_{-\pi}^{\pi} |f^+(\theta)|^{2k} \mathrm{d}\theta : \Sigma(|r|+1)^{2k-2} \alpha_r^{2k}.$$

位于两个只与 k 有关的正值之间. 于是，比如说，我们有

$$\int_{-\pi}^{\pi} |f(\theta)|^{2k} \mathrm{d}\theta \leqslant K(k) \Sigma(|r|+1)^{2k-2} \alpha_r^{2k}.$$

更详尽的讨论可参见 Hardy and Littlewood[9]、Paley[3].

10.12　函数的重新排列

10.1 节至 10.10 节中的诸定理对于单连续变量的函数具有相类似的情形.

设 $\phi(x)$ 在 $(0, 1)$ 中非负且可积，因而它可测且几乎处处有限. 若 $M(y)$ 是使得 $\phi(x) \geqslant y$ 的集的测度，则 $M(y)$ 是 y 的单调递减函数. M 的逆 $\bar{\phi}$ 定义为

$$\bar{\phi}[M(y)] = y,$$

而 $\bar{\phi}(x)$ 在 $(0, 1)$ 中至多除可数个 x 值 (例如与 $M(y)$ 的不变区间相对应的 x 值) 处，唯一定义，且为 x 的单调递减函数. 可以通过 (比如说) 在某一不连续点令

$$\bar{\phi}(x) = \frac{1}{2} [\bar{\phi}(x-0) + \bar{\phi}(x+0)]$$

这样的规定，从而把 $\bar{\phi}(x)$ 完全定义 [2].

称 $\bar{\phi}(x)$ 为 $\phi(x)$ 依降序的重新排列，它是 x 的单调递减函数，一般说来，它在原点有一无限峰值.

---

① 参见 Gabriel[3]. Hardy and Littlewood[9] 曾给出一个不太精密的不等式.
② 比较 6.15 节.

使得 $\bar{\phi}(x) \geqslant y$ 的集的测度为 $M(y)$[①]. 由此可知, 下面两个由

$$y_1 \leqslant \phi(x) < y_2, \quad y_1 \leqslant \bar{\phi}(x) < y_2$$

所定义的 (一般说来很不相同) 集具有同样的测度, 而且对于由

$$\phi(x) > y, \quad \bar{\phi}(x) > y$$

所定义的集, 同样也有相同的测度. 可以说, 函数 $\phi(x)$ 和 $\bar{\phi}(x)$ 是"等同可测的"; 它们在 $(0,1)$ 上具有相同的积分, 而且

$$\int_0^1 F(\bar{\phi})\mathrm{d}x = \int_0^1 F(\phi)\mathrm{d}x$$

对于任何使得上面的积分存在的可测函数 F 成立.

同理可以对于在 x 的任何区间上定义的函数定义 $\bar{\phi}(x)$. 只需假定, 若该区间无限, 则 $M(y)$ 对于每一正的 y 都有限.

若 $\phi_1(x) \leqslant \phi(x)$, 则显然有 $\bar{\phi}_1(x) \leqslant \bar{\phi}(x)$. 特别地, 设 $\phi_1(x)$ 在 E 中等于 $\phi(x)$, 在 CE 中为 0, 则

$$\int_E \phi(x)\mathrm{d}x = \int \phi_1(x)\mathrm{d}x = \int_0^{mE} \bar{\phi}_1(x)\mathrm{d}x \leqslant \int_0^{mE} \bar{\phi}(x)\mathrm{d}x. \tag{10.12.1}$$

10.19 节将要用到该不等式. 特别地, 若 $\phi(x)$ 在 $(0,a)$ 中定义, $0 \leqslant x \leqslant a$, 则

$$\int_0^x \phi(t)\mathrm{d}t \leqslant \int_0^x \bar{\phi}(t)\mathrm{d}t. \tag{10.12.2}$$

有另外一种类型的函数的重新排列对于下面的讨论甚为重要. 例如假定 $\phi(x)$ 对于所有的实 x, 或对于几乎所有的实 x 都有定义, 又设 $M(y)$ 对于所有的正 y 都有限. 可以用规定

$$\phi^*\left[\frac{1}{2}M(y)\right] = y$$

和 $\phi^*(-x) = \phi^*(x)$ 来定义一个偶函数 $\phi^*(x)$, 或者, 换言之, 我们规定 $\phi^*(x)$ 是一个偶函数, 而且对于所有正的 x, 有

$$\phi^*(x) = \bar{\phi}(2x).$$

于是 $\phi^*(x)$ 在原点的每一边都为对称下降, 而在原点它一般有一个尖的无限峰值. 我们称 $\phi^*(x)$ 为 $\phi(x)$ 依对称降序的重新排列.

---

① 通过作图就可看得很清楚. 必须记住 $\bar{\phi}(x)$ 可能具有不动区间, 它与 $M(y)$ 的不连续点相对应. 但容易证明, 对于所有的 y, $M(y-0) = M(y)$, 因而即使对于这些除外的 y, 正文中的论断也成立. 事实上, 我们有

$$M\left(y - \frac{1}{n}\right) - M(y) = mS_n,$$

其中 S_n 是使得 $y - n^{-1} \leqslant \phi < y$ 成立的集, 而且 mS_n 的极限为 0.

10.13　关于两个函数的重新排列

先来证明一个与定理 368 相对应的积分不等式.

定理 378　无论 α 有限或无限, 都有

$$\int_0^a \phi\psi\mathrm{d}x \leqslant \int_0^a \bar\phi\bar\psi\mathrm{d}x.$$

我们用一个与 10.3 节中的方法相类似的方法来证明该定理. 首先, 该定理对于只取 0 或 1 这两个值的函数成立. 理由如下: 设 E 和 F 分别表示使得 $\phi = 1$ 和 $\psi = 1$ 成立的集, $\bar E$ 和 $\bar F$ 是相应于 $\bar\phi, \bar\psi$ 的类似的集. 则前一积分为 $m(EF)$, 即集 E 和 F 的积 EF 的测度, 而且

$$m(EF) \leqslant \min(mE, mF) = \min(m\bar E, m\bar F) = m(\bar E\bar F).$$

其次, 该定理对于只取有限多个非负值的函数也成立. 事实上, 依据 10.3 节的途径, 可以把这种函数 ϕ 表示成

$$\phi = \alpha_1\phi_1 + \alpha_2\phi_2 + \cdots + \alpha_n\phi_n,$$

其中诸 α 为非负, 诸 ϕ 总为 0 或 1, 同时有

$$\bar\phi = \alpha_1\bar\phi_1 + \alpha_2\bar\phi_2 + \cdots + \alpha_n\bar\phi_n.$$

于是, 所要的不等式可以从已经证明了的不等式的线性组合得出.

最后, 我们用刚才讨论过的那种类型的函数逼近 ϕ 和 ψ 来证明一般情形的定理. 我们不给出上述两段的详细证明, 因为这些论证在更为困难的定理 379 的证明中将再度出现.

10.14　关于三个函数的重新排列

现来讨论这一节的主要课题, 即与定理 372 和定理 373 相应的积分定理.

定理 379[1]　若 $f(x), g(x), h(x)$ 非负, $f^*(x), g^*(x), h^*(x)$ 为等同可测的对称单调递减函数, 则

$$I = \int_{-\infty}^{\infty}\int_{-\infty}^{\infty} f(x)g(y)h(-x-y)\mathrm{d}x\mathrm{d}y$$

$$\leqslant \int_{-\infty}^{\infty}\int_{-\infty}^{\infty} f^*(x)g^*(y)h^*(-x-y)\mathrm{d}x\mathrm{d}y = I^*. \tag{10.14.1}$$

显然可以假设 f, g, h 中无一为 0. 也可将 $-x-y$ 代之以 $\pm x \pm y$ 而不改变此不等式的意义.

---

[1] F. Riesz[8].

现分三步来证明此不等式: (1) 对于总为 0 或 1 的函数; (2) 对于只取有限多个值的函数; (3) 对于一般的函数. 正如对于定理 373 一样, 整个困难在 (1) 这一步. 我们暂时把这一步认为当然成立, 一开始就来证明: 若此定理对于这一特别情形成立, 则它一般也成立.

一个只取有限多个非负值 $0, a_1, a_2, \cdots, a_n$ 的函数可以表示成下面的形式:

$$f(x) = \alpha_1 f_1(x) + \alpha_2 f_2(x) + \cdots + \alpha_n f_n(x),$$

其中诸 α 为正, 诸 f_i 只取值 0 和 1, 而且

$$f_1 \geqslant f_2 \geqslant \cdots \geqslant f_n.$$

这是因为我们可以假定 $0 < a_1 < a_2 < \cdots, a_n$, 于是取

$$\alpha_1 = a_1, \quad \alpha_2 = a_2 - a_1, \quad \cdots, \quad \alpha_n = a_n - a_{n-1},$$

$$f_1 = \begin{cases} 1 & (f \geqslant a_1) \\ 0 & (f < a_1) \end{cases}, \quad f_2 = \begin{cases} 1 & (f \geqslant a_2) \\ 0 & (f < a_2) \end{cases},$$

$$\cdots$$

通过简单的考虑可知, 这样一来我们也有

$$f^*(x) = \alpha_1 f_1^*(x) + \alpha_2 f_2^*(x) + \cdots + \alpha_n f_n^*(x).$$

若我们假定 f, g, h 各只取有限多个值, 并把它们按此方法分解, 则从牵涉三元组 f_i, g_j, h_k 的相似的不等式的组合即得 (10.14.1). [①]

欲从这一情形过渡到一般情形, 我们可用只取有限多个值的函数去逼近 f, g, h. 例如可用如下定义的函数

$$f_n = \begin{cases} \dfrac{k}{n} & \left(\dfrac{k}{n} \leqslant f < \dfrac{k+1}{n}, k = 0, 1, 2, \cdots, n^2 - 1 \right) \\ n & (f \geqslant n) \end{cases},$$

去逼近 f, 对 g, h 亦同法处理. 于是, $f_n \leqslant f$, $f_n^* \leqslant f^*$, 对于 g 和 h 亦然. 因此 (假设定理对于此特殊类型的函数已经证明), 我们有

$$I_n = \int_{-\infty}^{\infty} \int_{-\infty}^{\infty} f_n(x) g_n(y) h_n(-x-y) \mathrm{d}x \mathrm{d}y \leqslant I_n^* \leqslant I^*,$$

因而 $I = \lim I_n \leqslant I^*$.

还要对 f, g, h 只取值 0 或 1 这种特殊情形证明定理, 我们最好先把该问题作更进一步的简化.

首先, 可以假定使得 f, g, h 取值 1 的集 F, G, H 都有限. 若其中有**两个**为无限, 则 f^*, g^*, h^* 中有两个对于所有的 x 都为 1, 在此种情形, $I^* = \infty$[②], 因而没有什

---

① 比较 10.6 节中类似的论证.
② 除非第三个函数为 0.

由 (10.15.4) 即得该定理的结果. 于是, 我们已经在限制 (10.15.9) 之下证明了该定理. 若 $R = 0$ 或 $S = 0$(此时 F 或 G 为 0), 它显然也成立.

直到现在, F, G, H 都是任意的有限测度集. 现在把问题进一步特殊化, 如 10.14 节末所说的那样, 即假定 F, G, H 是由形如 $(m, m+1)$ 的区间所成的集, 区间数分别为 $2R, 2S, 2T$. 假若愿意, 可以假定这些数都为偶数, 但我们将采用归纳法来论证, 因而最好是采用一个稍微更广泛一些的假设, 即只假定 $2R + 2S + 2T$ 为偶数. 在这种情形下, R, S, T 不必为整数, 但 $2R, 2S, 2T$ 和

$$\mu = R + S - T = R + S + T - 2T \tag{10.15.10}$$

都是整数. 我们已经证明, 若 $\mu \leqslant 0$ 则该定理成立, 而且若 $R = 0$, $S = 0$, 定理也成立. 因此只需在它当 $\mu = n - 1$ 时成立这一假设之下来证明它当

$$\mu = n > 0, \quad R > 0, \quad S > 0 \tag{10.15.11}$$

时也成立即可.

用 F_1 表示从 F 去掉它最右边的一个区间之后所得的集; 同理, G_1 是 G 去掉它的最右边的一个区间之后所得的集. 一般而言, 附标为 1 的集、函数或数都是从 F_1 和 G_1 导出的, 犹如与之相应的无附标的集、函数或数之从 F 和 G 导出的一样. 例如 f_1^* 是 f_1(即 F_1 的特征函数) 的重新排列, $^*\chi_1(x)$ 是 f_1^* 和 g_1^* 的卷积. F_1^* 乃是区间

$$\left(-R + \frac{1}{2}, \quad R - \frac{1}{2} \right).$$

一般地, 当我们从 F, G 过渡到 F_1, G_1 时, R 和 S 即代之以 $R - \frac{1}{2}$ 和 $S - \frac{1}{2}$. 由归纳法假设, 有

$$I_1 \leqslant I_1^*. \tag{10.15.12}$$

函数 $\chi_1^*(x)$ 当 $|x| \geqslant R - S - 1$ 时为 0, 当 $|x| \leqslant S - R$ 时等于 $2R - 1$, 在其他的区间中为线性的. 且由 (10.15.10) 及 (10.15.11), $T \leqslant R - S - 1$. 因此, 对于 $-T \leqslant x \leqslant T$, 有 [①]

$$^*\chi(x) -^* \chi_1(x) = 1,$$

由 (10.15.5), 有

$$I^* - I_1^* = \int_{-T}^{T} (^*\chi(t) -^* \chi_1(t)) \mathrm{d}t = 2T. \tag{10.15.13}$$

现来考虑

$$I - I_1 = \int_{-\infty}^{\infty} h(-x)(\chi(x) - \chi_1(x)) \mathrm{d}x. \tag{10.15.14}$$

在这里, 依据 (10.15.6), 有

$$\chi(x) - \chi_1(x) = m(F_x G) - m(F_{1x} G_1). \tag{10.15.15}$$

---

① 参见图 3.

该函数显然在任何区间 $(m, m+1)$ 中都是线性的，因此它对于整数值的 x 取其极值. 于是我们就假设 x 为整数. 在这种情形下，集 $F_x G$ 由整值区间 $(m, m+1)$ 所组成，而且当我们将 F_x 中和 G 中的最右端的区间除去时，则 $F_x G$ 中或失去**一个**区间，或**一个也不失去**：若其中一个集的极端区间与另一个集的一个区间重合，则损失一个；若无此种重合，则一个也不损失 [①]. 因此，对于整数 x，$\chi(x) - \chi_1(x)$ 为 1 或 0，因而对于所有的 x 有

$$0 \leqslant \chi(x) - \chi_1(x) \leqslant 1. \qquad (10.15.16)$$

由 (10.15.14) 及 (10.15.16)，有

$$0 \leqslant I - I_1 = \int_H [\chi(-x) - \chi_1(-x)]\mathrm{d}x \leqslant \int_H \mathrm{d}x = 2T, \qquad (10.15.17)$$

由 (10.15.13) 及 (10.15.17)，有

$$I - I_1 \leqslant I^* - I_1^*. \qquad (10.15.18)$$

最后，由 (10.15.12) 及 (10.15.18)，有 $I \leqslant I^*$. 此即证明了定理 [②].

10.16　定理 379 的另一个证明

Riesz 所给的定理 379 的证明也是非常有趣的. 如同 10.14 节中那样，可以把该定理化为其中 f, g, h 各在一有限的区间集中为 1，此外则为 0 这一特别情形，从而把证明简化. 我们将变量 x, y, z 表示在一等边三角形的边上，这时我们把各边的中点取作原点，并且循环地取定各边的正向. 于是，$x + y + z = 0$ 即是边上之点 x, y, z 是平面上一点的三个垂直射影所需满足的条件 [③].

---

① 我们不可能损失**两个**区间，因为从 F_x 和 G 中除去的区间乃是它们各自的集中的最右者. 这是本证明的要点.

② 这一证明依据了 Zygmund[1] 所指出的线索. 但它比 Zygmund 原来的长得多，而且必然要如此，因为 Zygmund 的证明本身并不是无可争辩的.

我们证明了，当从 F 和 G 所除去的区间是**最右边的极端区间**时，(10.15.16) 成立. 若我们已经除去了两个任意的区间，则它不一定成立. 例如，设 F 与 G 各是区间 $(-4, 4)$，F_4 由区间 $(-4, -2)$ 和 $(2, 4)$ 所组成，G_4 由区间 $(-2, 2)$ 所组成. 可以分四步从 F, G 过渡到 F_4, G_4，在每一步中从各个集取去一个单位区间，但

$$\chi(0) - \chi_4(0) = 8,$$

而不是小于或等于 4. 同样的例子说明，Zygmund 的论断 [1, p.176] "$\phi(x)$ 在 $(-\infty, \infty)$ 中的值至多增加 2" 是不对的，除非他的构造是用一种他未曾明白说出的方法来进行的. 把这一点加以详细的讨论是很重要的，因为它是这一证明的核心.

③若 P 是所说的点，G 是三角形的中心，则

$$x + y + z = PG\left[\cos\alpha + \cos\left(\alpha + \frac{2}{3}\pi\right) + \cos\left(\alpha + \frac{4}{3}\pi\right)\right] = 0.$$

函数 $f(x), g(y), h(z)$ 是三个集 E_1, E_2, E_3 的特征函数, 这些集各由有限多个不相遮盖的区间所组成, $f^*(x), g^*(y), h^*(z)$ 则是关于三个原点对称分布的三个长为 E_1, E_2, E_3 的区间 E_1^*, E_2^*, E_3^* 的特征函数. [1] 若 E_{123} 表示平面上那种点所成的集, 其三个射影属于 E_1, E_2, E_3, 同法定义 E_{123}^*, 则 [2]

$$I = \sin\frac{1}{3}\pi E_{123}, \quad I^* = \sin\frac{1}{3}\pi E_{123}^*,$$

而我们要证明的则是

$$E_{123} \leqslant E_{123}^*. \tag{10.16.1}$$

图形 E_{123}^* 由六条垂直于边的直线来定义, 它是一个六边形, 除非 E_1, E_2, E_3 中有一个大于其他两者之和. 在此种情形下, 它则化为一平行四边形. 我们先就后一种情形证明 (10.16.1). 假定 (比如说)$E_3 \geqslant E_1 + E_2$, 于是 E_{123}^* 即化为 E_{12}^*, 即平面上的点中, 在两条边上分别投影到 E_1^* 和 E_2^* 的那种点所成的集, 而 E_{123} 则包含在用同样方法所定义的集 E_{12} 中. 因此

$$E_{123} \leqslant E_{12} = \csc\frac{1}{3}\pi \cdot E_1 E_2 = \csc\frac{1}{3}\pi \cdot E_1^* E_2^* = E_{12}^* = E_{123}^*.$$

当 E_{123}^* 是平行四边形时, 此即证明了定理.

转到六边形的情形, 可假定 (比如说)

$$E_3 > E_1 \geqslant E_2, \quad E_3 < E_1 + E_2.$$

将每个 E_j 的各端减去一测度为 t 的集 [3], 如是所得的集定义为

$$E_1(t), \quad E_2(t), \quad E_3(t),$$

并同法定义相应的区间 $E_1^*(t), E_2^*(t), E_3^*(t)$. 若 t 从 0 增到

$$t_0 = \frac{1}{2}(E_1 + E_2 - E_3),$$

则 $E_1(t), E_2(t), E_3(t)$ 从 E_1, E_2, E_3 降到 $E_1(t_0), E_2(t_0), E_3(t_0)$, 它们的测度满足关系

$$E_1(t_0) + E_2(t_0) = E_3(t_0).$$

此六边形于是即化为平行四边形, 因而

$$E_{123}(t_0) \leqslant E_{123}^*(t_0). \tag{10.16.2}$$

---

[1] E_1 既表示集 E_1, 又表示它的测度.

[2] E_{123} 用作测度时, 自然是平面测度.

[3] 就是说,

$$E_1 = E_1'(t) + E_1(t) + E_1''(t),$$

其中 $E_1'(t)$ 在 $E_1(t)$ 之左, $E_1''(t)$ 在 $E_1(t)$ 之右, 而且

$$mE_1'(t) = mE_1''(t) = t.$$

若我们还能证明

$$E_{123} - E_{123}(t_0) \leqslant E_{123}^* - E_{123}^*(t_0),\qquad(10.16.3)$$

则通过相加即可得出结论.

现通过比较

$$\phi(t) = -E_{123}(t),\quad \phi^*(t) = -E_{123}^*(t)$$

的导数来证明 (10.16.3). 首先, $E_{123}^*(t)$ 与 $E_{123}^*(t+h)$ 的差乃是一六边形的环, 其面积为 $hP(t) + O(h^2)$, 其中 $P(t)$ 是相应于值 t 的六边形的周长, 因而

$$\frac{\mathrm{d}\phi^*}{\mathrm{d}t} = P(t) = \csc\frac{1}{3}\pi\{E_1(t) + E_2(t) + E_3(t)\}.$$

另一方面, 三个集

$$E_1(t) - E_1(t+h),\quad E_2(t) - E_2(t+h),\quad E_3(t) - E_3(t+h)$$

当 h 甚小时, 总共由 6 个各长为 h 的区间所组成, 过此 6 个区间的端点所画的垂直于三角形的边的垂线定义了一个六边形环①, 它包含了整个的 $E_{123}(t) - E_{123}(t+h)$. 导数 $\phi'(t)$ 则是该环的外部边界中属于 $E_{123}(t)$ 的部分的总长. 如图 4 所示, 将此边界的这些部分射影到该三角形的边上, 则可看出

$$\frac{\mathrm{d}\phi}{\mathrm{d}t} \leqslant \csc\frac{1}{3}\pi[E_1(t) + E_2(t) + E_3(t)] = \frac{\mathrm{d}\phi^*}{\mathrm{d}t}.$$

由此通过积分即得 (10.16.3), 该定理的证明即告完成.

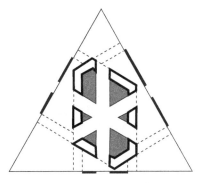

图 4　$E_{123}(t)$ 的减缩量

10.17　应　用

定理 379 中与定理 371 对应的特殊情形是

定理 380　若 $h(x)$ 对称单调递减, 则

---

① 参见图 4. 在图中, 集 $E_1(t+h),\cdots$ 用粗黑线画在三角形的边上, 集 $E_{123}(t+h)$ 用阴影表示, 十二条垂线用虚线表示, $E_{123}(t) - E_{123}(t+h)$ 的边界则用粗线表示.

$$I = \int_{-\infty}^{\infty} \int_{-\infty}^{\infty} f(x)g(y)h(x-y)\mathrm{d}x\mathrm{d}y$$

$$\leqslant \int_{-\infty}^{\infty} \int_{-\infty}^{\infty} f^*(x)g^*(y)h(x-y)\mathrm{d}x\mathrm{d}y = I^*.$$

我们现在将把定理 371 和定理 380 运用到特殊情形

$$c_{r-s} = |r-s|^{-\lambda}$$

和

$$h(x-y) = |x-y|^{-\lambda}.$$

定理 381　若

$$a_r \geqslant 0, \quad b_s \geqslant 0,$$

$$p > 1, \quad q > 1, \quad \frac{1}{p} + \frac{1}{q} > 1, \quad \lambda = 2 - \frac{1}{p} - \frac{1}{q} \tag{10.17.1}$$

(因而 $0 < \lambda < 1$)，又若

$$\Sigma a_r^p = A, \quad \Sigma b_s^q = B,$$

则

$$T = \Sigma\Sigma'\frac{a_r b_s}{|r-s|^{\lambda}} \leqslant KA^{1/p}B^{1/q},$$

其中一撇表示 $r \neq s$, $K = K(p,q)$, 只与 p 和 q 有关.

定理 382　若 $f(x) \geqslant 0$, $g(y) \geqslant 0$, p 和 q 满足 (10.17.1)，又若

$$\int_{-\infty}^{\infty} f^p(x)\mathrm{d}x = F, \quad \int_{-\infty}^{\infty} g^q(y)\mathrm{d}y = G,$$

则

$$I = \int_{-\infty}^{\infty} \int_{-\infty}^{\infty} \frac{f(x)g(y)}{|x-y|^{\lambda}}\mathrm{d}x\mathrm{d}y \leqslant KF^{1/p}G^{1/q}.$$

这两个定理的证明实际上是一样的. 我们来证明定理 382.[①]

根据定理 380, 显然可以将 f, g 代之以 f^*, g^*. 于是我们相应于积分的四个象限把 I 分成四个部分. 右上部分和左下部分是相等的, 左上部分和右下部分亦然, 而且后两者不超过前两者[②]. 因此我们只需考虑右上部分. 于是, 再把我们的记号加以改变, 只需证明

$$J = \int_0^{\infty} \int_0^{\infty} \frac{f(x)g(y)}{|x-y|^{\lambda}}\mathrm{d}x\mathrm{d}y \leqslant KF^{1/p}G^{1/q}$$

即可, 现在这里的 f 和 g 都为正且单调递减, 而 F 与 G 则由在 $(0,\infty)$ 上所取的积分来定义. 令

$$J = J_1 + J_2,$$

其中 J_1 和 J_2 分别是在八分域 $y \leqslant x$ 和 $x \leqslant y$ 上所取的积分.

我们有

---

① 关于定理 381 的证明, 可参见 Hardy, Littlewood and Pólya[1]. 关于从定理 381 推出定理 382, 可参见 Hardy and Littlewood[6].

② 左上和右下部分可用 9.14 节中较为容易的方法来证明.

$$J_1 = \int_0^\infty f(x)\mathrm{d}x \int_0^x \frac{g(y)}{(x-y)^\lambda}\mathrm{d}y.$$

因为在 $(0, x)$ 中, $g(y)$ 单调递减, $(x-y)^{-\lambda}$ 单调递增, 故由定理 236, 有

$$x\int_0^x \frac{g(y)}{(x-y)^\lambda}\mathrm{d}y \leqslant \int_0^x g(y)\mathrm{d}y \int_0^x \frac{\mathrm{d}y}{(x-y)^\lambda} = \frac{x^{1-\lambda}}{1-\lambda}g_1(x) \quad (\text{设}).$$

因此有

$$J_1 \leqslant \frac{1}{1-\lambda}\int_0^\infty f(x)g_1(x)x^{-\lambda}\mathrm{d}x.$$

由定理 189, 有

$$J_1 \leqslant \frac{1}{1-\lambda}F^{1/p}\left(\int_0^\infty g_1^{p'}(x)x^{-p'\lambda}\mathrm{d}x\right)^{1/p'}. \tag{10.17.2}$$

但由 (10.17.1), $p' > q$, 又再由定理 189, 有

$$g_1(x) = \int_0^x g(y)\mathrm{d}y \leqslant G^{1/q}x^{1/q'}.$$

因此, 有

$$g_1^{p'}(x)x^{-p'\lambda} \leqslant g_1^q(x)(G^{1/q}x^{1/q'})^{p'-q}x^{-p'\lambda} = G^{(p'-q)/q}\left[\frac{g_1(x)}{x}\right]^q \tag{10.17.3}$$

(因为

$$\frac{p'-q}{q'} - \lambda p' = \frac{p'-q}{q'} - \left(\frac{1}{p'} + \frac{1}{q'}\right)p' = -\frac{q}{q'} - 1 = -q).$$

由 (10.17.2) 和 (10.17.3) 以及定理 327, 有

$$J_1 \leqslant KF^{1/p}G^{(p'-q)/p'q}\left[\int_0^\infty \left(\frac{g_1(x)}{x}\right)^q \mathrm{d}x\right]^{1/p'} \leqslant KF^{1/p}G^{1/q}.$$

J_2 的讨论与此相同, 由此即得定理.

定理 383　设 $f(x)$ 在 $(0,\infty)$ 中非负, 且属于 L^p, 其中 $p > 1$, 又设

$$0 < \alpha < \frac{1}{p}, \quad q = \frac{p}{1-\alpha p}, \tag{10.17.4}$$

$$f_\alpha(x) = \frac{1}{\Gamma(\alpha)}\int_0^x f(y)(x-y)^{\alpha-1}\mathrm{d}y, \tag{10.17.5}$$

则 $f_\alpha(x)$ 在 $(0,\infty)$ 中属于 L^p, 且

$$\int_0^\infty f_\alpha^q \mathrm{d}x \leqslant K\left(\int_0^\infty f^p \mathrm{d}x\right)^{q/p}, \tag{10.17.6}$$

其中

$$K = K(p, \alpha) = K(p, q).$$

设 $g(x)$ 是 $L^{q'}$ 中的任一函数, 又设

$$\lambda = 1 - \alpha = 1 - \frac{1}{p} + \frac{1}{q} = 2 - \frac{1}{p} - \frac{1}{q'}.$$

由定理 382，有

$$\int_0^\infty \int_0^\infty \frac{g(x)f(y)}{|x-y|^\lambda} \mathrm{d}x\mathrm{d}y \leqslant K \left(\int_0^\infty f^p \mathrm{d}x\right)^{1/p} \left(\int_0^\infty g^{q'} \mathrm{d}x\right)^{1/q'}.$$

于是更有

$$\int_0^\infty f_\alpha(x)g(x)\mathrm{d}x = \frac{1}{\Gamma(\alpha)} \int_0^\infty g(x)\mathrm{d}x \int_0^x \frac{f(y)}{(x-y)^\lambda}\mathrm{d}y$$

$$\leqslant K \left(\int_0^\infty f^p \mathrm{d}x\right)^{1/p} \left(\int_0^\infty g^{q'} \mathrm{d}x\right)^{1/q'}.$$

因为上式对于所有的 g 都成立，故由定理 191，有

$$\left(\int_0^\infty f_\alpha^q \mathrm{d}x\right)^{1/q} \leqslant K \left(\int_0^\infty f^p \mathrm{d}x\right)^{1/p},$$

此即 (10.17.6).

该证明指出，当 $f_\alpha(x)$ 是由

$$f_\alpha(x) = \frac{1}{\Gamma(\alpha)} \int_x^\infty f(y)(y-x)^{\alpha-1}\mathrm{d}y$$

定义时，上面的结果也成立.

定理 383 体现"分数次积分"理论中的一个结果. Liouville[1]和 Riemann [1, pp. 331-344] 定义 $f(x)$ 的 α 次积分 $f_\alpha(x)$ 为

$$f_\alpha(x) = \frac{1}{\Gamma(\alpha)} \int_a^x f(y)(x-y)^{\alpha-1}\mathrm{d}y. \tag{10.17.7}$$

下限 a 是"取积分的原点"；改变原点，f_α 即依某种方式改变，这种方式虽然对于这里所讨论的这一类型的定理并不重要，但它在形式上并不是粗浅的. 由定理 383 容易推知 [1]，若 f 在 (a,b) 中属于 L^p，其中 $-\infty < a < b \leqslant \infty$，$\alpha < \frac{1}{p}$，$f_\alpha$ 是 f 的 α 次积分，其原点为 a，则 f_α 在 (a,b) 中属于 L^q. 当 $\alpha > \frac{1}{p}$ 时，f_α 连续，且一定属于 $\alpha - \frac{1}{p}$ 阶的"Lipschitz 类".

在运用此理论时，f 通常是周期的. Weyl[3] 曾指出，在这种情形下，参考一个原点 a 是不适当的. 因此 Weyl 将此定义修改如下. 若假定 f 在某一周期上的平均值为 0（对于该条件，可以从 f 减去一适当的常数总可使之满足），则

$$\int_{-\infty}^x f(y)(x-y)^{\alpha-1}\mathrm{d}y$$

在下限收敛，于是可在 (10.17.7) 中取 $a = -\infty$. 上述关于 Lebesgue 类的定理也可推广到此种情形.

10.18　关于将函数按降序重新排列的另外一个定理

我们用来结束本书的这一定理，就其在函数论中的应用来说是很重要的，但我们所给出 [2]的证明本身却自有意义.

---

① 参见 Hardy and Littlewood[6].

② 属于 F. Riesz[10].

该定理可以表示成两种形式.

定理 384 设 $f(x)$ 在有限区间 $(0, a)$ 中非负且可积, $\bar{f}(x)$ 是 $f(x)$ 依降序的重新排列, 又设

$$\Theta(x) = \Theta(x, f) = \max_{0 \leqslant \xi < x} \frac{1}{x - \xi} \int_{\xi}^{x} f(t) \mathrm{d}t, \qquad (10.18.1)$$

$\bar{\Theta}(x)$ 是 $\Theta(x)$ 依降序的重新排列. 则对于 $0 < x \leqslant a$, 有

$$\bar{\Theta}(x) \leqslant \frac{1}{x} \int_{0}^{x} \bar{f}(t) \mathrm{d}t. \qquad (10.18.2)$$

定理 385 设 $f(x)$ 满足定理 384 中的条件, 又设 $s(y)$ 是在 $y \geqslant 0$ 中定义的任一单调递增函数, 则

$$\int_{0}^{a} s[\Theta(x)] \mathrm{d}x \leqslant \int_{0}^{a} s\left[\frac{1}{x} \int_{0}^{x} \bar{f}(t) \mathrm{d}t\right] \mathrm{d}x. \qquad (10.18.3)$$

先作两个预备性的说明.

(1) 我们先证明定理 384, 然后再导出定理 385. 因为 $\Theta(x)$ 和 $\bar{\Theta}(x)$ 是等同可测的, 故

$$\int_{0}^{a} s[\Theta(x)] \mathrm{d}x = \int_{0}^{a} s[\bar{\Theta}(x)] \mathrm{d}x.$$

于是由 (10.18.2) 即得 (10.18.3).

至于从 (10.18.3) 推出 (10.18.2), 因而定理的这两种形式是等价的这一点, 并不很明显, 但已经在定理 392 中得到证明. [1] 对于我们这里的目的来说, 前面一个推演 [即从 (10.18.2) 推出 (10.18.3)] 已经够用, 因为在应用时该定理是以第二种形式出现的.

(2) 若

$$\Theta_0(x) = \Theta_0(x, f) = \frac{1}{x} \int_{0}^{x} f(t) \mathrm{d}t,$$

则由 (10.12.2), 有

$$\Theta_0(x, f) \leqslant \Theta_0(x, \bar{f}) = \Theta(x, \bar{f}) = \frac{1}{x} \int_{0}^{x} \bar{f}(t) \mathrm{d}t.$$

此外, 又有

$$\int_{0}^{a} s[\Theta_0(x)] \mathrm{d}x \leqslant \int_{0}^{a} s\left[\frac{1}{x} \int_{0}^{x} \bar{f}(t) \mathrm{d}t\right] \mathrm{d}x. \qquad (10.18.4)$$

这个比 (10.18.3) 更为浅易的不等式是定理 333 的积分类似情形.

---

[1] 参见本章末尾的各种定理.

定理 385 是由 Hardy and Littlewood[8] 证明的, 他们是从关于有限和的类似定理 (定理 394) 通过极限过程推出的. 他们关于定理 394 的证明是初等的, 但很长, 一个短得多的证明是由 Gabriel[2] 建立的. Riesz "en combinant ce qui me paraît être l'idée essentielle de M. Gabriel avec un théorème appartenant aux éléments de l'analyse" (下述引理 A) 可以无须极限过程直接证明该定理.

10.19　定理 384 的证明

显然可以假定 $a = 1$.

我们来考虑一个使得

$$x_0 > 0, \quad \bar{\Theta}(x_0) > 0$$

的点 x_0. 记

$$\bar{\Theta}(x_0) = p + \varepsilon \quad (p > 0, \varepsilon > 0), \tag{10.19.1}$$

而来考虑由

$$0 \leqslant x \leqslant 1, \quad \Theta(x) > p \tag{10.19.2}$$

定义的集 E. 因 $\Theta(x)$ 和 $\bar{\Theta}(x)$ 是等同可测的, 故 E 与由 $\bar{\Theta}(x) > p$ 所定义的集有相同的测度. 这个集至少与使得 $\bar{\Theta}(x) \geqslant p + \varepsilon$ 的集同样大, 根据 (10.19.1), 这最后一个集的测度至少是 x_0. 因此, 有

$$x_0 \leqslant mE. \tag{10.19.3}$$

但集 E 乃是由使得

$$\frac{1}{x - \xi} \int_\xi^x f(t) \mathrm{d}t > p \tag{10.19.4}$$

对于某一 $\xi = \xi(x) < x$ 成立的那种 x 所组成. 可以将 (10.19.4) 记为

$$\int_0^x f(t) \mathrm{d}t - px > \int_0^\xi f(t) \mathrm{d}t - p\xi \tag{10.19.5}$$

或

$$g(x) > g(\xi) \quad (\text{设}) \tag{10.19.6}$$

的形式. 于是, 集 E 乃是这样的一个点集, 对于此点集, 有某一连续函数 $g(x)$, 这个函数在 E 中任一点所取的值总比它在前面曾取过的某些值要大. 这一性质使得我们有可能来刻画 E 的结构.

引理　集 E 是由有限个或可列无限个不相遮盖的区间 (α_k, β_k) 所组成. 所有这些区间都是开的, 而且

$$g(\alpha_k) = g(\beta_k);$$

当 $x = 1$ 是 E 的一个点时可能例外, 此时存在一个区间 $(\alpha_k, 1)$, 它在右边是闭的, 而且 $g(\alpha_k) \leqslant g(1)$, 虽然 $g(\alpha_k)$ 不一定等于 $g(1)$.[①]

首先, 因 $g(x)$ 连续, 故 E 是一开集 (对于 $x = 1$ 这一点可能除外). 因此, E 是一组区间 (α_k, β_k), 若 $\beta_k < 1$, 则为开的.

若 $\beta_k < 1$, 则 β_k 不是 E 的一个点. 由 E 的定义, 有

[①] 我们所需要的就是 $g(\alpha_k) \leqslant g(\beta_k)$, 但若我们完善了此引理, 则证法也许会更清楚一些.

$$g(\alpha_k) \geqslant g(\beta_k). \tag{10.19.7}$$

其次，假定 $\alpha_k < x_1 < \beta_k$，考虑 $g(x)$ 在区间 $0 \leqslant x \leqslant x_1$ 中的极小值. 该极小值不可能在 $\alpha_k < x \leqslant x_1$ 中取到，因为所有这种 x 都属于 E，故对于某一 $\xi < x$ 有 $g(x) > g(\xi)$. 因此当 $x \leqslant \alpha_k$ 时取到该极小值. 但 α_k 不是 E 中的点，故对于所有的这些 x，都有 $g(\alpha_k) \leqslant g(x)$. 因此，此极小值在 α_k 处收到，故 $g(\alpha_k) \leqslant g(x_1)$. 令 $x_1 \to \beta_k$，即得

$$g(\alpha_k) \leqslant g(\beta_k). \tag{10.19.8}$$

再考虑到 (10.19.7)，这就证明了引理 [①].

现在可以来证明定理 384. 可将 (10.19.8) 记为

$$p(\beta_k - \alpha_k) \leqslant \int_{\alpha_k}^{\beta_k} f(x)\mathrm{d}x,$$

由此即得

$$p \cdot mE = p\Sigma(\beta_k - \alpha_k) \leqslant \Sigma \int_{\alpha_k}^{\beta_k} f(x)\mathrm{d}x = \int_E f(x)\mathrm{d}x.$$

因此，由 (10.12.1)，有

$$p \cdot mE \leqslant \int_E f(x)\mathrm{d}x \leqslant \int_0^{mE} \bar{f}(x)\mathrm{d}x; \tag{10.19.9}$$

于是，由 (10.19.1)，有

$$\bar{\Theta}(x_0) - \varepsilon = p \leqslant \frac{1}{mE} \int_0^{mE} \bar{f}(x)\mathrm{d}x. \tag{10.19.10}$$

最后，因为 $\bar{f}(x)$ 单调递减，由 (10.19.10) 和 (10.19.3)，即得

$$\bar{\Theta}(x_0) - \varepsilon \leqslant \frac{1}{x_0} \int_0^{x_0} \bar{f}(x)\mathrm{d}x.$$

因为 ε 任意，由此即得 (10.18.1)，不过以 x_0 代 x.

定理 384 和定理 385 在函数论中的应用如下. 设 $f(\theta)$ 可积并具有周期 2π，又设

$$M(\theta) = M(\theta, f) = \max_{0 < |t| \leqslant \pi} \frac{1}{t} \int_0^t f(\theta + u)\mathrm{d}u,$$

$N(\theta)$ 是就 $|f(\theta + u)|$ 所构成的类似函数. 这些函数与定理 384 中的 $\Theta(x)$ 属同一类型，不过是就 θ 的这一边或那一边所取的均值来产生的.

现在来考虑积分

$$h(\theta, p) = \frac{1}{2\pi} \int_{-\pi}^{\pi} f(\theta + t)\chi(t, p)\mathrm{d}t, \tag{i}$$

其中 χ 是一个核，它包含一个参数 p，且满足条件

$$\chi(t, p) \geqslant 0, \quad \frac{1}{2\pi} \int_{-\pi}^{\pi} \chi(t, p)\mathrm{d}t = 1. \tag{ii}$$

这种核的标准例子是 "Poisson 核"

$$\chi = \frac{1 - r^2}{1 - 2r\cos t + r^2},$$

① 这里所用的证法属于 M. Riesz[10].

其中 $p = r$ 为正且小于 1, 以及 "Fejér 核"

$$\chi = \frac{\sin^2 \frac{1}{2}nt}{n \sin^2 \frac{1}{2}t},$$

其中 $p = n$ 为正整数. h 的相应值是 $u(r, \theta)$, 即由 $f(\theta)$ 的 "Poisson 积分" 所定义的调和函数, 以及 $\sigma_n(\theta)$, 即 $f(\theta)$ 的 Fourier 级数的一阶 Cesàro 平均.

今设 (a)$f(\theta)$ 属于 L^k, 其中 $k > 1$; (b) χ 满足附加条件

$$\frac{1}{2\pi} \int_{-\pi}^{\pi} \left| t \frac{\partial \chi}{\partial t} \right| dt \leqslant A, \tag{iii}$$

其中 A 与 p 无关. 由具有 $s(y) = y^k$ 的定理 385 及定理 327 即知 $M(\theta)$ 也属于 L^k.[①] 由 (i)(ii)(iii) 容易推知,

$$|h(\theta, p)| \leqslant AM(\theta),$$

其中 A 仍与 p 无关. 因此, h 具有一个属于 L^k 类的 (与 p 无关的) 控制函数.

容易证明 Poissom 核满足 (iii). 因此, $u(r, \theta)$ 具有一个属于 L^k 类的控制函数 $U(\theta)$. 这对 $\sigma_n(\theta)$ 也成立, 不过在此种情形下, 证明远不如这里的简单, 因为 Fejér 核并不满足 (iii). 但可以证明 $|\sigma_n(\theta)| \leqslant AN(\theta)$, 因而可得出类似的结论. 所有这些已由 Hardy and Littlewood [8] 详细作出.

10.20　各种定理及特例

定理 386　若 $c_2 \geqslant c_3 \geqslant \cdots \geqslant c_{2n} \geqslant 0$, 又设集 $(a), (b)$ 为非负, 且除排法之外已经给定, 则

$$\sum_{r=1}^{n} \sum_{s=1}^{n} c_{r+s} a_r b_s$$

当 (a) 与 (b) 都按降序排列时取极大.

(F. Wiener[1].)

定理 387　下式一般不成立:

$$\sum_{r+s+t=0} a_r b_s c_t \leqslant \sum_{r+s+t=0} a_r^+ b_s^+ c_t^+.$$

[该定理显而易见: 取 $(a), (b), (c)$ 为 $(0, 2, 1), (1, 2, 0), (1, 2, 1)$, 则有

$$\Sigma a_r b_s c_t = 14, \quad \Sigma a_r^+ b_s^+ c_t^+ = 12.]$$

定理 388　存在集合 $(a), (b), (c)$, 使得 8 个和数

$$\Sigma a^+ b^+ c^+, \quad \Sigma^+ ab^+ c^+, \quad \Sigma a^{++} bc^+, \quad \cdots, \quad \Sigma^+ a^+ b^+ c$$

中没有一个给出极大和数 Σabc.

[设 $0 < h < 1$, ε 为正且充分小; 又取 (a) 为 $0, 0, 0, 1, 2$, (b) 为 $h - \varepsilon, h, h + \varepsilon, 1, 1$, (c) 由任意 5 个不相同的元素组成.]

定理 389　若

---

① 参见下述的定理 398.

$$M(x) = \Sigma |r| x_r, \quad M(y) = \Sigma |s| y_s,$$

$p \neq 0$, 则 10.8 节中的置换 Ω_p 使 $\mu = M(x) + M(y)$ 下降.

(该定理是显而易见的, 但可用来构造出定理 371 的另一种证明, 它还是依循 10.8 节中的证明的一般思路, 但不用求助于"连续性".

我们仍如 10.8 节中使用 A, C, C', K, 现在可能有一个以上的排列 C. 定义 L 是 K 中使得 μ 为最小的那种元素所成的子类. 若 $p \neq 0$, 且 A 关于 p 为错误的, 则 Ω_p 使 μ 下降而不使 S 减小. 因此, L 中的任何 A 都为某一 C', 于是可依照 10.8 节中指出的, L 包含一个 C.)

定理 390 运用定理 373 的记号, 对于每一 n, 有

$$\sum_{r+s+t=n} a_r b_s c_t \leqslant \sum_{r+s+t=0} a_r^{++} b_s c_t^*.$$

(定理 373 的推论.)

定理 391 若 $(a), (a'), (b), (b'), (c), (c')$ 是 6 个由服从 (10.5.1) 的正数所成的集, 则

$$\sum_{r+s+t=0} a_r a_r' b_s b_s' c_t c_t' \leqslant \sum_{r+s+t=0} a_r^* a_r'^* b_s^* b_s'^* c_t^* c_t'^*.$$

(假若先用 10.3 节中的方法把它化为其中每个数不为 0 即为 1 的这一特殊情形, 此则定理 372 的推论.)

定理 392 若 f 与 g 非负, 而且对于任何单调递增正函数 $s(y)$ 都有

$$\int_0^a s[f(x)] \mathrm{d}x \leqslant \int_0^a s[g(x)] \mathrm{d}x, \tag{i}$$

则除掉可能的可列多个 x 的值不计外, 有

$$\bar{f} \leqslant \bar{g}. \tag{ii}$$

[这是我们在 10.18 节中证明定理 384 与定理 385 等价时所引用的定理. 它是定理 107 的一种类似情形.

因为 f 和 g 分别代之以 $\bar{f}$ 和 $\bar{g}$ 时, (i) 中的积分不变, 故可假定 f 和 g 本身为单调递减, 因而 $f = \bar{f}$, $g = \bar{g}$(除掉可能的可列多个点不计外).

若 (ii) 并非对几乎所有的 x 成立, 则可求得 b 和 c, 使得

$$b < c, \quad f(c) > g(b). \tag{iii}$$

盖若不然, 则对于所有的 b 有 $f(b+0) \leqslant g(b)$, 在这些函数的所有连续点, 因而除了一个可列集之外, 有 $f(b) \leqslant g(b)$.

于是假定 b 与 c 满足 (iii), 我们选取 r 使得

$$g(b) < r < f(c),$$

又定义 $s(y)$ 如

$$s(y) = 0 \ (y < r), \quad s(y) = 1 \ (y \geqslant r),$$

则

$$\int_0^a s[f(x)] \mathrm{d}x = \int_{f \geqslant r} \mathrm{d}x \geqslant c > b \geqslant \int_{g \geqslant r} \mathrm{d}x = \int_0^a s[g(x)] \mathrm{d}x,$$

而与 (i) 矛盾.]

定理 393 若 $a_1, a_2, \cdots, a_N$ 非负,

$$\Theta(n) = \Theta(n, a) = \max_{1 \leqslant \nu \leqslant n} \frac{a_\nu + a_{\nu+1} + \cdots + a_n}{n - \nu + 1},$$

又设一横表示依降序的一重新排列 (此记号与 10.1 节中的相反), 则

$$\bar{\Theta}(n) \leqslant \frac{\bar{a}_1 + \bar{a}_2 + \cdots + \bar{a}_n}{n} \quad (1 \leqslant n \leqslant N).$$

定理 394   若定理 393 中的条件成立, 又设 $s(y)$ 是 y 的一个正的单调递增函数, 则

$$\sum_1^N s[\Theta(n)] \leqslant \sum_1^N s\left(\frac{\bar{a}_1 + \bar{a}_2 + \cdots + \bar{a}_n}{n}\right).$$

(上述两个定理乃是定理 384 和定理 385 关于有限和的类似情形, 读者若采用 10.18 至 10.19 节中的方法来证明它们, 将会发觉是有教益的. Hardy and Littlewood 以及 Gabriel 的较早的证明已在 10.18 节中提及.)

定理 395   若

$$c_1 \geqslant c_2 \geqslant \cdots \geqslant c_p > 0, \quad d_1 \geqslant d_2 \geqslant \cdots \geqslant d_q > 0;$$

$e_1, e_2, \cdots, e_{p+q}$ 是诸 c 和 d 一起依降序排列的总体;

$$C_n = c_1 + c_2 + \cdots + c_n,$$

D_n 和 E_n 亦同法定义; $s(y)$ 是正的单调递增函数; 则

$$s(C_1) + s\left(\frac{C_2}{2}\right) + \cdots + s\left(\frac{C_p}{p}\right) + s(D_1) + s\left(\frac{D_2}{2}\right) + \cdots + s\left(\frac{D_q}{q}\right)$$
$$\leqslant s(E_1) + s\left(\frac{E_2}{2}\right) + \cdots + s\left(\frac{E_{p+q}}{p+q}\right).$$

[这是定理 394 的一种特别情形. 关于用归纳法所作的一直接证明 (属于 Chaundy), 可参考 Hardy and Littlewood[8]. 该定理乃是他们用来作为他们证明定理 394 的基础的引理之一.]

定理 396   若 p, q, P, Q 都是正整数, $s(y)$ 为正的单调递增函数, 则

$$\sum_1^p s\left(\frac{p}{n}\right) + \sum_1^q s\left(\frac{q}{n}\right) \leqslant \sum_1^{p+q} s\left(\frac{p+q}{n}\right), \tag{i}$$

$$\sum_{p+1}^{p+P} s\left(\frac{p}{n}\right) + \sum_{q+1}^{q+Q} s\left(\frac{q}{n}\right) \leqslant \sum_{p+q+1}^{p+q+P+Q} s\left(\frac{p+q}{n}\right), \tag{ii}$$

$$\sum_1^\infty s\left(\frac{p}{n}\right) + \sum_1^\infty s\left(\frac{q}{n}\right) \leqslant \sum_1^\infty s\left(\frac{p+q}{n}\right). \tag{iii}$$

[(i) 与 (ii) 可由定理 395 通过适当的特殊化而得出, 而 (iii), 它不管 p 与 q 为整数与否都成立, 乃是一个推论. (iii) 的一种特殊情形是

$$\frac{x^{1/a}}{1 - x^{1/a}} + \frac{x^{1/b}}{1 - x^{1/b}} \leqslant \frac{x^{1/(a+b)}}{1 - x^{1/(a+b)}} \quad (a > 0, b > 0, 0 < x < 1),$$

这当然可以独自来证明 (而且以 "$<$" 代 "$\leqslant$"), 例如运用定理 103.]

定理 397   若 a, b, α, β 都为正, $s(y)$ 为正且单调递增, 则

$$\int_a^{a+\alpha} s\left(\frac{a}{x}\right) \mathrm{d}x + \int_b^{b+\beta} s\left(\frac{b}{x}\right) \mathrm{d}x \leqslant \int_{a+b}^{a+b+\alpha+\beta} s\left(\frac{a+b}{x}\right) \mathrm{d}x.$$

定理 398   若 $k > 1$, $\Theta(x)$ 如定理 384 中所定义, 则

$$\int_0^a \Theta^k(x) \mathrm{d}x \leqslant \left(\frac{k}{k-1}\right)^k \int_0^a f^k(x) \mathrm{d}x.$$

(由定理 385 和定理 327 可得. 对于有限和, 当然有相应的定理. 该定理有一些特别重要的应用.)

定理 399 欲使可积函数 $\phi(x)$ 对于所有正的、单调递增而且有界的 $s(x)$, 都有性质

$$\int_0^1 s(x)\phi(x)\mathrm{d}x \geqslant 0,$$

则其充分必要条件是

$$\int_x^1 \phi(t)\mathrm{d}t \geqslant 0 \quad (0 \leqslant x \leqslant 1).$$

[欲证条件为必要的, 只须适当选取 $s(x)$ 即可; 欲证其为充分的, 可用部分积分或第二中值定理. 若在 0 与 1 之间有一 ξ 使得当 $x > \xi$ 时, $\phi(x) \geqslant 0$, 当 $x < \xi$ 时, $\phi(x) \leqslant 0$, 而且

$$\int_0^1 \phi(x)\mathrm{d}x = 0,$$

则条件必然满足.

定理 397 乃是这个定理的一种特殊情形 (经过简单变换之后).]

定理 400 若 E 和 ξ 都是 x 的函数, 且满足关系

$$0 \leqslant \mathrm{d}E \leqslant \mathrm{d}x, \quad 0 \leqslant \xi < x,$$

则

$$\int_0^1 \left[\frac{E(x) - E(\xi)}{x - \xi} \right]^k \mathrm{d}x \leqslant \frac{kE(1) - E^k(1)}{k - 1} \quad (k > 1),$$

$$\int_0^1 \frac{E(x) - E(\xi)}{x - \xi} \mathrm{d}x \leqslant E(1) \left[1 + \ln \frac{1}{E(1)} \right].$$

[设 $f(x)$ 常为 0 或 1, 又设 $E(x)$ 是 $(0, x)$ 中使得 $f(x) = 1$ 的那一部分的测度, 然后运用定理 385.]

定理 401 若

$$p > 1, \quad q > 1, \quad \frac{1}{p} + \frac{1}{q} \geqslant 1, \quad \lambda = 2 - \frac{1}{p} - \frac{1}{q},$$

$$h < 1 - \frac{1}{p}, \quad k < 1 - \frac{1}{q}, \quad h + k \geqslant 0.$$

且当 $\frac{1}{p} + \frac{1}{q} = 1$ 时有 $h + k > 0$, 则

$$\int_0^\infty \int_0^\infty \frac{f(x)g(y)}{x^h y^k |x - y|^{\lambda - h - k}} \mathrm{d}x\mathrm{d}y \leqslant K \left(\int_0^\infty f^p \mathrm{d}x \right)^{1/p} \left(\int_0^\infty g^q \mathrm{d}x \right)^{1/q}.$$

[在这里以及在定理 402 和定理 403 中, K 表示一个只与定理中的参数 (在这里就是 p, q, h, k) 有关的正数.]

定理 402 若

$$p > 1, \quad 0 \leqslant \alpha < \frac{1}{p}, \quad p \leqslant q \leqslant \frac{p}{1 - \alpha p},$$

则

$$\int_0^\infty x^{-(p-q+pq\alpha)/p} f_\alpha^q \mathrm{d}x \leqslant K \left(\int_0^\infty f^p \mathrm{d}x \right)^{q/p},$$

在这里, f_α 如在 (10.17.5) 中所定义. 该结果当 $\alpha \geqslant \frac{1}{p}$ 时仍成立, 此时加于 q 的第二条件可以省去.

(关于上述的两个定理, 可参见 Hardy and Littlewood[6]. 若 $q = p$, 则得

$$\int_0^\infty (x^{-\alpha} f_\alpha)^p \mathrm{d}x \leqslant K \int_0^\infty f^p \mathrm{d}x :$$

比较定理 329.)

定理 403 定理 383 中的结果当 $p = 1$ 时不一定成立.

[定义 $f(x)$ 为

$$f(x) = \begin{cases} \dfrac{1}{x} \left(\ln \dfrac{1}{x} \right)^{-\beta} & \left(0 < x \leqslant \dfrac{1}{2} \right) \\ 0 & \left(x > \dfrac{1}{2} \right) \end{cases},$$

其中 $\beta > 1$, 则

$$f_\alpha(x) = K \int_0^x \frac{1}{y} \left(\ln \frac{1}{y} \right)^{-\beta} (x - y)^{\alpha - 1} \mathrm{d}y > K x^{\alpha - 1} \int_0^x \frac{1}{y} \left(\ln \frac{1}{y} \right)^{-\beta} \mathrm{d}y$$

$$= K x^{\alpha - 1} \left(\ln \frac{1}{x} \right)^{1 - \beta}.$$

这里的 $p = 1$, $q = 1/(1 - \alpha)$; f 属于 L, 但 f_α 仅当

$$\frac{\beta - 1}{1 - \alpha} > 1, \quad \beta > 2 - \alpha$$

时才属于 L^q.]

定理 404 设 $f(x)$ 在 $[-1, 1]$ 有定义, 且有连续导数 $f'(x)$, 它只在有限个点为 0, 又设

$$f(x) \geqslant 0, \quad f(-1) = f(1) = 0,$$

则曲线 $y = f(x)$ 的长度大于曲线 $y = f^*(x)$ 的长度, 除非 $f(x) = f^*(x)$.

(参见 Steiner[1, II, p.265]. 若 $0 < y < Y = \max f$, 则 (除掉可能的有限个 y 值) 方程 $y = f(x)$ 有偶数 $2n$ 个 (与 y 有关) 根. 若将这些根依升序排列记作 $x_1, x_2, \cdots, x_{2n}$, 又设 x_ν 关于 y 的导数记作 x'_ν, 则由定理 25, 有

$$2 \int_0^Y \left\{ 1 + \left[\frac{1}{2} \Sigma (-1)^\nu x'_\nu \right]^2 \right\}^{\frac{1}{2}} \mathrm{d}y \leqslant \int_0^Y \Sigma (1 + x'^2_\nu)^{\frac{1}{2}} \mathrm{d}y.$$

等号仅当对于所有的 y 有 $n = 1$, 且 $x_1 = -x_2$ 时成立.)

定理 405 设对于所有的 x, y, $f(x, y) \geqslant 0$, 又设使得 $f(x, y) \geqslant z$ 的集的测度 $M(z)$ 对于所有正的 z 都有限. 定义 $\rho(z)$ 为

$$M(z) = \pi \rho^2,$$

并记

$$f^*(x, y) = \rho^{-1}(\sqrt{x^2 + y^2}),$$

其中 ρ^{-1} 乃是 ρ 的逆, 则 [在适当的正则条件 (conditions of regularity) 下] 曲面 $z = f(x, y)$ 的面积大于曲面 $z = f^*(x, y)$ 的面积.

(参见 Schwarz[1]. 该定理由于它包含 $f^*(x)$ 这一概念在二维空间的一个推广, 故本身很重要而且有意义.)

附录 A 关于严格正型

A.1 开宗明义

附录 A 的目的是要论述 W. Habicht[1] 给出的初等证明, 它针对的是 2.23 节所述的 Hilbert 与 Artin 定理的一种重要的特别情形.

"型"一词乃是用来作为"一实系数齐次多项式"的简称. 型

$$F = F(x_1, x_2, \cdots, x_m)$$

若对于其变量的任何实值 $x_1, x_2, \cdots, x_m$, 除 $x_1 = x_2 = \cdots = x_m = 0$ 之外, 都为正, 则称为严格正的. 此外, 我们还假定 F 不是常数. 我们要来证明下述的定理.

定理 406 任一严格正型都可表示成

$$F = \frac{\Sigma_i M_i^2}{\Sigma_j N_j^2}, \tag{A.1.1}$$

其中 M_i 与 N_j 乃是适当选取的型.

我们的证明乃是基于定理 56. 在该定理中, "正系数型"一词, 虽不明言, 乃是用于下面的意义 (读者应该去验证一下, 2.24 节中的证明就是以这种意义来做的): 若 $G = G(x_1, x_2, \cdots, x_m)$ 是一正系数型, 其次数为 g, 则

$$G = \Sigma a x_1^{\alpha_1} x_2^{\alpha_2} \cdots x_m^{\alpha_m},$$

其中对于所有满足条件

$$\alpha_1 \geqslant 0, \quad \alpha_2 \geqslant 0, \quad \cdots, \quad \alpha_m \geqslant 0, \quad \alpha_1 + \alpha_2 + \cdots + \alpha_m = g$$

的整数 $\alpha_1, \alpha_2, \cdots, \alpha_m$, 都有 $a = a_{a_1 a_2 \cdots a_m} > 0$.

我们从定理 56 出发, 分三步来证明定理 406.

A.2 一种特殊情形

设型 $K(x_1, x_2, \cdots, x_m)$ 对于它的各个变量都为偶函数, 就是说, 设

$$K(-x_1, x_2, \cdots, x_m) = K(x_1, -x_2, \cdots, x_m) = \cdots$$

---

[1] "Über die Zerlegung strikte definiter Formen in Quadrate", *Commentarii Mailc, Helvetici*, 12(1940), pp.317-322.

$$= K(x_1, \cdots, x_{m-1}, -x_m) = K(x_1, x_2, \cdots, x_m).$$

因为在此种型 K 中, 只有这些变量的偶方次出现, 故得

$$K(x_1, x_2, \cdots, x_m) = L(x_1^2, x_2^2, \cdots, x_m^2), \tag{A.2.1}$$

其中 $L(y_1, y_2, \cdots, y_m)$ 是某一型. 若 K 与 L 的次数分别为 k 和 l, 则当然有 $k = 2l$.

今设 $K(x_1, x_2, \cdots, x_m)$ 为严格正的, 则对于 $y \geqslant 0$, $\Sigma y > 0$, 有

$$L(y_1, y_2, \cdots, y_m) > 0.$$

因而由定理 56, 有

$$L = \frac{G}{(y_1 + y_2 + \cdots + y_m)^p}, \tag{A.2.2}$$

其中 G 为一正系数型. 因为任一正数必是某一正数的平方, 故可将 G 写成

$$G = \Sigma q^2 y_1^{\alpha_1} y_2^{\alpha_2} \cdots y_m^{\alpha_m}, \tag{A.2.3}$$

其中诸 q 都是正数. 由 (A.2.1)(A.2.2)(A.2.3) 即得

$$K(x_1, x_2, \cdots, x_m) = \frac{\Sigma(q x_1^{\alpha_1} x_2^{\alpha_2} \cdots x_m^{\alpha_m})^2}{(x_1^2 + x_2^2 + \cdots + x_m^2)^p}. \tag{A.2.4}$$

于是, K 即可表示成所要的形式 (A.1.1). 事实上, 诸形式 M_i 和 N_j 都化为单项式.[①] 按照 A.1 节末所作的论述, 与 K 的次数可相容的诸单项式 $q x_1^{\alpha_1} x_2^{\alpha_2} \cdots x_m^{\alpha_m}$ 中, 没有一个为 0.

A.3　一个中间性的表示

现在来考虑任一严格正型 $F(x_1, \cdots, x_m)$ 以及由 2^m 个因子构成的积

$$\prod_{y_1=0}^{1} \prod_{y_2=0}^{1} \cdots \prod_{y_m=0}^{1} F[(-1)^{y_1} x_1, (-1)^{y_2} x_2, \cdots, (-1)^{y_m} x_m]$$
$$= K(x_1, x_2, \cdots, x_m). \tag{A.3.1}$$

型 $K(x_1, x_2, \cdots, x_m)$ 关于其各变量显然为偶函数, 而且作为一些严格正因子的积, 也是严格正的. 因此, (A.2.4) 适用于 K. 结合 (A.3.1), 我们即有结论: **任意给定一严格正型 F, 我们可得一型 P, 使得乘积 FP 是单项式的平方和**:

$$FP = \Sigma(q x_1^{\alpha_1} x_2^{\alpha_2} \cdots x_m^{\alpha_m})^2. \tag{A.3.2}$$

我们仍然没有理由假定 P 是某一平方和, 因而我们的目标 (A.1.1) 仍未达到.

---

① Pólya[3].

A.4 定理 406 的证明

仍来考虑严格正型 F. 设其次数为 $2n$. 我们引进 (这是关键性想法) 一个额外变量 u, 而来考虑 $m+1$ 个变量的型

$$u^{2n} + F(x_1, x_2, \cdots, x_m),$$

它显然是严格正的. 根据 A.3 节, 可求得一型 $P^*(x_1, x_2, \cdots, x_m, u)$, 使得

$$[u^{2n} + F(x_1, \cdots, x_m)]P^*(x_1, \cdots, x_m, u) = \Sigma(q x_1^{\alpha_1} \cdots x_m^{\alpha_m} u^{\alpha})^2. \tag{A.4.1}$$

现在利用 "$\mathrm{mod}(u^{2n} + F)$ 来约简" (A.4.1) 的右边来达到我们的目的, 现在详细地来说明这一做法.

考虑 (A.4.1) 右边的和数中的一般项. 用 $2n$ 除 α, 则有两个非负整数 β 和 γ, 使得

$$\alpha = 2n\beta + \gamma \tag{A.4.2}$$

$$0 \leqslant \gamma \leqslant 2n - 1. \tag{A.4.3}$$

于是有

$$u^{\alpha} = u^{2n\beta + \gamma} = [(u^{2n})^{\beta} - (-F)^{\beta}]u^{\gamma} + (-F)^{\beta}u^{\gamma}. \tag{A.4.4}$$

方括号中的式子可以被 $u^{2n} - (-F)$ 除尽. 因此, 由 (A.4.4), 有

$$q x_1^{\alpha_1} \cdots x_m^{\alpha_m} u^{\alpha} = (u^{2n} + F)Q + Ru^{\gamma}, \tag{A.4.5}$$

其中

$$R = R(x_1, \cdots, x_m) = q x_1^{\alpha_1} \cdots x_m^{\alpha_m} (-F)^{\beta}$$

仅与 m 个变量有关, 且不恒等于 0 [型 $Q = Q(x_1, \cdots, x_m, u)$ 可以与 $m+1$ 个变量有关, 而且可以恒等于 0; Q 与 Ru^{γ} 乃是在将 (A.4.5) 的左边的单项式除以 $u^{2n} + F$ 所得的商式和余式, 它们可以看成是系数与 $x_1, \cdots, x_m$ 有关的、u 的一多项式]. 将 (A.4.5) 代入 (A.4.1) 的右边, 并将可被 $u^{2n} + F$ 除尽的项移入左边, 则得

$$(u^{2n} + F)P^{**} = \sum_{\gamma=0}^{2n-1} u^{2\gamma} \sum_{\delta} R_{\gamma\delta}^2. \tag{A.4.6}$$

注意 γ 满足 (A.4.3), 并注意, 按照 A.1 节末的论述和 A.2 节, (A.4.1) 右边的和数中必有某些项, 其 $\alpha = 0$, 因而由 (A.4.2), 其 $\gamma = 0$. 因此, 和数

$$\sum_{\delta} R_{0\delta}^2$$

非空, 且不恒为 0.

由 (A.4.6) 可知, P^{**} 作为 u 的一多项式, 其次数 $\leqslant 2n - 2$. 于是, 可以将 (A.4.6) 写成

$$(u^{2n} + F) \sum_{\gamma=0}^{2n-2} T_\gamma(x_1, \cdots, x_m)u^\gamma = \sum_{\gamma=0}^{2n-1} u^{2\gamma} \sum_\delta R_{\gamma\delta}^2.$$

比较 u^0 和 u^{2n} 的系数, 即得

$$FT_0 = \sum_\delta R_{0\delta}^2, \quad T_0 = \sum_\delta R_{n\delta}^2.$$

由前一方程可知 T_0 不恒为 0. 于是, 由这两个方程即得

$$F = \sum_\delta R_{0\delta}^2 \Big/ \sum_\delta R_{n\delta}^2.$$

此即证明所要的 (A.1.1), 因而证明了定理 406.

该证明实际所产生的结果比我们所述的要多. 事实上, 我们有

定理 407   若严格正型 F 的系数都是有理数, 则表示式 (A.1.1) 可以如此选取, 使得型 M_i 和 N_j 的系数也都是有理数.

我们只需添加一点修改. 在推导 (A.2.3) 时, 我们曾用了下面一点显然的评述: 任一正数必是某一正数的平方. 我们现在改而运用下面一个同样显然的评述: 任一正有理数乃是某些正有理数的平方和. [事实上, 若 r 与 s 都是正整数, 则

$$\frac{r}{s} = \frac{rs}{s^2} = \left(\frac{1}{s}\right)^2 + \left(\frac{1}{s}\right)^2 + \cdots + \left(\frac{1}{s}\right)^2,$$

这是 rs 项的和数.]

附录 B　Thorin 关于定理 295 的证明及推广[①]

这既漂亮而又容易理解: 想要避免一切困难的读者, 可以用本附录去代替 8.15 节. 但这证明主要是依据复变函数论, 而这在我们的正文中是故意避而不用的, 而且 8.15 节中的证法, 尽管是很难, 而且范围比较有限, 但仍有其重要性和值得注意之处. 推广的定理是

定理 408　设
$$A = A(x, y) = \sum_{i=1}^{m} \sum_{j=1}^{n} a_{ij} x_i y_j,$$

$M_{\alpha, \beta}$ 是在条件
$$\sum_{i=1}^{m} |x_i|^{1/\alpha} \leqslant 1, \quad \sum_{j=1}^{n} |y_j|^{1/\beta} \leqslant 1 \tag{B.1.1}$$

之下 $|A|$ 的极大值, 在这里, 我们规定, 若 $\alpha = 0$ 或 $\beta = 0$(或两者同时为 0), 则上面的不等式即分别代之以 $|x_i| \leqslant 1$ 和 $|y_j| \leqslant 1$. 于是 $\ln M_{\alpha, \beta}$ 在象限 $\alpha \geqslant 0$, $\beta \geqslant 0$ 中为凸的.

证明的关键在于下列原则, 它们全都是明显的. (i) 一族 (可能是无限个) 凸函数的上界[②] 是凸的; (ii) 一收敛的凸函数序列的极限是凸的; (iii) 在求关于一些相互独立的条件所取的上界时, 可以**逐次地**取上界, 而不问次序. 例如
$$\max_{(x, y)} f(x, y) = \max_{(x)} [\max_{(y)} f(x, y)].$$

我们需要下面的

引理　设 $\Sigma = \Sigma a e^{bs}$ 为一有限和, 其中 b 为实数, $s = \sigma + it$, σ 与 t 为实数, 又设
$$m(\sigma) = \max_{(t)} |\Sigma|,$$

则 $\ln m(\sigma)$ 是 σ 的凸函数.

$m(\sigma)$ 关于 a, b 是连续的; 因此, 由原则 (ii), 只需就所有的 b 都为有理数的情形来证明引理即可. 此时 Σ 是 $z = e^{s/Q}$ 的一个多项式, 其中 Q 是诸 b 的公分母, 而所要的结果则是 Hadamard 的 "三圆定理" 的一个推论.

[若 $f(z)$ 在环 $r_1 \leqslant |z| \leqslant r_2$ 中正则, $M(r)$ 是 $|f(z)|$ 在 $|z| = r$ 上的极大值, 则 $\ln M(r)$ 是 $\ln r$ 的凸函数.

为完备起见, 我们给出它的证明, 取 μ 使

---

① G. O. Thorin, "Convexity theorems generating those of M. Riesz and Hadamard with some applications", *Seminar Math. Lund*, 9(1948). 作者还证明了更一般的形式.

② "上界" 都指的是 "最小上界".

$$r_1^\mu M(r_1) = r_2^\mu M(r_2) = T,$$

则 $z^\mu f(z)$ 在上述环中的每一点处正则, 且有一个在此环中为单值的模. 它在边界上的最大模是 T, 因此 $r^\mu M(r) \leqslant T$, 故对于 $\ln r = t \ln r_1 + (1-t) \ln r_2$, 我们有

$$\ln M(r) \leqslant t \ln M(r_1) + (1-t) \ln M(r_2).$$

现回到定理 408, 由连续性 (正如 8.13 节中所指出的), 我们只需证明 $\ln M_{\alpha,\beta}$ 在任何属于开象限 $\alpha > 0$, $\beta > 0$ 中的直线段 $\alpha = \alpha_0 + \lambda_1 \sigma$, $\beta = \beta_0 + \lambda_2 \sigma$ 上关于 σ 为凸即可. 但对于任一内点 (α, β), 我们可记

$$x_k = \xi_k^\alpha e^{i\phi_k}, \quad y_j = \eta_j^\beta e^{i\psi_j}, \quad \xi, \eta \geqslant 0,$$

于是, 对于变化着的 (实的)ϕ, ψ, 以及在条件

$$\Sigma \xi \leqslant 1, \quad \Sigma \eta \leqslant 1 \tag{B.1.2}$$

(一个与 α, β 无关的条件) 之下变化着的非负的 ξ, η, 有

$$M_{\alpha,\beta} = \max_{\phi,\psi,\xi,\eta} |\Sigma\Sigma a \xi^{\alpha_0 + \lambda_1 \sigma} \eta^{\beta_0 + \lambda_2 \sigma} e^{i(\phi+\psi)}|.$$

若在其中以 $s = \sigma + it$ 代替 σ, 则对于任一给定的实数 t, 此上界不变 ($\phi + \psi$ 只是换一下说法). 现在可以对某一变化着的 t 添加运算 $\max$; 由原则 (iii), 我们可使它成为内部的运算:

$$M_{\alpha,\beta} = \max_{\phi,\psi,\xi,\eta} (\max_{(t)} |\Sigma\Sigma a \xi^{\alpha_0 + \lambda_1 s} \eta^{\beta_0 + \lambda_2 s} e^{i(\phi+\psi)}|).$$

现对于固定的 ϕ, ψ, ξ, η, 可在 $\Sigma\Sigma$ 中把 ξ 或 η 等于 0 的任一项删去 (指数都为正), 而得某一修正了的二重和 $\Sigma\Sigma$, 设为 $F_{\xi,\eta,\phi,\psi}(s)$. 于是

$$M_{\alpha,\beta} = \max_{\phi,\psi,\xi,\eta} m_{\phi,\psi,\xi,\eta}(\sigma), \quad m(\sigma) = \max_{(t)} |F(s)|.$$

但 F 是引理中的 Σ, 因而 (对于**所有的**σ, 特别是在直线段上的) 它的 $\ln m(\sigma)$ 是凸的. 由原则 (i), 族 $\ln m(\sigma)$ 的上界也是凸的, 因而我们的证明即告完成.

附录 C 关于 Hilbert 不等式

在 4.6 节对于多元函数的极大极小理论的局限性作了论述之后, 有趣的是, 有一些比较复杂的不等式也可用此方法作简单的证明. 现取 Hilbert 不等式作为例子, 但为简单起见, 我们取诸 b 恒等于诸 a[①]:

$$\sum_{m,n=0}^{N} \frac{a_m a_n}{m+n+1} < \pi \sum_{0}^{N} a_n^2,$$

除非所有的 a 都为 0.

可以假设至少有两个 a 不为 0, 对于除外的情形, 我们的结论是显而易见的. 现来考虑

$$F(a) = F(a_0, a_1, \cdots, a_N) = \sum_{m,n=0}^{N} \frac{a_m a_n}{m+n+1},$$

其中的 $a_0, a_1, \cdots, a_N$ 满足关系

$$G(a) = \sum_{0}^{N} a_n^2 = t, \tag{C.1.1}$$

这里的 t 是正的常数. 若有某一 a_n 为 0, 则此 a_n 若增加一个微小的量 δ, 在 G 中即增加一个 δ^2, 在 F 中即产生一个 δ 阶的增量, 因而使得 F/G 增大. 因为 F 连续, 可知在条件 (C.1.1) 之下, F 对于某一组全不为 0 的 a_n 取其极大值 $F^* = F^*(t)$.

对于此组 a_n, 方程组

$$\frac{\partial F}{\partial a_n} - \lambda \frac{\partial G}{\partial a_n} = 0 \quad (n \leqslant N)$$

对于某一与 n 无关的 λ 成立. 由此即得

$$\sum_{m=0}^{N} \frac{a_m}{m+n+1} = \lambda a_n \quad (n \leqslant N), \tag{C.1.2}$$

乘以 a_n 然后相加即得

$$F^*(t) = \lambda t.$$

设 $\left(m + \frac{1}{2}\right)^{\frac{1}{2}} a_m$ 在 $m = \mu$ 处取其极大值, 则当 $n = \mu$ 时, 由 (C.1.2) 即得

$$\lambda a_\mu = \sum_{m=0}^{N} \frac{a_m}{m+\mu+1} \leqslant a_\mu \left(\mu + \frac{1}{2}\right)^{\frac{1}{2}} \sum_{m=0}^{N} \frac{1}{(m+\mu+1)\left(m + \frac{1}{2}\right)^{\frac{1}{2}}}.$$

---

① J. W. S. Cassels, "An elementary proof of some inequalities", *Journ. L. M. S.* 23(1948), pp. 285-290. 对于一般情形, 以及对于 Hardy 不等式和 Carleman 不等式, 也有类似的证明.

因 $\left[(x + \mu + 1) \left(x + \dfrac{1}{2} \right)^{\frac{1}{2}} \right]^{-1}$ 为严格凸的, 故得

$$\sum_{m=0}^{N} \frac{1}{(m + \mu + 1) \left(m + \dfrac{1}{2} \right)^{\frac{1}{2}}}$$

$$< \int_{-\frac{1}{2}}^{N+\frac{1}{2}} \frac{\mathrm{d}x}{(x + \mu + 1) \left(x + \dfrac{1}{2} \right)^{\frac{1}{2}}}$$

$$= \int_{0}^{(N+1)^{\frac{1}{2}}} \frac{2\mathrm{d}y}{y^2 + \mu + \dfrac{1}{2}}$$

$$< \int_{0}^{\infty} \frac{2\mathrm{d}y}{y^2 + \mu + \dfrac{1}{2}}$$

$$= \left(\mu + \frac{1}{2} \right)^{-\frac{1}{2}} \pi,$$

因 $a_\mu \neq 0$, 故得 $\lambda < \pi$.

对于任何非空的集 (a_n), 我们现有

$$F(a) \leqslant F^*(G) = \lambda G < \pi G = \pi \sum_{0}^{N} a_n^2.$$

参 考 文 献

N. H. Abel

1. Sur les séries, *OEuvres complètes*, II (2nd ed. Christiania, 1881), 197-201.

E. Artin

1. Über die Zerlegung definiter Funktionen in Quadrate, *Abhandl. a. d. math. Seminar Hamburg*, 5(1927), 100-115.

E. Artin and **O. Schreier**

1. Algebraische Konstruktion reeller Körper, *Abhandl. a. d. math. Seminar Hamburg*, 5(1927), 85-99.

G. Aumann

1. Konvexe Funktionen und die Induktion bei Ungleichungen zwischen Mittelwerten, *Münchner Sitzungsber*, 1933, 403-415.

S. Banach

1. *Opérations linéaires* (Warsaw, 1932).

J. Bernoulli

1. *Unendliche Reihen* (Ostwald's Klassiker der exakten Wissenschaften, Nr. 171, Leipzig, 1909).

F. Bernstein

1. Über das Gauss'sche Fehlergesetz, *Math. Annalen*, 64(1907), 417-447.

F. Bernstein and **G. Doetsch**

1. Zur Theorie der konvexen Funktionen, *Math. Annalen*, 76 (1915), 514-526.

A. S. Besicovitch

1. On mean values of functions of a complex and of a real variable, *Proc. L. M. S.* (2), 27(1928), 373-388.

Z. W. Birnbaum and **W. Orlicz**

1. Über die Verallgemeinerung des Begriffes der zueinander konjugierten Potenzen, *Studia Math.* 3(1931), 1-67.

W. Blaschke

1. *Kreis und Kugel* (Leipzig, 1916).

G. A. Bliss

1. *Calculus of variations* (Chicago, 1927).

2. The transformation of Clebsch in the calculus of variations, *Proc. International Math. Congress* (Toronto, 1924), I, 589-603.

3. An integral inequality, *Journ. L. M. S.* 5 (1930), 40-46.

H. Blumberg

1. On convex functions, *Trans. Amer. Math. Soc.* 20 (1919), 40-44.

M. Bôcher

1. *Introduction to higher algebra* (New York, 1907).

H. Bohr

1. Zur Theorie der fastperiodischen Funktionen (I), *Acta Math.* 45(1924), 29-127.

O. Bolza

1. *Vorlesungen Über Variationsrechnung* (Leipzig, 1909).

L. S. Bosanquet

1. Generalisations of Minkowski's inequality, *Journ. L. M. S.* 3 (1928), 51-56.

W. Briggs and **G. H. Bryan**

1. *The tutorial algebra* (4th ed., London, 1928).

T. A. A. Broadbent

1. A proof of Hardy's convergence theorem, *Journ. L. M. S.* 3 (1928), 242-243.

V. Buniakowsky

1. Sur quelques inégalités concernant les intégrales ordinaires et les intégrales aux différences finies, *Mémoires de l'Acad. de St-Pétersbourg* (VII), 1(1859), No. 9.

T. Carleman

1. Sur les fonctions quasi-analytiques, *Conférences faites au cinquième congrès des mathématiciens scandinaves* (Helsingfors, 1923), 181-196.

A. L. Cauchy

1. *Cours d'analyse de l'Ecole Royale Polytechnique.* Ire partie. Analyse algébrique (Paris, 1821). [*CEuvres complètes*, IIe série, III.]

2. *Exercices de mathématiques*, II (Paris, 1827). [*CEuvres complètes*, IIe série, VII.]

G. Chrystal

1. *Algebra*, II (2nd ed., London, 1900).

R. Cooper

1. Notes on certain inequalities (I): generalisation of an inequality of W. H. Young, *Journ. L. M. S.* 2(1927), 17-21.

2. Notes on certain inequalities (II), *Journ. L. M. S.* 2 (1927), 159-163.

3. The converses of the Cauchy-Hölder inequality and the solutions of the inequality $g(x + y) \leqslant g(x) + g(y)$, *Proc. L. M. S.* (2), 26(1927), 415-432.

4. Note on the Cauchy-Hölder inequality, *Journ. L. M. S.* 3 (1928), 8-9.

E. T. Copson

1. Note on series of positive terms, *Journ. L. M. S.* 2 (1927), 9-12.

2. Note on series of positive terms, *Journ. L. M. S.* 3 (1928), 49-51.

G. E. Crawford

1. Elementary proof that the arithmetic mean of any number of positive quantities is greater than the geometric mean, *Proc. Edinburgh Math. Soc.* 18 (1900), 2-4.

G. Darboux

1. Sur la composition des forces en statique, *Bull. des sciences math.* 9 (1875), 281-288.

L. L. Dines

1. A theorem on orthogonal functions with an application to integral inequalities, *Trans. Amer. Math. Soc.* 30 (1928), 425-438.

A. L. Dixon

1. A proof of Hadamard's theorem as to the maximum value of the modulus of a determinant, *Quart. Journ. of Math.* (2), 3 (1932), 224-225.

J. Dougall

1. Quantitative proofs of certain algebraic inequalities, *Proc. Edinburgh Math. Soc.* 24 (1906), 61-77.

J. M. C. Duhamel and **A. A. L. Reynaud**

1. *Problèmes et développemens sur diverses parties des mathématiques* (Paris, 1823).

E. B. Elliott

1. A simple exposition of some recently proved facts as to convergency, *Journ. L. M. S.* 1 (1926), 93-96.

2. A further note on sums of positive terms, *Journ. L. M. S.* 4 (1929), 21-23.

Euclid

1. *The thirteen books of Euclid's Elements* (translated by Sir Thomas Heath, Cambridge, 1908).

L. Fejér

1. Über gewisse Minimumprobleme der Funktionentheorie, *Math. Annalen,* 97 (1927), 104-123.

L. Fejér and **F. Riesz**

1. Über einige funktionentheoretische Ungleichungen, *Math. Zeitschr* 11 (1921), 305-314.

B. de Finetti

1. Sul concetto di media, *Giornale dell' Istituto Italiano degli Attuari,* 2 (1931), 369-396.

E. Fischer

1. Über den Hadamardschen Determinantensatz, *Archiv d. Math. u. Physik* (3), 13 (1908), 32-40.

E. C. Francis and **J. E. Littlewood**

1. *Examples in infinite series with solutions* (Cambridge, 1928).

F. Franklin

1. Proof of a theorem of Tschebyscheff's on definite integrals, *American Journ. of Math.* 7 (1885), 377-379.

M. Fréchet

1. Pri la funkcia equacio $f(x+y) = f(x)+f(y)$, *L'enseignement math.* 15(1913), 390-393.
2. A propos d'un article sur l'équation fonctionelle $f(x+y) = f(x)+f(y)$, *L'enseignement math.* 16(1914), 136.

G. Frobenius

1. Über Matrizen aus positiven Elementen (II), *Berliner Sitzungsber.* 1909, 514-518.

R. M. Gabriel

1. An additional proof of a theorem upon rearrangements, *Journ. L. M. S.* 3 (1928), 134-136.
2. An additional proof of a maximal theorem of Hardy and Littlewood, *Journ. L. M. S.* 6(1931), 163-166.
3. The rearrangement of positive Fourier coefficients, *Proc. L. M. S.* (2), 33 (1932), 32-51.

C. F. Gauss

1. *Werke* (Göttingen, 1863-1929).

J. A. Gmeiner and O. Stolz

1. *Theoretische Arithmetik*, II Abteilung (Leipzig, 1902).

J. P. Gram

1. Über die Entwicklung reeller Funktionen in Reihen, mittelst der Methode der kleinsten Quadrate, *Journal f. Math.* 94 (1881), 41-73.

K. Grandjot

1. On some identities relating to Hardy's convergence theorem, *Journ. L. M. S.* 3 (1928), 114-117.

Grebe

1. Über die Vergleichung zwischen dem arithmetischen, dem geometrischen und dem harmonischen Mittel, *Zeitschr. f. Math. u. Physik* 3 (1858), 297-298.

A. Haar

1. Über lineare Ungleichungen, *Acta Litt. ac Scient. Univ. Hung.* 2 (1924), 1-14.

J. Hadamard

1. Résolution d'une question relative aux déterminants, *Bull, des sciences math.* (2), 17 (1893), 240-248.

H. Hahn

1. *Theorie der reellen Funktionen*, I (Berlin, 1921).

G. Hamel

1. Eine Basis aller Zahlen und die unstetigen Lösungen der Funktionalgleichung $f(x+y) = f(x)+f(y)$, *Math. Annalen*, 60 (1905), 459-462.

G. H. Hardy

1. *A course of pure mathematics* (6th ed., Cambridge, 1928).
2. Note on a theorem of Hilbert, *Math. Zeitschr.* 6 (1920), 314-317.

3. Note on a theorem of Hilbert concerning series of positive terms, *Proc. L. M. S.* (2), 23 (1925), Records of Proc. xlv-xlvi.

4. Notes on some points in the integral calculus (LX), *Messenger of Math.* 54 (1925), 150-156.

5. Notes on some points in the integral calculus (LXIV), *Messenger of Math.* 57 (1928), 12-16.

6. Remarks on three recent notes in the *Journal, Journ. L. M. S.* 3 (1928), 166-169.

7. Notes on some points in the integral calculus (LXVIII), *Messenger of Math.* 58 (1929), 115-120.

8. Prolegomena to a chapter on inequalities, *Journ. L. M. S.* 4 (1929), 61-78 and 5 (1930), 80.

9. Remarks in addition to Dr Widder's note on inequalities, *Journ. L. M. S.* 4 (1929), 199-202.

10. The constants of certain inequalities, *Journ. L. M. S.* 8 (1933), 114-119.

G. H. Hardy and **J. E. Littlewood**

1. Elementary theorems concerning power series with positive coefficients and moment constants of positive functions, *Journal f. Math.* 157 (1927), 141-158.

2. Some new properties of Fourier constants, *Math. Annalen.* 97 (1927), 159-209 (199).

3. Notes on the theory of series (VI): two inequalities, *Journ. L. M. S.* 2 (1917), 196-201.

4. Notes on the theory of series (VIII): an inequality, *Journ. L. M. S.* 3 (1928), 105-110.

5. Notes on the theory of series (X): some more inequalities, *Journ. L. M. S.* 3 (1928), 294-299.

6. Some properties of fractional integrals (I), *Math. Zeitschr.* 27 (1928), 565-606.

7. Notes on the theory of series (XII): on certain inequalities connected with the calculus of variations, *Journ. L. M. S.* 5 (1930), 283-290.

8. A maximal theorem with function-theoretic applications, *Acta Math.* 54 (1930), 81-116.

9. Notes on the theory of series (XIII): some new properties of Fourier constants, *Journ. L. M. S.* 6 (1931), 3-9.

10. Some integral inequalities connected with the calculus of variations, *Quart. Journ. of Math.* (2), 3 (1932), 241-252.

11. Some new cases of Parseval's theorem, *Math. Zeitschr.* 34 (1932), 620-633.

12. Some more integral inequalities, *Tôhoku Math. Journal.* 37 (1933), 151-159.

13. Bilinear forms bounded in space [p, q], *Quart. Journ. of Math.* (2), 5 (1934), 241-254.

G. H. Hardy, J. E. Littlewood and **E. Landau**

1. Some inequalities satisfied by the integrals or derivatives of real or analytic functions, *Math. Zeitschr.* 39 (1935), 677-695.

G. H. Hardy, J. E. Littlewood and **G. Pólya**

1. The maximum of a certain bilinear from, *Proc. L. M. S.* (2), 25 (1926), 265-282.

2. Some simple inequalities satisfied by convex functions, *Messenger of Math.* 58 (1929), 145-152.

F. Hausdorff

1. Summationsmethoden und Momentfolgen (I), *Math. Zeitschr.* 9 (1921), 74-109.
2. Eine Ausdehnung des Parsevalschen Satzes Über Fourierreihen, *Math. Zeitschr.* 16 (1923), 163-169.

E. Hellinger and **O. Toeplitz**

1. Grundlagen für eine Theorie der unendlichen Matrizen, *Math Annalen*, 69 (1910), 289-330 .

C. Hermite

1. *Cours de la Faculté des Sciences de Paris* (4th lithographed ed., Paris, 1888).

D. Hilbert

1. Über die Darstellung definiter Formen als Summe von Formenquadraten, *Math. Annalen*, 32 (1888), 342-350. [*Werke*, Ⅱ, 154-161.]
2. Über ternäre definite Formen, *Acta Math.* 17 (1893), 169-197. [*Werke*, Ⅱ, 345-366.]

E. W. Hobson

1. *The theory of functions of a real variable and the theory of Fourier series*, Ⅰ, Ⅱ (2nd ed., Cambridge, 1921, 1926).

O. Holder

1. Über einen Mittelwertsatz, *Göttinger Nachrichten*, 1889, 38-47.

A. Hurwitz

1. Über den Vergleich des arithmetischen und des geometrischen Mittels, *Journal f. Math.* 108 (1891), 266-268. [*Werke*, Ⅱ, 505-507.]
2. Sur le problème des isopérimètres, *Comptes rendus*, 132 (1901), 401-403. [*Werke*, Ⅰ, 490-491.]

J. L. W. V. Jensen

1. Sur une généralisation d'une formule de Tchebycheff, *Bull. des sciences math.* (2), 12 (1888), 134-135.
2. Sur les fonctions convexes et les inégalités entre les valeurs moyennes, *Acta Math.* 30 (1906), 175-193.

B. Jessen

1. Om Uligheder imellem Potensmiddelvaerdier, *Mat. Tidsskrift*, B (1931). No. 1.
2. Bemaerkinger om konvekse Funktiner og Uligheder imellem Middelvaerdier (I), *Mat. Tidsskrift*, B (1931), No. 2.
3. Bemaerkinger om konveksef Funktioner og Uligheder imellem Middelvaerdier (Ⅱ), *Mat. Tidsskrift*, B (1931), Nos. 3-4.
4. Über die Verallgemeinerungen des arithmetischen Mittels, *Acta Litt. ac Scient. Univ. Hung.* 5 (1931), 108-116.

A. E. Jolliffe

1. An identity connected with a polynomial algebraic equation, *Journ. L. M. S.* 8 (1933), 82-85.

Th. Kaluza and **G. Szegö**

1. Über Reihen mit lauter positiven Gliedern, *Journ. L. M. S.* 2 (1927), 266-272.

J. Karamata

1. Sur une inégalité relative aux fonctions convexes, *Publ. math. Univ. Belgrade*, 1 (1932), 145-148.

K. Knopp

1. Über Reihen mit positiven Gliedern, *Journ. L. M. S.* 3 (1928), 205-211.
2. Neuere Sätze Über Reihen mit positiven Gliedern, *Math. Zeitschr.* 30 (1929), 387-413.
3. Über Reihen mit positiven Gliedern (2te Mitteilung), *Journ. L. M. S.* 5 (1930), 13-21.

A. Kolmogoroff

1. Sur la notion de la moyenne, *Rend. Accad. dei Lincei* (6), 12 (1930), 388-391.

N. Kritikos

1. Sur une extension de l'inégalité entre la moyenne arithmétique et la moyenne géométrique, *Bull. soc. math. Grèce* 9 (1928), 43-46.

E. Landau

1. Über einen Konvergenzsatz, *Göttinger Nachrichten* 1907, 25-27.
2. Einige Ungleichungen für zweimal differentiierbare Funktionen, *Proc. L. M. S.* (2), 13 (1913), 43-49.
3. Die Ungleichungen für zweimal differentiierbare Funktionen, *Meddelelser Kebenhavn*, 6 (1925), Nr, 10.
4. A note on a theorem concerning series of positive terms, *Journ. L. M. S.* 1 (1926), 38-39.

H. Lebesgue

1. *Lecons sur l'intégration et la recherche des fonctions primitives* (2nd ed., Paris, 1928).

S. Lhuilier

1. *Polygonométrie, ou de la mesure des figures rectilignes. Et abrégé d'isopérimétrie élémentaire* (Genève and Paris, 1789).

A. Liapounoff

1. Nouvelle forme du théorème sur la limite de probabilité, *Mémoires de l'Acad. de St-Pétersbourg* (VIII), 12 (1901), No. 5.

J. Liouville

1. Sur le calcul des différentielles à indices quelconques, *Journal de l'Ecole polytechnique*, 13 (1832), 1-69.

J. E. Littlewood

1. Note on the convergence of series of positive terms, *Messenger of Math.* 39 (1910), 191-192.

2. On bounded bilinear forms in an infinite number of variables, *Quart. Journ. of Math.* (2), 2 (1930), 164-174.

C. Maclaurin

1. *A treatise of fluxions* (Edinburgh, 1742).

2. A second letter to Martin Folkes, Esq. concerning the roots of equations, with the demonstration of other rules in algebra, *Phil. Transactions*, 36 (1729), 59-96.

E. Meissner

1. Über positive Darstellung von Polynomen, *Math. Annalen* 70 (1911), 223-235.

E. A. Milne

1. Note on Rosseland's integral for the stellar absorption coefficient, *Monthly Notices R. A. S.* 85 (1925), 979-984.

H. Minkowski

1. *Geometrie der Zahlen*, I (Leipzig, 1896).

2. Discontinuitätsbereich für arithmetische Äequivalenz, *Journal f. Math.* 129 (1905), 220-274.

P. Montel

1. Sur les fonctions convexes et les fonctions sousharmoniques, *Journal de math.* (9), 7 (1928), 29-60.

(sir)T. Muir

1. Solution of the question 14792 [*Educational Times*, 54 (1901), 83], *Math. from Educ. Times* (2), 1 (1902), 52-53.

R. F. Muirhead

1. Inequalities relating to some algebraic means, *Proc. Edinburgh Math. Soc.* 19 (1901), 36-45.

2. Some methods applicable to identities and inequalities of symmetric algebraic functions of *n* letters, *Proc. Edinburgh Math. Soc.* 21 (1903), 144-157.

3. Proofs that the arithmetic mean is greater than the geometric mean, *Math. Gazette*, 2 (1904), 283-287.

4. Proofs of an inequality, *Proc. Edinburgh Math. Soc.* 24 (1906), 45-60.

H. P. Mulholland

1. Note on Hilbert's double series theorem, *Journ. L. M. S.* 3 (1928), 197-199.

2. Some theorems on Dirichlet series with positive coefficients and related integrals, *Proc. L. M. S.* (2), 29 (1929), 281-292.

3. A further generalisation of Hilbert's double series theorem, *Journ. L. M. S.* 6 (1931), 100-106.

4. On the generalisation of Hardy's inequality, *Journ. L. M. S.* 7 (1932), 208-214.

M. Nagumo

1. Über eine Klasse der Mittelwerte, *Jap. Journ. of Math.* 7 (1930), 71-79.

E. J. Nanson

1. An inequality, *Messenger of Math.* 33 (1904), 89-90.

(Sir)I. Newton

1. *Arithmetica universalis: sive de compositione et resolutione arithmetica liber* [*Opera*, I .]

A. Oppenheim

1. Note on Mr Cooper's generalisation of Young's inequality, *Journ. L. M. S.* 2 (1927), 21-23.
2. Inequalities connected with definite hermitian forms. *Journ. L. M. S.* 5 (1930), 114-119.

A. Ostrowski

1. Zur Theorie der konvexen Funktionen, *Comm. Math. Helvetici*, 1 (1929), 157-159.
2. Über quasi-analytische Funktionen, und Bestimmtheit asymptotischer Entwicklungen, *Acta. Math.* 53 (1929), 181-266.

P. M. Owen

1. A generalisation of Hilbert's double series theorem, *Journ. L. M. S.* 5 (1930), 270-272.

R. E. A. C. Paley

1. A proof of a theorem on averages, *Proc. L. M. S.* (2), 31 (1930), 289-300.
2. A proof of a theorem on bilinear forms, *Journ. L. M. S.* 6 (1931), 226-230.
3. Some theorems on orthogonal functions, *Studia Math.* 3 (1931), 226-238.
4. A note on bilinear forms, *Bull. Amer. Math. Soc.* (2), 39 (1933), 259-260.

H. R. Pitt

1. On and inequality of Hardy and Littlewood, *Journ. L. M. S.* 13 (1938), 95-101.

H. Poincaré

1. Sur les équations algébriques, *Comptes rendus*, 97 (1888), 1418-1419.

S. Pollard

1. The Stieltjes integral and its generalisations, *Quart. Journ. of Math.* 49 (1923), 73-138.

G. Pólya

1. On the mean-value theorem corresponding to a given linear homogeneous differential equation, *Trans. Amer. Math. Soc.* 24 (1922), 312-324.
2. Proof of an inequality, *Proc L. M. S.* (2), 24 (1926). Records of Proc. ivii.
3. Über positive Darstellung von Polynomen, *Vierteljahrsschrift d. naturforschenden Gesellsch. Zürich*, 73 (1928), 141-145.
4. Untersuchungen Über Lücken und Singularitäten von Potenzreihen, *Math. Zeitschr.* 29 (1929), 549-640.

G. Pólya and **G. Szegö**

1. *Aufgaben und Lehrsätze aus der Analysis*, I, II (Berlin, 1925).

A. Pringsheim

1. Zur Theorie der ganzen transzendenten Funktionen, *Münchner Sitzungber.* 32 (1902), 163-192, 295-304.

J. Radon

1. Über die absolut additiven Mengenfunktionen, *Wiener Sitzungsber.* (IIa), 122 (1913), 1295-1438.

B. Riemann

1. *Gesammelte math. Werke* (Leipzig, 1876).

F. Riesz

1. *Les systèmes d'équations linéaires á une infinité d'inconnues* (Paris, 1913).
2. Untersuchungen Über Systeme integrierbarer Funktionen, *Math. Annalen*, 69 (1910), 449-497.
3. Über die Randwerte einer analytischen Funktion, *Math. Zeitschr.* 18 (1923), 87-95.
4. Über eine Verallgemeinerung der Parsevalschen Formel, *Math. Zeitschr.* 18 (1923), 117-124.
5. Sur les fonctions subharmoniques et leur rapport à la théorie du potentiel, *Acta Math.* 48 (1926), 329-343.
6. Su alcune disuguaglianze, *Boll dell' Unione Mat. Italiana, Anno.* 7 (1928), No. 2.
7. Sur les valeurs moyennes des fonctions, *Journ. L. M. S.* 5 (1930), 120-121.
8. Sur une inégalité intégrale, *Journ. L. M. S.* 5 (1930), 162-168.
9. Sur les fonctions subharmoniques et leur rapport à la théorie du potentiel (seconde partie), *Acta Math.* 54 (1930), 162-168.
10. Sur un théorème de maximum de MM. Hardy et Littlewood, *Journ. L. M. S.* 7 (1932), 10-13.

M. Riesz

1. Sur les maxima des formes bilinéaires et sur les fonctionnelles linéaires, *Acta Math.* 49 (1927), 465-497.
2. Sur les fonctions conjuguées, *Math. Zeitschr.* 27 (1928), 218-244.

L. J. Rogers

1. An extension of a certain theorem in inequalities, *Messenger of Math.* 17 (1888), 145-150.

S. Saks

1. Sur un théorème de M. Montel, *Comptes rendus*, 187 (1928), 276-277.

O. Schlömilch

1. Über Mittelgrössen verschiedener Ordnungen, *Zeitschr. f. Math. u. Physik*, 3 (1858), 310-308.

I. Schur

1. Bemerkungen zur Theorie der beschränkten Bilinearformen mit unendlich vielen Veränderlichen, *Journal f. Math.* 140 (1911), 1-28.
2. Über eine Klasse von Mittelbildungen mit Anwendungen auf die Determinantentheorie, *Sitzungsber. d. Berl. Math. Gesellsch.* 22 (1923), 9-20.

H. A. Schwarz

1. Beweis des Satzes dass die Kugel kleinere Oberfläche besitzt, als jeder andere Körper gleichen Volumens, *Göttinger Nachrichten*, 1884, 1-13. [*Werke*, II, 327-340.]
2. Über ein die Flächen kleinsten Flächeninhalts betreffendes Problem der Variationsrechnung, *Acta soc. scient. Fenn.* 15 (1885), 315-362. [*Werke*, I, 224-269.]

W. Sierpinski

1. Sur l'èquation fonctionnelle $f(x + y) = f(x) + f(y)$, *Fundamenta Math.* 1 (1920), 116-122.
2. Sur les fonctions convexes mesurables, *Fundamenta Math.* 1 (1920), 125-129.

H. Simon

1. Über einige Ungleichungen, *Zeitschr. f. Math. u. Physik*, 33 (1888), 56-61.

Ch. Smith

1. *A treatise on algebra* (London, 1888).

J. F. Steffensen

1. Et Bevis for Saetningen om, at det geometriske Middletal at positive Størrelser ikke større end det aritmetiske, *Mat. Tidsskrift* A (1930), 115-116.
2. The geometrical mean, *Journ. of the Institute of Actuaries*, 62 (1931), 117-118.

J. Steiner

1. *Gesammelte Werke* (Berlin, 1881-1882).

E. Stiemke

1. Über positive Lösungen homogener linearer Gleichungen, *Math. Annalen*, 76 (1915), 340-342.

R. Sturm

1. *Maxima und Minima in der elementaren Geometrie* (Leipzig, 1910).

E. C. Titchmarsh

1. *The theory of functions* (Oxford, 1932).
2. Reciprocal formulae involving series and integrals, *Math. Zeitschr.* 25 (1926), 321-341.
3. An inequality in the theory of series; *Journ. L. M. S.* 3 (1928), 81-83.

O. Toeplitz

1. Zur Theorie der quadratischen Formen von unendlich. vielen Veränderlichen. *Göttinger Nachrichten* (1910), 489-506.

G. Valiron

1. *Lectures on the general theory of integral functions* (Toulouse, 1923).

Ch.-J. de la Vallée Poussin

1. *Cours d'andlyse infinitésimale*, I (6th ed., Louvain and Paris, 1926).
2. *Intégrales de Lebesgue. Fonctions d'ensemble. Classes de Baire* (Paris, 1916).

J. H. Maclagan Wedderburn

1. The absolute value of the product of two matrices, *Bull. Amer. Math. Soc.* 31 (1925), 304-308.

H. Weyl

1. *Gruppentheorie und Quantummechanik* (2nd ed., Leipzig, 1931).
2. *Singuläre Integralgleichungen mit besonderer Berücksichtigung des Fourierschen Integraltheorems*, Inaugural-Dissertation (Gottingen, 1908).
3. Bemerkungen zum Begriff des Differentialquotienten gebrochener Ordnung, *Vieteljahrsschrift d. naturforschenden Gesellsch. Zürich*, 62 (1917), 296-302.

D. V. Widder

1. An inequality related to one of Hilbert's, *Journ. L. M. S.* 4 (1929), 194-198.

F. Wiener

1. Elementarer Beweis eines Reihensatzes von Herrn Hilbert, *Math. Annalen*, 68 (1910), 361-366.

W. H. Young

1. On a class of parametric integrals and their application to the theory of Fourier series, *Proc. Royal Soc.* (A), 85 (1911), 401-414.
2. On classes of summable functions and their Fourier series, *Proc. Royal Soc.* (A), 87 (1912), 225-229.
3. On the multiplication of successions of Fourier constants, *Proc. Royal Soc.* (A), 87 (1912), 331-339.
4. Sur la généralisation du théorème de Parseval, *Comptes rendus*, 155 (1912), 30-33.
5. On a certain series of Fourier, *Proc. L. M. S.* (2), 11 (1913), 357-366.
6. On the determination of the summability of a function by means of its Fourier constants, *Proc. L. M. S.* (2), 12 (1913), 71-88.
7. On integration with respect to a function of bounded variation, *Proc. L. M. S.* (2), 13 (1914), 109-150.

A. Zygmund

1. On an integral inequality, *Journ, L. M. S.* 8 (1933), 175-178.

纯数学教程

作者：【英】戈弗雷·哈代

译者：张明尧

书号：978-7-115-53843-7

定价：109.00元

一部百年经典，在20世纪初奠定了数学分析课程的基础

呈现经典的数学的严谨证明方法，是哈代数学思想智慧的结晶

数学分析八讲（修订版）

作者：【苏】А.Я.辛钦

译者：王会林，齐民友

书号：978-7-115-39747-8

定价：29.00元

著名苏联数学家辛钦经典教材

短短八讲，让你领会数学分析的精髓

线性代数应该这样学（第3版）

作者：【美】Sheldon Axler

译者：杜现昆，刘大艳，马晶

书号：978-7-115-43178-3

定价：49.00元

公认的阐述线性代数的经典佳作

被斯坦福大学等全球40多个国家、300余所高校采纳为教材

基础拓扑学（修订版）

作者：【英】马克·阿姆斯特朗

译者：孙以丰

书号：978-7-115-51891-0

定价：49.00 元

本书是拓扑学入门书，浅显易懂，而且在内容取材和表述上都体现出作者对数学之美的关注。

本书是加州大学伯克利分校等美国很多高校的拓扑学指定教材。

陶哲轩实分析（第3版）

作者：【澳】陶哲轩

译者：李馨

书号：978-7-115-48025-5

定价：99.00 元

华裔天才数学家、菲尔兹奖得主陶哲轩

经典实分析教材，强调逻辑严谨和分析基础

概率导论（第2版·修订版）

作者：【美】Dimitri P.Bertsekas 、
John N.Tsitsiklis

译者：郑国忠，童行伟

书号：978-7-115-40507-4

定价：79.00元

美国工程院院士力作，MIT等全球众多名校教材

从直观、自然的角度阐述概率，理工科学生入门首选